UTB **3099**

W0180481

Eine Arbeitsgemeinschaft der Verlage

Böhlau Verlag · Köln · Weimar · Wien
Verlag Barbara Budrich · Opladen · Farmington Hills
facultas.wuv · Wien
Wilhelm Fink · München
A. Francke Verlag · Tübingen und Basel
Haupt Verlag · Bern · Stuttgart · Wien
Julius Klinkhardt Verlagsbuchhandlung · Bad Heilbrunn
Lucius & Lucius Verlagsgesellschaft · Stuttgart
Mohr Siebeck · Tübingen
C. F. Müller Verlag · Heidelberg
Orell Füssli Verlag · Zürich
Verlag Recht und Wirtschaft · Frankfurt am Main
Ernst Reinhardt Verlag · München · Basel
Ferdinand Schöningh · Paderborn · München · Wien · Zürich
Eugen Ulmer Verlag · Stuttgart
UVK Verlagsgesellschaft · Konstanz
Vandenhoeck & Ruprecht · Göttingen
vdf Hochschulverlag AG an der ETH Zürich

Grundriss Allgemeine Geographie

herausgegeben von Heinz Heineberg
begründet von Paul Busch

Bisher sind erschienen:

Geomorphologie von Harald Zepp
Einführung in die Anthropogeographie/Humangeographie von Heinz Heineberg
Stadtgeographie von Heinz Heineberg
Wirtschaftsgeographie von Elmar Kulke
Verkehrsgeographie von Helmut Nuhn/Markus Hesse
Geographiedidaktik von Gisbert Rinschede
Klimatologie von Wilhelm Kuttler

Wilhelm Kuttler

Klimatologie

Ferdinand Schöningh

Paderborn · München · Wien · Zürich

Der Autor:
Prof. Dr. rer. nat. Wilhelm Kuttler ist seit 1986 Professor für Klimatologie am Institut für Geographie an der Universität Duisburg-Essen, Campus Essen. Seine Arbeitsschwerpunkte liegen in der Stadt- und Geländeklimatologie.

Umschlagabbildung:
Gewitterzelle über der Stadt Porto, Portugal. Foto: D. Dütemeyer

Bibliografische Information der Deutschen Nationalbibliothek

Die Deutsche Nationalbibliothek verzeichnet diese Publikation in der Deutschen Nationalbibliografie; detaillierte bibliografische Daten sind im Internet über http://dnb.d-nb.de abrufbar.

Gedruckt auf umweltfreundlichem, chlorfrei gebleichtem Papier ⊗ ISO 9706

© 2009 Verlag Ferdinand Schöningh, Paderborn
(Verlag Ferdinand Schöningh GmbH & Co. KG, Jühenplatz 1, D-33098 Paderborn)
ISBN 978-3-506-76576-5

Internet: www.schoeningh.de

Das Werk, einschließlich aller seiner Teile, ist urheberrechtlich geschützt. Jede Verwertung außerhalb der engen Grenzen des Urheberrechtsgesetzes ist ohne Zustimmung des Verlages unzulässig und strafbar. Das gilt insbesondere für Vervielfältigungen, Übersetzungen, Mikroverfilmungen und die Einspeicherung und Verarbeitung in elektronischen Systemen.

Printed in Germany.
Herstellung: Ferdinand Schöningh, Paderborn
Einbandgestaltung: Atelier Reichert, Stuttgart

UTB-Bestellnummer: ISBN 978-3-8252-3099-9

Inhalt

Vorwort

Der vorliegende Überblick über die Klimatologie vervollständigt die Reihe „Grundriss Allgemeine Geographie", die von Heinz Heineberg seit Jahren erfolgreich herausgegeben wird. Das Buch stellt eine vollständige Neufassung der seinerzeit zusammen mit Paul Busch veröffentlichten zweiten Auflage der „Klimatologie" in dieser Reihe aus dem Jahr 1990 dar. Der Verfasser hat sich bemüht, komplexe Sachverhalte möglichst einfach darzustellen. Verschiedentlich werden klimatologische Probleme durch Rechenaufgaben vertieft, deren Lösungswege und Ergebnisse jeweils angegeben werden.

Das Buch richtet sich nicht nur an Studierende und Lehrende geowissenschaftlicher Fächer, sondern auch an diejenigen Leserinnen und Leser, die sich mit den Grundlagen der Klimatologie einerseits und einem sich ändernden Globalklima andererseits auseinandersetzen möchten.

Für die vielfältige Unterstützung bei der Anfertigung des Buches bedanke ich mich bei folgenden Personen bzw. Institutionen:
- Herrn Prof. Dr. Heinz Heineberg, Münster, als betreuenden und sehr geduldigen Herausgeber, der den gesamten Text durchgesehen und zu seiner Verbesserung beigetragen hat,
- meinen mir seit vielen Jahren verbundenen Kollegen Prof. Dr. Helmut Mayer und Prof. Dr. Gerd Jendritzky, beide Meteorologisches Institut der Universität Freiburg (Brsg.), für das Redigieren entsprechender Textabschnitte im Kapitel „Human-Biometeorologie",
- Frau Kollegin Prof. Dr. K. Labitzke, Institut für Meteorologie, Freie Universität Berlin, für die Überlassung von Abbildungen zur Temperaturverteilung der arktischen und antarktischen Stratosphäre,
- Herrn Kollegen Prof. Dr. Franz Rubel, Biometeorologie und Mathematische Epidemiologie Gruppe, Veterinärmedizinische Universität Wien, Österreich, für die Abdruckgenehmigung der noch nicht veröffentlichten Weltkarte der Köppen-Geigerschen Klimaklassifikation für den Zeitraum 2076–2100,
- dem Deutschen Wetterdienst (DWD), Offenbach am Main, für die freundliche Überlassung von Wolkenbildern sowie
- meinen Mitarbeitern der Abt. Angewandte Klimatologie, Universität Duisburg-Essen, insbesondere Herrn Dipl.-Umweltwissenschaftler Klaus Kordowski sowie Herrn Akad. Direktor Dr. A.-B. Barlag für die mühevolle Arbeit des Korrekturlesens.

Ganz besonderer Dank ergeht an Herrn Dipl.-Ing. H. Krähe, der nicht nur mit großem persönlichen Einsatz das Manuskript druckfertig erstellte, sondern auch half, darin enthaltene fachliche Unstimmigkeiten zu beseitigen.

Dem Ferdinand Schöningh Verlag sei für die Aufnahme in die Reihe „Grundriss Allgemeine Geographie" und Herrn Dr. Sawicki für seine Geduld und begleitende Unterstützung beim Zustandekommen des Buches gedankt.

Wilhelm Kuttler
Essen, im September 2008

1 Klimatologische Begriffsbestimmungen

Abb. 1.1 Sonnenuhr auf der Bergehalde Hoheward (150 m ü.NN), die aus Schüttungen der Zechen Ewald und General Blumenthal/Haard zwischen den Städten Herten und Recklinghausen (NRW) entstand. Das Schattenende des Obelisken zeigt die wahre Ortszeit an.
Foto: NEKES

1.1 Einführung

An den Anfang des Buches wird ein Kapitel gestellt, in dem grundlegende Begriffe, die für das klimatologische Verständnis wichtig sind, erläutert werden. Hierbei wird von der Definition des Begriffes Klima ausgegangen, und es werden die Bedingungen der tages- und jahresperiodischen Sonneneinstrahlung vorgestellt, die das „solare Klima" ohne Beeinflussung durch die Atmosphäre bestimmen. Der Abschnitt „Klimasystem" stellt mittlere globale Zusammenhänge zwischen den einzelnen Teilbereichen der verschiedenen Umweltmedien auf der Erde dar. Das im

Gegensatz zum Klima eine wesentlich kürzere Zeitspanne umfassende Wetter und die einen etwas längeren Zeitabschnitt beanspruchende Witterung werden nach ihrem atmosphärischen Austauschverhalten unterschieden und an charakteristischen Beispielen erläutert. Ferner erfolgt in einem weiteren Abschnitt die Beschreibung von Zeitskalen und Raummaßstäben, die wichtige Einteilungskriterien für atmosphärische Prozesse sind. Bevor abschließend häufig verwendete Größen und Einheiten in der Klimatologie definiert werden, wird kurz auf die Begriffe Klimaelement und Klimafaktor eingegangen.

1.2 Klima

Als Teildisziplin der Meteorologie und Geographie ist die Klimatologie die Wissenschaft von der Erforschung des Klimas und seiner Veränderungen. Mit dem Begriff **Klima** werden alle Wettererscheinungen für einen bestimmten Zeitraum an einem Ort oder in einem Gebiet zusammengefasst.

Angaben zum Klima sollen sich auf lange Zeiträume beziehen; in der Regel handelt es sich hierbei um 30 Jahre, für die die Mittel- und Extremwerte sowie die statistischen Häufigkeitsverteilungen der Klimaelemente aufbereitet werden. Dieser Zeitraum wurde von der Weltorganisation für Meteorologie (WMO, Genf) als Standard- oder Normalperiode festgelegt. Normalperioden waren zum Beispiel 1931–1960 sowie 1961–1990; diese werden im Englischen als **CLINO** (climatological normals) bezeichnet. Die Daten der Normalperioden stellen wichtige Bezugsgrößen dar, mit deren Hilfe zum Beispiel aktuelle Klimadaten verglichen und Aussagen über eine Klimaänderung vorgenommen werden können. Eine zwar schon über 160 Jahre alte, nach wie vor in ihrer Aussage aber umfassende und treffende Klimadefinition formulierte Alexander von Humboldt (s. Kasten 1.1).

1.2.1 Solares Klima.

Das solare Klima stellt eine Abstraktion in dem Sinne dar, dass man den Klimabegriff ausschließlich auf die von der geographischen Breite abhängige Sonneneinstrahlung unter Vernachlässigung der Atmosphäre reduziert. Es handelt sich somit um eine Modellvorstellung, nach der jeder Ort auf demselben Breitenkreis das gleiche „solare" Klima hat. Auf die Berechnung der Einstrahlungswerte aus Sonnenhöhe

---

Kasten 1.1 Definition des Begriffes „Klima" nach Alexander von Humboldt auf der Grundlage seines Buches „Kosmos. Entwurf einer physischen Weltbeschreibung"
(VON HUMBOLDT 1845, S. 340)

Der Ausdruck Klima bezeichnet in seinem allgemeinsten Sinne alle Veränderungen in der Atmosphäre, die unsre Organe merklich afficiren[1]: die Temperatur, die Feuchtigkeit, die Veränderungen des barometrischen Druckes, den ruhigen Luftzustand oder die Wirkungen ungleichnamiger Winde, die Größe der electrischen Spannung, die Reinheit der Atmosphäre oder die Vermengung mit mehr oder minder schädlichen gasförmigen Exhalationen, endlich den Grad habitueller Durchsichtigkeit und Heiterkeit des Himmels; welcher nicht bloß wichtig ist für die vermehrte Wärmestrahlung des Bodens, die organische Entwicklung der Gewächse und die Reifung der Früchte, sondern auch für die Gefühle und ganze Seelenstimmung des Menschen.

---

1) beeinflussen

und Strahlungsdauer soll hier nicht eingegangen werden. Mit Hilfe der Darstellung des solaren Klimas lassen sich grundlegende Erkenntnisse hinsichtlich der strahlungsklimatischen Unterschiede auf der Erde gewinnen, ohne dass diese durch andere Einflüsse modifiziert werden. So können solare Klimazonen voneinander abgegrenzt und damit zum Beispiel Unterschiede in den Strahlungsjahreszeiten zwischen Tropen und den Polargebieten verdeutlicht werden. Tabelle 1.1 enthält für ausgewählte Termine die breitenabhängigen Tagessummen der solaren Einstrahlung auf einer ebenen Fläche. Aus den Daten können folgende Schlüsse gezogen werden (Blüthgen/Weischet, 1980[3]):

Während die Einstrahlung in den äquatorialen Tropen über das ganze Jahr relativ gleichmäßig verteilt ist (9,4–10,7 kWh/$(m^2 \cdot d)$), setzt sich diese in den hohen und insbesondere den polaren Breiten durch ihre starke zeitabhängige Schwankung deutlich davon ab. So erfolgt in den Polargebieten nur in den jeweiligen Frühjahrs- und Sommermonaten (Polartag) hohe und höchste Zustrahlung (Nordhalbkugel: 12,9 kWh/$(m^2 \cdot d)$; Südhalbkugel: 13,7 kWh/$(m^2 \cdot d)$), in den Herbst- und Wintermona-

ten (Polarnacht) ist die Einstrahlung jedoch gleich Null.

Die höchsten Tagessummen der Einstrahlung werden zur Sommersonnenwende (Sommersolstitium, lat. *solstitium*, Sonnenstillstand) der jeweiligen Halbkugel an den Polen erreicht. Sie liegen damit deutlich über den Werten der Tropen, was auf die größere Tageslänge an den Polen zurückzuführen ist. Auch zeigt sich im direkten Vergleich der Werte zwischen Nordpol (12,9 kWh/$(m^2 \cdot d)$) und Südpol (13,7 kWh/$(m^2 \cdot d)$), dass die Südhalbkugel im Südsommer etwas höhere Tagessummen aufweist als die Nordhalbkugel im Nordsommer. Das liegt daran, dass sich die Erde um die Sonne nicht auf einer Kreisbahn bewegt, sondern auf einer elliptischen Bahn mit dem kleinsten Abstand zur Sonne (Perihel) im Januar und dem größten Abstand zur Sonne (Aphel) im Juli. Entsprechend ist die Strahlung im Südsommer auf der Südhalbkugel stärker als im Nordsommer auf der Nordhalbkugel, dagegen im Südwinter auf der Südhalbkugel schwächer als im Nordwinter auf der Nordhalbkugel.

Das tatsächliche Klima eines Ortes entspricht natürlich nicht diesem mathema-

Tab. 1.1 Breitenkreisabhängige Tagessummen der mittleren Einstrahlung im solaren Klima für bestimmte Tage im Jahr (in kWh/$(m^2 \cdot d)$) (Quelle: Blüthgen/Weischet 1980[3]; verändert)

	21. März	6. Mai	22. Juni	8. Aug.	23. Sept.	8. Nov.	22. Dez.	4. Febr.
Nord 90°	0	9,2	12,9	9,1	0	0	0	0
70°	3,7	8,9	12,1	8,5	3,6	0,3	0	0,3
50°	6,9	10,3	11,8	10,2	6,8	3,4	2,1	3,5
30°	9,2	11,1	11,7	10,9	9,1	6,7	5,5	6,8
10°	10,5	10,7	10,5	10,5	10,4	9,4	8,7	9,5
0°	10,7	9,9	9,4	9,9	10,5	10,4	10,1	10,5
10°	10,5	9,1	8,2	8,9	10,4	11,1	11,1	11,1
30°	9,2	6,5	5,2	6,5	9,1	11,5	12,4	11,6
50°	6,9	3,3	1,9	3,2	6,8	10,8	12,6	10,9
70°	3,7	0,3	0	0,3	3,6	9,3	12,9	9,5
Süd 90°	0	0	0	0	0	9,5	13,7	9,6

tisch festgelegten Einstrahlungsgang. Neben den Erdbahnelementen modifizieren Klimafaktoren die gemessenen oder beobachteten Werte der meteorologischen Größen, die als Klimaelemente bezeichnet werden (s. Kap. 1.5).

1.2.2 Klimasystem der Erde.

In der jüngeren Zeit hat sich in den Atmosphärenwissenschaften im Zusammenhang mit der Diskussion um den Klimawandel der Gebrauch des Begriffs **Klimasystem** anstelle von Klima immer mehr durchgesetzt. Mit der Betonung einer systembezogenen Beschreibung soll letztlich der Tatsache Rechnung getragen werden, dass das Klima als Ganzes in direkter, aber auch indirekter Abhängigkeit zu Wirkungsfaktoren aus verschiedenen Teilbereichen (**Subsystemen**) steht und durch diese auch

nachhaltig geprägt wird (Abb. 1.2). Bei den Subsystemen handelt es sich um: Atmosphäre (Lufthülle), Biosphäre (Lebewelt), Hydrosphäre (Gewässer) und Kryosphäre (Eisgebiete) sowie Pedosphäre (Erdboden) und Lithosphäre (Gesteinshülle). Die Grenzen zwischen den „Sphären" sind fließend und ein Austausch der physikalischen und chemischen Eigenschaften deshalb möglich. Allerdings sind die Komponenten des Klimasystems durch unterschiedliches Zeitverhalten charakterisiert. Mit dem Begriff **Zeitverhalten** – auch Anpassungs-, Reaktions- oder Relaxationszeit genannt – wird derjenige Zeitbedarf eines Subsystems beschrieben, der notwendig ist, um nach einer Störung wieder einen Gleichgewichtszustand eintreten zu lassen. Derartige Störungen können zum Beispiel durch Wechselwirkungen

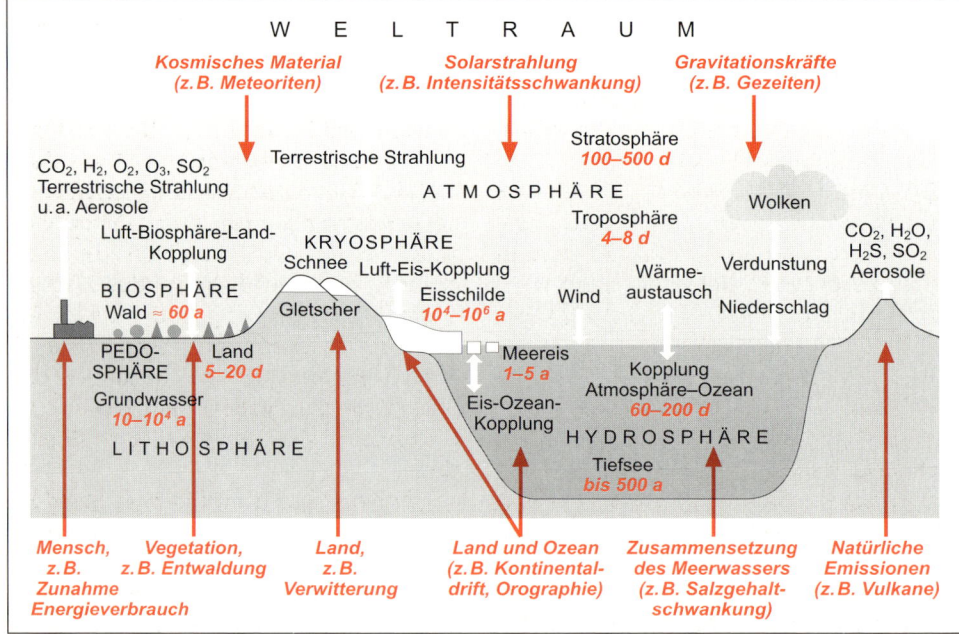

Abb. 1.2 Das Klimasystem der Erde mit seinen Subsystemen sowie Angabe der Reaktionszeiten auf Störungen (nach verschiedenen Verfassern; hier nach Hupfer/Kuttler 2006[12])

bzw. Rückkopplungen mit anderen Subsystemen hervorgerufen werden. Die kürzesten Anpassungszeiten ergeben sich mit 4 bis 8 Tagen für die Troposphäre, ein schon deutlich größerer Zeitbedarf tritt in der Stratosphäre (100–500 d) auf, während die höchsten Werte für Eisschilde (10^4–10^6 a) gelten. Die genannten Zeitkonstanten der Komponenten bestimmen auch den Einfluss auf Klimaschwankungen, die kurz- oder langperiodisch auftreten können. Weitere Steuerungsgrößen des Klimasystems sind neben den externen Einflüssen (Änderung der solaren Strahlungsenergie und der Erdbahnparameter) der Vulkanismus und die menschlichen Aktivitäten (Landnutzungsänderung, Umweltverschmutzung).

1.3 Witterung und Wetter

Im Gegensatz zum Klima bezeichnet man mit dem Begriff **Witterung** den Wetterablauf an einem Ort oder innerhalb eines Gebietes während eines kürzeren oder längeren Zeitabschnitts. Mit **Wetter** wird der Zustand meteorologischer Vorgänge an einem bestimmten Ort oder in einem bestimmten Gebiet während einer kurzen Zeitspanne (meist ein Tag) bezeichnet.

Bei der Beschreibung der Witterung werden den Wetterablauf kennzeichnende meteorologische Erscheinungen herausgestellt und Gesetzmäßigkeiten ihres Ablaufs im Jahresgang aufgezeigt. Allerdings gibt es hierzu auch mehr oder weniger eng an bestimmte Kalendertage gebundene Abweichungen. Diese bezeichnet man als Witterungsregelfälle, **Singularitäten** (lat. *singularis*, vereinzelt). Bekannte Singularitäten sind zum Beispiel die Eisheiligen

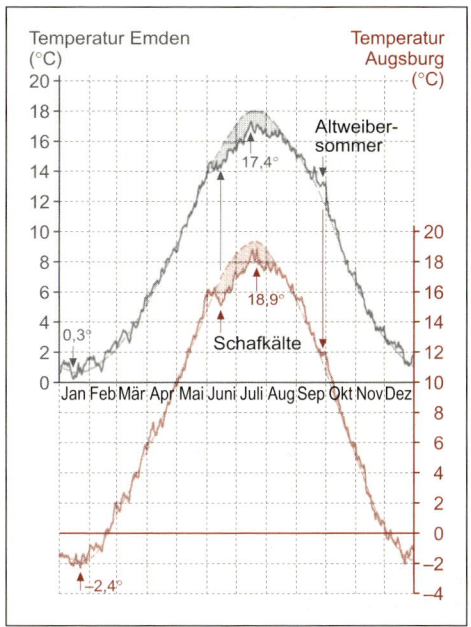

Abb. 1.3 Mittlerer Jahresverlauf der Lufttemperatur in Emden und Augsburg über einen Zeitraum von 80 Jahren (Quelle: van Eimern/Häckel 1979[3])

(Kälterückfälle im Mai), die Schafkälte (Mitte Juni), Siebenschläfer (Ende Juni) und der Altweibersommer (Ende September); letzterer wird auch in Deutschland wegen seines nicht geschlechtsneutralen Namens zunehmend „Indian Summer" genannt. Dieser Begriff geht auf die im Allgemeinen ab Mitte September herrschende Schönwetterperiode im Nordosten der USA zurück, wenn der Frühherbst zu einer für dieses Gebiet typischen Laubfärbung führt.

Abbildung 1.3 sind für zwei Standorte die mittleren Jahresverläufe der Lufttemperaturen zu entnehmen. Geht man davon aus, dass bei langjährigen Mittelwerten die Jahresgänge der Lufttemperaturen einen glatten Verlauf mit entsprechenden Minima im Januar und Maxima im Juli haben, dann fallen, bezogen auf diese Ausgleichskurven, die durch die Singularitäten bedingten Temperaturabweichungen auf; so Mitte Juni der Kälterückfall als Schafkälte, der auch deshalb so markant ist, weil diesem im Allgemeinen eine warme Witterungsperiode vorausgeht. Gegen Mitte/Ende September stellen sich bei wolkenlosem Himmel während trockenen Hochdruckwetters meist höhere Temperaturen ein, was für den Altweibersommer (Strahlungswetterlagen) charakteristisch ist. Es handelt sich hierbei um die beständigsten Wetterlagen im Jahresverlauf.

In der Witterungsklimatologie kann grundsätzlich in zwei wichtige Witterungstypen unterschieden werden. Es handelt sich um die sogenannte **autochthone** und **allochthone Witterung**.

Erstgenannte spielt insbesondere im Rahmen gelände- oder stadtklimatischer Untersuchungen eine Rolle, da sich während ihres Vorherrschens die lokalklimatischen Unterschiede am stärksten zeigen.

So wird unter einer **autochthonen** Witterung (griech. *autos*, eingeboren, und griech. *chthon*, Boden) ein Wetterablauf verstanden, der an das Vorherrschen antizyklonaler, also durch Hochdruck bestimmter Großwetterlagen gebunden ist. Eine derartige Witterung ist bei geringer oder nicht vorhandener Bewölkung im Sommer tagsüber durch starke Sonneneinstrahlung und nachts durch eine starke effektive Ausstrahlung (negative Strahlungsbilanz Q^*) sowie Windarmut charakterisiert. Man spricht in diesem Zusammenhang deshalb auch von einer austauscharmen Strahlungswetterlage. Der Witterungscharakter und das lokale Wetter werden demnach am untersuchten Standort durch lokale Einflussfaktoren bestimmt. Das thermische Verhalten des jeweiligen Untergrundes kommt deshalb

maximal zur Geltung und führt zu ausgeprägten Tagesgängen vieler meteorologischer Elemente. Liegt eine heterogene Oberflächengestaltung vor, können sich große Unterschiede zwischen den Standorten entwickeln, die durch den Wechsel von Tag und Nacht bedingte Ausgleichsströmungen wie den Land-/Seewind an der Küste, den Berg-/Talwind im Gebirge oder den Flurwind zwischen Stadt und Umland in Gang setzen. Während des Vorherrschens einer solchen Witterung entstehen in reliefiertem Gelände durch abfließende Kaltluft in Becken oder abflusslosen Tälern häufig Kaltluftseen, die nach oben durch eine Inversionsschicht (Strahlungsinversion) abgeschlossen werden. Eine starke Austauscharmut mit massiver Unterdrückung des vertikalen turbulenten Transportes ist die Folge.

Im Gegensatz zur autochthonen Witterung steht die **allochthone** Witterung (griech. *allos*, fremd, und griech. *chthon*, Boden). Es handelt sich hierbei um eine fremdbürtige Witterung, die durch großräumige Luftbewegung, meist in Folge zyklonaler Großwetterlagen, auftritt. Dabei werden Luftmassen unterschiedlicher Temperatur und Feuchte aus weit entfernten Gebieten herangeführt und kräftig durchmischt. Ein Tagesgang der meteorologischen Elemente, wie er in ausgeprägtem Maße bei autochthoner Witterung zu beobachten ist, fehlt fast völlig. Im Gegenteil, es lassen sich eher unperiodisch auftretende Veränderungen feststellen, die auf dem Durchzug von Tiefdruckgebieten beruhen. Tagesperiodische Winde wie Berg- und Talwinde, Land-/Seewinde oder Flurwinde können dann meist nicht beobachtet werden.

Abbildung 1.4 zeigt für beide Witterungstypen exemplarisch die Tagesgänge ausgewählter Klimaelemente wie der Strah-

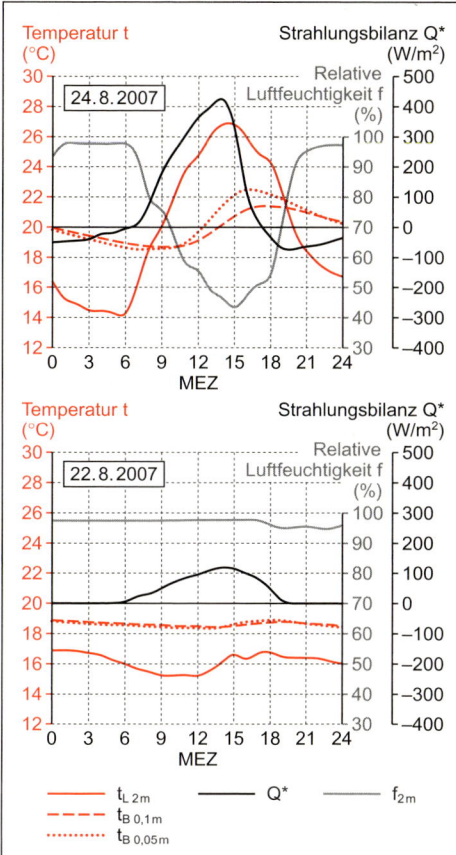

Abb. 1.4 Tagesgänge verschiedener meteo-rologischer Elemente während autochthoner (oben) und allochthoner (unten) Witterung an der Albert-Kratzer-Klimastation (AKKS) der Universität Duisburg-Essen in Essen am 24.8.2007 (oben) und am 22.8.2007 (unten); Tagesniederschlagssumme am 22.8.2007: 22 mm; 8/8 bedeckt

lungsbilanz (Q^*), der Lufttemperatur (t_L), der Bodentemperaturen (t_B; $-0{,}05$ m und $-0{,}10$ m) sowie der relativen Feuchte (f).

Im autochthonen Fall, bei wolkenlosem Himmel, weisen die Strahlungsbilanz und die Lufttemperatur gut strukturierte Tagesgänge auf mit Maxima gegen Mittag und Minima während der Nacht. Der Gang der relativen Feuchte verhält sich invers dazu und durchläuft am frühen Nachmittag ein Minimum von fast 40 %, während in den Abend- und Nachtstunden annähernd Sättigung auftritt. Die Bodentemperaturen in 5 cm und 10 cm Tiefe erreichen ihre Maxima am frühen Nachmittag, wobei sich beide nicht nur in ihren absoluten Beträgen, sondern auch in ihren jeweiligen Amplituden unterscheiden. Auch verspätet sich das 10 cm-Tiefen-Maximum im Vergleich zum 5 cm-Tiefen-Maximum um etwa eine Stunde.

Im Gegensatz zum autochthonen Fall lassen sich bei allochthoner Witterung keine oder nur geringe Unterschiede der Messergebnisse im Tagesgang erkennen. Zurückzuführen ist dieses auf die Wolkenbedeckung, den Niederschlag und die hohen Windgeschwindigkeiten an diesem Tag. Dadurch erreicht die Strahlungsbilanz tagsüber nur leicht erhöhte Werte, ebenso wie die Temperatur am frühen Nachmittag. Weder die Bodentemperaturen noch die relative Feuchte weisen einen Tagesgang auf. Auffallend bei den Bodentemperaturen ist, dass sich diese auch voneinander nicht unterscheiden. Der Grund dafür ist, dass die Bodenoberfläche als Strahlungsumsatzfläche wegen der Bewölkung keine wesentliche Strahlungszufuhr von der Sonne erhält. Dadurch treten keine tiefen-(= volumen-)abhängigen Wärmetransporte auf, die sich durch hohe Temperaturen in der Nähe der Oberfläche, wie im autochthonen Fall, und niedrigere Temperaturen in den tieferen Bodenschichten auszeichnen.

Autochthonie und Allochthonie lassen sich auch auf das Wetter anwenden, wenn es sich um den entsprechenden Zeitraum handelt. Der Begriff „Strahlungswetter" oder „Strahlungswetterlage" drückt dieses ja bereits aus.

1.4 Maßstabsbereiche und Zeitskalen

1.4.1 Maßstabsbereiche.

Atmosphärische Vorgänge nehmen einen großen räumlichen und zeitlichen Skalenbereich ein, wenn man bedenkt, dass zu diesen sowohl die kleinräumige Entstehung von Turbulenzen an Häuserecken, aber auch kontinentbeherrschende Hoch- oder Tiefdruckgebiete zählen. Abbildung 1.5 stellt wegen der weiten Spanne die räumlichen und zeitlichen Abhängigkeiten in logarithmischem Maß dar.

Grundsätzlich ist bei den atmosphärischen Prozessen zu beachten, dass es sich nicht um diskrete, also um scharf voneinander zu trennende Phänomene handelt, sondern um miteinander verbundene Vorgänge, die in ein globales atmosphärisches Kontinuum eingebettet sind. So umfasst

die **Mikroskala** Längenbereiche zwischen Zentimetern, Metern und wenigen Kilometern sowie Lebensdauern, die nur einen kurzen Zeitraum einnehmen. Die sich anschließende **Mesoskala** erreicht maximal schon wenige tausend Kilometer mit charakteristischen Zeiten. Erst die im Anschluss beginnende **Makroskala** bindet den globalen Bereich mit ein.

1.4.2 Zeitskalen.

Zeitliche Bezugsgrößen spielen in der Klimatologie eine außerordentlich große Rolle, denn Dynamik und Eigenschaften der atmosphärischen Phänomene werden durch ihre verschiedenen Lebensdauern geprägt und charakterisiert. Aus diesem Grunde ist es für die Beschreibung des Klimas eines Ortes oder Gebietes wichtig, eine zeitliche Orientierungsgröße zu definieren, um damit einen Zeitbezug herstellen zu können. Hierzu bot sich schon seit

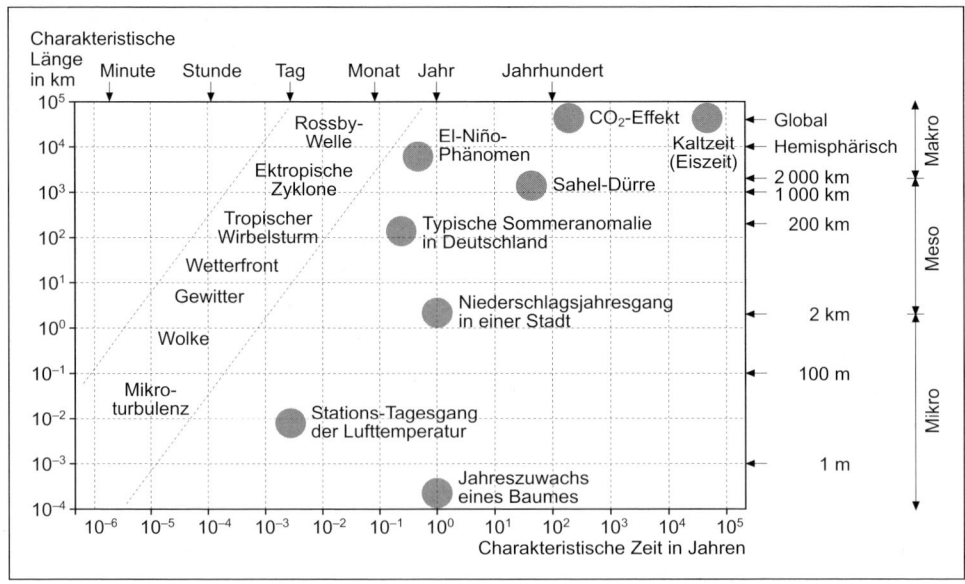

Abb. 1.5 Räumliche und zeitliche Skalen atmosphärischer Prozesse
(Quelle: Lex. Geographie 2002; verändert)

alters her der Lauf der Sonne an.

Bis zur zweiten Hälfte des 19. Jhds. richtete man sich in der Zeitrechnung im Allgemeinen nach dem Stand der Sonne und bezeichnete die diesem entsprechende Zeit als **wahre Sonnenzeit** bzw. **wahre Ortszeit**. Einen wichtigen Bezugszeitpunkt stellte dabei die Mittagsdefinition eines Ortes dar, die durch den Kulminationspunkt der Sonne festgelegt wurde. Zwölf Uhr Mittag war demnach die Zeit, zu der die Sonne ihren Höchststand im Tagbogen erreicht hatte. Diese Festlegung führte allerdings dazu, dass jeder Ort und jede Region eine andere wahre Sonnenzeit hatte, denn die Eintrittszeiten der Kulminationspunkte werden stets durch die geographische Lage eines Ortes bestimmt. Erst durch den schottischen Ingenieur Sandford Fleming (1827–1915) wurde eine einheitliche Zeit eingeführt, die vom lokalen Sonnenstand unabhängig war. Von ihm ging auch die Idee aus, die Erde in 24 **Zeitzonen** (24 h · 15°/h = 360°) zu unterteilen. Die Einteilung in Zeitzonen wurde allerdings erst im Jahre 1884 durch die Meridiankonferenz in Washington möglich. Auf dieser Konferenz beschloss man nämlich, dass die Erde in je 180 Längengrade in östlicher und westlicher Richtung unterteilt werden sollte, ausgehend von einem willkürlich festgelegten Nullpunkt, der, der Seefahrernation England geschuldet, durch den Londoner Vorort Greenwich verlaufen sollte. Dieser Nullpunkt für die Einteilung der Längengrade wurde auch gleichzeitig als Ausgangspunkt für die Einteilung in die 24 internationalen Zeitzonen gewählt, auf die weiter unten eingegangen wird. Von da an bestimmte nun nicht mehr der Sonnenstand die Zeit in den einzelnen Ländern, sondern ausschließlich die Festlegung durch eine staatenübergreifende Konvention. Eine weltweite Einheitszeit wurde jedoch erst zu Beginn des 21. Jhds. eingeführt. Es handelt sich um die koordinierte Weltzeit, die **Universal Time Coordinated** (UTC) bzw. CUT (engl. Coordinated Universal Time), die sich auf den Nullmeridian von Greenwich bezieht. Die dort berechnete mittlere Sonnenzeit ist die mittlere Ortszeit von Greenwich, die auf astronomischen Beobachtungen der wahren Sonnenzeit beruht und gemittelt wird. Man bezeichnet diese Greenwichzeit auch als **Weltzeit** (UT, auch UT0, Universal Time). Die davon abgeleitete UTC ist eine statistische Zeit, die als Mittel berechnet auf der Zeitmessung durch zahlreiche Atomuhren in verschiedenen Staaten der Erde beruht.

Den sich im Jahresverlauf ergebenden Unterschied zwischen der wahren und mittleren Sonnenzeit nennt man **Zeitgleichung** (Abb. 1.6).

Die Zeitgleichung gibt die sich periodisch ändernde Differenz zwischen der wahren und der mittleren Sonnenzeit entsprechend der wahren Ortzeit (WOZ) und der mittleren Ortzeit (MOZ) an. Wie der Abbildung zu entnehmen ist, belaufen sich die zeitlichen Unterschiede etwa zwischen

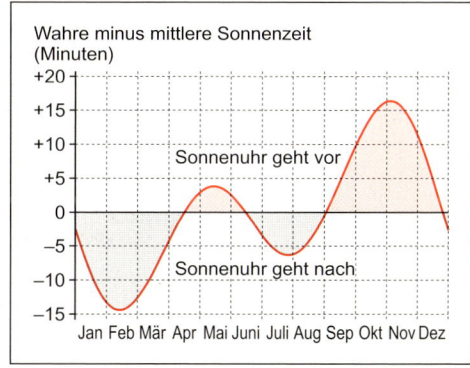

Abb. 1.6 Darstellung der Unterschiede zwischen wahrer und mittlerer Sonnenzeit im Verlaufe eines Jahres („Zeitgleichung")

+16 Minuten und –14 Minuten. Mit Hilfe der Zeitgleichung kann die durch eine Sonnenuhr angezeigte wahre Ortszeit in die mittlere Ortszeit umgerechnet werden. Die aus der Abbildung hervorgehende Periodizität der Differenzen ist auf die Exzentrizität der Erdbahn und die Schiefe der Ekliptik zurückzuführen (s. Kap. 2). Dadurch überlagern sich ein Jahres- und ein Halbjahreszyklus.

Um die Vergleichbarkeit meteorologischer Messungen und der auf ihnen beruhenden Berechnungen zu gewährleisten, wurden in Deutschland als tägliche **Messtermine** 7 Uhr, 14 Uhr und 21 Uhr mittlerer Ortszeit (die so genannten Mannheimer Stunden; s. Kap. 2) festgelegt. Damit wurde sichergestellt, dass die entsprechenden Messungen an allen Orten bei gleichem Sonnenstand erfolgen.

Für die bereits genannten Zeitzonen gilt jeweils die gleiche Zeit für Abschnitte von jeweils 15 Längengraden (Abb. 1.7). Es gibt jedoch aus verschiedenen, durchaus praktikablen Gründen Abweichungen davon. Zu den bekanntesten Zeitzonen in Europa zählen: Mitteleuropäische Zeit (MEZ) als mittlere Sonnenzeit auf den 15. Längengrad östlich von Greenwich bezogen, Osteuropäische Zeit (OEZ) auf den 30. Längengrad östlich von Greenwich bezogen sowie die Westeuropäische Zeit (WEZ), die sich auf den Längengrad von Greenwich bezieht. Die Zonenzeiten orientieren sich an der UTC, indem die MEZ um 1 Stunde und die OEZ gegenüber der WEZ um 2 Stunden vorgeht. Das bedeutet, östlich des Nullmeridians wird die Zeit addiert, westlich davon subtrahiert.

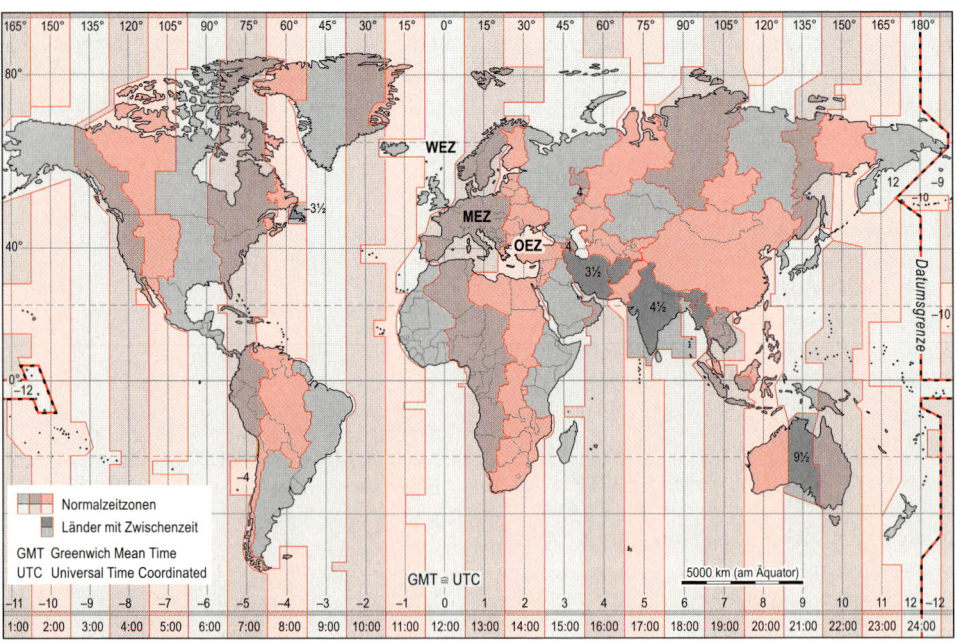

Abb. 1.7   Zeitzonen der Welt

Bei der mitteleuropäischen Sommerzeit (MESZ) wird im Sommerhalbjahr zur MEZ eine Stunde addiert, um das Tageslicht besser auszunutzen. In der englischen Sprache wird treffenderweise von der daylight saving time gesprochen. Die Sommerzeit wurde in Deutschland wieder im Jahre 1980 eingeführt. Die MESZ beginnt am letzten Sonntag im März durch Vorstellen der Uhren um eine Stunde und endet am letzten Sonntag im Oktober durch Rückstellen der genannten Zeitspanne. Die Sommerzeit wird bei klimatologischen Messungen nicht berücksichtigt.

1.5 Klimaelemente und Klimafaktoren

Das Klimasystem der Erde wird durch Klimaelemente und Klimafaktoren bestimmt. Die **Klimaelemente** sind messbare meteorologische (physikalische) Größen, die unter Berücksichtigung des Messzeitraums statistisch aufbereitet werden.

Die **Klimafaktoren** hingegen stellen raumtypische Einflussgrößen dar, die die Klimaelemente modifizieren. Typische Klimaelemente sind zum Beispiel
- der Jahresmittelwert der Lufttemperatur,
- die mittlere Häufigkeit des Niederschlages für einen bestimmten Tag,
- der mittlere Tagesgang des Dampfdruckes,
- die vorherrschende Windrichtungsverteilung eines Monats,
- die mittlere Windgeschwindigkeit während eines Jahres.
Als typische Klimafaktoren sind beispielsweise die Einflüsse durch
- Geographische Breite,
- Topographische Lage,
- Orographie,
- Land-Meer-Verteilung,
- Meeresströmungen,
- Bodenart,
- Bodenbeschaffenheit,
- Bodenbedeckung,
- Wasserverhältnisse an der Oberfläche,
- Bebauung
zu nennen.

Klimaelemente und Klimafaktoren werden in diesem Buch verschiedentlich behandelt, sodass an dieser Stelle nicht weiter darauf eingegangen wird.

1.6 Häufig verwendete Größen und Einheiten in der Klimatologie

Nachfolgend werden Größen und Einheiten erläutert, die in der Klimatologie häufig Anwendung finden. Diese gehen zurück auf die 11. Generalkonferenz für Maß und Gewicht, die im Jahre 1960 das **Internationale Einheitensystem (Système International d'Unités)** einführte und das unter der Abkürzung SI weltweit bekannt ist. Dem Einheitensystem liegen sieben Basiseinheiten zugrunde (s. Kasten 1.2).

Kasten 1.2 Die Basiseinheiten des Système International d'Unités (SI)

Einheit der Länge	das Meter (m)
Einheit der Zeit	die Sekunde (s)
Einheit der Masse	das Kilogramm (kg)
Einheit der elektrischen Stromstärke	das Ampere (A)
Einheit der Temperatur	das Kelvin (K)
Einheit der Stoffmenge	das Mol (mol)
Einheit der Lichtstärke	die Candela (cd)

In diesem Buch bedeuten eckige Klammern um das Formelzeichen einer Größe, dass es sich dabei um die Einheit dieser Größe handelt. Ein Beispiel möge dieses erläutern:

Die Größe Kraft hat das Formelzeichen N (Newton) und die Einheit $kg \cdot \dfrac{m}{s^2}$.

Geschrieben wird dieses: $[N] = kg \cdot \dfrac{m}{s^2}$,

und gelesen: Einheit der Kraft ist Kilogramm mal Meter durch Sekundenquadrat.

Kurz sollen hier die in der Klimatologie gebräuchlichsten **Basiseinheiten** definiert werden. Es sind dies: Meter (m), Kilogramm (kg), Sekunde (s) und Kelvin (K).

Ein **Meter** ist die Strecke, die das Licht im luftleeren Raum innerhalb von $\dfrac{1}{299\,792\,458}$ s zurücklegt. Da das Licht eine Geschwindigkeit von 299 792 458 m/s besitzt, wird in der genannten Zeit exakt die Strecke von einem Meter zurückgelegt.

Ein **Kilogramm** ist die Masse eines Zylinders mit gleicher Höhe und Durchmesser (etwa 39 mm), der zu 90 % aus Platin und zu 10 % aus Iridium besteht (Internationaler Kilogrammprototyp) und in Paris aufbewahrt wird.

Eine **Sekunde** ist das 9 192 631 770-fache der Periodendauer derjenigen elektromagnetischen Strahlung, die beim Übergang zwischen den beiden Hyperfeinstrukturniveaus des Grundzustands von Atomen des Cäsiumisotops ^{133}Cs emittiert wird. Man spricht in diesem Zusammenhang auch von der „Atomsekunde", die durch die Cs-Atomuhr angezeigt wird.

Ein **Kelvin** ist der 273,16te Teil der thermodynamischen Temperatur des Tripelpunktes des Wassers (s. Kap. 5).

Neben den Basiseinheiten unterscheidet man ferner hergeleitete, das heißt aus den Basiseinheiten hervorgehende Einheiten, zu denen zum Beispiel das Newton (N), das Pascal (Pa), das Watt (W) sowie das Joule (J) zählen. Auch diese sollen kurz erläutert werden.

Newton (N): Die Maßeinheit Newton geht auf den englischen Physiker, Mathematiker und Astronomen Sir Isaac Newton (1642–1727) zurück. Das Newton (N) ist eine abgeleitete SI-Einheit, mit der man die Kraft bezeichnet. Dabei ist ein Newton die Kraft, die einem Körper der Masse 1 kg die Beschleunigung 1 m/s^2 erteilt.

Entsprechend gilt: $[N] = kg \cdot \dfrac{m}{s^2}$.

Pascal (Pa): Die Maßeinheit Pascal wurde zu Ehren des französischen Mathematikers, Physikers und Philosophen Blaise Pascal (1623–1662) als Einheit des Drucks eingeführt. Man versteht unter einem Pascal den Druck, den die Kraft 1 Newton (N) auf eine Fläche von 1 m^2 ausübt.

Entsprechend gilt: $[Pa] = \dfrac{kg}{m \cdot s^2}$.

Joule (J): Das Joule (J) wurde nach dem englischen Physiker James Prescott Joule (1818–1889) benannt, der sich auf dem Gebiet der Energieumwandlung einen Namen gemacht hatte. Mit dieser Einheit werden die Arbeit, die Energie oder die Wärmemenge bezeichnet. Definitionsgemäß ist ein Joule diejenige Arbeit, die geleistet wird, wenn sich der Angriffspunkt der Kraft 1 Newton (N) in Richtung der Kraft um 1 m verschiebt (J = N·m).

Für das Joule gilt deshalb folgende Einheit: $[J] = \dfrac{kg \cdot m^2}{s^2} = Ws$ (Wattsekunde).

Watt (W): Die Maßeinheit Watt geht auf den schottischen Ingenieur James Watt (1736–1819) zurück und bezeichnet die Leistung des Energie- und Wärmestroms. Danach ist 1 W die Leistung eines Vorgangs, bei dem in 1 Sekunde die Arbeit von 1 Joule verrichtet wird (W = J/s).

Die Einheit des Watt ist demnach

$$[W] = \frac{kg \cdot m^2}{s^3}.$$

In der Klimatologie wird verschiedentlich für nur in geringen Konzentrationen auftretende atmosphärische Spurenstoffe deren **Volumen- oder Massenmischungsverhältnis** mit der Luft angegeben. Hierbei handelt es sich allerdings nicht um eine SI-Einheit. Das Volumen- oder Massenmischungsverhältnis ist keine Konzentration, sondern stellt eben das Verhältnis von Volumina oder Massen dar. Zum Beispiel bedeuten parts per million (ppm) 1 Volumen oder 1 Teil auf eine Million Volumina oder Teile $(1 : 10^6)$; analog verhält sich dazu ppb (parts per billion; $1 : 10^9$) oder ppt (parts per trillion; $1 : 10^{12}$). Gebräuchliche Verhältnisse werden gebildet aus cm^3/m^3, ml/m^3 oder g/t bzw. mg/kg.

So bedeuten 380 ppm CO_2, dass sich 380 Moleküle CO_2 auf 1 Mio. Moleküle Luft in der Atmosphäre befinden. 1 ppm entspricht 0,0001 Volumenprozent (10^{-4} Vol.-%).

Möchte man Mischungsverhältnisse in Konzentrationen und umgekehrt umrechnen, dann bedient man sich folgender Gleichungen. Mit Gl. 1.1 berechnet man das Mischungsverhältnis (ppm) unter Einsetzen der Konzentration des Stoffes.

$$ppm = \frac{22,4}{M} \cdot C \qquad \textbf{(1.1)}$$

22,4 = Molvolumen (L/mol) unter Normalbedingungen,

M = Molmasse des Stoffes (g/mol), für den die Umrechnung erfolgen soll, und

C = Konzentration des Stoffes (mg/m^3)

Mit Gl. 1.2 berechnet man die Konzentration des Stoffes, wenn das Mischungsverhältnis bekannt ist.

$$C = ppm \cdot \frac{M}{22,4} \qquad \textbf{(1.2)}$$

Einheitenerläuterung wie für Gl. 1.1.

Unter Molvolumen versteht man das Volumen eines Mols eines Stoffes unter Normalbedingungen. Ein Mol ist die Stoffmenge eines Systems, das aus ebenso vielen Teilchen besteht wie Atome in 0,012 kg des Kohlenstoffnuklids ^{12}C enthalten sind. Für ideale Gase beläuft sich das Molvolumen auf 22,4 L unter Normalbedingungen, das heißt auf 273,15 K (0 °C) und 1 013,25 hPa bezogen.

Werden zum Beispiel in der Atmosphäre 380 ppm CO_2 gemessen, dann entspricht dieser Wert (M von CO_2 gleich 44 g/mol) rund 746 mg/m^3.

2 Der Planet Erde

Abb. 2.1 „Hub of the Universe" (Zentrum des Universums), mit dem der US-amerikanische Schriftsteller O.W. Holmes (1809–1894) den Amtssitz des Governeurs von Massachusetts in Boston bezeichnete. Die in den Boden eingelassene Gedenktafel befindet sich in der Innenstadt von Boston, an einem Marktstand.
Foto: KUTTLER

2.1 Einführung

In diesem Kapitel werden in komprimierter Form ausgewählte astronomische und geophysikalische Grundlagen behandelt, die für das Verständnis der klimatologischen Zusammenhänge und Abhängigkei-ten auf der Erde notwendig sind. Ausgehend von der Beschreibung der Stellung der Erde im Sonnensystem werden Vergleiche über Massen, Dichten, Größen und Entfernungen zwischen den Himmelskörpern sowie zur Sonne vorgenommen. Hieraus kann unter anderem das Alleinstellungsmerkmal der Erde in Bezug auf ihre Biosphäre und das diese gewährleistende

Klima abgeleitet werden. Denn außer der Erde weist kein weiterer Planet (Wandelstern) des Sonnensystems die optimale Entfernung zum Zentralgestirn auf, die das Existieren von höher entwickeltem Leben zulässt. Nach der Behandlung der Gestalt der Erde und ihrer Größe, die bereits im Altertum auf geniale Weise ermittelt wurden, wird kurz auf die Zusammensetzung und den Aufbau des Erdkörpers eingegangen, und es werden seine Bewegungsformen mit den daraus resultierenden Konsequenzen für das Erdklima erläutert.

2.2 Stellung der Erde im Sonnensystem

Die Erde ist in Bezug auf die Entfernung zur Sonne nach Merkur und Venus der dritte Planet in unserem **Sonnensystem**. Merkur und Venus liegen innerhalb der Erdbahn und werden deshalb innere Planeten genannt. Bei den jenseits der Erdbahn kreisenden Planeten Mars, Jupiter, Saturn, Uranus und Neptun handelt es sich um die äußeren Planeten. Pluto zählt seit dem Jahre 2006 nicht mehr zu den Planeten, sondern wird der Klasse der Zwergplaneten zugeordnet.

Die mittlere Entfernung der Erde zur Sonne beläuft sich auf rund 149 Mio. km. Man bezeichnet diese Strecke auch als eine **Astronomische Einheit (1 AE)**. Da die Erde nicht auf einer Kreisbahn, sondern auf einer schwach elliptischen Bahn die Sonne umkreist, ergeben sich unterschiedliche Entfernungen zum Zentralgestirn.

Den mit 147 Mio. km geringsten Abstand zur Sonne erreicht die Erde im Januar (Perihel), den mit 152 Mio. km größten Abstand hingegen im Juli (Aphel). Das Sonnenlicht legt bei einer Geschwindigkeit von etwa $3 \cdot 10^8$ m/s (Lichtge-

schwindigkeit) die mittlere Distanz zwischen Sonne und Erde in etwa 8 Minuten zurück.

Die acht Planeten, Asteroiden, Zwergplaneten und die Sonne bilden zusammen die Gesamtmasse des Sonnensystems, woran die Sonne allerdings den überragenden Anteil von 99,9 % hat.

Ausgewählte **Daten zu den Planeten** enthält Tab. 2.1. Sowohl die Massen der Planeten als auch deren mittlere Sonnenabstände sowie die Umlaufzeiten um die Sonne wurden auf die Erddaten bezogen und diese deshalb jeweils gleich 1 gesetzt. Als der massereichste Planet gilt der Jupiter, während Neptun den größten mittleren Sonnenabstand und damit die längste Umlaufzeit um die Sonne hat. Während die äußeren Planeten zum Teil außerordentlich hohe Eigendrehbewegungen aufweisen – der Gasplanet Jupiter hat zum Beispiel nur weniger als 10 Stunden –, sind die Rotationsperioden der inneren Planeten, die sogar nach Wochen und Monaten im Vergleich zur Erde zählen, wesentlich länger. Obwohl sich die Erde hinsichtlich Masse, Durchmesser und Dichte am ehesten mit der Venus vergleichen lässt, bestehen zwischen beiden Wandelsternen erhebliche Unterschiede, zum Beispiel in der Rotationsdauer. Während diese auf der Erde bekanntlich knapp 24 Stunden beträgt, benötigt die Venus dafür mehr als 240 Tage. Diese sehr seltene Situation bewirkt, dass ein Tag auf der Venus länger dauert als ein Venusjahr, das eine Länge von lediglich 226 Tagen hat.

Hinsichtlich der klimatologischen Charakteristika sind die Unterschiede schon zu den unmittelbaren Nachbarplaneten der Erde, Venus und Mars, erheblich (Tab. 2.2).

So zeigt sich für die sonnennähere Venus (0,72 AE) eine fast doppelt so hohe

Tab. 2.1 Ausgewählte Daten zu den Planeten des Sonnensystems

Planet	Masse (Erde = 1)	Mittlere Dichte (t/m³)	Äquatordurchmesser (km)	Rotationsperiode	Mittlerer Sonnenabstand (AE)	Siderische Umlaufzeit[1] (Jahre)
Merkur	0,055	5,43	4878	58 d 15 h 30 min	0,39	0,24
Venus	0,815	5,24	12 104	243 d 0 h 14 min	0,72	0,62
Erde	1,000 (5,9 · 10²⁴ kg)	5,52	12 756	23 h 56 min 4,1 s (1 Tag)	1,00 (149 Mio. km)	1,00
Mars	0,107	3,94	6794	24 h 37 min 22,6 s	1,52	1,88
Jupiter	317,8	1,33	142 796	9 h 50 min 30 s	5,20	11,86
Saturn	95,2	0,70	120 984	10 h 14 min	9,54	29,42
Uranus	14,5	1,30	51 536	16 h 50 min	19,27	83,75
Neptun	17,2	1,76	49 530	17 h 50 min	30,21	163,7
Pluto[2]	0,002	1,7	2 390	6 d 9 h 17 min	39,84	248,0

1) Siderische Umlaufzeit (nach lat. *sidus*, Stern; also auf die Sterne bezogene Umlaufzeit): Zeit des Umlaufs eines Planeten um die Sonne, nach deren Ablauf die Sonne wieder vor dem gleichen Fixstern der Ekliptik erscheint. Das siderische Jahr hat eine Dauer von 365 d 6 h 9 min 9 s.
2) Obwohl Pluto aufgrund des Beschlusses der Internationalen Astronomischen Vereinigung (IAU) seit September 2006 nicht mehr als Planet, sondern als Kleinplanet geführt wird, werden seine Daten zu Vergleichszwecken hier angeführt.

Tab. 2.2 Vergleich ausgewählter klimatologischer Charakteristika der Erde und ihrer Nachbarplaneten Venus und Mars (Quelle: nach einer Zusammenstellung in Schönwiese 2003[2]; verändert)

Himmelskörper	Venus	Erde	Mars
Solare Strahlungsflussdichte in W/m²	2 613	1 368	589
Albedo (mit Atmosphäre) in %	75	30	15
Mittlere Oberflächentemperatur in °C	462	15	−50
Treibhauseffekt in °C	466	33	3
Mittleres Molekulargewicht der Atmosphäre	44	29[**]	44
Atmosphärischer Druck an der Oberfläche in hPa	90 000	1 000	7
Hauptbestandteile der Atmosphäre (gerundet)	CO_2 (98 %) N_2 (2 %)	N_2 (78 %) O_2 (21 %) Ar (0,9 %) CO_2 (0,04 %)	CO_2 (96 %) N_2 (3 %) Ar (1 %)

**) Trockene Luft 28,9644

solare Einstrahlung, während der sonnenfernere Mars (1,52 AE) weniger als die Hälfte der irdischen Bestrahlungsstärke erhält. Auch die Rückstrahlfähigkeit (Reflexion, Albedo) der Planetenatmosphären gegenüber dem Sonnenlicht fällt sehr unterschiedlich aus: Auf der hellen Venus ist die Reflexion um mehr als das Zweifache höher als auf der Erde, während der dunklere („rote") Mars etwa nur die Hälfte der Albedo der Erde aufweist. Im Vergleich zur Erde sind Venus und Mars lebensfeindliche Planeten, denn auf der Venus herrscht eine mittlere Oberflächentemperatur von über 400 °C, auf dem Mars hingegen eine solche von −50 °C. Die Venus- und Marsatmosphären bestehen hauptsächlich aus CO_2, die Erdatmosphäre überwiegend aus Stickstoff und Sauerstoff. In allen drei Atmosphären ist ein aufheizender bzw. wärmender **Treibhauseffekt** aktiv. Dieser erreicht auf der Venus bei dem hohen vorherrschenden Atmosphärendruck sehr große Werte. Auf dem Mars hingegen stellen sich bei sehr niedrigem Druck und entsprechender Entfernung zur Sonne im Durchschnitt keine Temperaturen über Null Grad Celsius ein. Auf der Erde führt der im Wesentlichen auf Wasserdampf und CO_2 basierende Treibhauseffekt stattdessen zu lebensfreundlichen Temperaturen bei einem globalen Mittel von etwa 15 °C. Bei Abwesenheit der Atmosphäre und damit des Treibhauseffekts würden hier nur lebensfeindliche −18 °C erreicht. Der Treibhauseffekt ist in erster Linie auf die Gehalte an drei- und mehratomigen Gasen in den Planetenatmosphären zurückzuführen, deren Absorption und Reemission für eine Konservierung der eingestrahlten Sonnenenergie sorgen (s. auch Kap. 11).

Auch die **Atmosphärendrücke** sind bei den drei Planeten höchst unterschiedlich ausgebildet. So wird für die Venusoberfläche ein 90-fach höherer Druck im Vergleich zu dem an der Erdoberfläche herrschenden berechnet. Auf irdische Verhältnisse übertragen handelte es sich hierbei um denjenigen Druck, der von einer mehr als 900 m hohen Wassersäule auf eine Oberfläche ausgeübt würde. Im Gegensatz dazu hat die Marsatmosphäre mit nur rund 7 hPa einen Druck, der in der Erdatmosphäre erst in einer Höhe von mehr als 40 km erreicht wird. Diese extremen Unterschiede, die die Nachbarplaneten im Vergleich zur Erde aufweisen, zeigen, dass die Erde der einzige Planet des Sonnensystems ist, der genau in demjenigen Abstand um die Sonne kreist, der die klimatischen Voraussetzungen für die Entwicklung und den Bestand höheren Lebens erfüllt. Schon ein geringfügiges Abweichen der Erdbahndaten von den bestehenden Prämissen würde auf der Erde zu einem

völlig anderen Klima führen. In welchem Maße die Entfernung Erde–Sonne einen Einfluss auf die globale Mitteltemperatur der Erde hat, wird in Kasten 2.1 dargestellt.

2.3 Daten zur Gestalt und zum Aufbau der Erde

2.3.1 Gestalt der Erde.

Die Gestalt der Erde hat keine einfache geometrische Form. Schon der griechische Gelehrte Eratosthenes von Kyrene (um 275 bis 195 v. Chr.) erschloss aus verschiedenen Beobachtungen, dass die Erde in erster Näherung einer Kugel gleicht, und versuchte, den Erdumfang zu bestimmen. Dazu maß er den Sonnenhöchststand zur Mittagszeit des längsten Tages an zwei Orten durch Spiegelung der Sonnenstrahlen in tiefen Brunnen, und zwar in der unterägyptischen Stadt Alexandria (31° 12' N, 29° 51' E) und in dem oberägyptischen Dorf Syene, dem heutigen Assuan (24° 5' N, 32° 55' E). Er stellte fest, dass bei Zenitstand der Sonne in Syene diese in der Stadt Alexandria nie den Scheitelpunkt von Syene erreichte, sondern beim Höchststand hier immer etwa 7° tiefer stand als dort. Eratosthenes führte diesen Unterschied auf die Erdkrümmung zurück. Da ein Vollkreis 360° beträgt und die Entfernung zwischen Alexandria und Syene durch einen berufsmäßigen Schrittzähler (!) der damaligen Zeit auf 5 000 Stadien bestimmt wurde (1 Stadion = 157,5 m), konnte Eratosthenes von folgender Proportionalität ausgehen (Gl. 2.1) und damit den Gesamtumfang der Erde berechnen:

$$\frac{x}{787\,500\ \text{m}} = \frac{360°}{7°} \qquad (2.1)$$

mit x = Erdumfang in m

Kasten 2.1   Abhängigkeit des thermischen Erdklimas vom Abstand Erde–Sonne

Um zu zeigen, wie eng die globale Durchschnittstemperatur der Erde (t ~ 15 °C) an die mittlere Entfernung der Erde zur Sonne gekoppelt ist, wurde – rein hypothetisch – der gegenwärtige Abstand von 149 Mio. km (= 1 AE) für verschiedene Distanzen variiert und die sich daraus ergebenden Temperaturen berechnet. Vorausgesetzt wird dabei, dass sich alle anderen Einflussgrößen auf die globale Mitteltemperatur – sowohl extraterrestrische als auch terrestrische – nicht ändern. Das Ergebnis zeigt Abb. 2.2. Man erkennt, dass zum Beispiel bereits die relativ geringe Veränderung der Entfernung von ±5 Mio. km zu einer erheblichen Temperaturbeeinflussung führen würde, im vorliegenden Fall um immerhin rund 5 K. Normiert auf die gegenwärtige Distanz von 149 Mio. km ergäbe sich bei einer Entfernungsänderung von nur etwa 1 % eine Temperaturschwankung auf der Erde von 10 % (bezogen auf 15 °C). Zu einer Verdopplung der herrschenden mittleren Temperaturverhältnisse von gegenwärtig 15 °C auf 30 °C käme es bereits, wenn sich der Abstand Erde–Sonne nur um 10 % seines momentanen Wertes reduzieren würde. Im entgegengesetzten Fall einer Distanzvergrößerung sänke die Erdmitteltemperatur auf etwa 0 °C ab. Es wird deutlich, dass die bestehende Entfernung zwischen Sonne und Erde nur in kleinen Grenzen schwanken darf, um die thermischen Grundlagen der Biosphäre der Erde nicht zu gefährden.

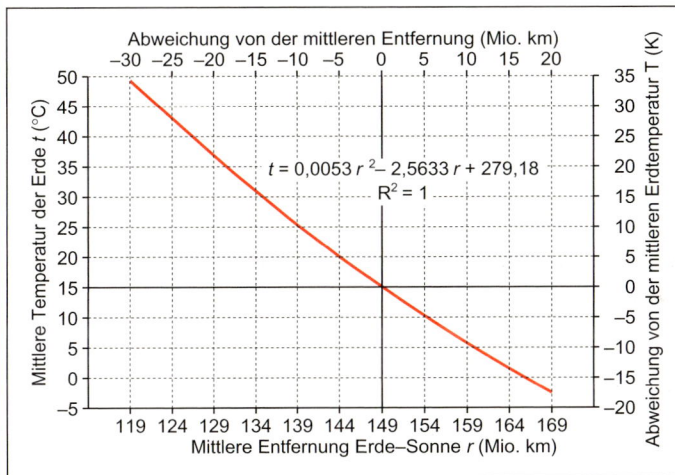

Abb. 2.2 Abhängigkeit der globalen Mitteltemperatur der Erde von der mittleren Entfernung Erde–Sonne unter Vernachlässigung weiterer extraterrestrischer bzw. terrestrischer Einflussfaktoren

(Abbildung – Diagramm:)

Abweichung von der mittleren Entfernung (Mio. km)
−30 −25 −20 −15 −10 −5 0 5 10 15 20

Mittlere Temperatur der Erde t (°C)

Abweichung von der mittleren Erdtemperatur T (K)

$$t = 0{,}0053\, r^2 - 2{,}5633\, r + 279{,}18$$
$$R^2 = 1$$

119 124 129 134 139 144 149 154 159 164 169
Mittlere Entfernung Erde–Sonne r (Mio. km)

Leser, die daran interessiert sind, den dargestellten Gedankengang rechnerisch nachzuvollziehen, sei folgendes Vorgehen empfohlen. Dabei wird im Vorgriff auf das Studium des Buches auf Gleichungen Bezug genommen, die im Kapitel „Strahlungs- und Wärmehaushalt" (Kap. 4) sowie „Treibhauseffekt und Ozonloch" (Kap. 11) enthalten sind.
Grundlage der Berechnung ist Gleichung 4.5, mit deren Hilfe man die jeweilige entfernungsabhängige Solarkonstante berechnet. Der in dieser Gleichung im Nenner enthaltene Abstand Sonne–Erde wird entsprechend variiert. Danach wird mit Gleichung 4.6 die sich daraus ergebende mittlere Strahlungsstromdichte auf der Erde berechnet. Anschließend setzt man die Werte in Gleichung 11.6 ein und berechnet jeweils die Einzelglieder der Gleichung unter Zugrundelegung der jeweiligen Solarkonstanten. Diese Gleichung wird nach der Temperatur aufgelöst (11.7), und man erhält die jeweilige globale Erdmitteltemperatur (in K bzw. nach Umrechnung in °C), die sich bei einer gewählten Entfernung Erde–Sonne von x Mio. km einstellt. Vereinfachend wurde hier vorausgesetzt, dass sich insbesondere für die Einzelglieder der irdischen Strahlungsbilanz keine Änderungen ergeben, wovon natürlich nicht ohne Weiteres ausgegangen werden kann.

$$x = 51{,}4 \cdot 787\,500 \text{ m} = 40\,500\,000 \text{ m}$$

Mit einem Wert von rund 40 500 km kam Eratosthenes trotz des relativ groben Messverfahrens schon sehr genau an den heutigen Wert heran.

Nach den gegenwärtig vorliegenden Messergebnissen weist die Erde einen über die Pole ermittelten Umfang von 40 008 km und einen Äquatorumfang von 40 075 km auf. Die Umfänge sind kleiner als die von Eratosthenes gemessenen, auch unterscheiden sie sich in ihrer Länge voneinander. Dabei belegt die Differenz von 67 km die Tatsache, dass die Gestalt der Erde nicht die Idealform einer Kugel besitzt, sondern eher mit der Form einer Birne zu vergleichen ist. Für die Beschreibung der Erdgestalt wird auch der Begriff **Geoid** verwendet. Hierbei handelt es sich um eine mathematische Erdfigur, die definitionsgemäß eine Oberfläche repräsentiert, die in Richtung der Schwerebeschleunigung (Lotlinie) überall senkrecht getroffen wird. In erster Näherung fällt die Oberfläche des Geoids mit der Höhe des mittleren Meeresspiegels zusammen.

2.3.2 Aufbau der Erde.

Bei einer Gesamtfläche der Erde von etwa 510 Mio. km² entfallen anteilmäßig etwa 71 % auf Meeresflächen und 29 % auf die Kontinente. Nord- und Südhemisphäre unterscheiden sich hinsichtlich dieser Aufteilung erheblich voneinander: Während auf der Nordhalbkugel der Wasseranteil nur etwa 60 % einnimmt, beläuft sich dieser auf der Südhalbkugel auf rund 80 %, weshalb auch von einer „Wasserhemisphäre" gesprochen wird.

Das Alter der Erde wird mit rund 4,6 Mrd. Jahren, das des Weltalls mit etwa 13,7 Mrd. Jahren angegeben.

Die Erde ist ein Planet, der schalenförmig aufgebaut ist. An die außen liegende dünne **Erdkruste** (bis etwa 30 km Tiefe) schließt sich der **Erdmantel** (bis 3 000 km) an, der schließlich vom zweigeteilten **Erdkern** abgelöst wird. Der äußere Erdkern (3 000 km bis etwa 5 200 km) besteht aus einer zähflüssigen Eisen-Nickel-Legierung und erzeugt das Magnetfeld der Erde. Der innere Kern (5 200 km bis etwa 6 400 km) enthält Eisen in fester Form bei Drücken, die etwa drei Millionen mal so hoch sind wie der Luftdruck an der Erdoberfläche (~ 1 013 hPa).

Die **Erdkruste** ist hinsichtlich ihrer Dichte ($\rho \sim 3$ t/m³) relativ leicht. Sie besteht im Wesentlichen aus den Elementen Sauerstoff (O), Silizium (Si), Aluminium (Al) sowie aus geringeren Anteilen an Eisen (Fe) und Calcium (Ca).

Der **Erdmantel** stellt den größten Volumen- und Gewichtsanteil des Erdkörpers dar. Seine Dichte ist mit $\rho \sim 5{,}6$ t/m³ schon deutlich höher als die der Erdkruste.

Für den **Erdkern** vermutet man eine Zusammensetzung aus den Metallen Nickel (Ni) und Eisen (Fe). Man spricht in diesem Zusammenhang auch vom „Nife"-Kern der Erde. Wegen des hohen Anteils „schwerer" Elemente beläuft sich seine Dichte auf den vergleichsweise hohen Wert von $\rho \sim 14$ t/m³. Der Bereich zwischen Kern und Mantel dürfte im Wesentlichen für die Entstehung des Erdmagnetismus, der u. a. zur Nordausrichtung der Kompassnadel führt, verantwortlich sein. Die Wirkung wird hierbei auf den rotierenden Erdkern als „Anker" und den Mantel als „Wicklung" zurückgeführt.

Im Vergleich zum Erddurchmesser nimmt die Schichtdicke der Atmosphäre mit weniger als 1 % nur einen verschwindend geringen Anteil ein.

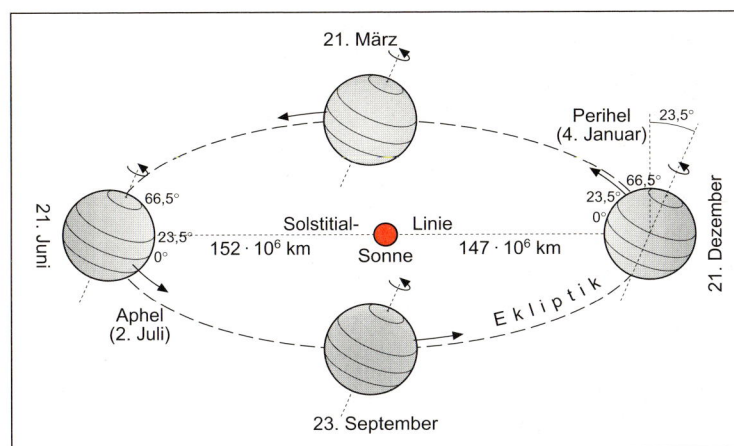

Abb. 2.3
Umlaufbahn der Erde um die Sonne auf einer schwach elliptischen Bahn mit Angabe des Beginns der Jahreszeiten

2.4 Bewegungsformen der Erde

Zu den Bewegungsformen des Planeten Erde zählen der jährliche Umlauf um die Sonne auf einer schwach elliptischen Bahn sowie die tägliche Drehung um seine Rotationsachse von West nach Ost.

2.4.1 Erdrevolution.

Der bereits genannte Umlauf der Erde um die Sonne wird **Erdrevolution** genannt (Abb. 2.3). Die dabei beschriebene Erdbahn hat einen Umfang von rund 940 Mio. km. Da die Erde diese Strecke innerhalb eines Jahres zurücklegt, resultiert daraus eine Durchschnittsgeschwindigkeit der Erde von etwas mehr als 100 000 km/h, was rund 30 km/s entspricht.

Allerdings ist, wie weiter unten gezeigt wird, diese Geschwindigkeit nicht konstant, sondern variiert mit den Sonnennah- und -fernständen während einzelner Erdumläufe sowie in geologischen Zeitabschnitten.

Noch bis zum Mittelalter nahm man an, dass die Erde im Mittelpunkt des Weltalls

ruhe, um die sich Mond, Sonne, Planeten und Fixsterne drehen. Die unregelmäßigen, oft scheinbar rückläufigen Planetenbahnen ließen sich mit diesem **geozentrischen Weltsystem**, das von dem alexandrinischen Geographen und Astronomen Claudius Ptolomäus (um 140 n. Chr.) überliefert wurde, allerdings nicht hinreichend erklären.

Diese Schwierigkeiten wurden erst nach Einführung des **heliozentrischen Systems** durch den in Frombork (Frauenburg, Masuren) tätigen Domherrn Nikolaus Kopernikus (1473–1543) beseitigt. Doch dieser nahm fälschlicherweise an, dass die Umlaufbahnen der Planeten kreisförmig und ein wenig gegeneinander geneigt sind. Dadurch konnte auch dieses System noch nicht in völlige Übereinstimmung mit den Beobachtungen gebracht werden. Das gelang erst Johannes Kepler (1571–1630), der das umfangreiche Beobachtungsmaterial des dänischen Astronomen Tycho Brahe (1546–1601) akribisch auswertete. Kepler fasste die wesentlichen Ergebnisse seiner Überlegungen in seinen drei berühmt gewordenen Leitsätzen, den **Keplerschen Gesetzen**, folgendermaßen zusammen (Gesetze in kursiver, Erläuterungen in normaler Schrift):

1. Gesetz von der Gestalt der Bahn:
Die Planetenbahnen sind Ellipsen, in deren einem Brennpunkt die Sonne steht. Die Planetenbahnen sind allerdings nur schwach elliptisch ausgeprägt, mithin fast Kreisbahnen, was der niedrige Wert der Exzentrizität (lat. *ex*, außerhalb; lat. *centrum*, Mittelpunkt) von 0,017 als Maß für die Abweichung eines Kegelschnitts von der Kreisform ausdrückt. Ein Kreis besitzt die Exzentrizität von $e = 0$, eine Ellipse von $0 < e < 1$. Man erkennt an dem sehr kleinen Wert von 0,017, wie wenig sich die Erdumlaufbahn von einer Kreisbahn unterscheidet. Da der Wert der Exzentrizität langfristig, das heißt über Jahrhunderttausende schwankt, verändern sich mit ihm auch die ankommende Sonnenstrahlung und die Länge der einzelnen Jahreszeiten.

2. Gesetz der Fläche:
Die Verbindungslinie Sonne–Planet (Radiusvektor) bestreicht in gleichen Zeiten gleiche Flächen. Daraus ergibt sich, dass die Umlaufgeschwindigkeit in Sonnennähe größer sein muss als in Sonnenferne. Da die Erde im Januar der Sonne am nächsten steht, ist die Geschwindigkeit der Erde im Winter größer, im Sommer geringer; der Winter der Nordhemisphäre ist also kürzer als der Sommer der Nordhemisphäre (Abb. 2.4).

3. Gesetz der Umlaufzeiten:
Die Quadrate der Umlaufzeiten zweier Planeten verhalten sich wie die Kuben (die dritten Potenzen) ihrer *großen Bahnachsen.* Kepler stellte bei seinen Berechnungen fest, dass sich die mittlere Sonnenentfernung (a) zur Umlaufzeit (T) zweier Planeten (Indexe 1 und 2) nicht proportional verhalten kann,

also $\dfrac{T_1}{T_2} = \dfrac{a_1}{a_2}$ entspricht, sondern davon abweicht. Nach verschiedenen vergeblichen Berechnungsversuchen fand Kepler schließlich mit der Gleichung $\dfrac{T_1^2}{T_2^2} = \dfrac{a_1^3}{a_2^3}$ das passende Verhältnis, worauf sein drittes Gesetz basiert.

Während Kepler die Bewegungen der Planeten aus der präzisen Beobachtung gewonnen hatte, leitete Isaac Newton (1643–1727) diese hingegen aus dem von ihm aufgestellten Gravitationsgesetz ab, wonach sich alle Körper entsprechend ihrer Masse und umgekehrt zum Quadrat ihrer Entfernung anziehen.

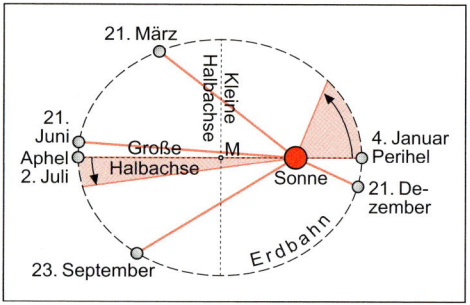

Abb. 2.4 Schematische Darstellung des 1. und 2. Keplerschen Gesetzes.
Die Erdbahn ist fast kreisförmig. Die beiden schraffierten Ellipsenausschnitte haben gleichen Flächeninhalt. Die unterschiedlich langen Bahnbogen werden in gleicher Zeit durchlaufen.

Die Erdachse steht nicht senkrecht auf der **Ekliptik**, d.h. der Erdumlaufbahn um die Sonne, sondern sie bildet mit dieser einen Winkel von 23,5°. Man spricht deshalb auch von der Schiefe der Ekliptik. Grundsätzlich ist die Ekliptik die Projektion der scheinbaren jährlichen Sonnenbahn von der Erde auf die Himmelskugel. Diesem Großkreis entspricht, von der Sonne aus betrachtet, die Projektion der jährlichen Umlaufbahn der Erde auf die Himmelskugel. Ekliptikebene und Ebene der jährlichen Umlaufbahn fallen also zusammen. **Himmelsäquator** nennt man die Projektion des Erdäquators vom Erdmittelpunkt aus auf die Himmelskugel. Da die Rotationsachse der Erde eben nicht senkrecht zur Umlaufebene und damit zur Ekliptikebene steht, müssen sich Ekliptik und Himmelsäquator in genau diesem Winkel schneiden. Abbildung 2.5 verdeutlicht diesen Zusammenhang.

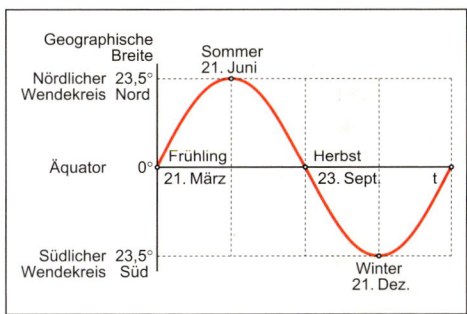

Abb. 2.6 Darstellung der scheinbaren Sonnenbahn zwischen den Wendekreisen im Jahresgang

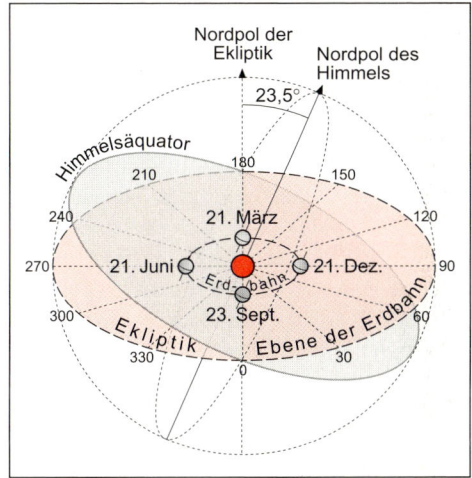

Abb. 2.5 Lage der Ekliptik und des Himmelsäquators

Zu den **Folgen der Ekliptikschiefe** zählt u.a. die scheinbare Wanderung der Sonnenbahn zwischen den Wendekreisen im Jahresverlauf (Abb. 2.6). So erreicht die Sonne den Zenitstand am Äquator zu den Tag- und Nachtgleichen (Äquinoktien) am 21. März und 23. September. Zur Sommersonnenwende (21. Juni mit längstem Tag auf der Nordhalbkugel) hingegen steht das Zentralgestirn am nördlichen Wendekreis, zur Wintersonnenwende (21. Dezember mit kürzestem Tag auf der

Nordhalbkugel) am südlichen Wendekreis jeweils im Zenit.

Ferner bewirkt die Ekliptikschiefe den unterschiedlichen Strahlungseinfall im Jahresgang, der exemplarisch für den Standort Essen in Abb. 2.7 sowie für weitere geographische Breiten in Abb. 2.8 dargestellt wird. Auch die Beleuchtungsdauer in den mittleren und höheren Breiten mit der Polarnacht und dem Polartag (Mitternachtssonne) in den Polargebieten sind Folgen der Ekliptikschiefe (Abb. 2.9).

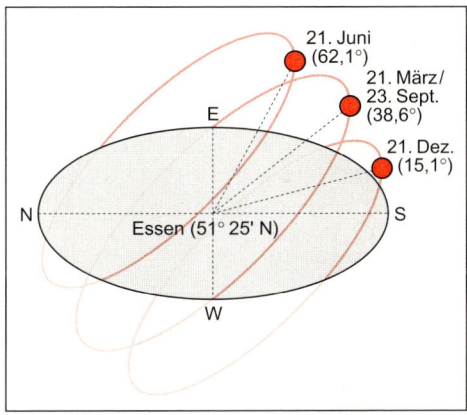

Abb. 2.7 Einfallswinkel und Sonnenstand an ausgewählten Tagen exemplarisch dargestellt für den Standort Essen, NRW (51° 25' nördliche Breite)

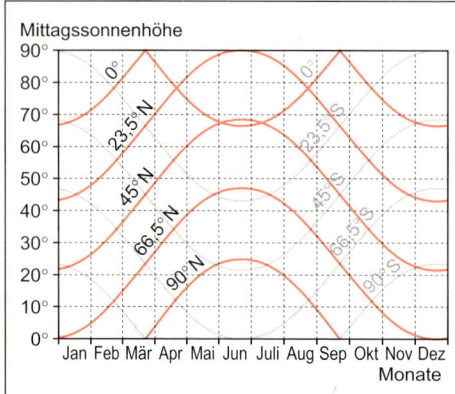

Abb. 2.8 Jahresgang der Mittagssonnen-höhe in ausgewählten geographischen Breiten für die Nord- und Südhalbkugel (Sommer-/Wintersonnenwende: Solstitien 21. Juni/21. Dezember; Tag- und Nachtgleichen: Äquinoktien 21. März und 23. September). Die grauen Linien gelten für die Werte der Südhalbkugel (Quelle: Hendl/Bramer 1985)

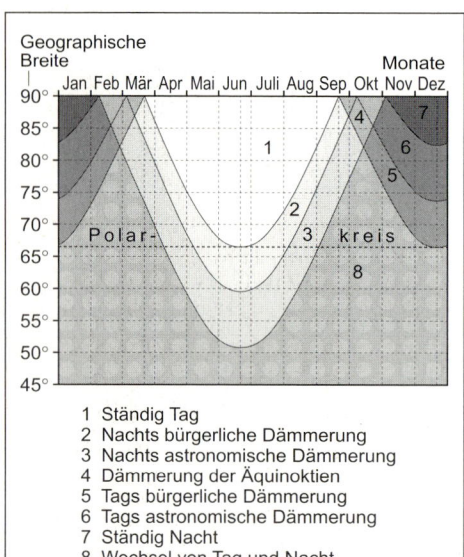

1 Ständig Tag
2 Nachts bürgerliche Dämmerung
3 Nachts astronomische Dämmerung
4 Dämmerung der Äquinoktien
5 Tags bürgerliche Dämmerung
6 Tags astronomische Dämmerung
7 Ständig Nacht
8 Wechsel von Tag und Nacht

Abb. 2.9 Die Beleuchtungsverhältnisse in den Polargebieten (Quelle: Meinardus 1930; verändert). Ende der astronomischen bzw. bürgerlichen Dämmerung bei 18° respektive 6°.

2.4.2 Erdrotation.

Unter der Erdrotation versteht man die tägliche Drehung der Erde um ihre in Nord-Süd-Richtung durch die beiden Pole gedachte Achse. Die Umdrehung erfolgt von W nach E und dauert, gemessen an zwei aufeinanderfolgenden Kulminationen (lat. *culmen*, Gipfel; Gipfelpunkt) eines Fixsterns (Sterntag) 23 Stunden, 56 Minuten und 4 Sekunden. Der Unterschied zum mittleren Sonnentag (24 Stunden) ist durch die Erdrevolution, den jährlichen Umlauf der Erde um die Sonne, bedingt. Die Erddrehung ist für die Form der Erde als Geoid (s.o.) verantwortlich und bestimmt den Tagesablauf sowie den Auf- und Untergang der Gestirne. Ferner verursacht sie die Corioliskraft (s. Kap. 6.3.2), liefert die Grundlage für die Einteilung in Zeitzonen (s. Kap. 1.4.2) und bewirkt die Gezeiten.

Der Nachweis einer sich drehenden Erde ist experimentell nicht leicht durchzuführen. Das liegt daran, dass der Mensch Teil des Systems ist und sich auf der Erdoberfläche mit der ihn umgebenden Atmosphäre mitdreht.

Doch es gelang dem französischen Physiker und Experimentator Jean Bernard Leon Foucault (1819–1868), die Erddrehung unter Zuhilfenahme eines Pendels nachzuweisen. Dieser **Foucaultsche Pendelversuch** ging in die Wissenschaftsgeschichte ein. Foucault versetzte in seinem Versuch, den er öffentlichkeitswirksam 1851 in Paris im Pantheon durchführte, ein sehr langes Pendel, das aus einem 67 m langen Faden und einer 28 kg schweren Kupferkugel bestand, in leichte Schwingung (Schwingungsdauer: 16,4 s). Dabei stellte sich heraus, dass die Schwingungsebene des Pendels ihre Lage zur Erdoberfläche nicht beibehielt, sondern sich drehte. Seit Newton ist bekannt, dass ein Pendel aufgrund der Massenträgheit seine

Schwingungsebene beibehält, sofern keine äußeren Kräfte auf den Körper einwirken. Wenn eine Drehung des Pendels beobachtet wurde, konnte es sich somit nur um eine scheinbare Drehung handeln. Es musste deshalb die Erde sein, die sich unter dem Pendel wegdrehte. Foucault konnte zeigen, dass sich die Erde an den Polen in 24 Stunden genau einmal unter einem schwingenden Pendel hinwegdrehte. Das entspricht unter Zugrundelegung eines Vollkreises von 360° einer Drehung von 15°/h. Die Richtungsänderung des schwingenden Pendels ist abhängig vom Sinus der geographischen Breite des Ortes, an dem der Versuch durchgeführt wird (Gl. 2.2).

$$x = \frac{15°}{h} \cdot \sin\varphi \qquad\qquad \textbf{(2.2)}$$

mit x = Drehung des Pendels in °/h und
$\quad\varphi$ = geographische Breite des Ortes mit
$\qquad$ Pendelversuch in °

Nach Gl. 2.2 erhielt Foucault für Paris (49° n. Br.) eine Drehung des Pendels von etwa 11°/h. Am Äquator (0° Br.) tritt hingegen keine Richtungsänderung des schwingenden Pendels auf. Abbildung 2.10 zeigt eine Nachbildung des Foucaultschen Pendels aus dem Pantheon in Paris.

Die Geschwindigkeit der Erdrotation ist nicht immer gleich groß, sondern unterliegt Schwankungen. Diese hängen davon ab, ob es zu Massenverlagerungen im oder auf dem Erdkörper kommt. Werden Massen näher an die Rotationsachse geführt, wird die Umdrehungsgeschwindigkeit zunehmen (das Trägheitsmoment nimmt ab), entfernen sich Massen von der Drehachse, nimmt die Rotationsgeschwindigkeit ab und das Trägheitsmoment zu. Im Alltagsleben bezeichnet man diesen Vorgang auch als „Pirouetteneffekt". Massenverschiebungen treten eigentlich immer auf, so durch Verlagerung von Luft- und Was-

Abb. 2.10 Foucaultsches Pendel zum Nachweis der Erdrotation (Erläuterung im Text; hier eine Aufnahme aus dem Pantheon (Paris)) (Quelle: Wikipedia)

sermassen und Vulkantätigkeiten. Im Jahresgang sorgen zum Beispiel auch die Eisbildung und selbst der herbstliche Laubfall (Transport von Blattmasse von den Bäumen auf den Erdboden, wodurch es zur Massenverlagerung in Richtung Rotationsachse kommt) für allerdings geringfügige Zunahmen der Drehgeschwindigkeit. Aus astronomischen Beobachtungen weiß man, dass es zu einer langfristigen Abnahme der Rotationsgeschwindigkeit der Erde durch die Gezeitenreibung (Ebbe und Flut) kommt, die zu einer Verlängerung der Tagesdauer von 2 Millisekunden pro Jahrhundert führt. Linear zurückgerechnet war deshalb ein Tag zu Zeiten der Dinosaurier (etwa vor 200 Mio. a) noch um 4 000 s, also um etwas mehr als eine Stunde, kürzer als heute.

Darüber hinaus kann man sich die Erde abstrahiert als einen Kreisel vorstellen, der den Gravitationskräften der Sonne, des Mondes und der anderen Planeten unterliegt. Hierdurch kommt es zu langfristigen Schwingungen, die man mit dem Begriff **Präzession der Erdachse** (lat. *praecedere*, voranschreiten) bezeichnet.

Diese Schwingung des Kreisels dauert etwa 26 000 Jahre und führt dazu, dass sich auch die Himmelspole und damit der Stand des gegenwärtigen Polarsterns (Hauptstern im Sternbild Kleiner Bär), der dem Himmelsnordpol sehr nahe steht, verlagern, sodass nach etwa 12 000 Jahren der Hauptstern des Sternbildes Leier, die Wega, die Stellung des jetzigen Polarsterns einnehmen wird (Abb. 2.11).

Der Präzession ist noch eine weitere, schwächere Bewegung aufgelagert, die durch den Mond verursacht wird und die die Erdachse zu „Nickbewegungen" veranlasst. Es handelt sich um die **Nutation** (lat. *nutare*, nicken), deren Einfluss auf der nicht immer gleich starken Wirkung des Mondes auf die Erde beruht und die eine Periodendauer von etwa 19 Jahren hat (Abb. 2.11).

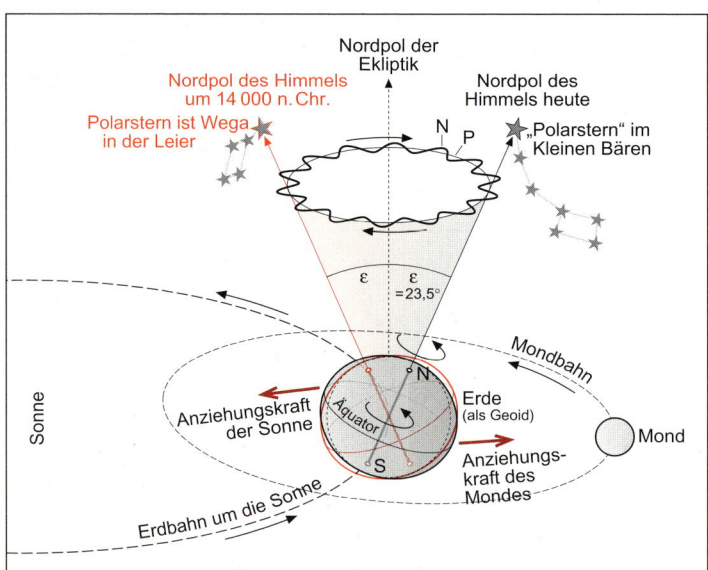

Abb. 2.11
Die Präzessionsbewegung (P) der Erde als Folge der Gravitationskraft von Sonne und Mond und die aufgelagerte Nutation (N) als Folge von Schwankungen der Gravitationskraft des Mondes. Hierdurch wird an der Himmelssphäre um den Pol der Ekliptik ein von kleinen Wellen (N) überlagerter Kreis beschrieben
ε = Schiefe der Ekliptik
N–S = Erdachse
(Quelle: Lex. Astronomie, Bd. 2, 1995)

3 Atmosphäre, Luftdruck und Temperatur

Abb. 3.1 Albert-Kratzer-Klimastation der Universität Duisburg-Essen, Campus Essen, mit Anzeigetafel. Die Station wurde nach Pater Albert Kratzer benannt, dem Begründer der Stadtklimatologie Foto: Ptak

3.1 Einführung

Unter einer **Atmosphäre** versteht man im Allgemeinen die Gashülle eines Planeten. Das Wort entstammt dem Griechischen und leitet sich von *atmos* (Dampf) und *sphaira* (Kugel) ab.

Im Falle der Erde stellt die Atmosphäre neben der Hydrosphäre und der Lithosphäre eines der drei Umweltmedien dar. Das Vorhandensein der Erdatmosphäre beruht auf dem Gleichgewicht zwischen der Schwerebeschleunigung („Anziehungskraft") der Erde und der Eigenbewegung der Gase, aus denen die Atmosphäre besteht. Wäre die Eigenbewegung der Gase größer als die Schwerebeschleunigung, also größer als diejenige Geschwindigkeit, die benötigt wird, um den Anziehungsbereich der Erde zu verlassen (nämlich

11 km/s!), dann würde sich die Gashülle in den Weltraum verflüchtigen.

Um eine Atmosphäre an einen Planeten binden zu können, bedarf es deshalb bestimmter Voraussetzungen:

So muss ein Planet zum Beispiel eine Mindestgröße aufweisen (um die notwendige Schwerkraft auszuüben), auch darf die Temperatur seiner Oberfläche nicht zu hoch, und darüber hinaus dürfen die Gase nicht zu leicht sein.

Im Falle der Erde sind die genannten Voraussetzungen erfüllt, es existiert deshalb eine permanente Atmosphäre.

3.2 Zusammensetzung der Atmosphäre

Die Erdatmosphäre setzt sich aus Haupt- und Spurengasen sowie festen und flüssigen Bestandteilen zusammen. Zu den **Hauptgasen** zählen Stickstoff, Sauerstoff

und Argon sowie weitere Edelgase. **Spurengase** sind nur in äußerst geringen Konzentrationen („Spuren") vorhanden; Edelgase werden so genannt, weil sie nur sehr eingeschränkt Reaktionen mit anderen Stoffen eingehen. Man nennt sie deshalb auch inert (lat. *iners*, träge).

In die Gruppe wichtiger Spurengase fallen zum Beispiel das Kohlendioxid (CO_2) und das Methan (CH_4). Zusammen mit dem Wasserdampf handelt es sich hierbei um „klimawirksame" Gase, weil sie in beträchtlichem Maß für den Treibhauseffekt – und zwar sowohl für den natürlichen als auch den anthropogenen – verantwortlich sind (s. Kap. 11). Eine Zusammenstellung der wichtigsten Bestandteile der Erdatmosphäre findet sich in Tab. 3.1.

Eine Sonderstellung nimmt der **atmosphärische Wasserdampf** ein, weshalb er in Tab. 3.1 auch getrennt gesetzt wurde. Wasserdampf vermag nämlich in außerordentlich unterschiedlichen Konzentra-

Tab. 3.1 **Zusammensetzung der trockenen Atmosphäre sowie Angaben zum Wasserdampfgehalt** (nach HUPFER/KUTTLER 2006[12]; ergänzt)

Gas	Symbol	Volumenprozent	Molare Masse (10^{-3} kg/mol)
a) Beständige Hauptgase			
Stickstoff	N_2	78,09	28,013
Sauerstoff	O_2	20,95	31,999
Argon	Ar	0,93	39,948
Summe:		99,97	
Luft:			28,964
b) Beständige Spurengase (Auswahl)			
Neon	Ne	$1,8 \cdot 10^{-3}$	20,183
Helium	He	$5,24 \cdot 10^{-4}$	4,003
Krypton	Kr	$1,0 \cdot 10^{-4}$	93,900
Wasserstoff	H_2	$5 \cdot 10^{-5}$	2,016
Xenon	Xe	$8 \cdot 10^{-6}$	131,300
Kohlendioxid	CO_2	(380 ppm) $3,8 \cdot 10^{-2}$	44,010
Methan	CH_4	(1,8 ppm) $1,8 \cdot 10^{-4}$	16,043
Ozon, stratosphärisch	O_3	(320 ppb) $3,2 \cdot 10^{-5}$	47,998
Ozon, troposphärisch	O_3	(30 ppb) $3,0 \cdot 10^{-6}$	47,998
c) Wasserdampf			
Wasserdampf	H_2O	1 bis 4	18,015

tionen aufzutreten. Die temperaturabhängige Spanne erstreckt sich etwa zwischen 1 Vol.-% und 4 Vol.-%, entsprechend von 10 000 bis 40 000 ppm. Da Wasserdampf im Vergleich zu den beständigen Hauptgasen mit 18 g/mol eine relativ geringe molare Masse hat, ist feuchte Luft leichter als trockene.

Die Zusammensetzung der Atmosphäre unterliegt einer permanenten Veränderung, weil unablässig Stoffe durch natürliche oder künstliche Vorgänge (zum Beispiel Vulkanismus, Staubstürme, Meeresgischt, anthropogene Luftverschmutzung) von ihr aufgenommen und wieder aus ihr entfernt werden. Je höher deren Konzentration und Aufenthaltszeit in der Atmosphäre sind, desto größer sind in der Regel ihre Verbreitung und Wirkung auf die Umwelt. In Kapitel 11 wird hierauf am Beispiel der Treibhausgase näher eingegangen.

Die wesentlichen Bestandteile der Atmosphäre lassen sich anschaulich auch über ihre **Schichtdicken** darstellen. Dabei betrachtet man die jeweiligen Gase unter Normalbedingungen (0 °C, 1 013 hPa) in einer „isobaren" Atmosphäre. In einer derartigen Atmosphäre herrscht in jeder Höhe ein Luftdruck vor wie im Meeresniveau.

Entsprechend ihrer Anteile am Gesamtvolumen nehmen die einzelnen Gase bei einer Gesamtmächtigkeit von etwa 8 km höchst unterschiedliche Schichtdicken ein (Tab. 3.2). Stickstoff als häufigstes Gas würde eine Säulenhöhe von mehr als 6 000 m erreichen, Ozon hingegen nur eine solche von etwa 3,5 mm (!) einnehmen. Obwohl Ozon – gemessen an den anderen Bestandteilen – in so geringer Konzentration auftritt, ist seine Wirkung in der Beseitigung der harten lebensfeindlichen UV-Strahlung von größter Bedeutung für die Biosphäre (s. auch Abschnitt 11.2.5).

Tab. 3.2 Säulenhöhe verschiedener Gase in einer isobaren Atmosphäre unter Normalbedingungen (aus: RÖDEL 2000[3])

Stickstoff	ca. 6 250 m
Sauerstoff	ca. 1 670 m
Argon	ca. 74 m
Wasserstoff	ca. 35 m
Kohlendioxid	ca. 2,5 m
Edelgase ohne Argon, insgesamt	ca. 0,20 m
Ozon	ca. 0,0035 m
Summe	ca. 8 030 m

3.3 Aufbau der Atmosphäre

Ein einfaches und häufig benutztes Kriterium zur Gliederung des vertikalen Aufbaus der Atmosphäre ist die Lufttemperatur. Diese hat vor anderen Unterscheidungsmerkmalen wie der Zusammensetzung der Atmosphäre nach der Masse der Gase (Homosphäre – Heterosphäre) oder der Ionisierung (Neutrosphäre – Ionosphäre) den Vorteil, relativ genaue Höhenabstufungen in einzelne „Stockwerke" zuzulassen (Abb. 3.2).

Das unterste Stockwerk, die **Troposphäre** (griech. *trope*, Wende), ist durch intensive vertikale und horizontale Durchmischung sowie einen relativ hohen, aber durchaus schwankenden Wasserdampfgehalt gekennzeichnet.

In ihr spielen sich die wichtigsten Wetterphänomene ab. Der untere Teil der Troposphäre wird auch atmosphärische oder planetare Grenzschicht genannt. In dieser werden durch turbulenten Wärme-, Feuchte- und Impulsaustausch die meteorologischen Verhältnisse zwischen Untergrund und Atmosphäre besonders stark geprägt. Je nach Einstrahlungsbedingungen, atmosphärischen Austauschverhältnissen und Topographie erreicht die planetare Grenz-

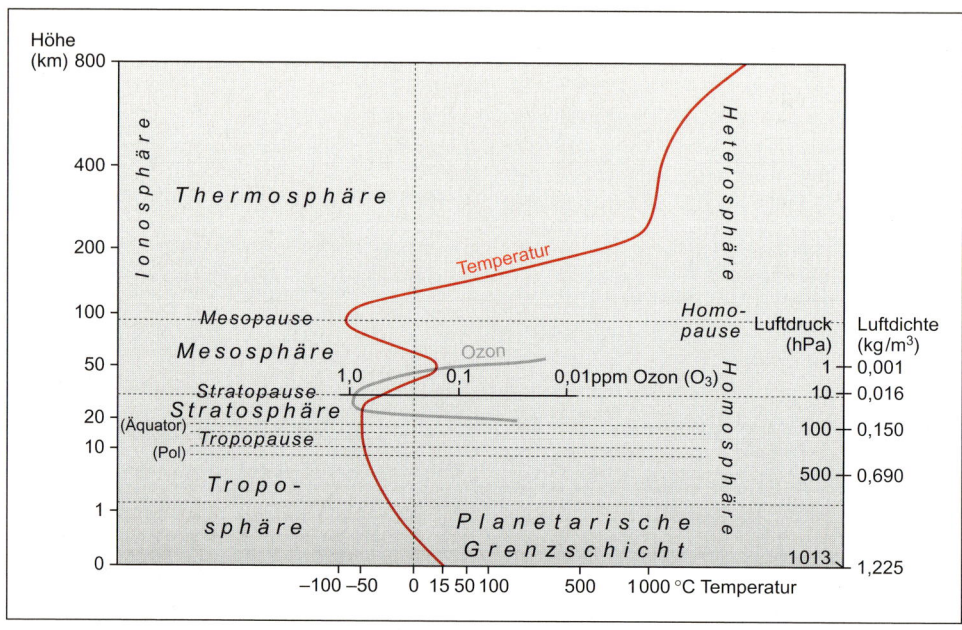

Abb. 3.2 Stockwerkgliederung der Atmosphäre (nach BLÜTHGEN/WEISCHET 1980[3]; verändert)

schicht Mächtigkeiten von bis zu 2 000 m.

Die Troposphäre ist im Allgemeinen durch eine Abnahme der Lufttemperatur gekennzeichnet. Der Temperaturhöhengradient erreicht durchschnittliche Werte von $dt/dz = -0{,}65$ K/100 m. Begrenzt wird die Troposphäre durch die **Tropopause** (lat. *pausa*, beenden). Hier werden die niedrigsten Temperaturen der Troposphäre erreicht. Da die Höhenlage der Tropopause durch den Energieumsatz am Erdboden gesteuert wird und dieser in den äquatorialen Gebieten besonders stark ist, erreicht die Tropopause hier Höhen von bis zu 17 km. In den wesentlich kälteren polaren Breiten erstreckt sich die Tropopause hingegen nur bis etwa 10 km. Die Tropopause stellt keine durchgehende Schicht zwischen dem Äquator und den polaren Breiten dar. Vielmehr weist sie „Bruchstellen" auf. Man spricht deshalb auch von einer

multiplen Tropopause (Abb. 3.3). Diese Bruchstellen spielen beim Austausch von Spurenstoffen zwischen der unten liegenden Troposphäre und der darüber liegenden Stratosphäre eine wichtige Rolle. Durch sie erfolgt zum Beispiel auch der Transport von Fluorchlorkohlenwasserstoffen (FCKW), die Ozon zerstören (s. Abschnitt 11.2.3). Auch treten an den Tropopausenbrüchen Bereiche mit sehr hohen Windgeschwindigkeiten auf, die als Strahlströme (engl. *jet streams*) bekannt sind. Unterschieden werden entsprechend ihrer geographischen Lage verschiedene Typen an Starkwindbändern, auf die in Kap. 7 eingegangen wird.

Jahreszeitliche Schwankungen der Höhenlage der Tropopause – im Winter und Frühling niedriger, im Sommer und Herbst höher – weisen ebenfalls auf den bereits genannten Zusammenhang mit dem Ener-

Abb. 3.3
Längsschnitte durch die Atmosphäre der Nordhalbkugel entlang 80° West
(aus BLÜTHGEN/WEISCHET 1980[3]; verändert)
Die Schnitte zeigen in beiden Extremmonaten den steilen Temperaturgradienten (Isothermen in °C) innerhalb der Troposphäre, die ihrerseits einen gebrochenen Verlauf der Tropopause aufweist. In der Stratosphäre herrscht in den Mittelbreiten Isothermie, sonst ein geringer Gradient. Bemerkenswert hoch ist der Temperaturkontrast der polaren Hochstratosphäre zwischen Januar (Polarnacht) und Juli (Polartag). Die polare Bodenkaltluftinversion reicht im Winter bis in das Gebiet der Großen Seen, zieht sich im Sommer jedoch bis an den Nordrand des Kanadischen Archipels zurück. Im Bereich der Tropopausenbrüche liegen die mit "J" markierten Strahlströme (*jet streams*).
Die Angaben beziehen sich auf den Durchschnitt der Jahre 1948 bis 1951.

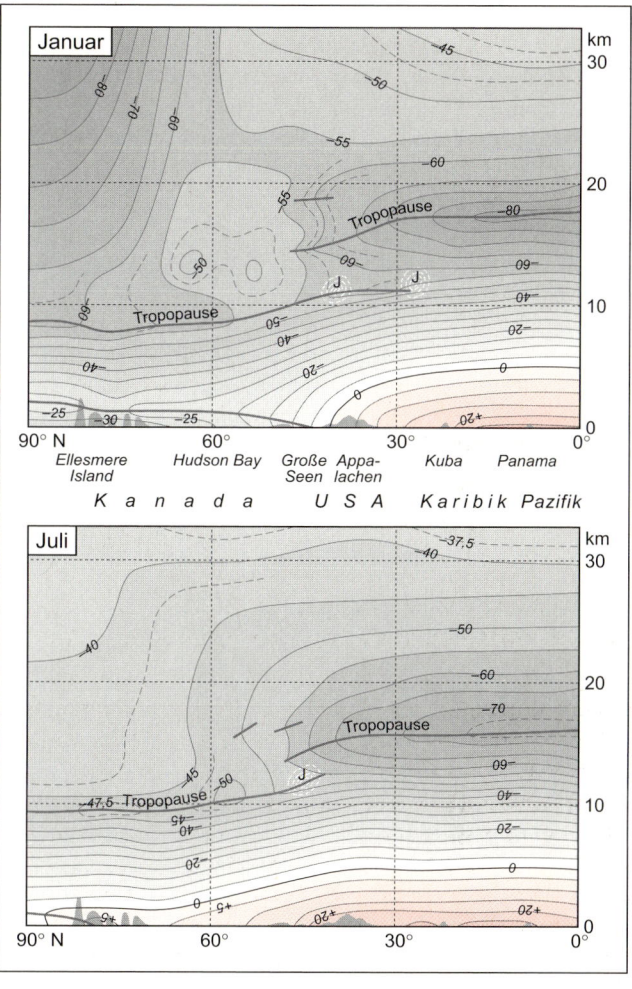

gieumsatz hin. In der hochgelegenen äquatorialen Tropopause herrschen dabei wesentlich niedrigere Temperaturen (Januar $< -80\,°C$; Juli $< -70\,°C$) als in der polaren Tropopause mit Januarwerten von $< -55\,°C$ und Juliwerten von $< -45\,°C$.

Über der Tropopause beginnt in etwa 8 bis 17 km die **Stratosphäre** (lat. *stratum*, Decke), die extrem trocken ist, wenn man einmal von den niederstratosphärischen winterlichen Wolken ("Perlmutterwol-

ken", s. Kap. 11) absieht. In einer Höhe von etwa 30 km endet die Stratosphäre mit der **Stratopause**. Im Vergleich zur Troposphäre, in der die Lufttemperatur im Mittel mit der Höhe abnimmt, weist die Stratosphäre eine wesentlich andere thermische Struktur auf. In ihrem unteren Teil bleibt die Temperatur zunächst mit der Höhe konstant (dt/dz = 0 K/100 m). Es herrscht **Isothermie** vor. Danach nimmt die Temperatur bis zum Erreichen der

Stratopause zu (dt/dz = 0,3 K/100 m). Es kommt somit zu einer Temperaturumkehr (**Inversion**). Diese stabile thermische Schichtung (s. Kap. 3.5.3) schränkt im Gegensatz zur Troposphäre den Vertikaltransport stark ein. Die in der Stratosphäre zunehmenden Temperaturen sind im Wesentlichen auf den Auf- und Abbau des Ozons („Reaktionswärme") zurückzuführen, worauf kurz eingegangen wird.

Sauerstoffmoleküle (O_2) werden durch die in dieser Höhe auftretende sehr energiereiche Strahlung ($h \cdot v$) in zwei Sauerstoffatome (O; Gl. 3.1) gespalten (photodissoziiert). Dieses geschieht bei Wellenlängen (λ) von weniger als 242 nm, also im kurzwelligen Bereich der UV-Strahlung (UV-C).

$$O_2 \xrightarrow{h \cdot v} 2\,O \quad (\lambda \leq 242\,\text{nm}) \qquad \textbf{(3.1)}$$

Innerhalb kürzester Zeit reagieren die Sauerstoffatome mit den Sauerstoffmolekülen zu Ozon (O_3). Die dabei freiwerdende, überschüssige Energie wird durch einen so genannten Stoßpartner (M), das kann zum Beispiel ein Stickstoffmolekül sein, abgeführt (Gl. 3.2).

$$O_2 + O + M \rightarrow O_3 + M \qquad \textbf{(3.2)}$$

Die Aufbaureaktion des Ozons steht mit dessen Abbaureaktion im Gleichgewicht. Ozon wird unter Nutzung langwelligerer und damit energieärmerer UV-Strahlung ($\lambda \leq 310$ nm) in ein Sauerstoffatom und Sauerstoffmolekül gespalten (Gl. 3.3).

$$O_3 \xrightarrow{h \cdot v} O + O_2 \quad (\lambda \leq 310\,\text{nm}) \qquad \textbf{(3.3)}$$

Insbesondere die Reaktion in Gl. 3.3 setzt Wärme frei. Man spricht auch von einem diabatischen Prozess (Gegensatz: adiabatischer Prozess, s. Kap. 3.5.3). Hierdurch

steigt die Lufttemperatur in der Stratosphäre an. Der Teil der Stratosphäre, in dem die Ozonschicht liegt, wird deshalb auch **Ozonosphäre** genannt. Die Ozonkonzentrationen erreichen hier etwa 10-fach höhere Werte als bodennah in der Troposphäre.

Der in Gl. 3.3 dargestellten Reaktion fällt noch eine weitere Bedeutung zu. So spielt das entstandene angeregte Sauerstoffatom, das sehr reaktionsfreudig ist, eine außerordentlich wichtige Rolle bei der Säuberung der Luft. Das Sauerstoffatom enthält nämlich einen großen Teil der Bindungsenergie. Dadurch kann es in Anwesenheit von Wasser das Wassermolekül aufbrechen und zwei Hydroxylradikale (OH) bilden (Gl. 3.4).

$$H_2O + O \rightarrow 2\,OH \qquad \textbf{(3.4)}$$

Das OH verfügt über zwei freie Elektronen. Es ist deshalb außerordentlich reaktionsfreudig und kann innerhalb kurzer Zeit wasserunlösliche atmosphärische Spurenstoffe wie Kohlenmonoxid, Stickstoffoxide oder Kohlenwasserstoffe in wasserlösliche Bestandteile umwandeln und diese aus der Atmosphäre entfernen. So sorgt dieses „Waschmittel der Atmosphäre" dafür, dass die Luft noch weitgehend sauber ist, obwohl sie permanent durch Schadstoffe belastet wird.

Über der Stratopause beginnt die **Mesosphäre** (griech. *mesos*, Mitte). Hier nehmen die Temperaturen, die in den oberen Schichten der Stratosphäre etwa 0 °C betragen, mit zunehmender Höhe wieder ab. Der Temperaturgradient erreicht Werte von etwa dt/dz = −0,3 K/100 m. Bis zur Obergrenze der Mesosphäre (80 bis 85 km) fallen die Temperaturen deshalb auf −75 °C bis −90 °C; hierbei handelt es sich übrigens um die tiefsten Werte in der gesamten Atmosphäre.

Die **Mesopause** trennt auch die darunter liegende Homosphäre von der darüber liegenden Heterosphäre. Während in der Homosphäre die Atmosphärengase noch gut durchmischt sind und sich in ihrer Zusammensetzung aufgrund ihres „Gewichtes" nicht ändern, erfolgt in der darüber liegenden Heterosphäre bereits eine deutliche Entmischung der Gase nach ihrer Masse.

Über der Mesosphäre liegt die **Thermosphäre** (griech. *thermos*, warm). Die Temperaturen steigen in Höhen um 100 km bei extrem niedrigem Luftdruck ($< 0{,}0002$ hPa) je nach Intensität der Sonnenstrahlung auf mehrere hundert Grad Celsius an. Wärme wird hier insbesondere durch Strahlung und nicht durch Wärmeleitung erzeugt. Erinnert sei in diesem Zusammenhang daran, dass sich die Temperatur eines Gases proportional zu dessen Quadrat der Molekülgeschwindigkeit verhält. Somit ist die Temperatur nichts anderes als ein Maß für die mittlere Bewegungsenergie der einzelnen Moleküle. Die hohen Temperaturwerte bedeuten mithin, dass sich die Moleküle in dieser Höhe und bei der dort vorherrschenden geringen Dichte „schneller bewegen".

Eine obere Grenze der Atmosphäre lässt sich nicht festlegen. In der **Exosphäre** geht die Atmosphäre allmählich in den interplanetaren Raum über. Ultraviolette Strahlung führt mit der Höhe zunehmend zu einer Ionisierung der Atmosphäre (**Ionosphäre**). Verschiedene, aus dem Funkverkehr bekannte Schichten, die Radiowellen absorbieren oder reflektieren, zeugen davon. So reflektiert zum Beispiel die D-Schicht, die unterste dieser ionisierten Schichten, lange Radiowellen, während Kurz- und Mittelwellen von ihr absorbiert werden. Da diese Schicht durch UV-Strahlung der Sonne aufrechterhalten wird, erlischt die Ionisierung des Nachts.

3.4 Luftdruck

Unter Druck versteht man allgemein das Verhältnis aus Kraft und Fläche, wobei die Kraft senkrecht auf die gedrückte Fläche wirkt. Auf die Atmosphäre bezogen, besteht die Kraft aus dem Produkt von (Luft-)Masse und Schwerebeschleunigung. Für den mittleren Luftdruck am Erdboden lässt sich nach Gl. 3.5 folgender Zusammenhang ableiten:

$$p = \frac{F}{A} = \frac{m \cdot g}{A} \qquad (3.5)$$

mit p = Luftdruck (Pa),
$\quad$ F = Kraft (N),
$\quad$ m = Masse (kg),
$\quad$ g = Schwerebeschleunigung ($9{,}81$ m/s^2) und
$\quad$ A = Fläche (m^2).

Eine kurze Betrachtung der Einheiten ergibt für den Druck p nach Gl. 3.6 die Einheit **Pascal (Pa)**:

$$[p] = \frac{kg \cdot \dfrac{m}{s^2}}{m^2} = \frac{kg}{m \cdot s^2} = Pa \qquad (3.6)$$

Luft hat selbstverständlich eine Masse („Gewicht"). Auch wenn man es meist nicht wahrnimmt, lastet diese auf allen Oberflächen und somit auch auf der Erdoberfläche. Aus der Masse der Atmosphäre ($5{,}27 \cdot 10^{18}$ kg) und der Größe der Oberfläche der Erde ($5{,}1 \cdot 10^{14}$ m^2) lässt sich nach Einsetzen der Werte in Gl. 3.7 der mittlere Luftdruck am Boden unter Normalbedingungen berechnen.

$$p = \frac{5{,}27 \cdot 10^{18}\,kg \cdot 9{,}81\,\dfrac{m}{s^2}}{5{,}1 \cdot 10^{14}\,m^2} \qquad (3.7)$$

Nach Auflösung von Gl. 3.7 erhält man mit Gl. 3.8

$$p = \frac{5{,}17 \cdot 10^{19} \frac{kg \cdot m}{s^2}}{5{,}1 \cdot 10^{14} \, m^2}$$

$$= 101\,370 \, \frac{kg \cdot m}{s^2 \cdot m^2} = 101\,370 \, \frac{kg}{m \cdot s^2}$$

$$= \underline{1\,013{,}7 \, hPa} \, . \tag{3.8}$$

Am Erdboden herrscht folglich unter Normalbedingungen ein Luftdruck von rund 1 013 hPa.

3.4.1 Luftdruckmessung.

Zur Bestimmung des Luftdrucks verwendet man Barometer (griech. *baros*, Druck). Das entsprechende grundlegende Messverfahren lässt sich am besten mit dem früher weit verbreiteten Flüssigkeitsbarometer, das mit Quecksilber (Hg) gefüllt ist, erläutern. Ein Flüssigkeitsbarometer arbeitet nach dem Prinzip des hydrostatischen Drucks. Hierbei macht man sich den Auflagedruck einer Quecksilbersäule, die mit dem Luftdruck im Gleichgewicht steht, zunutze. Unter der Hydrostatik versteht man die Lehre von ruhenden, nicht zusammendrückbaren Flüssigkeiten, die zum Beispiel unter dem Einfluss der Schwerebeschleunigung stehen. So stellt die Höhe der Quecksilbersäule nach dem hydrostatischen Prinzip ein Maß für den Luftdruck dar. Um den Druck zu berechnen, geht man von Gl. 3.9 aus und berechnet zunächst die Gewichtskraft (F_G) der Quecksilbersäule

$$F_G = \rho \cdot g \cdot V \tag{3.9}$$

mit ρ = Luftdichte,
   g = Schwerebeschleunigung,
   V = Volumen.

Da sich das Volumen V aus dem Produkt Fläche (A) mal Höhe (h) der Flüssigkeitssäule berechnen lässt, kann man V durch diese ersetzen und erhält Gl. 3.10.

$$F_G = \rho \cdot g \cdot A \cdot h \tag{3.10}$$

Um den Druck, den die Quecksilbersäule auf ihre Unterlage ausübt, zu berechnen, dividiert man beide Seiten von Gl. 3.10 durch die Fläche A. Es ergibt sich dann mit Gl. 3.11 der hydrostatische Druck (p_{hyd}).

$$p_{hyd} = \rho \cdot g \cdot h \tag{3.11}$$

Gleichung 3.11 wird auch als **hydrostatisches Grundgesetz** bezeichnet. Dieses besagt, dass sich bei ruhenden Flüssigkeiten der am Boden herrschende Druck proportional zur Dichte und Höhe einer Flüssigkeitssäule verhält. Auf die Luftdruckmessung angewandt bedeutet dieses, dass die Quecksilbersäule mit dem auflastenden Luftdruck im Gleichgewicht steht. Abbildung 3.4 zeigt schematisch die Wirkungsweise eines Quecksilberbarometers, das von dem italienischen Mathematiker und Physiker Evangelista Torricelli (1608–1647) im Jahre 1643 erfunden wurde. Danach wird ein unten offenes, mit einer Einheit versehenes Glasrohr, das mit Quecksilber gefüllt ist, mit der Öffnung nach unten in ein Vorratsgefäß, das ebenfalls Quecksilber enthält, getaucht. Der auf die Oberfläche des Quecksilbers im Vorratsgefäß auflastende Luftdruck steht mit der Quecksilbersäule im Glasrohr im Gleichgewicht. An dem geschlossenen Ende des Glasrohres bildet sich in Abhängigkeit des Luftdrucks ein Vakuum aus.

Setzt man jetzt die entsprechenden Werte für die Dichte des Quecksilbers (ρ_{Hg} = $13{,}6 \cdot 10^3$ kg/m^3), die Schwerebeschleunigung und die Höhe der Quecksilbersäule

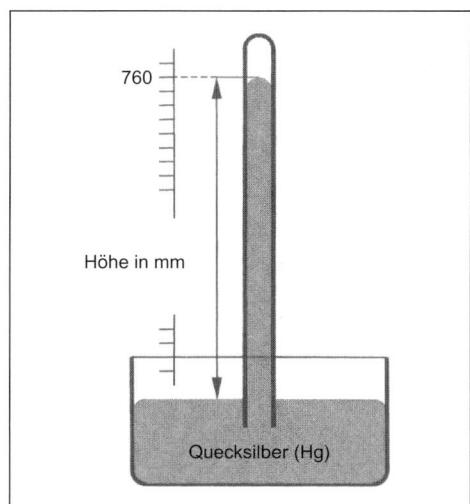

760

Höhe in mm

Quecksilber (Hg)

Abb. 3.4 Funktionsweise eines Quecksilber-barometers nach Torricelli (hier aus ZMARSLY et al. 2007[3])

(h = 0,76 m), die mit dem Luftdruck im Gleichgewicht steht, in Gl. 3.11 ein, dann erhält man mit Gl. 3.12

$$p_{hyd} = 13{,}6 \cdot 10^3 \, \frac{kg}{m^3} \cdot 9{,}81 \, \frac{m}{s^2} \cdot 0{,}76 \, m$$

$$(3.12)$$

einen Luftdruck am Boden von

$$p_0 \approx 101\,300 \, \frac{kg}{m \cdot s^2} \approx 101\,300 \, Pa$$
$$\approx 1\,013 \, hPa \, .$$

Unter Normalbedingungen steht also der Druck einer Quecksilbersäule von 760 mm mit dem auflastenden Druck der Luft im Gleichgewicht. Veränderungen des Luftdrucks führen zu Verschiebungen der Quecksilbersäule, woran der aktuelle Luftdruck abgelesen werden kann.

Die Einheit mm Hg bezeichnet man zu Ehren von Torricelli auch als **Torr**. In der Meteorologie wurde der Luftdruck früher in Millibar (mbar), heute in Hektopascal (hPa) angegeben. Die Zahlenwerte bleiben dabei gleich. Die Umrechnung von mbar bzw. hPa in Torr bzw. mm Hg ist einfach, da 750 Torr 1 000 hPa entsprechen (1 hPa = 0,75 Torr; 1 Torr = 1,333 hPa).

Aus den Anfängen der Luftdruckmessung ist bekannt, dass man auch mit anderen Flüssigkeiten als mit Quecksilber experimentierte, um den Luftdruck zu messen. So bauten zum Beispiel der französische Mathematiker und Philosoph Blaise Pascal (1623–1662) im Jahre 1643 sowie der Magdeburger Ingenieur und Physiker Otto von Guericke (1602–1686) im Jahre 1654 ein Barometer, für das sie Wasser als Barometerflüssigkeit wählten. Da die Dichte von Wasser mit $\rho_{H_2O} = 1\,000$ kg/m^3 um den Faktor 13,6 kleiner ist als die von Quecksilber, muss ein mit Wasser gefülltes Barometer im Vergleich zu Quecksilber auch eine um 13,6-mal höhere Flüssigkeitssäule aufweisen. Ziemlich genau weist dieses Barometer dann eine Länge von 13,6 · 0,76 m = 10,33 m auf. Abb. 3.5 zeigt einen Prototypen dieses Barometers, das in der Handhabung allerdings nicht sehr bedienerfreundlich gewesen sein dürfte.

Neben dem genannten Quecksilberbarometer finden im Wesentlichen Dosenbarometer (Aneroidbarometer), aber auch Siedepunktbarometer Verwendung. Bei **Aneroidbarometern** (griech. *a*, ohne, *neros*, Flüssigkeit) macht man sich die Verformung einer teilevakuierten kleinen Metalldose zunutze, deren Höhenänderung auf ein Zeigersystem übertragen wird und auf diesem Wege zur Luftdruckanzeige genutzt werden kann. Das Messprinzip geht auf den französischen Mechaniker Lucien Vidie (1805–1866) zurück. Aneroidbarometer, nach ihrem Erfinder auch Vidie-Dosen genannt, werden wegen ihrer kleinen Bauweise bevorzugt in Barographen eingesetzt.

Abb. 3.5 Wasserbarometer nach Blaise Pascal (SCHWENK 2003)

Siedepunktbarometer – auch Hypsometer (griech. *hypsos*, hoch) genannt – sind Spezialthermometer, mit denen man die Siedetemperatur des Wassers misst. Da diese vom Luftdruck abhängig ist, lassen sich Luftdruck und auch Höhe einfach im Gelände bestimmen. Der Messbereich dieses Barometertyps liegt zwischen 90 °C und 102 °C. Diese Thermometer sollten sehr präzise messen, da die Genauigkeit der Luftdruckbestimmung von der Ablesegenauigkeit des Thermometers abhängt. Werte von einem Tausendstel Grad sollten deshalb bestimmt werden können. Mit Hilfe von Gl. 3.13 lässt sich aus dem gemessenen Siedepunkt (t_{sd}) der Luftdruck (p) berechnen.

$$p = 2026 - \sqrt{8\,251\,614 - 72\,254 \cdot t_{sd}}$$

$$(3.13)$$

Die Änderung des Siedepunktes beläuft sich auf etwa 0,0278 K/hPa. Hat man zum Beispiel für eine unbekannte Höhe im Gebirge, in der man sich befindet, die Siedepunkttemperatur des Wassers zu 93 °C bestimmt, dann ergibt sich nach Gl. 3.13 ein entsprechender Luftdruck von p ≈ 789 hPa.

Die daraus resultierende Höhe lässt sich nach Gl. 3.17 (Abschnitt 3.4.2) berechnen. In diese Gleichung wird der berechnete Wert p = 789 hPa eingesetzt und ferner berücksichtigt, dass Normalbedingungen (0 °C = 273,15 K sowie 1 013 hPa) vorherrschen. Die Aufenthaltshöhe im Gebirge lässt sich danach auf etwa 2 000 m ü. NN (exakt: 1 996 m ü. NN) ermitteln.

3.4.2 Statischer und dynamischer Luftdruck. Soll der Luftdruck für verschiedene Höhen berechnet werden, kann man nicht vom hydrostatischen Grundgesetz ausgehen (Gl. 3.12), denn Luft ist als Gas im Gegensatz zu Wasser oder Quecksilber als Flüssigkeit kompressibel, also zusammendrückbar. Der Luftdruck nimmt deshalb mit zunehmender Höhe ab, und zwar nicht linear, sondern exponentiell. Das muss bei der Berechnung des **statischen Luftdrucks** berücksichtigt werden. Eine Möglichkeit, den Luftdruck für beliebige Höhen zu berechnen, stellt die **barometrische Höhenformel** dar (Gl. 3.14):

$$p = p_0 \exp\left(-\frac{g \cdot z}{R_L \cdot \bar{T}}\right) = p_0 \cdot e^{-(g \cdot z)/(R_L \cdot \bar{T})}$$

$$(3.14)$$

mit p = Luftdruck in der Höhe z (hPa),
p_0 = Luftdruck in Meeresniveau (hPa),
g = Schwerebeschleunigung (9,81 m/s^2),
z = Höhe (m),
R_L= spezifische Gaskonstante für Luft (287 J/(kg·K)) und
$\bar{T}$ = mittlere Temperatur der Luftschicht (K).

Durch Einsetzen verschiedener Höhen (Gl. 3.14) kann durch Vergleich mit den Werten in Tab. 3.3 die Gültigkeit der Formel überprüft werden.

Tab. 3.3 Luftdruck in verschiedenen Höhen für die internationale Standardatmosphäre (aus ZMARSLY et al. 2007[3])

Höhe ü.NN [z] = m	Luftdruck [p] = hPa	Höhe ü.NN [z] = m	Luftdruck [p] = hPa
0	1 013	800	921
100	1 001	900	910
200	989	1 000	899
300	977	2 000	795
400	966	3 000	701
500	955	5 000	540
600	943	10 000	264
700	932	20 000	55

Möchte man andererseits die Höhe ausrechnen, in der man sich beispielsweise im Gebirge aufhält, und hat den dortigen Luftdruck gemessen, dann ergibt sich aus Gl. 3.14 durch Umstellen und schrittweises Separieren nach der Höhe z in Gl. 3.15 bis 3.17

$$e^{-(g \cdot z)/(R_L \cdot T)} = p/p_0 \qquad (3.15)$$

$$-(g \cdot z)/(R_L \cdot T) = \ln p/p_0 \qquad (3.16)$$

$$z = (-\ln p/p_0 \cdot R_L \cdot T)/g \qquad (3.17)$$

die entsprechende Höhe z in m.

Auch hierfür können Beispiele verschiedener Luftdrücke zur Höhenberechnung eingesetzt und die ermittelte Höhe anhand der Werte in Tab. 3.3 überprüft werden.

Neben dem soeben besprochenen statischen Luftdruck sollte noch auf den **dynamischen Luftdruck (p_{dyn})** hingewiesen werden. Hierbei handelt es sich um denjenigen Druck, der durch strömende Luft – zum Beispiel auf eine senkrecht zur Strömungsrichtung stehende Fläche – ausgeübt wird. Der Druck ist umso stärker, je höher

die Strömungsgeschwindigkeit ist. Gleichung 3.18 stellt den Zusammenhang zwischen Druck, Dichte und Windgeschwindigkeit dar.

$$p_{dyn} = \frac{1}{2} \cdot \rho \cdot u^2 \qquad (3.18)$$

mit p_{dyn} = dynamischer Luftdruck (hPa),
ρ = Dichte der Luft (1,2 kg/m³, unter Normalbedingungen),
u = Windgeschwindigkeit (m/s)

An einem Beispiel soll verdeutlicht werden, welchen Druck ein Hurrikan mit einer angenommenen Windgeschwindigkeit von 200 km/h (~ 55 m/s) auf eine senkrecht zur Strömungsrichtung ausgerichtete Fläche, zum Beispiel auf eine Fensterscheibe eines Gebäudes, ausübt (Gl. 3.19, 3.20):

$$p_{dyn} = \frac{1}{2} \cdot 1,2 \text{ kg/m}^3 \cdot 3\,025 \text{ m}^2/\text{s}^2 \quad (3.19)$$

$$p_{dyn} = 1\,815 \text{ kg/(m} \cdot \text{s}^2) = 1\,815 \text{ N} \quad (3.20)$$

Hiernach ergibt sich ein Druck auf einer Fläche von einem Quadratmeter von 1 815 N/m² = 1 815 Pa = 18,15 hPa. Unter der Annahme, die Fensterscheibe habe eine Fläche von 4 m², resultieren daraus 72,6 hPa. Da diesem Wert eine Gewichtskraft von 7 260 N entspricht, lastet auf der gesamten Fensterscheibe eine Masse von immerhin 740 kg! Ob die Fensterscheibe dem Druck standhält?

3.4.3 Darstellung des Luftdrucks.
Zur Darstellung der räumlichen Verteilung des Luftdrucks bedient man sich der Wetterkarten. In diesen wird der Luftdruck, der an einzelnen Orten gemessen wurde, auf Meeresniveau (NN) und eine Temperatur von 0 °C umgerechnet (reduziert). Trägt man die so erhaltenen Werte in eine Karte ein und verbindet die Orte gleichen Drucks miteinander, erhält man Linien gleichen Luftdrucks, die **Isobaren**.

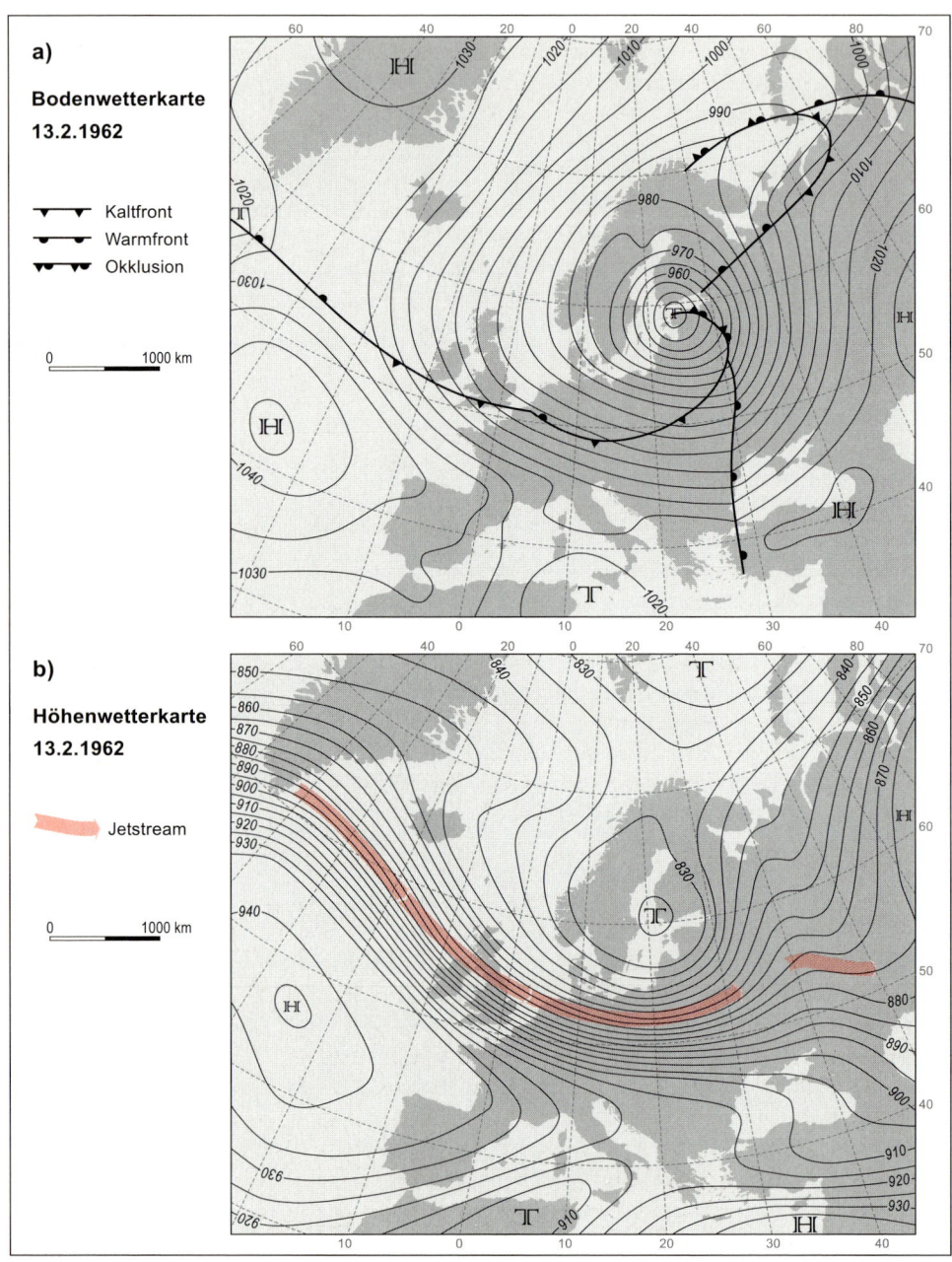

a)

Bodenwetterkarte
13.2.1962

▼▼▼▼ Kaltfront
●—●—● Warmfront
▼●▼●▼ Okklusion

0   1000 km

b)

Höhenwetterkarte
13.2.1962

Jetstream

0   1000 km

Abb. 3.6 Bodenwetterkarte (a) vom 13.2.1962, 0 Uhr, drei Tage vor der Flutkatastrophe in der Deutschen Bucht (16./17.2.1962), und Höhenwetterkarte (b) (Topographie der 300 hPa-Fläche) des gleichen Tages mit ausgeprägtem Jetstream (nach REUTER 1978; verändert)

Es sind Bodenwetterkarten von Höhenwetterkarten zu unterscheiden.

Auf **Bodenwetterkarten** wird der Luftdruck mit Hilfe der genannten Isobaren angegeben, wobei man meist äquidistante Abstände von 5 hPa für die Darstellung wählt (Abb. 3.6 a). Verlaufen die Isobaren weitständig voneinander, wie in diesem Beispiel zwischen Island und Grönland, so ist der horizontale Luftdruckgradient klein und die Windgeschwindigkeit gering. Liegen die Isobaren jedoch eng geschart vor, zum Beispiel im Kern des Tiefs über der östlichen Ostsee, ist der Luftdruckgradient groß und die Windgeschwindigkeit hoch.

Eine **Höhenwetterkarte** (Abb. 3.6 b) stellt hingegen den Luftdruck nicht in einem bestimmten Niveau, z.B. 5 000 m ü.NN dar, sondern gibt die Höhenlage einer Fläche gleichen Luftdrucks wieder, beispielsweise die 300 hPa-Fläche als Höhenschichtlinien (Isohypsen) in der Einheit Dekameter (dam). So liegen zum Beispiel die 300 hPa-Fläche westnordwestlich von Spanien bei 9 440 m (Hoch) und der tiefe Druck über dem Bottnischen Meerbusen bei 8 240 m (Tief). Auf die Tatsache, dass es sich nicht um geometrische Höhenangaben, sondern um geopotenzielle Höhen handelt, die etwa 2 % kleiner sind als die geometrischen Angaben, wird mit Verweis auf weiterführende Literatur (zum Beispiel HUPFER/KUTTLER 2006[12]) nicht weiter eingegangen.

Die charakteristische Drängung der Isobaren zwischen Südgrönland und Deutschland repräsentiert einen starken Druckgradienten mit hohen Windgeschwindigkeiten. Es handelt sich hierbei um das mäandrierend auftretende Starkwindband eines Jetstreams (s. Kap. 7.4).

3.5 Temperatur

Der Begriff Temperatur leitet sich vom lateinischen Wort *temperatura* ab und wird mit „gehöriger Mischung" übersetzt. In physikalischem Sinne ist Temperatur neben dem Druck und dem Volumen eine der drei Zustandsgrößen, mit deren Hilfe man den thermodynamischen Zustand eines Systems kennzeichnet. So kann man zum Beispiel mit der Temperatur den Wärmeinhalt von Luft angeben. In Abschnitt 3.1 wurde bei der Besprechung der „hohen" Temperaturen in der Thermosphäre bereits darauf hingewiesen, dass die Temperatur dem Quadrat der Geschwindigkeit der Gasmoleküle proportional ist.

Um den Wärmezustand von festen, flüssigen oder gasförmigen Stoffen angeben zu können, verwendet man verschiedene **Temperaturskalen** als Maßstab. Die international gebräuchlichsten sind die des schwedischen Astronomen Anders Celsius (1701–1744) und die von William Thomson, dem späteren Lord Kelvin (1824–1907). Als Festpunkte dienten Celsius die Temperatur des Gefrierpunktes von Wasser (0 °Celsius bzw. 0 °C) und die dessen Siedepunktes (100 °C) unter Normalbedingungen. Die Kelvinskala beginnt mit dem absoluten Nullpunkt der Temperatur (0 K = –273,15 °C). Die Temperaturdifferenz zwischen den einzelnen Graden entspricht der der Celsiusskala (0 °C = 273,15 K; 100 °C = 373,15 K). Eine Umrechnung von Celsiusgraden in Kelvin erfolgt durch die Beziehung (Gl. 3.22)

$$x \, °C = x + 273,15 \, K \, , \qquad \textbf{(3.22)}$$

und für die Umrechnung von Kelvin in Grad Celsius gilt (Gl. 3.23)

$$x\,K = x - 273{,}15\,°C\,. \tag{3.23}$$

Im englischen Sprachraum wird vielfach noch die von dem Danziger Physiker Daniel Gabriel Fahrenheit (1686–1736) aufgestellte Skala benutzt. Die Temperatur einer Kältemischung aus Schnee und Salpeter wurde von ihm mit 0 °F, die Temperatur des menschlichen Körpers mit 100 °F festgelegt. Gl. 3.24 ermöglicht die Umrechnung von der Celsius- in die Fahrenheitskala

$$[t_C] = 5/9\,(t_F/°F - 32)\,, \tag{3.24}$$

und Gl. 3.25 die Umrechnung von der Fahrenheit- in die Celsiusskala:

$$[t_F] = 9/5 \cdot t_C/°C + 32\,. \tag{3.25}$$

Somit entsprechen 0 °C einem Wert von 32 F und 100 °C demjenigen von 212 °F.

3.5.1 Temperaturmessungen.

Zur Messung der Temperatur bedient man sich Verfahren, deren Temperaturverhalten bekannt ist. Dazu zählt zum Beispiel die Bestimmung

- der Ausdehnung einer Flüssigkeitssäule (zum Beispiel Quecksilber oder Alkohol als Thermometer),
- der Änderung des elektrischen Widerstands eines elektrischen Leiters (Widerstandsthermometer),
- der Änderung der Thermospannung zwischen zwei verschiedenen Metallen (Thermoelement) sowie
- die berührungslose Temperaturmessung mit Hilfe eines Infrarotthermometers, das die von einem Körper ausgehende Wärmestrahlung misst (s. auch Kap. 4.2).

Da bei der Messung der Lufttemperatur nur die durch Wärmeleitung dem Thermo-meter übermittelte Temperatur der Luft erfasst werden soll, müssen jegliche verfälschende Einflüsse ausgeschaltet werden. Das betrifft insbesondere die Strahlung. Lufttemperaturen dürfen deshalb nur im Schatten gemessen werden.

Temperaturmessgeräte werden an geeigneten Standorten aufgestellt, die repräsentativ sind für die Region, über die eine thermische Aussage gemacht werden soll. Um überall gleiche Bedingungen zu schaffen, verwendet man weiß gestrichene **Wetterhütten** mit doppelten jalousieartigen Wänden und nach N zu öffnende Türen, die in 2 m über Grund über freiem, kurz gehaltenem Rasen aufgestellt werden (Abb. 3.7). Weiß sind die Wetterhütten deshalb, weil möglichst viel Strahlung reflektiert und möglichst wenig Strahlung absorbiert werden soll, sodass eine Aufheizung der Wetterhütte an heißen Sommertagen weitgehend unterbleibt und nicht zur Verfälschung der Lufttemperatur durch Entstehen eines eigenen „Hüttenklimas" führt. Der Abstand von 2 m über mit Gras bewachsenem Boden soll Einflüsse der Erdoberfläche reduzieren und vergleichbare Messbedingungen garantieren.

Für Sondermessnetze, die zum Beispiel über einen kurzen Zeitraum von einem Jahr zur Klärung stadt- oder geländeklimatologischer Fragen eingerichtet werden, finden auch kleinere Wetterhütten („Gießener Hütten") Verwendung. Darüber hinaus werden auch Strahlungsschutzhütten („Baumbach Hütten") verwendet, die entweder aus übereinander gesetzten Halbkugelschalen bestehen und deshalb auch „Kugelhütten" genannt werden, oder die wie kleine Pagoden aussehende Blechkonstruktionen darstellen, die die Messfühler aufnehmen. Letztgenannte Systeme sollten aber nur an denjenigen Standorten eingesetzt werden, die ausreichend bewindet

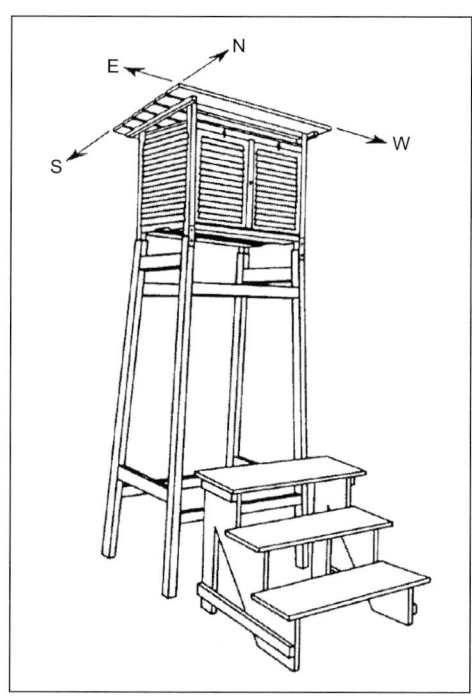

Abb. 3.7 Wetterhütte zur Aufnahme von Messgeräten zur Lufttemperatur, -feuchtigkeit und -druck (nach DWD 1986[9])

sind, da beide Typen bei starker Einstrahlung zur Überwärmung neigen und deshalb den realen Temperaturwert verfälschen.

3.5.2 Temperaturverhalten.
Die Lufttemperaturen unterliegen einem Tages- und/oder Jahresgang. Sie weisen mithin einen diurnalen (lat. *dies*, Tag) und/oder annualen (lat. *annus*, Jahr) Verlauf auf. In kontinentalen Klimabereichen sind die Unterschiede zwischen Tag und Nacht sowie Sommer und Winter im Allgemeinen größer als in maritim geprägten Gebieten (s. auch Kap. 8.2); auch zeigt sich eine Abhängigkeit zur geographischen Breite. So übertrifft in den mittleren und polaren Breiten die Jahresamplitude diejenige der

Tagesamplitude, während in den Tropen die Tagesamplitude normalerweise größer ist als die Jahresamplitude.

Legt man das globale Stationsnetz der WMO (World Meteorological Organisation, mit Sitz in Genf) für eine Auswertung zugrunde, dann werden die **höchsten Temperaturen auf der Erde** im Wüstenklima Afrikas am Standort Néma (Mauretanien) (16° 36' N / 7° 16' W, 265 m ü. NN) gemessen (Tab. 3.4). Bei einem Jahresmittelwert von 30,2 °C treten im Mai mit 35,5 °C die höchsten, im Januar mit 23,4 °C die niedrigsten Monatsmitteltemperaturen auf. Die Amplitude beläuft sich im Jahresverlauf somit nur auf 12,1 K. Der Standort ist aufgrund seiner Lage im Passatgebiet im Allgemeinen sehr trocken (288 mm Jahresniederschlag). Allerdings ist auf die hohen Werte der absoluten Maximalniederschläge („Starkregen") (Zeile 8, Tab. 3.4) hinzuweisen, die insbesondere in den Sommermonaten die für die Tropen charakteristisch hohen Werte („Zenitalregen") erreichen können. Die mittlere Sonnenscheindauer erreicht sehr hohe Werte von 3 296 h/a, wodurch die strahlungsklimatischen Voraussetzungen zur Nutzung der Sonnenenergie zum Beispiel durch Photovoltaik gegeben sind.

Demgegenüber werden die **niedrigsten absoluten Lufttemperaturen auf der Erde** an der russischen Antarktisstation Wostok (78° 27' S / 106° 52' E) in einer Höhe von 3 420 m ü. NN gemessen (Tab. 3.5). Der Jahresmittelwert der Lufttemperatur beläuft sich auf −55,4 °C; die höchsten Monatsmittelwerte entfallen auf den Dezember und Januar mit jeweils −32,1 °C, die niedrigsten Werte werden im August mit −69,0 °C erreicht. Der Standort Wostok ist sehr trocken; es werden nur 25 mm Niederschlag pro Jahr gemessen. Beim Zustandekommen der niedrigen Temperatur-

Tab. 3.4 Klimatabelle von Nema (Mauretanien) (nach MÜLLER 1996[5])

30	Station/Land: **Néma/Mauretanien** Lage: 16° 36' N / 7° 16' W — Höhe ü.NN: 265 m — Klimatyp: Köppen BWh, Troll V,5															
			J	F	M	A	M	J	J	A	S	O	N	D	Jahr	Z*
1	Mittl. Temp	in °C	23,4	26,4	30,2	33,4	35,5	34,3	32,0	29,9	31,4	32,6	29,4	24,4	30,2	
2	Mittl. Max. d. Temperatur	in °C	30,0	33,0	37,0	40,0	42,0	42,0	38,0	35,0	37,0	39,0	36,0	31,0	37,0	23
3	Mittl. Min. d. Temperatur	in °C	17,0	19,0	23,0	26,0	29,0	28,0	26,0	24,0	25,0	26,0	23,0	18,0	24,0	23
4	Absol. Max. d. Temperatur	in °C	39,0	42,0	44,0	46,0	49,0	47,0	46,0	43,0	43,0	45,0	44,0	40,0	49,0	23
5	Absol. Min. d. Temperatur	in °C	8,0	11,0	15,0	15,0	20,0	17,0	12,0	18,0	18,0	16,0	15,0	9,0	8,0	23
6	Mittl. relative Feuchte	in %	18	16	14	14	22	39	58	68	59	30	20	22	32	10
7	Mittl. Niederschlag	in mm	<1	<1	1	3	10	30	63	111	55	15	<1	<1	288	30
8	Max. Niederschlag	in mm	18	5	5	23	92	117	185	312	117	58	16	25	507	30
9	Min. Niederschlag	in mm	0	0	0	0	0	0	15	38	10	0	0	0	184	30
10	Max. Niederschlag 24 h	in mm	10	5	3	10	38	81	46	125	33	25	8	18	125	30
11	Tage mit Niederschlag	>0,1 mm	<1	0	<1	<1	1	3	7	7	5	2	<1	<1	25	30
12	Sonnenscheindauer	in h	276	266	304	297	288	267	270	264	261	273	273	257	3296	10
13	Globalstrahlung	in Wh/m²														
14	Potenzielle Verdunstung	in mm	81	117	167	189	205	196	197	177	174	177	149	89	1918	30
15	Mittl. Windgeschwindigkeit	in m/sec.	3,0	2,9	2,5	2,0	2,6	1,9	1,5	1,9	1,2	1,6	2,8	2,8	2,2	
16	Vorherrsch. Windrichtung		SE	NE	NE	ENE	ENE	E	SW	SW	SW	SE	NE	NE		

* Z = Messzeitraum in Jahren

werte spielt natürlich die Höhenlage von über 3 000 m ü.NN auch eine Rolle. So wird das niedrigste Jahresmittel der Temperatur allerdings an der Plateaustation (3 625 m ü.NN) ebenfalls in der Antarktis erreicht; es liegt 1 K unter demjenigen von Wostok.

Um Lufttemperaturen verschiedener Orte bequem miteinander vergleichen zu können, bedient man sich unterschiedlicher statistischer Maße, in die Messwerte der meteorologischen Beobachtungstermine Eingang finden. Weit verbreitet ist die Berechnung des arithmetischen Mittelwertes, der zum Beispiel auf Tages-, Monatsoder Jahresbasis beruht. Zur **Berechnung des Tagesmittels** der Temperatur verfährt man wie folgt (Gl. 3.26):

Tab. 3.5 Klimatabelle von Wostok (Antarktis) (nach MÜLLER 1996[5])

	3	Station/Land: **Wostok/Antarktis** Lage: 78° 27' S / 106° 52' E Höhe ü.NN: 3 420 m Klimatyp: Köppen Ef, Troll I,1													
			J	F	M	A	M	J	J	A	S	O	N	D	Jahr	Z*
1	Mittl. Temp.	in °C	-32,1	-43,9	-57,8	-65,0	-65,6	-65,8	-67,0	-69,0	-66,2	-57,0	-43,7	-32,1	-55,4	28
2	Mittl. Max. d. Temperatur	in °C	-27,2	-37,9	-53,3	-61,8	-63,6	-61,5	-63,7	-66,7	-63,4	-51,1	-36,7	-27,4	-51,2	4
3	Mittl. Min. d. Temperatur	in °C	-37,0	-47,8	-60,5	-67,0	-69,2	-68,6	-69,1	-70,4	-70,9	-62,7	-48,2	-37,0	-59,0	4
4	Absol. Max. d. Temperatur	in °C	-20	-22	-32	-42	-38	-36	-36	-42	-38	-32	-24	-20	-20	13
5	Absol. Min. d. Temperatur	in °C	-58	-64	-75	-82	-83	-90	-88	-84	-80	-64	-48	-90	-90	13
6	Mittl. relative Feuchte	in %	73	71	70	69	68	68	69	69	69	70	72	73	70	16
7	Mittl. Niederschlag	in mm	1	1	3	2	3	2	3	3	3	1	1	1	25	9
8	Max. Niederschlag	in mm														
9	Min. Niederschlag	in mm														
10	Max. Nieder- schlag 24 h	in mm														
11	Tage mit Niederschlag	>0,1 mm	<0,1	<0,1	0,4	0,5	0,7	0,6	0,5	0,9	1,2	0,3	<0,1	<0,1	5,3	12
12	Sonnen- scheindauer	in h														
13	Global- strahlung	in Wh/m²														
14	Potenzielle Verdunstung	in mm														
15	Mittl. Windge- schwindigkeit	in m/sec.	4,4	4,5	5,4	5,3	5,4	5,3	5,3	5,2	5,5	5,3	5,0	4,7	5,1	9
16	Vorherrsch. Windrichtung		SW	SW	SW	SW	SW	SW	W	SW	SW	SW	SW	SW	SW	6

* Z = Messzeitraum in Jahren

$$\dot{t} = (t_7 + t_{14} + 2 \cdot t_{21})/4 \qquad (3.26)$$

mit $\dot{t}$ = Tagesmittelwert (°C) und
   t_7, t_{14}, t_{21} = Lufttemperaturwerte
      um 7, 14, 21 Uhr.

Der 21 Uhr-Wert der Temperatur wird doppelt gezählt, um einen späteren Ablesetermin in der Nacht überflüssig zu machen.

Das spielt nach wie vor dort eine Rolle, wo die Ablesung der jeweiligen Werte durch Stationspersonal erfolgt. Bei der heute überwiegend üblichen elektronischen Erfassung in Zeitschritten von Minuten oder Stunden beruht die Berechnung eines Tagesmittels zum Beispiel auf 24-stündlichen Einzelwerten.

Ein Monatsmittelwert wird entsprechend auf Basis der Tagesmittel berechnet und ein Jahresmittel beruht auf der Mittelung der Monatsmittelwerte, wenn keine zeitlich hoch aufgelösten (elektronisch erfassten) Daten vorliegen.

Zur Charakterisierung der thermischen Verhältnisse kann auch auf **klimatologische Ereignistage** zurückgegriffen werden. Hierbei handelt es sich um die Festlegung von Temperaturschwellenwerten, die entweder unter- oder überschritten werden und deren Anzahl taggeweise angegeben wird. Entsprechende Definitionen enthält Tab. 3.6, Beispiele finden sich in Kapitel 10 (Tab. 10.6 und 10.10).

Tab. 3.6   Definitionen thermischer klimatologischer Ereignistage

Ereignistag	Definition
Frostwechseltag	Lufttemperatur durchläuft im Laufe eines Tages einmal oder mehrere Male den Gefrierpunkt
Frosttag	Tagesminimum der Lufttemperatur liegt unter 0 °C ($t_{min} < 0$ °C)
Eistag	Tagesmaximum der Lufttemperatur ist kleiner 0° C ($t_{max} < 0$ °C)
Sommertag	Tagesmaximum der Lufttemperatur ist größer/gleich 25 °C ($t_{max} \geq 25$ °C)
Heißer Tag	Tagesmaximum der Lufttemperatur ist größer/gleich 30 °C ($t_{max} \geq 30$ °C)

3.5.3 Temperaturveränderungen bei Vertikalbewegungen.

Da der für die Erwärmung der Atmosphäre wesentliche solare Strahlungsumsatz an der Erdoberfläche stattfindet, muss sich zwischen den wärmeren Bereichen in Bodennähe und den kühleren in der höheren Atmosphäre ein durchschnittliches Temperaturgefälle einstellen.

Im Mittel resultiert hieraus eine vertikale Temperaturabnahme, die geometrischer bzw. **hypsometrischer Temperaturgradient** genannt wird und sich auf dt/dz ≈ −0,65 K/100 m (Abb. 3.8) beläuft.

Wird jedoch Luft durch Konvektion bzw. Thermik oder durch Hindernisse (zum Beispiel Gebirge) gezwungen, vertikal aufzusteigen, können sich aktuelle Temperaturgradienten einstellen, die erheblich von dem genannten Mittelwert abweichen.

Mit dem Aufstieg von Luft sind unabhängig davon, welche der genannten Einflüsse Auslöser für die Vertikalbewegung sind, zwei ursächlich zusammenhängende physikalische Prozesse verbunden:

Da die aufsteigende Luft wegen der nach oben geringer werdenden Luftsäule unter niedrigeren Druck gerät, dehnt sie sich aus. Ausdehnung bedeutet in physikalischem Sinne Arbeit. Die dazu notwendige Energie wird der aufsteigenden Luft entnommen („innere Energie"), wodurch sich diese abkühlt. Umgekehrt erwärmt sich Luft, die absinkt, damit unter höheren Druck gerät und zusammengepresst wird („Kompressionserwärmung"). Eine solche Zustandsänderung eines Gases ohne Zufuhr oder Ableitung von Wärme nennt man **adiabatisch** (griech. *a*, nicht, *diabatos*, passierbar).

Steigt trockene Luft auf, kühlt sich diese aus thermodynamischen Gründen beim Aufsteigen etwa um 1 K/100 m ab. Der Temperatur-Höhengradient nimmt also den Wert dt/dz ≈ −1 K/100 m an. Um den gleichen Betrag erwärmt sich absinkende trockene Luft. Der **trockenadiabatische Temperaturgradient** beläuft sich dann auf dt/dz ≈ 1 K/100 m.

Einen deutlich geringeren Wert nimmt die vertikale Temperaturabnahme in der Atmosphäre hingegen an, wenn es zur

Kondensation von Wasserdampf kommt, denn dadurch wird die vorher zur Verdunstung aufgebrachte Energie wieder freigesetzt und dem aufsteigenden Luftvolumen hinzugefügt. Wird somit Luft, die mit Feuchtigkeit gesättigt ist, zum Aufsteigen gezwungen, herrscht eine feuchtadiabatische Zustandsänderung vor.

Der **feuchtadiabatische Temperaturgradient** beläuft sich deshalb nur auf $dt/dz \approx -0{,}5$ bis $-0{,}9$ K/100 m (0,5 K bei einer Lufttemperatur von $-10\,°C$, 0,7 K bei einer Lufttemperatur von $-20\,°C$ und 0,9 K bei $-30\,°C$).

Steigt hingegen feuchte, aber noch ungesättigte Luft auf, müssen natürlich zwei Phasen unterschieden werden: nämlich eine trockenadiabatische Temperaturabnahme bis zum Erreichen des Taupunktes (des Kondensationsniveaus) und anschließend eine feuchtadiabatische Temperaturabnahme. Derartige Unterschiede in der vertikalen Temperaturveränderung müssen zum Beispiel beachtet werden, wenn die durch Föhn in einem Gebirge zwischen Luv und Lee verursachten Temperaturunterschiede berechnet werden sollen (s. Kap. 9.3).

Die in Abbildung 3.8 enthaltenen Beispiele für verschiedene Gleichgewichtszustände in der Atmosphäre verdeutlichen, dass sich bei vorherrschenden labilen Schichtungszuständen (im Beispiel $dt/dz = -1{,}5$ K/100 m) ein aufsteigendes trockenes Luftpaket, das sich mit $dt/dz = -1$ K/100 m langsamer abkühlt, dadurch immer wärmer bleibt als die umgebende Luft, sodass es, wenn es einmal aus seiner Ruhelage gebracht wurde, weiter in der Atmosphäre aufsteigt.

Liegt hingegen eine mit $dt/dz = -0{,}5$ K/100 m geschichtete Atmosphäre vor, dann kühlt sich im trockenadiabatischen Fall die Luft mit zunehmender Höhe schneller ab als die Umgebungsluft. Dadurch wird die Luft kälter und sinkt auf ihre Ausgangshöhe wieder ab. Es herrschen somit stabile Schichtungsverhältnisse vor.

Nimmt die Lufttemperatur mit zunehmender Höhe nicht ab ($dt/dt = 0$ K/100 m), dann haben die stabilen Verhältnisse im Vergleich zum vorhergehenden Beispiel weiter zugenommen. In diesem Fall spricht man auch von einer **Isothermie**.

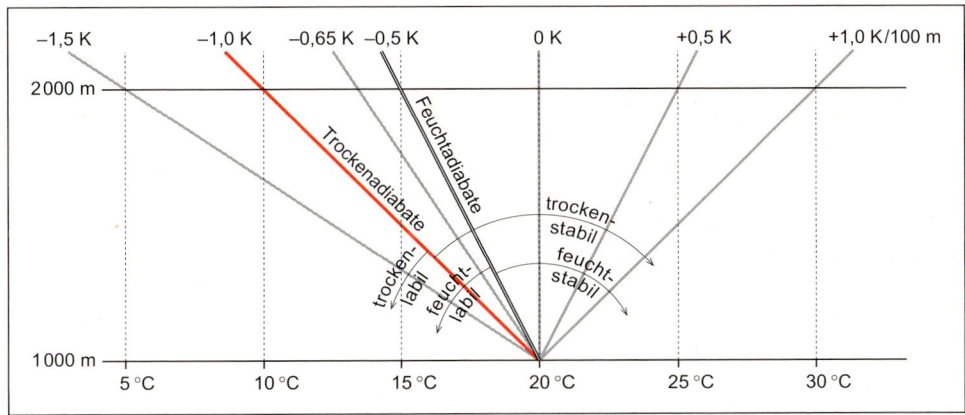

Abb. 3.8   Beispiele für Gleichgewichtszustände der Atmosphäre (nach SCHARNOW et al. 1982[6]; verändert)

Sollte die Lufttemperatur mit zunehmender Höhe sogar zunehmen, zum Beispiel um 1 K/100 m, dann kühlt sich ein aus der Ruhelage gebrachtes Luftvolumen mit zunehmender Höhe immer schneller ab. Es bleibt dabei immer kühler als die Umgebungsluft und sinkt deshalb auf sein Ausgangsniveau wieder zurück. Einen solchen Fall der Temperaturumkehr nennt man **Temperaturinversion** (dt/dz > 0 K/100 m).

Inversionen sind von besonderer Bedeutung für den vertikalen Luftaustausch. Aufsteigende Luftströmungen werden in ihnen gebremst oder sogar gestoppt. Inversionen bilden damit thermostabile Sperrschichten. Über Industriegebieten oder großen Städten führen Inversionen oft zu einer Dunstglocke, da sich Luftverunreinigungen unter ihr sammeln.

Bodeninversionen entstehen während Schwachwind bei negativer nächtlicher Strahlungsbilanz („Strahlungsnacht"). Sie erreichen Mächtigkeiten von meist nur einigen Dekametern, manchmal auch von wenigen hundert Metern. Abb. 3.9 zeigt schematisch den abend- bzw. nächtlichen Aufbau einer Bodeninversion.

In Gebirgen sammelt sich häufig in Tälern oder Becken von den Bergen abfließende Kaltluft, in der, wenn der Taupunkt unterschritten wird, Wasserdampf kondensiert und als Nebel sichtbar wird, dessen Obergrenze die Inversionsschicht markiert. An Sommertagen löst sich diese Nebeldecke am Vormittag schnell auf. Im Winter kann sie jedoch den ganzen Tag über vorherrschen, sodass die Berggipfel besonnt sind, während die Täler im Dunst und Nebel liegen.

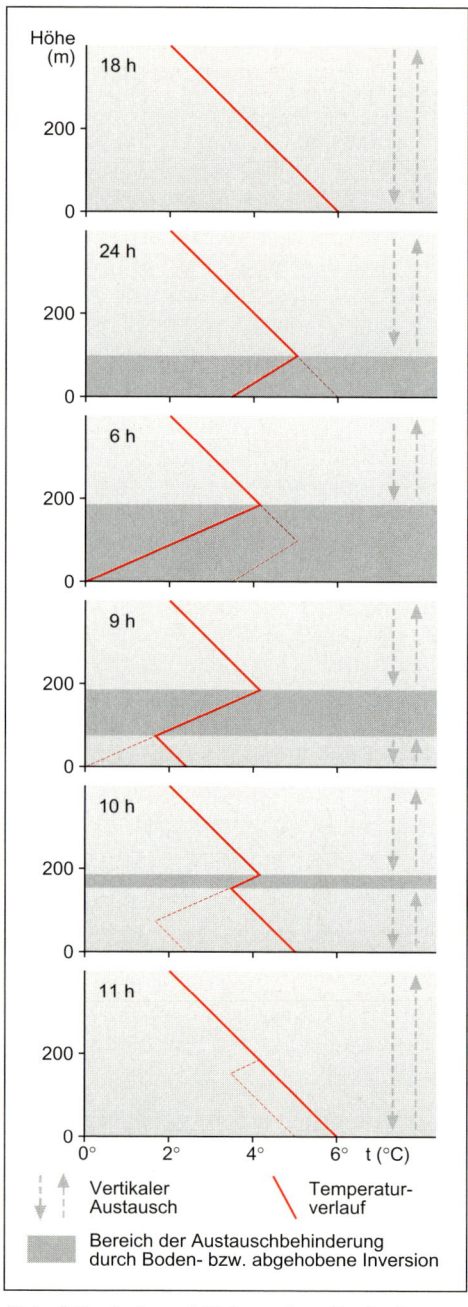

Abb. 3.9 Auf- und Abbau einer Bodeninversion

Abb. 3.10
Schema der Strö-
mungsverhältnisse
bei der Bildung einer
Absinkinversion
(nach WEISCHET/
ENDLICHER 2008[7];
verändert)

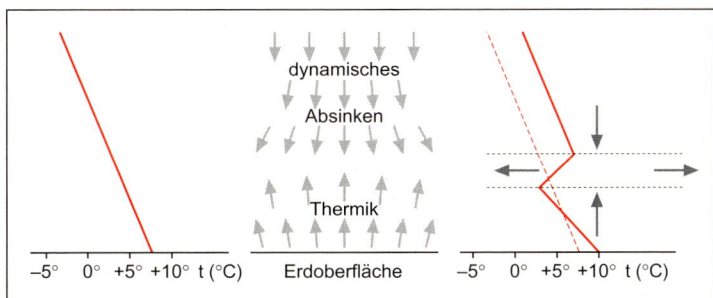

Absinkinversionen entstehen in Hochdruckgebieten. Die in deren Kern absinkende und sich adiabatisch erwärmende Luft muss mit Annäherung an den Boden aus der vertikalen allmählich in eine horizontale Richtung strömen. Dies geschieht meist schon in etwa 1 000 bis 2 000 m Höhe, da von dem durch Sonnenstrahlung erwärmten Boden Luft aufsteigt und die Absinkbewegung frühzeitig bremst (Abb. 3.10).

Schließlich können sich noch Inversionen durch Aufgleiten wärmerer Luft über kälterer ergeben, was an einer Warmfront (s. Kap. 7.3.2.2) geschieht. Man spricht dann von einer **Aufgleitinversion**.

Die Auswirkungen unterschiedlicher Temperaturschichten auf die Ausbreitung von Schornsteinabgasen zeigt Abb. 3.11, woraus insbesondere der nachhaltige Einfluss der Höhenlage der Inversionsgrenzen (z.B. beim Lofting- und Fumigation-Typ) auf die bodennahe Luftverschmutzung ersichtlich wird.

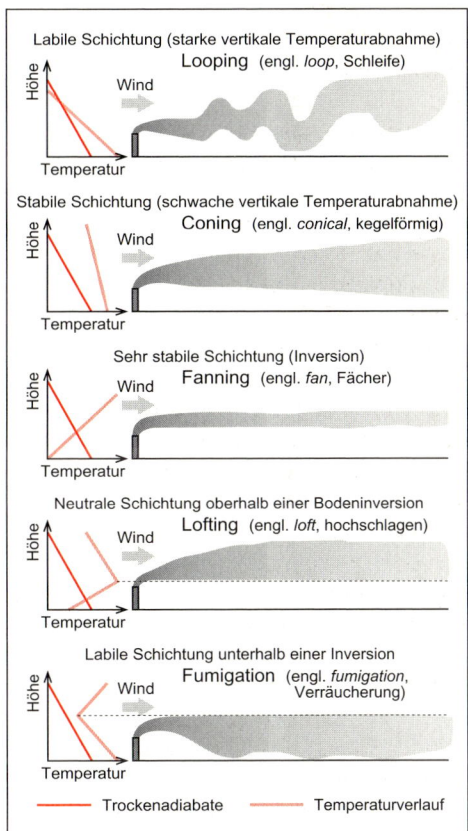

Abb. 3.11 Ausbreitungstypen, Temperaturschichtung und Form der Schornsteinabluftfahnen (nach HUPFER/KUTTLER 2006[12])

4 Strahlungs- und Wärmehaushalt

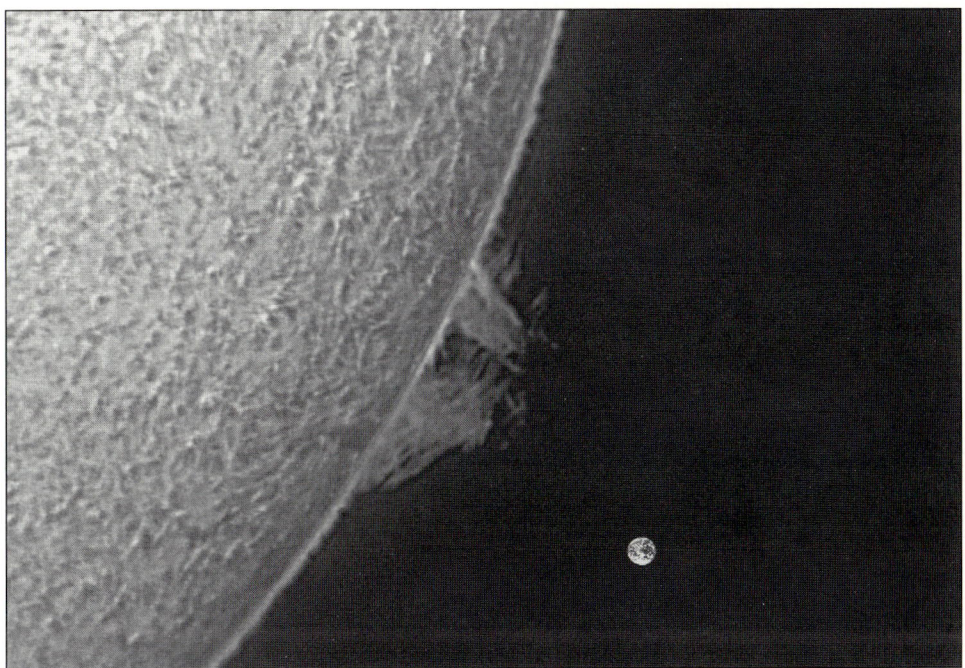

Abb. 4.1 Sonnenrand mit Protuberanzen und Erde im Hintergrund. Protuberanzen sind Materieströme, die oft als Bögen erscheinen und mehrere 10 000 km Durchmesser erreichen können (Quelle: Peter Höbel, fotocommunity.de)

4.1 Einführung

Die Sonne ist das Zentralgestirn unseres Sonnensystems und versorgt als Hauptenergiequelle die Erde mit der lebensnotwendigen Strahlung. Die Sonnenmaterie setzt sich aus komprimiertem Gas zusammen, das aus Wasserstoff (H, 90 %), Helium (He, 9 %) und Spurenstoffen (1 %) besteht. Mit über 300 000 Erdmassen ist die Sonne zwar ein sehr massereicher Fix-

stern, jedoch verfügt sie mit 1,4 t/m^3 über eine wesentlich geringere Dichte (ρ) als die Erde (Tab. 4.1). Aufgrund ihres Nickel/Eisenkerns („NiFe-Kern") weist die Erde nämlich mit $\rho_E \approx 5,3$ t/m^3 einen fast viermal so hohen Wert auf. Die Sonne hat jedoch im Vergleich zur Erde ($g_E = 9,81$ m/s^2) eine um den Faktor 28 höhere Schwerebeschleunigung. Von der gesamten Sonnenoberfläche wird ein Strahlungsfluss (Φ_{sol}) von etwa $3,8 \cdot 10^{26}$ W abgegeben. Auf den Quadratmeter Sonnenoberfläche bezogen entspricht das rund

Tab. 4.1 Daten zur Sonne im Vergleich zur Erde

Sonne	$\frac{\text{Sonne}}{\text{Erde}}$ (Angabe der Vielfachen)
Radius: $6{,}96 \cdot 10^5$ km	109
Oberfläche: $6{,}1 \cdot 10^{18}$ m²	11 960
Masse: $2{,}0 \cdot 10^{30}$ kg	333 000
Dichte: 1400 kg/m³	0,26
Schwerebeschleunigung (an der Oberfläche): 274 m/s²	27,9
Fluchtgeschwindigkeit (Oberfläche): 618 km/s	55,2
Temperatur an der Oberfläche: 5512 °C	367,5
Ausstrahlung (solare Strahlungsstromdichte, Oberfläche): $63 \cdot 10^6$ W/m²	161 500
Ausstrahlung gesamte Sonne (solarer Strahlungsstrom): $3{,}8 \cdot 10^{26}$ W	$2{,}2 \cdot 10^9$
Mittlere Entfernung zur Erde: $149 \cdot 10^6$ km (= 1 AE)	

63 Mio. J/s bzw. einer Strahlungsleistung von 63 Mio. W. Hierbei handelt es sich um einen außerordentlich hohen Wert. Das Licht legt bei einer Geschwindigkeit von $c = 2{,}998 \cdot 10^8$ m/s die mittlere Distanz zwischen Sonne und Erde in etwa 8 Minuten zurück.

4.2 Herkunft und Intensität der Sonnenenergie

Die Sonne kann man sich als einen riesigen Kernfusionsreaktor vorstellen, in dem eine Verschmelzung leichter Atomkerne zu einem schweren Atomkern stattfindet. Es reagieren nämlich vier Wasserstoffatome mit der relativ geringen Atommasse $A_R = 1{,}008$ zu einem „schweren" Heliumatom ($A_R = 4{,}003$). Dabei wird das entstehende Massendefizit ($\Delta A_R = 0{,}029$) als Strahlung freigesetzt (Gl. 4.1). Die Physiker Carl Friedrich v. Weizsäcker (1912–2007) und Hans Albrecht Bethe (1906–2005) haben diesen Vorgang übrigens unabhängig voneinander im Jahre 1938 entdeckt und beschrieben.

$$4\,H \rightarrow He + 2\,e + h \cdot \nu \qquad (4.1)$$

wobei H = Wasserstoff,
He = Helium,
e = Elektron und
$h \cdot \nu$ = molekulare Energie (h = Plancksches Wirkungsquantum, ν = Frequenz) bedeuten.

Da nach der Einsteinschen Relativitätstheorie (1905) Energie und Masse zueinander äquivalent sind und mit Hilfe des Wertes der Lichtgeschwindigkeit ineinander umgerechnet werden können durch die bekannte Formel 4.2, lässt sich nach Einsetzen der entsprechenden Werte für die Strahlungsleistung der Sonne ($\Phi_{sol} = 3{,}8 \cdot 10^{26}$ W), der Lichtgeschwindigkeit ($c = 2{,}998 \cdot 10^8$ m/s) und nach Separieren der Masse m ein Massenverlust von 4,25 Mio. t/s berechnen.

$$E = m \cdot c^2 \qquad (4.2)$$

mit E = Energie (J = kg · m²/s²),
m = Masse (kg) und
c = Lichtgeschwindigkeit (m/s).

Hinzu tritt allerdings noch ein weiterer Massenverlust durch den Sonnenwind von etwa 1,2 Mio. t/s, also insgesamt rund 5,5 Mio. t/s (!). Trotz dieses großen Umsatzes soll die Sonne noch eine Lebensdauer von etwa 5 Mrd. Jahren haben, bis sie kollabiert, die Fusionsprozesse aufhören und sie als Weißer Zwerg, Roter Riese bzw. als Neutronenstern endet.

Mit Hilfe zweier wichtiger Strahlungsgesetze lassen sich die genannte Strahlungsleistung der Sonne (Φ_{sol}) und ihre Oberflächentemperatur (T_{sol}) auf einfachem Wege berechnen. Hierzu wendet man das **Stefan-Boltzmann-Gesetz** (Gl. 4.3) und das **Wiensche Verschiebungsgesetz** (Gl. 4.4) an. Das Stefan-Boltzmann-Gesetz lautet:

$$\Psi = \varepsilon \cdot \sigma \cdot T^4 \qquad (4.3)$$

mit Ψ = Strahlungsflussdichte (W/m^2),
$\quad \varepsilon$ = Emissionsgrad (1)
$\quad \sigma$ = Stefan-Boltzmann-Konstante
$\qquad (5,67 \cdot 10^{-8}$ W/(m$^2 \cdot$ K^4)) und
$\quad T$ = Oberflächentemperatur (K).

Dieses Gesetz besagt, dass man die langwellige Strahlungsflussdichte (vulgo: „Wärmeabgabe") eines Körpers bei Kenntnis der Oberflächentemperatur und des Emissionsgrades berechnen kann. Die Angabe des Emissionsgrades (ε) ist notwendig, weil nicht jeder Körper ein Schwarzstrahler ist. Hierbei handelt es sich nämlich um einen Körper, der die elektromagnetische Wellenstrahlung aller Wellenlängen absorbiert und selbst entsprechend seiner Temperatur langwellige Strahlung emittiert. Ein Schwarzstrahler hat deshalb den Wert $\varepsilon = 1$. Im Allgemeinen liegen die ε-Werte – von wenigen Ausnahmen abgesehen – zwischen 0,8 und 0,98. Die Erde weist einen Emissionsgrad von 0,95, die Sonne einen solchen von 1 auf. Tab. 4.2 enthält Werte für ausgewählte Stoffe.

Das **Verschiebungsgesetz nach Wien** (W. Wien, 1864–1928) verknüpft die Oberflächentemperatur eines Körpers mit der Wellenlänge maximaler Strahlungsenergie (λ_{max}). So kann man zum Beispiel die Oberflächentemperatur der Sonne berech-

Tab. 4.2 Emissionsgrade (ε) verschiedener Stoffe für langwellige Strahlung (nach einer Zusammenstellung aus Zmarsly et al. 2007[3])

Medium	ε
Wolken	0,90–1,00
Wasser	0,92–0,97
Schnee	0,82–0,99
Eis	0,92–0,97
Wiese	0,90–0,95
Wald	0,90
Sand (trocken)	0,90
Lehm (nass)	0,98
Mauerwerk	0,98
Kalk, Kies	0,92
Dachpappe	0,93
Aluminiumbronze	0,35–0,45
Metalle (poliert)	0,02–0,06
Menschliche Haut	0,95

nen, indem man Gl. 4.4 nach T auflöst.

$$\lambda_{max} \cdot T = 2\,898 \text{ } \mu m \cdot K \qquad (4.4)$$

mit λ_{max} = Wellenlänge des Strahlungsmaximums (μm) und
$\quad T$ = Oberflächentemperatur (K).

Die Wellenlänge des Strahlungsmaximums der Sonnenstrahlung beträgt $\lambda_{max,\,sol}$ = 0,502 μm bzw. 502 nm. Ein derartiges Maximum wird zum Beispiel mit Hilfe eines Spektrometers bestimmt, einem Gerät, mit dem die Intensität der Strahlung in Abhängigkeit von ihrer Wellenlänge nachgewiesen werden kann.

Unter Zugrundelegung von Gl. 4.4 resultiert nach Einsetzen des Wertes von $\lambda_{max,\,sol}$ und Umstellen der Gleichung nach T eine **Oberflächentemperatur der Sonne** (T_{sol}) von

$$T_{sol} = \frac{2\,898 \text{ } \mu m \cdot K}{0,502 \text{ } \mu m} = 5\,796 \text{ K}$$

bzw. 5 523 °C.

Setzt man diesen Wert in Gl. 4.3 ein, dann erhält man mit $\varepsilon = 1$

$$\Psi = 1 \cdot 5{,}67 \cdot 10^{-8} \frac{W}{m^2 \cdot K^4} \cdot (5\,796\;K)^4$$
$$= 63\,988\;kW/m^2\;.$$

Für die Strahlungsleistung der Sonnenoberfläche (Φ_{sol}), deren Wert bereits eingangs genannt wurde, ergeben sich demnach

$$\Phi_{sol} = 63\,988 \cdot 10^3 \frac{W}{m^2} \cdot 4 \cdot \pi \cdot (6{,}96 \cdot 10^8\;m)^2$$
$$= 3{,}8 \cdot 10^{26}\;W\;,$$

wobei das Quadratglied den Radius der Sonne darstellt.

4.3 Strahlungsempfang auf der Erde

Der von der Sonne ausgehende Strahlungsstrom ($\Phi_{sol} = 3{,}8 \cdot 10^{26}$ W) wird in den Weltraum radialsymmetrisch als Kugelwelle mit Lichtgeschwindigkeit abgegeben. Die Strahlungsabschwächung erfolgt dabei mit dem Quadrat der Entfernung. Der mittlere Abstand zwischen Sonne und Erde beträgt 149 Mio. km. Diese Strahlung trifft in eben dieser Entfernung eine senkrecht zur Strahlungsrichtung stehende Kreisfläche mit dem Radius der Erde (Gl. 4.5). Diese Bestrahlungsstärke (E_0) wird **Solarkonstante** genannt und gilt für die Obergrenze der Atmosphäre. Sie ergibt sich nach

$$E_0 = \frac{\Phi_{sol}}{4 \cdot \pi \cdot l^2} \qquad\qquad (4.5)$$

mit E_0 = Solarkonstante (W/m²),
Φ_{sol} = solarer Strahlungsstrom (W) und
l = Abstand Sonne–Erde (m).

Daraus folgt:

$$E_0 = \frac{3{,}8 \cdot 10^{26}\;W}{4 \cdot \pi \cdot (1{,}49 \cdot 10^{11}\;m)^2} = 1\,370\;W/m^2\;.$$

Die Solarkonstante ist streng genommen nicht konstant, sondern schwankt um etwa 7 % des Mittelwertes wegen der jahreszeitlichen Änderung der Entfernung Sonne–Erde. Im Nordwinter (1. Januar) sind es 147 Mio. km (sonnennächster Punkt, Perihel), im Nordsommer (3. Juli) hingegen 152 Mio. km (sonnenfernster Punkt, Aphel). Um das räumlich-zeitliche Mittel der Bestrahlungsstärke der Sonne für die im Vergleich zu anderen Planeten relativ schnell rotierende Erde zu berechnen, muss der Wert der Solarkonstanten auf die Kugeloberfläche umgerechnet werden. Das geschieht dadurch, dass man die Einfallsfläche des Strahlungsstroms (also die Projektionsfläche der Erde mit $\pi \cdot r_E^2$, r_E = Erdradius) durch die Kugeloberfläche der Erde $(4 \cdot \pi \cdot r_E^2)$ dividiert (Gl. 4.6; Abb. 4.2). Mit dem sich daraus ergebenden (Kürzungs-)Faktor (¼) wird der Wert der Solarkonstanten multipliziert. Man erhält mit einer Bestrahlungsstärke von rund 342 W/m² schließlich diejenige Energie, die der Erde im globalen Mittel an der Obergrenze der Atmosphäre zugestrahlt wird.

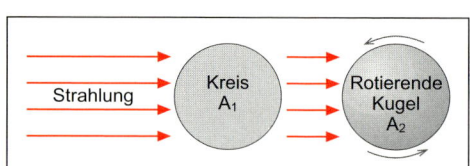

Abb. 4.2 Auftreffen von parallel verlaufenden Strahlen auf die Projektionsfläche der Erde (Kreisfläche A_1) und die rotierende Kugeloberfläche der Erde (A_2)

$$\frac{A_1}{A_2} = \frac{\pi \cdot r_E^2}{4 \cdot \pi \cdot r_E^2} = \frac{1}{4} \qquad\qquad (4.6)$$

mit A_1 = Projektionsfläche (Kreisfläche) der Erde (m²),
A_2 = Kugelfläche der Erde (m²) und
r_E = Erdradius (m).

Tab. 4.3 Mittlerer solarer Strahlungsfluss am Oberrand der Erdatmosphäre im Vergleich zu Energien geophysikalischer Erscheinungen und menschlicher Aktivitäten (nach SELLERS 1965; verändert und ergänzt)

Geophysikalische Erscheinung / menschliche Aktivität	Vergleich Energie
Mittlerer solarer Strahlungsfluss an der Obergrenze der Erdatmosphäre $(1,8 \cdot 10^{17}\,\text{W})$	10^0
Starkes Erdbeben	10^{-2}
Durchschnittliche Zyklone / Kraftwerk (Kohle, Braunkohle, Kernkraft)	10^{-3}
Durchschnittlicher Hurrikan / Großraumflugzeug, startend	10^{-4}
Kinetische Energie der Allgemeinen Zirkulation	10^{-5}
Durchschnittliche „Squall-line" (Böenlinie)	10^{-6}
Durchschnittlicher magnetischer Sturm / Heizwert von Steinkohle (1 t)	10^{-7}
Durchschnittliches Sommergewitter	10^{-8}
Durchschnittliches Erdbeben	10^{-8}
Durchschnittlicher örtlicher Schauer	10^{-10}
Durchschnittlicher Tornado	10^{-11}
Sportwagen	10^{-12}
Durchschnittlicher Blitzeinschlag	10^{-13}
Hochleistungssportler	10^{-14}
Einzelne Windbö nahe der Erdoberfläche	10^{-17}
Meteorit	10^{-18}

Der klimawirksame Energiehaushalt der Erde und damit der Atmosphäre ist in seiner Größenordnung fast ausschließlich auf die von der Sonne erfolgende Bestrahlung zurückzuführen. Alle anderen auf der Erde freigesetzten Energien sind im Vergleich dazu relativ gering (Tab. 4.3).

4.4 Solares Strahlungsspektrum

Das Spektrum der Sonnenstrahlung lässt sich grob in drei Abschnitte unterteilen, und zwar in den Bereich der ultravioletten Strahlung (UV-Strahlung; 8 %), den der sichtbaren Strahlung (Licht; 45 %) sowie den der infraroten Strahlung (Wärmestrahlung; 47 %). Eine genauere Aufschlüsselung enthält Tab. 4.4.

Grundsätzlich wird in der Klimatologie zwischen kurzwelliger (solarer) und langwelliger (terrestrischer) Strahlung unterschieden. Die **kurzwellige Strahlung** umfasst dabei den Bereich $100\,\text{nm} \leq \lambda < 3\,500\,\text{nm}$, die **langwellige Strahlung** hingegen den Abschnitt $3{,}5\,\mu\text{m} \leq \lambda \leq 100\,\mu\text{m}$. Gelegentlich findet man in der Literatur für die Trennung zwischen kurz- und langwelliger Strahlung auch den Wert von $4\,000\,\text{nm}$.

Dringt Strahlung in die Atmosphäre ein, wird diese durch die gas- und partikelförmigen Atmosphäreninhaltsstoffe je nach Konzentration mehr oder weniger geschwächt. Dieser Vorgang wird **Extinktion** (lat. *extinctio*, Vernichtung) genannt und besteht aus der **Absorption** (lat. *absorbere,* verschlingen), **Streuung** und **Transmission** (lat. *transmittere*, hindurchtreten).

Durch **Absorption** erfolgt eine Umwandlung der Strahlung in Wärmeenergie. Bekanntes Beispiel hierfür ist die Absorption von Strahlung durch den Sauerstoff und dessen anschließende Spaltung mit Bildung des Ozons in der Stratosphäre (vgl. Kap. 3 sowie Kap. 11).

Tab. 4.4 Spektrum der elektromagnetischen Wellenenergie
(aus Hupfer/Kuttler 2006[12], verändert)

Strahlungsbereich	Wellenlängenintervall	Bemerkungen	
Ultraviolette Strahlung:	100 – 400 nm [a)]		teilweise
UV-C	100 – 280 nm	Durchdringung	nein
UV-B	280 – 315 nm	der Atmosphäre:	teilweise, Erythemstrahlung
UV-A	315 – 400 nm		ja
Sichtbarer Bereich VIS:	400 – 760 nm		
Violett	400 – 440 nm		
Ultramarinblau	440 – 483 nm		
Eisblau	483 – 492 nm		
Seegrün	492 – 542 nm	Maximale Energie	
Laubgrün	542 – 571 nm		
Gelb	571 – 586 nm		
Orange	586 – 610 nm		
Rot	610 – 760 nm		
Infraroter Bereich:	0,76 – 1 000 μm [b)]		
Nahes Infrarot	0,76 – 1,4 μm	Infrarot A	
Thermisches Infrarot	1,4 – 3,0 μm	Infrarot B	
Fernes Infrarot	3,0 – 1 000 μm	Infrarot C	

a) Nanometer: 1 nm = $1 \cdot 10^{-9}$ m
b) Mikrometer: 1 μm = $1 \cdot 10^{-6}$ m

Durch **Streuung** verändert sich die Richtung der Strahlung. In reiner und trockener Luft erfolgt Streuung ausschließlich an den Luftmolekülen und ist nach dem **Gesetz von Rayleigh** (J. Rayleigh, 1842–1919) von der Wellenlänge abhängig (Gl. 4.7).

$$\Phi_{st} \approx \frac{1}{\lambda^4} \qquad (4.7)$$

mit Φ_{st} = Strahlungsfluss der Streustrahlung (W) und
    λ = Wellenlänge (μm).

Setzt man in Gl. 4.7 nacheinander zum Beispiel die Werte für den blauen (λ = 0,45 μm) und roten (λ = 0,65 μm) Spektralbereich ein und vergleicht die erhaltenen Werte miteinander, erkennt man, dass die Streuung im blauen Bereich etwa viermal stärker ist als im roten Bereich. Das ist der Grund dafür, warum die wolkenfreie Atmosphäre blau erscheint.

Wie stark sich die Strahlungswerte zwischen einer theoretisch sauberen und einer realen Atmosphäre unterscheiden, zeigt ein Vergleich der Werte einer „Rayleigh-Atmosphäre" (sauber, trocken) mit denen einer Wasserdampf enthaltenden und verschmutzten Lufthülle (Tab. 4.5). Danach entsprechen im Sommer maximal 50 % der realen (gemessenen) Einstrahlung den Werten einer Rayleigh-Atmosphäre, während es im Winter kaum 30 % sind. Daran zeigt sich, dass die Sonnenstandshöhe (s. Gl. 4.10) und Luftinhaltsstoffe zu einer erheblichen Einschränkung der direkten und indirekten Strahlungsströme führen. Im Jahresmittel erreicht dieser Wert weniger als 50 %.

Ein Spezialfall der Streuung ist die **Reflexion** (lat. *reflectio*, Zurückbeugung; teilweise oder vollständige Zurückwerfung der Strahlung).

**Tab. 4.5 Mittlere Monats- und Jahreswerte der Globalstrahlung einer „Rayleigh-Atmosphäre"
($K\downarrow_R$; 52° 30' N) und der in Potsdam (1951–1980) gemessenen Globalstrahlung ($K\downarrow$) in W/m²**
(nach HUPFER/CHMIELEWSKI 1990, hier nach HUPFER/KUTTLER 2006[12], verändert)

	Jan	Feb	März	April	Mai	Juni	Juli	Aug	Sept	Okt	Nov	Dez	Jahr
$K\downarrow_R$	78,7	125,4	231,8	324,1	415,1	437,8	432,8	363,7	262,2	168,3	90,8	62,3	249,5
$K\downarrow$	25,8	46,3	101,9	148,4	205,4	222,6	209,9	180,4	125,5	69,8	28,6	18,5	115,3
$K\downarrow_R/K\downarrow$ in %	32,8	36,9	44,0	45,8	49,4	50,8	48,5	49,6	47,9	41,5	31,5	29,7	46,2

Unter **Transmission** versteht man die spektrale Durchlässigkeit (Transparenz) der Atmosphäre für Strahlung.

Mit dem Begriff **Albedo** (lat., weiße Farbe, Pl. Albeden) schließlich beschreibt man das Verhältnis von reflektiertem Strahlungsfluss zu einfallendem Strahlungsfluss. Meist werden die Albedowerte in Prozent angegeben, indem der Quotient mit 100 multipliziert wird. Die Albedo ist stark von der Struktur und Farbe einer Oberfläche sowie der Wellenlänge und dem Einfallswinkel der Strahlung abhängig. Man unterscheidet eine kurzwellige von einer langwelligen Albedo. Tabelle 4.6 enthält Beispiele für kurzwellige Albeden; auf die Darstellung der langwelligen Werte wird verzichtet, da diese meist weniger als 10 % betragen.

Bisher wurde davon ausgegangen, dass die direkte Sonnenstrahlung senkrecht auf eine Oberfläche fällt. Steht die Sonne jedoch in Abhängigkeit von der geographischen Lage und der Zeit nicht senkrecht, dann verteilt sich die eintreffende Strahlung auf eine größere Fläche. Dadurch wird die Strahlungsflussdichte geringer. Die durch eine solche Fläche strömende Strahlung lässt sich mit dem **Cosinus-Gesetz nach Lambert** (J. H. Lambert, 1728–1777) wie folgt berechnen (Gl. 4.8):

$$E_{sol} = E_\perp \cdot \cos \beta \qquad (4.8)$$

Tab. 4.6 Albedowerte verschiedener Oberflächen für kurzwellige Strahlung (nach einer Zusammenstellung aus ZMARSLY et al. 2007[3])

Oberfläche	%
Wolken	60 – 90
Neuschnee	75 – 95
Altschnee	40 – 70
Gletschereis	30 – 45
Sandboden	15 – 40
Ackerboden	7 – 17
Laubwälder (mittl. geogr. Breite im Sommer)	15 – 25
Nadelwälder	5 – 15
Wiesen, Weiden	12 – 30
Landwirtschaftliche Kulturen	15 – 25
Beton	14 – 22
Tiefes Wasser (unbewegt) bei hochstehender Sonne	3 – 10
Tiefes Wasser (unbewegt) bei tiefstehender Sonne (5°)	≈ 80

bzw.

$$E_{sol} = E_\perp \cdot \sin h \qquad (4.9)$$

mit E_{sol} = solare Bestrahlungsstärke (W/m²),
$E_\perp$ = solare Bestrahlungsstärke auf eine senkrecht zur Ausbreitungsrichtung der Strahlung stehende Fläche (W/m²),
β = Winkel zwischen der Senkrechten zur einfallenden Strahlung und Empfängerfläche (°) und
h = Sonnenhöhe (°).

Abbildung 4.3 verdeutlicht den in den Gleichungen 4.8 und 4.9 enthaltenen Zusammenhang.

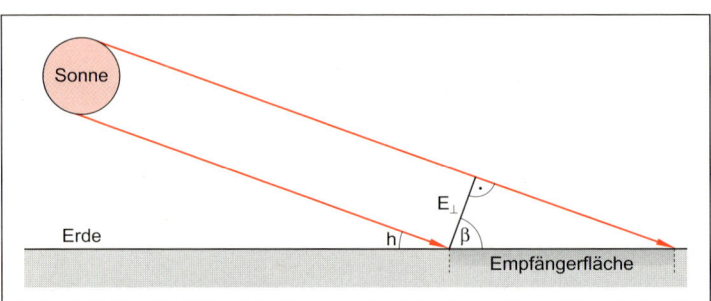

Abb. 4.3
Cosinus-Gesetz nach Lambert

Kasten 4.1   Sonnenhöhe und Strahlungsflussdichte

Nachfolgend sind auf der Grundlage von Gl. 4.8 einige Beispielrechnungen zur solaren Strahlungsstromdichte für nicht senkrechtes Auftreffen auf der Erdoberfläche (Empfängerfläche) angeführt. Unter der Annahme, dass die zenital einfallende Sonnenstrahlung eine Strahlungsstromdichte von 1 000 W/m² aufweist, ergibt sich für eine Sonnenhöhe von

h = 10°   eine Bestrahlungsstärke von   1 000 W/m² · cos (90° − 10°) =   173 W/m²
h = 30°   eine Bestrahlungsstärke von   1 000 W/m² · cos (90° − 30°) =   500 W/m²
h = 60°   eine Bestrahlungsstärke von   1 000 W/m² · cos (90° − 60°) =   866 W/m²
h = 90°   eine Bestrahlungsstärke von   1 000 W/m² · cos (90° − 90°) = 1 000 W/m²

Hieran erkennt man, in welch starkem Maße die Sonnenhöhe die Strahlungsflussdichte bestimmt. Diese hängt natürlich auch von der Weglänge der Sonnenstrahlen durch die Atmosphäre ab, da mit zunehmender Wegstrecke die Wirkung von Luftinhaltsstoffen auf die Strahlungsausbreitung zunimmt. So vergrößert sich die Weglänge bei tief stehender Sonne umgekehrt (und überproportional) zum Sinus der Sonnenhöhe (Gl. 4.10):

$$s = \frac{1}{\sin h} \qquad\qquad\qquad (4.10)$$

mit s = Weglänge und
     h = Sonnenhöhe.

Wie man der folgenden Aufstellung entnehmen kann, nimmt gerade bei sehr niedrigen Sonnenhöhen die Weglänge überproportional zu. Steht die Sonne tief am Horizont, erscheint sie meistens in roter Farbe, weil die kürzeren Wellenlängen stärker geschwächt werden und deshalb keinen großen Einfluss mehr auf die Farbgebung haben.

Sonnenhöhe	65°	60°	55°	50°	45°	40°	35°	30°	25°	20°	15°	10°	5°
Weglänge	1,10	1,15	1,21	1,30	1,41	1,55	1,74	2,00	2,36	2,90	3,82	5,60	10,40

Unterwirft man die Sonnenstrahlung einer **Spektralanalyse**, bevor und nachdem sie die Atmosphäre durchdrungen hat, erhält man zwei unterschiedliche Spektren (Abb. 4.4 a). Der Unterschied beider Wellenlängenverteilungen liegt darin begründet, dass die Atmosphäre mit ihren Inhaltsstoffen verschiedene Wellenlängen absorbiert.

Vergleicht man die Kurve der extraterrestrischen Sonnenstrahlung mit derjenigen der Sonnenstrahlung in der Nähe der Erdoberfläche – also nach Durchdringung der Atmosphäre – dann erkennt man, dass insbesondere der kurzwellige Bereich (< 300 nm) sowie weite Bereiche über 2 000 nm nicht am Erdboden ankommen.

Diese Wellenlängenbereiche werden von der Atmosphäre „verschluckt". Interessant ist weiterhin ein Vergleich des solaren mit dem terrestrischen Spektrum; bei letztgenanntem handelt es sich um dasjenige Spektrum, das die Erde im langwelligen Bereich durch ihre Wärmestrahlung erzeugt. Sonnen- und Erdspektrum sind durch die Lage der Wellenlänge maximaler Strahlungsenergie (λ_{max}) deutlich voneinander getrennt. Während für die Sonnenstrahlung der $\lambda_{max, sol}$-Wert bei 502 nm bestimmt werden kann, ergibt sich für die viel kühlere Erde ein $\lambda_{max, E}$-Wert von 10063 nm (10,063 µm), der weit in den infraroten Bereich verschoben ist.

Mit Hilfe des bereits vorgestellten Verschiebungsgesetzes nach Wien (Gl. 4.4) lässt sich hieraus für die Erde eine Ausstrahlungstemperatur von rund 288 K (= 15 °C) als globale Mitteltemperatur errechnen.

Abbildung 4.4 (b) enthält die Absorptionsbanden der wichtigsten klimawirksamen Gase im Meeresspiegelniveau, Abb. 4.4 (c) diejenigen, die in 11 km Höhe, also an bzw. oberhalb der Grenze der Troposphäre ermittelt werden. Aus beiden Darstellungen geht der überragende Einfluss des Sauerstoffs und Ozons im kurzwelligen Bereich sowie desjenigen von Wasser und CO_2 im langwelligen Abschnitt hervor. Ferner zeigt sich, dass der Wasserdampfeinfluss in der bodennahen Atmosphäre (Troposphäre) wesentlich stärker ist als in größerer Höhe. In Abb. 4.4 (d) sind die Anteile der einzelnen Spurengase an der Absorption aufgelistet. Den Bereich zwischen 8 µm und 13 µm bezeichnet man als großes **atmosphärisches Fenster** (Wasserdampffenster), weil in diesem Abschnitt die Absorption langwelliger Strahlung sehr niedrig ist, sodass diese fast ungehindert in den Weltraum gelangt.

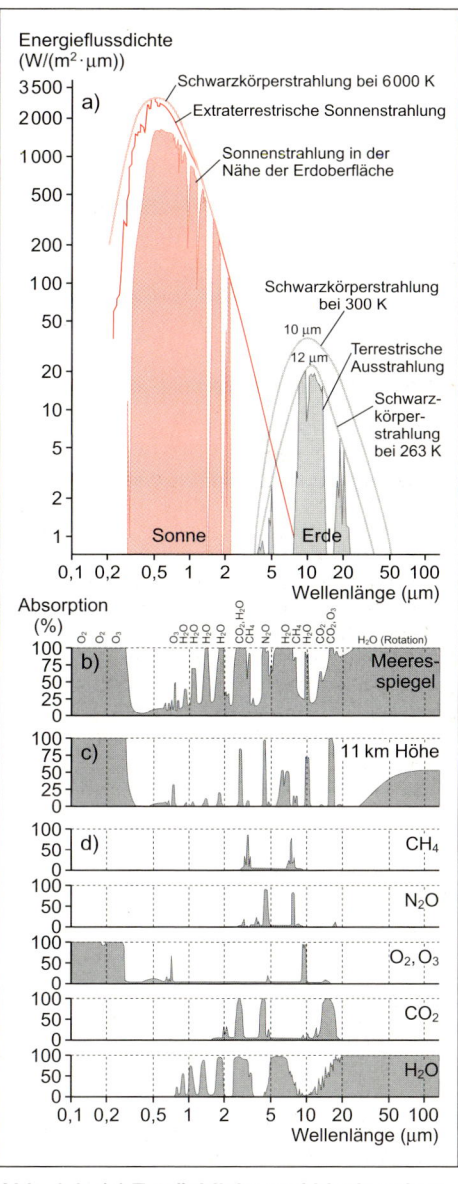

Abb. 4.4 (a) Tatsächliche und ideale solare Einstrahlung (linke Seite) sowie terrestrische Ausstrahlung (rechte Seite). Dunkle Bereiche bedeuten Absorption: (b) im Meeresspiegelniveau, (c) in 11 km Höhe, (d) Anteil der einzelnen Gase (nach versch. Verf., hier nach SCHÖNWIESE 2003)

4.5 Strahlungs- und Wärmebilanz der Erdoberfläche

Die natürliche Energieversorgung der Atmosphäre erfolgt im Wesentlichen über die Wärmeabgabe der Erdoberfläche. Deshalb stellt diese eine wichtige Strahlungsumsatzfläche für die eingehenden und ausgehenden Strahlungsflüsse dar. An dieser Strahlungsreferenzfläche wird nicht nur die Art der Energieflüsse, sondern auch deren Transportrichtung bestimmt. Die Wärmeübertragung erfolgt durch **Wärmestrahlung, Wärmeleitung** und **turbulenten Transport** von Wärme und Wasserdampf.

Bei der **Wärmestrahlung** erfolgt die Wärmeübertragung ohne Materietransport durch elektromagnetische Strahlung.

Wärmeleitung findet nur zwischen unmittelbar benachbarten Teilchen statt, die in Abhängigkeit der zugeführten Energie mehr oder weniger stark aneinander stoßen und dadurch die Wärme weitergeben. Sie findet in fester, flüssiger und gasförmiger Materie statt, wobei ein Temperaturgefälle (dt/dz) vorherrschen muss. Da die Intensität der Wärmeleitung von der Dichte eines Stoffes abhängt, ist sie in festen Körpern am stärksten ausgeprägt (s. auch Kasten 4.3).

Der Wärmetransport durch **turbulente Flüsse** erfolgt sowohl als fühlbare (sensible) Wärme als auch als latente (lat. *latens*, verborgen) Wärme.

Ein turbulenter Transport benötigt immer ein Transportmittel. In der Atmosphäre ist es die Luft, die in Abhängigkeit von einem Temperaturgradienten Wärme und Feuchtigkeit transportiert. Beim latenten Wärmetransport wird die Zufuhr von Energie nicht für eine Temperaturerhöhung verwendet, sondern zur Änderung des Ag-gregatzustandes (flüssig → gasförmig). Im Falle des Wassers ist hierbei mit einer Verdunstungs- bzw. Kondensationsenergie von rund 2,4 MJ/kg ein hoher Betrag im Spiel.

Dem Erdboden kann als Strahlungsreferenzfläche Energie zu- oder abgeführt werden. Um die Transportrichtungen angeben zu können, werden die Vorzeichen plus und minus verwendet. Auf deren Verwendung wird später eingegangen.

Die Summe der Strahlungsflüsse wird als **Strahlungsbilanz** (Q*, Strahlungssaldo, Nettobilanz) bezeichnet. Die Strahlungsbilanz bildet die Grundlage der **Wärmebilanz**. Strahlungs- und Wärmebilanz werden zur **Energiebilanz** zusammengefasst.

Für eine feste Oberfläche, in die kurzwellige Strahlung nicht eindringen kann (Erdboden), soll die Energiebilanz zunächst in allgemeiner Form vorgestellt und anschließend an einem Beispiel erläutert werden.

Die Strahlungsbilanz (Q*) besteht nach Gl. 4.11 aus folgenden Termen:

$$Q^* = K{\downarrow} - K{\uparrow} - L{\uparrow} - L{\uparrow}_{refl.} + L{\downarrow}$$
$$(W/m^2) \hspace{2cm} (4.11)$$

mit $K{\downarrow}$ = direkte (I) und diffuse (D) Globalstrahlungsflussdichte (W/m^2),
$K{\uparrow}$ = kurzwellige Reflexion $(- K{\downarrow} \cdot \alpha)$ (W/m^2),
$L{\uparrow}$ = langwellige Ausstrahlung (W/m^2),
$L{\uparrow}_{refl.}$= langwellige Reflexion $(= L{\downarrow} \cdot (1 - \varepsilon))$ (W/m^2),
$L{\downarrow}$ = langwellige atmosphärische Gegenstrahlung (W/m^2),
ε = langwelliger Emissionsgrad (1) und
α = kurzwellige Albedo (1).

Die in Gl. 4.11 enthaltenen Rechenzeichen stellen gleichzeitig Vorzeichen dar, die die Richtung der Strahlungsflüsse angeben. Konventionsgemäß werden Strahlungsflüsse mit einem positiven Vorzeichen versehen, wenn sie zur Oberfläche hin erfolgen, mit einem negativen, wenn sie von ihr weggerichtet sind.

Vergleichbares gilt für die Strahlungsbilanz (Q*), die positiv oder negativ sein kann oder deren Wert natürlich auch null betragen kann. Der entsprechende Bilanzwert geht mit dem Vorzeichen in die **Wärmebilanz** ein (Gl. 4.12). Diese setzt sich neben der Strahlungsbilanz aus den turbulenten Gliedern des fühlbaren und des latenten Wärmestroms sowie dem Bodenwärmestrom zusammen. Letzterer erfolgt überwiegend durch Wärmeleitung.

$$Q^* - Q_H - Q_E - Q_B = 0 \quad (\text{W/m}^2) \quad \textbf{(4.12)}$$

mit Q^* = Strahlungsbilanz (W/m²),
$\quad Q_H$ = turbulente fühlbare Wärmeflussdichte (W/m²),
$\quad Q_E$ = turbulente latente Wärmeflussdichte (W/m²) und
$\quad Q_B$ = Bodenwärmeflussdichte (W/m²).

Auf die Aufnahme der Vorzeichen (±) zur Angabe der Transportrichtungen der einzelnen Terme wurde verzichtet.

Nach dem Energieerhaltungssatz muss die Summe der einzelnen Glieder der Energiebilanz ausgeglichen sein und ist deshalb gleich Null, weil sämtliche Strahlungsströme durch die Erdoberfläche hindurchfließen und eine Fläche definitionsmäßig keine Speicherfähigkeit besitzt.

Die Richtung der turbulenten Wärmeflussdichten (Q_H und Q_E) und des Bodenwärmestroms (Q_B) wird – wie bei den Termen der Strahlungsbilanz – ebenfalls durch Vorzeichen angegeben. Allerdings sind diese negativ, wenn sie zu den Bezugsflächen (zum Beispiel zur Erdoberfläche) gerichtet sind, und positiv, wenn sie von diesen weggerichtet sind. Bei den Wärmeflussdichten müssen nämlich die Vorzeichen der vorherrschenden Gradienten mitberücksichtigt werden, so dass bei negativen Gradienten die Vorzeichen der Flüsse positiv, im anderen Falle negativ sind (s. Kasten 4.2).

4.5.1 Strahlungs- und Wärmebilanz einer Rasenfläche.

Nach der allgemeinen Erläuterung der Strahlungs- und Wärmebilanz soll diese für eine Rasenoberfläche dargestellt werden.

Hierbei ist grundsätzlich zu berücksichtigen, dass die Strahlungsbilanzglieder großräumig von der geographischen Breite, dem Bewölkungsgrad und der atmosphärischen Trübung sowie kleinräumig von der Horizonteinschränkung und der Oberflächenstruktur, dem Bewuchs und dem Bedeckungsgrad abhängen. Tabelle 4.7 enthält im Überblick die mittleren Tagessummen aller Strahlungsbilanzglieder für einen Rasenstandort, aufgeteilt nach den Jahreszeiten und für das gesamte Jahr. Als übliche Einheit wurde MJ/(m² · d) verwendet; dieser entsprechen rund 11,6 W/m² bzw. 278 Wh/(m² · d). Die Albedo beläuft sich für diesen Standort sowohl im Jahresmittel als auch in den Jahreszeiten auf 21 %. Eine Erhöhung dieses Wertes durch eine winterliche Schneedecke zum Beispiel fiel deshalb nicht ausschlaggebend bei der Datenmittelung ins Gewicht, weil die Schneedecken während des Messzeitraumes in ihrem Auftreten selten und meist von kurzer Dauer waren.

Eine Analyse der mittleren Strahlungsbilanz für das Jahr zeigt (Gl. 4.16), dass der größte Einnahmeposten die langwellige Gegenstrahlung der Atmosphäre ($L\downarrow$) ist. Hier sei daran erinnert, dass nicht nur tief liegende (warme) Wolken, sondern auch der „blaue" Himmel Wärmestrahlung abgibt, besonders stark während des Som-

---

Kasten 4.2   Berechnung der turbulenten sensiblen und latenten Wärmeflüsse

Die Berechnung der turbulenten sensiblen und latenten Wärmeflüsse (Q_H, Q_E) lässt sich nach den Gleichungen 4.13 und 4.14 vornehmen. Die turbulente sensible Wärmestromdichte (Q_H) ergibt sich nach

$$Q_H = - \rho_L \cdot c_p \cdot K_L \cdot (\pm) \frac{dt}{dz} \tag{4.13}$$

mit ρ_L = Dichte der Luft (kg/m³),
c_p = spezifische Wärmekapazität der Luft bei konstantem Druck ($\frac{J}{kg \cdot K}$),
K_L = turbulenter Diffusionskoeffizient für sensiblen Wärmetransport in Luft (m²/s) und
dt/dz = vertikaler Gradient der Lufttemperatur (K/m).

Der vertikale Temperaturgradient (dt/dz) nimmt ein negatives Vorzeichen an, wenn die Temperatur mit zunehmender Höhe abnimmt („normale" Temperaturschichtung), ein positives hingegen, wenn die Temperatur mit zunehmender Höhe ansteigt (Inversion!) (vgl. dazu auch Kap. 3).
Aus diesem Grunde wird Q_H positiv, wenn der turbulente Wärmestrom vom Boden in die Atmosphäre gerichtet ist. Herrscht eine Inversion vor, erhält Q_H demnach ein negatives Vorzeichen.

Für die turbulente latente Wärmestromdichte gilt:

$$Q_E = - \rho_W \cdot q_v \cdot K_W \cdot (\pm) \frac{ds}{dz} \tag{4.14}$$

mit Q_E = latente Wärmestromdichte (W/m²),
ρ_W = absolute Feuchte (g/m³),
q_V = spezifische Verdunstungswärme (J/kg),
K_W = turbulenter Diffusionskoeffizient für Wasserdampf in Luft (m²/s),
$\frac{ds}{dz}$ = mittlerer vertikaler Gradient der spezifischen Feuchte ($\frac{g}{kg \cdot m}$).

Ist Q_E positiv, dann erfolgt ein Wasserdampftransport in die Atmosphäre, im gegenteiligen Fall ist Q_E zur Erdoberfläche gerichtet, und es kommt bei Unterschreitung des Taupunktes zum Tauabsatz.
Bei den turbulenten Diffusionskoeffizienten (K_L, K_W) handelt es sich um Proportionalitätsfaktoren, die u. a. von der Windgeschwindigkeit, der atmosphärischen Stabilität und der Oberflächenrauigkeit abhängen.

Beiden Gleichungen kann man entnehmen, dass der jeweilige vertikale Gradient der Temperatur und der spezifischen Feuchte die dominierende Größe beim Wärmetransport bzw. beim Verdunstungswärmestrom ist.
Für den turbulenten sensiblen Wärmetransport soll Gleichung 4.13 anhand einer Beispielrechnung angewandt werden. Dabei wird von folgenden Werten ausgegangen:
Die Dichte der Luft (ρ_L) beträgt 1,2 kg/m³, und die spezifische Wärmekapazität der Luft (c_p) ist 1005 J/(kg · K). Der turbulente Diffusionskoeffizient (K_L) soll einen Wert von 1 m²/s annehmen. Der Temperaturunterschied zwischen den beiden gewählten Messhöhen 2 m ü. Gr. und 10 m ü. Gr. beträgt 2 K, woraus ein Temperaturgradient dt/dz von 0,25 K/m resultiert. Anhand Gleichung 4.13 ergibt sich eine turbulente sensible Wärmestromdichte von

$$Q_H = -1,2 \frac{kg}{m^3} \cdot 1005 \frac{J}{kg \cdot K} \cdot 1 \frac{m^2}{s} \cdot -0,25 \frac{K}{m} = 301 \frac{W}{m^2} \tag{4.15}$$

Das bedeutet, dass die turbulente Wärmestromdichte (Q_H) von der Oberfläche in die Atmosphäre (positives Vorzeichen!) gerichtet ist und einen Wert von über 300 W/m² aufweist.

Tab. 4.7 Mittlere Tagessummen der Strahlungsbilanzglieder (Jahreszeiten- und Jahresmittel) für einen Rasenstandort an der Klimastation der Universität Duisburg-Essen, Campus Essen; Messzeitraum: 5/2005 bis 9/2006 (Werte in MJ/(m^2 · d))[a]

Strahlungsbilanzglieder		Winter	Frühling	Sommer	Herbst	Jahr
Kurzwellig	K↓	2,4	11,6	14,7	6,3	8,7
	K↑	–0,5	–2,4	–3,0	–1,3	–1,8
Kurzwellige Strahlungsbilanz (K↓ – K↑)	K*	1,9	9,2	11,6	5,0	6,9
Langwellig	L↓	25,8	28,0	30,9	28,3	28,3
	L↑	–28,2	–32,1	–35,1	–31,7	–31,8
Langwellige Strahlungsbilanz (L↓ – L↑)	L*	–2,4	–4,1	–4,2	–3,4	–1,8
Strahlungsbilanz	Q*	–0,5	5,1	7,5	1,6	3,4
Albedo	α (1)	0,21	0,21	0,21	0,21	0,21

a) Richtung bestimmende Vorzeichen der Strahlungsbilanzglieder: positiv = zur Oberfläche hin, negativ = von der Oberfläche weg gerichtet

mers, was die hohen Werte auch dokumentieren. Erst an zweiter Stelle steht die Globalstrahlung (K↓) mit einem deutlich niedrigeren Wert. Die wesentlichen Strahlungsverluste erfolgen über die langwellige Ausstrahlung des Erdbodens (L↑); die reflektierte Strahlung (K↑) nimmt im Vergleich hierzu nur einen relativ niedrigen Wert ein. Setzt man den Wert für die langwellige Bodenausstrahlung in der Einheit W/m^2 in das Stefan-Boltzmann-Gesetz (Gl. 4.3) mit ε = 1 ein und löst nach der Temperatur auf, dann erhält man rund 9 °C für die mittlere Bodenoberflächentemperatur an diesem Standort, was in etwa dem Jahrestemperaturmittelwert entspricht.

$$\frac{3,4}{Q^*} = \frac{8,7}{K\downarrow} - \frac{1,8}{K\uparrow} + \frac{28,3}{L\downarrow} - \frac{31,8}{L\uparrow}$$

(Alle Werte $\frac{MJ}{m^2 \cdot d}$)   **(4.16)**

Der Winter ist die einzige Jahreszeit, in der die Strahlungsbilanz (leicht) negativ ist. Das liegt daran, dass der relativ hohe Wert, den die langwellige Ausstrahlung an der Rasenoberfläche aufweist, nicht durch die Einnahmeglieder (K↓, L↓) kompensiert werden kann. In allen anderen Jahreszeiten überwiegen jedoch die positiven Terme, sodass deren Gesamtbilanz positiv wird.

In Abb. 4.5 sind nach Jahreszeiten geordnet die entsprechenden mittleren Tagesgänge dargestellt. Hiernach erreicht die Globalstrahlung (K↓) – natürlich gegen Mittag – ihre höchsten Werte. Die Maxima der Strahlungsbilanz (Q*) variieren zwischen etwa 60 W/m^2 (Winter) und 300 W/m^2 im Sommer. Während die langwellige Gegenstrahlung (L↓) in den Jahreszeiten kaum einen Tagesgang erkennen lässt, werden im Winter mit durchschnittlich etwa 300 W/m^2 ihre niedrigsten Werte und im Sommer mit etwa 350 W/m^2 die höchsten Werte erreicht. Ein mit zunehmender Sonnenstandshöhe im Jahresablauf strukturierterer Tagesgang ergibt sich für die langwellige Ausstrahlung (L↑), mit besonders guter Ausprägung zur Mittagszeit im Sommer, weil dann die Rasenoberfläche im Mittel am wärmsten ist.

Wie sehr sich die Strahlungsbilanzterme während eines sonnigen und eines bewölkten Tages unterscheiden, zeigt exemplarisch Abb. 4.6. Während am sonnigen Tag die Globalstrahlung (K↓) maximale Stundenmittelwerte von fast 900 W/m^2 erreicht, sind dies am bewölkten Tag des

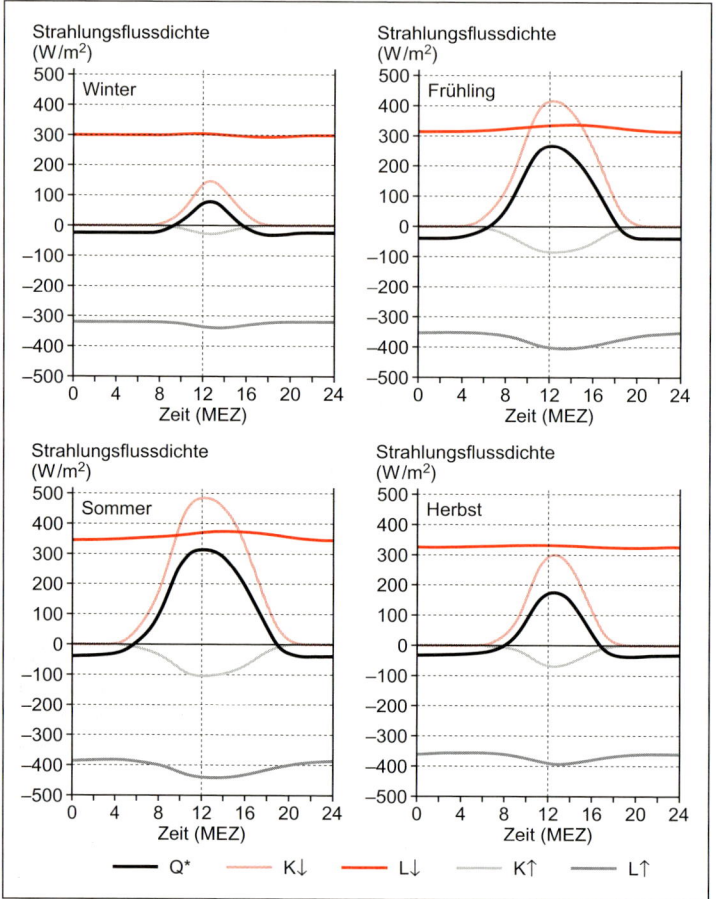

Abb. 4.5
Mittlere Stundenmittel der Strahlungsbilanzglieder (Jahreszeitenmittel) für einen Rasenstandort an der Klimastation der Universität Duisburg-Essen, Campus Essen; Messzeitraum 5/2005 bis 9/2006)

gleichen Monats nur Höchstwerte von bis zu 250 W/m². Interessant ist, dass die langwellige Gegenstrahlung (L↓) am sonnigen Tag etwas niedriger ist als am bewölkten Tag. Das liegt daran, dass eine warme wolkenreiche Atmosphäre mehr langwellige Strahlung abgibt als der wolkenlose Himmel an diesem Standort. Umgekehrt ist die langwellige Ausstrahlung (L↑) am wolkenlosen Tag wegen der stärkeren Einstrahlung und der entsprechenden Bodenerwärmung während der Mittagszeit mit bis zu 500 W/m² größer als am bewölkten

Tag. Wie stark der Einfluss der Bewölkung auf die langwellige Gegenstrahlung ist, zeigt sich am Abend des bewölkten Tages. Nach kurzzeitigem Aufklaren nimmt L↓ zwischen 20 Uhr und 22 Uhr um bis zu 50 W/m² ab.

Die Strahlungsbilanz schafft die Grundlage für die **Wärmebilanz**, auf die nachfolgend anhand Tab. 4.8 sowie Abb. 4.7 eingegangen werden soll. Im Jahresmittel ist die Strahlungsbilanz positiv; einen geringen Wärmezufluss erhält die Oberfläche darüber hinaus durch den Boden-

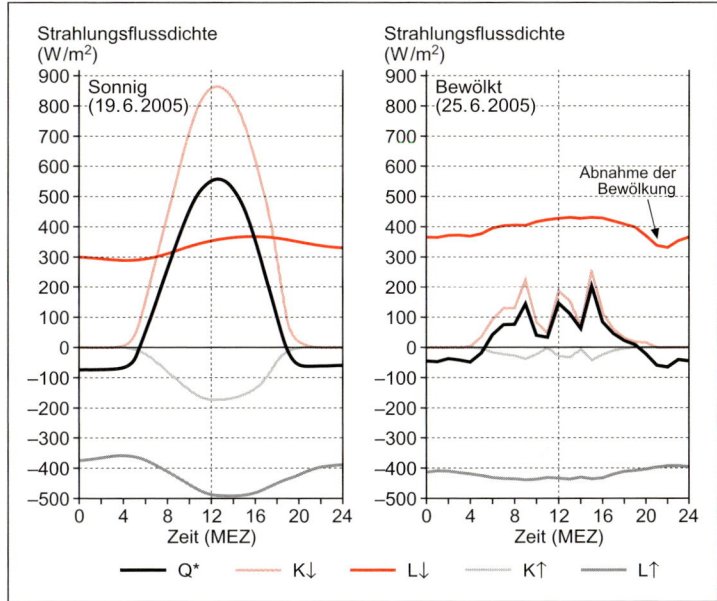

Abb. 4.6
Stundenmittel der Strahlungsbilanzglieder für einen Rasenstandort an der Klimastation der Universität Duisburg-Essen, Campus Essen, an einem sonnigen (19.6.2005) und einem bewölkten Tag (25.6.2005)

wärmestrom (negatives Vorzeichen). Den größten „Verbrauchsposten" an diesem Standort stellt die latente Wärme mit über 80 % der Strahlungsbilanz dar, während für den sensiblen Wärmestrom ein wesentlich geringerer Anteil aufgewendet wird. Der relativ hohe Q_E-Wert resultiert daraus, dass die Messungen an einem feuchten Rasenstandort mit Stauwasserhorizonten in geringer Tiefe stattfanden.

Grundsätzlich wird die meiste Energie zu jeder Jahreszeit über Q_E abgeführt. Legt man den Sommerwert mit 5 MJ/(m² · d) zugrunde, dann ließen sich unter Berücksichtigung der für die Verdunstung aufzuwendenden Energie von etwa 2,4 MJ/kg im Durchschnitt eines Sommertages etwa 2 mm Wasser verdunsten.

Ein Blick auf den Bodenwärmestrom zeigt, dass seine Werte im Frühling und Sommer positiv sind und somit der Boden mit Wärme versorgt wird, während der Wärmestrom im Herbst und Winter zur

Oberfläche erfolgt und damit einen Teil der Oberflächenabkühlung kompensiert. Der mittlere sensible Wärmestrom ist nur im Winter aus der Atmosphäre zum Boden gerichtet. Im Herbst ist er null, und während der anderen Jahreszeiten ergibt sich ein Transport von der Oberfläche in die Atmosphäre, so dass der Wärmestrom ein positives Vorzeichen aufweist.

In Abb. 4.7 sind die mittleren Tagesgänge der einzelnen Jahreszeiten dargestellt. Die Strahlungsbilanz ist zu allen Jahreszeiten in den Nachtstunden negativ. Kompensiert werden diese Werte durch die anderen Terme, deren Transportrichtungen während dieser Zeit zur Oberfläche erfolgen. Ferner zeigt sich im Tagesverlauf, dass Q_E jeweils den größten Wert, und zwar gegen Mittag, einnimmt. Im Sommer werden zum Beispiel zwischen 10 Uhr und 14 Uhr rund 150 W/m² erreicht; damit kann während dieser Zeit fast 1 mm Wasser verdunstet werden.

Tab. 4.8   Mittlere Tagessummen der Wärmebilanzglieder (Jahreszeiten- und Jahresmittel) für einen Rasenstandort an der Klimastation der Universität Duisburg-Essen, Campus Essen; Messzeitraum: 5/2005 bis 9/2006 (Werte in MJ/(m$^2 \cdot$ d))[a]

		Winter	Frühling	Sommer	Herbst	Jahr
Strahlungsbilanz	Q^*	−0,4	+5,1	+7,5	+1,6	+3,5
Bodenwärmestrom	Q_B	−0,7	+0,2	+0,3	−0,5	−0,2
Sensibler Wärmestrom	Q_H	−0,4	+1,2	+2,2	0,0	+0,8
Latenter Wärmestrom	Q_E	+0,7	+3,7	+5,0	+2,1	+2,9

a) Richtung bestimmende Vorzeichen der Wärmebilanzglieder: negativ = zur Oberfläche hin, positiv = von der Oberfläche weg gerichtet

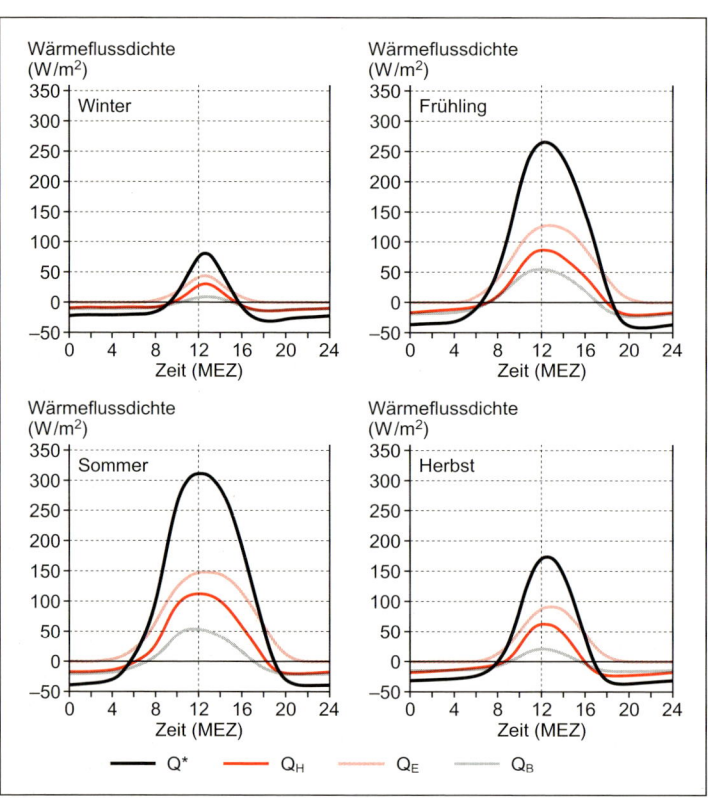

Abb. 4.7
Mittlere Stundenmittel der Wärmebilanzglieder nach Jahreszeitenmittel für einen Rasenstandort an der Klimastation der Universität Duisburg-Essen, Campus Essen; Messzeitraum: 5/2005 bis 9/2006

4.5.2 Wasserkörper und Landoberflächen.

Grundsätzlich ist das Verhalten von Strahlungsreferenzflächen in Bezug auf ihre Wärmetransporte von ihrer Beschaffenheit und Struktur abhängig (Tab. 4.9). Das gilt insbesondere für die Erwärmung und Abkühlung der Umweltmedien Boden und Wasser. Während sich Böden und Gesteine an der Oberfläche rasch erwärmen und überwiegend nur durch

Tab. 4.9 Mittelwerte thermischer Größen für ausgewählte Medien
(nach einer Zusammenstellung aus ZMARSLY et al. 2007[3])

Medium	Dichte	Spezifische Wärme-kapazität	Wärme-kapazitäts-dichte	Wärme-leitfähigkeits-koeffizient	Temperatur-leitfähigkeits-koeffizient	Wärme-eindring-koeffizient
	$[\rho] = kg/m^3$	$[c] = J/(kg \cdot K)$	$[\zeta] = J/(m^3 \cdot K)$	$[\lambda] = W/(m \cdot K)$	$[a] = m^2/s$	$[b] = J/(\sqrt{s} \cdot m^2 \cdot K)$
Luft[1] (unbewegt)	1,293	1 005	1 300	0,025	$19,23 \cdot 10^{-6}$	5,7
Luft[1] (turbulent)	1,293	1 005	1 300	125	0,10	400
Neuschnee	100	2 090	$0,21 \cdot 10^6$	0,08	$0,38 \cdot 10^{-6}$	130
Altschnee	480	2 100	$1,01 \cdot 10^6$	0,42	$0,42 \cdot 10^{-6}$	648
Eis	920	2 100	$1,93 \cdot 10^6$	2,24	$1,16 \cdot 10^{-6}$	2 080
Wasser (unbewegt)	1 000	4 196	$4,2 \cdot 10^6$	0,57	$0,14 \cdot 10^{-6}$	1 497
Beton	2 200	1 050	$2,31 \cdot 10^6$	1,4	$4,24 \cdot 10^{-6}$	1 882
Felsgestein	2 800	710	$1,99 \cdot 10^6$	4,20	$2,11 \cdot 10^{-6}$	2 890
Moor (trocken)	300	1 920	$0,58 \cdot 10^6$	0,06	$0,10 \cdot 10^{-6}$	190
Moor (nass)	1 100	3 650	$4,02 \cdot 10^6$	0,50	$0,12 \cdot 10^{-6}$	1 420
Lehmboden (trocken)	1 600	890	$1,42 \cdot 10^6$	0,25	$0,18 \cdot 10^{-6}$	595
Lehmboden (nass)	2 000	1 550	$3,10 \cdot 10^6$	1,58	$0,50 \cdot 10^{-6}$	2 215
Sandboden (trocken)	1 600	800	$1,28 \cdot 10^6$	0,30	$0,23 \cdot 10^{-6}$	620
Sandboden (nass)	2 000	1 480	$2,96 \cdot 10^6$	2,20	$0,74 \cdot 10^{-6}$	2 550

1) Die Angaben beziehen sich auf konstanten Druck

Wärmeleitung Energie in tiefere Schichten abgeben, dringt Strahlung in Wasser je nach Trübung tief ein. Außerdem ist Wasser durch Wellen und Strömung ständig in Bewegung, wird fortwährend durchmischt und erwärmt sich deshalb auch in tieferen Schichten. Zudem besitzt Wasser eine höhere spezifische Wärmekapazität (zur Erläuterung der thermischen Größen siehe Kasten 4.3) als eine entsprechende Bodenmasse.

Die Wärmekapazitätsdichte von Wasser ist mit $4,2 \, MJ/(m^3 \cdot K)$ im Vergleich zu trockenem Lehmboden $(1,4 \, MJ/(m^3 \cdot K))$ dreimal größer. Zudem trägt noch die Verdunstung dazu bei, dass sich Wasser von allen Körpern der Erdoberfläche am langsamsten erwärmt. Die zur Verdunstung benötigte Energie $(2,4 \, MJ/kg)$ wird bei der Kondensation in der Atmosphäre wieder frei und dient der Erwärmung der Luft (latente Wärme, feuchtadiabatische Abkühlung; s. Kap. 3). Wird zum Beispiel die Energie für die Verdunstung von $1 \, m^3$ Wasser (bei 20 °C) einem Wasserkörper entzogen, müssen sich rund $600 \, m^3$ Wasser um 1 K abkühlen. Mit dieser Energie können in der Atmosphäre etwa 1,9 Mio. m^3 Luft um 1 K erwärmt werden!

Die relativ geringe Temperaturzunahme bei hoher Wärmeaufnahme macht **Wasserkörper** zu guten Wärmespeichern. Die gegenüber Landoberflächen bei Aufheizung niedrigere Oberflächentemperatur bedingt sowohl geringere Wärmeabgabe durch Wärmeleitung wie auch durch langwellige Ausstrahlung, da deren Intensität von der Höhe der Oberflächentemperatur abhängig ist. Trockene Landoberflächen entwickeln tagsüber schon nach verhältnismäßig kurzer Einstrahlung eine intensive Wärmestrahlung und können sich in klaren Nächten bei negativer Strahlungsbilanz und verminderter langwelliger Gegenstrahlung (= geringer Bedeckungsgrad) stark abkühlen (Kaltluftbildung, Boden-

---

Kasten 4.3   Erläuterung thermischer Größen ausgewählter Stoffe

Spezifische Wärmekapazität (c), Einheit J/(kg · K): Energiezu- oder -abfuhr, um die Temperatur eines Kilogramms eines Stoffes um ein Kelvin zu erhöhen bzw. zu erniedrigen.

Wärmekapazitätsdichte (ζ), Einheit J/(m^3 · K): vergleichbar der spezifischen Wärmekapazität, jedoch auf ein Volumen bezogen. Je größer die entsprechenden Werte von c beziehungsweise ζ sind, desto größer ist die Wärmemenge, die für eine Temperaturänderung aufgewendet werden muss. Deshalb sind große Wasserkörper durch ein thermisch ausgeglichenes (auch konservativ genanntes) Klima charakterisiert. Meeres- und Küstenklimate sind bekannte Beispiele dafür.

Wärmeleitfähigkeit (λ), Einheit W/(m · K): Wärmetransport erfolgt durch Stöße von Teilchen (Atome, Moleküle), ohne dass diese ihren Platz verändern. Die Maßeinheit besagt, dass ein eindimensionaler Wärmetransport innerhalb eines Materials entlang einer Strecke von einem Meter betrachtet wird, wenn zwischen Anfangs- und Endpunkt eine Temperaturdifferenz von einem Kelvin besteht. In festen Körpern erreicht λ hohe, in Flüssigkeiten mittlere und in Gasen niedrige Werte. Der Wärmeaustausch in Luft erfolgt deshalb hauptsächlich über den turbulenten Wärmetransport und nicht über die Wärmeleitung. Im Boden stellt letztere dagegen die wichtigste Art der Energieübertragung dar.

Temperaturleitfähigkeit (a), Einheit m^2/s, berechnet aus λ/ζ: Fähigkeit eines Stoffes, Temperaturunterschiede auszugleichen, beispielsweise zwischen verschiedenen Bodentiefen. Dominiert wird a durch die Wärmekapazitätsdichte ζ. Weist letztere einen großen Wert auf, ist die Temperaturleitfähigkeit klein, und umgekehrt. Je größer zum Beispiel a für einen Boden ist, umso schneller gleicht sich ein Temperaturunterschied zwischen verschiedenen Bodenschichten aus. Unbewegte Luft besitzt einen außerordentlich kleinen Wert, turbulent bewegte Luft zum Beispiel einen um fünf Größenordnungen höheren Wert.

Wärmeeindringkoeffizient (b), Einheit J/($\sqrt{s}$ · m^2 · K), berechnet aus $\sqrt{\lambda \cdot \zeta}$: Maß für die Geschwindigkeit der Wärmeaufnahme beziehungsweise -abgabe und damit für die „Wärmespeicherung" eines Stoffes. Unbewegte Luft speichert beispielsweise nur wenig Wärme, festes Gestein hingegen wesentlich mehr.

---

frost). Tiefe Gewässer kühlen sich dagegen nachts nur unwesentlich ab, da durch Wärmeleitung, langwellige Ausstrahlung oder auch wegen des Wärmeentzugs durch Verdunstung (Q_E) abgekühltes Wasser absinkt und durch aufsteigendes, wärmeres ersetzt wird. Große Wasserflächen wirken deshalb ausgleichend auf die Lufttemperatur im Tages- und Jahresgang. Der Unterschied zwischen Land- und Seeklima beruht im Wesentlichen auf diesem gegensätzlichen Verhalten (s. auch Kap. 8.2.1).

Aber auch **Landoberflächen** verhalten sich, was die Aufnahme der kurzwelligen Sonnenstrahlung und die langwellige Ausstrahlung betrifft, nicht gleichartig. Bodenstruktur, Wasserspeicherung und Bodenbedeckung führen zu Unterschieden im Erwärmungs- und Abkühlungsverhalten.

Je dunkler ein Boden ist, desto stärker absorbiert er die Einstrahlung, umso größer ist die langwellige Ausstrahlung und die Wärmeleitung in den Untergrund. Nasse Böden (siehe Beispiele in Tab. 4.8) gelten in unseren Breiten als kalte Böden. Die spezifischen Wärmekapazitäten von nassen Lehm- oder Sandböden sind um fast das Doppelte so hoch wie ihre trockenen Gegenstücke (!), was eine starke Erwärmung verhindert.

Schließlich spielt auch das Porenvolumen des Bodens eine Rolle. Sind die Poren mit Luft gefüllt, erwärmt sich der Boden wegen der geringen Wärmeleitfähigkeit der Luft hauptsächlich nur an der Oberfläche. Ein Beispiel dafür ist trockener Moorboden, der eine außerordentlich geringe Wärmeleitfähigkeit hat (s. Tab. 4.9). Starke Erhitzung bei hoher Einstrahlung am Tage und starke Abkühlung in der Nacht sind die thermischen Folgen für die trockene Mooroberfläche.

Die Temperaturen über vegetationsbedeckten, gut mit Wasser versorgten Flächen sind meist deutlich niedriger als über vegetationslosen Gebieten. Denn für die pflanzliche Transpiration und die Evaporation von der Bodenoberfläche wird viel Energie benötigt, die dem Pflanzenkörper, dem Untergrund und letztlich der Umgebungsluft entzogen wird.

4.6 Globale Strahlungs- und Wärmebilanz

Der globale Strahlungs- und Wärmehaushalt soll anhand von Abb. 4.8 erläutert wer-

den. Die Eingangsgröße stellt die Sonnenstrahlung dar, deren mittlere Strahlungsstromdichte einen Wert von 342 W/m² (vgl. hierzu Kap. 4.3) aufweist. Zur besseren Vergleichbarkeit der Einzelströme wird dieser Wert gleich 100 % gesetzt. Darüber hinaus wurde die Gesamtdarstellung in die beiden Kompartimente Atmosphäre und Erdoberfläche unterteilt, um die jeweiligen Anteile besser gegenüberstellen zu können.

Von der in die Atmosphäre eindringenden kurzwelligen Strahlung (100 %), unterliegen 64 % der Extinktion (Streuung und Absorption). Die Streuung wird durch die Luftmoleküle und andere Luftinhaltsstoffe verursacht. 22 % der gestreuten Strahlung gelangen in den Weltraum zurück und ebenfalls 22 % werden als indirekte Strahlung in Richtung Erdboden

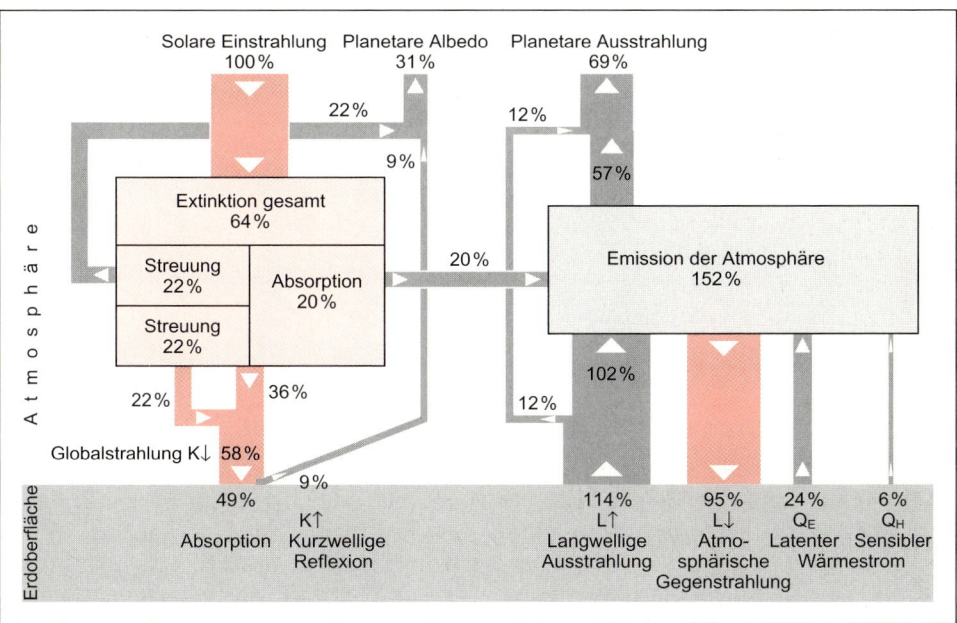

Abb. 4.8 Globale Jahresmittel der Strahlungs- und Wärmebilanzanteile des Systems Erde–Atmosphäre (Daten nach KIEHL/TRENBERTH 1997)

gestreut. Insgesamt 20 % der einfallenden Strahlung werden absorbiert.

Die Erdoberfläche erhält nun 36 % an direkter Strahlung und 22 % an der bereits erwähnten Streustrahlung. Da die Reflexion am Erdboden im Durchschnitt mit 9 % anzusetzen ist, werden an der Erdoberfläche letztendlich 49 % der an der Obergrenze der Atmosphäre eintreffenden Strahlung absorbiert.

Nachdem die kurzwelligen Strahlungsströme behandelt wurden, wenden wir uns jetzt dem langwelligen Strahlungsbereich (Abb. 4.8, rechte Seite) zu.

Da die globale Mitteltemperatur der Erdoberfläche 15 °C beträgt, strahlt diese nach dem Gesetz von Stefan Boltzmann (Gl. 4.3) mit einer Energiestromdichte von 390 W/m^2 aus. Bezogen auf die Bestrahlungsstärke von 342 W/m^2 (= 100 %) für die Obergrenze der Atmosphäre sind das 114 %, die als langwellige Ausstrahlung (L↑) in die Atmosphäre geschickt werden. Davon werden 12 % über das „atmosphärische Fenster" (s. Kap. 4.4) direkt in den Weltraum abgegeben. Die Atmosphäre stellt ein Reservoir für Energie dar, das aus der Strahlungsabsorption (20 %), dem verbleibenden Anteil der langwelligen Ausstrahlung (L↑) von 102 %, dem turbulenten latenten Wärmestrom (Q_E) mit 24 % und dem turbulenten sensiblen Wärmestrom (Q_H) mit 6 % gespeist wird.

95 % werden aus der Atmosphäre durch die langwellige Gegenstrahlung (L↓) der Erdoberfläche, 57 % hingegen dem Weltraum wieder zugeführt.

Letztendlich werden von 100 % Strahlungsaufnahme, die die Obergrenze der Atmosphäre passieren, 31 % durch die kurzwellige Reflexion („Planetare Albedo") sowie 69 % über die langwellige Ausstrahlung („Planetare Ausstrahlung") abgegeben. Die Strahlungsbilanz ist deshalb für die Obergrenze der Atmosphäre als ausgeglichen zu betrachten. Das gilt auch für die Atmosphäre selbst und die Erdoberfläche, wie man leicht anhand der Daten in Abb. 4.8 nachvollziehen kann.

5 Wasser und seine klimatische Wirkung

**Abb. 5.1   Durch Regentropfen verursachte Mikrohohlform in einer Feinsandoberfläche.
Gänseblümchen (*Bellis perennis*) als Größenvergleich**
Foto: KUTTLER

5.1 Einführung

Wasser zählt neben Luft und Boden zu den essentiellen Umweltmedien, ohne die Leben in der bekannten Form auf der Erde nicht möglich wäre. Aus Wasser besteht nicht nur der größte Lebensraum auf unserem Planeten (ca. 70 % seiner Fläche sind mit Wasser bedeckt), sondern es stellt auch ein maßgebliches Speicher- und Transportmedium dar. Darüber hinaus ist Wasser ein wichtiger Strukturbestandteil der meisten Lebewesen. Überdies gestaltet es durch Erosion, Lösung, Transport und Sedimentation in wesentlichem Maße die natürliche Erdoberfläche. Für das Klima der Erde ist Wasser ein bestimmender Faktor, denn es kann als einziger Stoff in allen drei Aggregatzuständen (Phasen) gleichzeitig auftreten und transportiert durch Phasenwechsel Energie. Wasser kommt in unserem Sonnensystem offensichtlich nur auf der Erde in ausreichendem Maße vor, in Spuren allenfalls auf Venus und – nach neuesten Erkenntnissen – auf dem (roten) Mars. Allerdings dürfte auf Letztgenanntem wegen der außerordentlich geringen Dichte seiner Atmosphäre Wasser im Vergleich zur Erde nicht in flüssiger Form auftreten (s. auch Kap. 2.2).

Der erste Teil dieses Kapitels beschäftigt sich mit den Eigenschaften von Wasser, seiner Menge und Verteilung auf der Erde. Der zweite Abschnitt widmet sich dem Wasser in der Atmosphäre und seinen klimatologischen Wirkungen.

5.2 Struktur und Eigenschaften von Wasser

Wasser weist eine Reihe physikalischer Besonderheiten auf, die in unterschiedlichem Maße direkt oder indirekt klimatologische Bedeutung besitzen. Dazu zählen: Der Dipolcharakter, die Dichteanomalie, die Wärmekapazität, die Verdunstungswärme, die Oberflächenspannung und die Lage des Tripelpunktes von Wasser.

Ein Molekül Wasser besteht aus zwei Atomen Wasserstoff und einem Atom Sauerstoff (H_2O). Die beiden Wasserstoffatome bilden mit dem Sauerstoffatom ein gleichschenkliges Dreieck (H−O−H) unter einem Winkel von 104,5°. Hierdurch besteht eine Ladungsverteilung zwischen einem stärker negativ (O) und einem stärker positiv wirkenden Pol (H−H). Da es sich um zwei Pole handelt, spricht man deshalb auch von einem **Dipol** (griech. *di*, zwei). Aufgrund dieser Tatsache besitzt Wasser eine große Dissoziationskraft. Dahinter verbirgt sich die Fähigkeit, Stoffe chemisch lösen zu können. Wasser weist aber noch weitere Besonderheiten auf. So spricht man zum Beispiel von der **Dichteanomalie des Wassers** und meint damit die Tatsache, dass sich Wasser im Vergleich zu anderen Stoffen beim Gefrieren ausdehnt. Wasser weist nämlich bei rund 4 °C und Normaldruck seine größte Dichte auf. Sowohl bei höheren als auch bei niedrigeren Temperaturen nimmt die Dichte ausgehend von diesem Maximalwert ab. Dieses hat zur Folge, dass Eis auf dem Wasser schwimmt. Seen und Flüsse frieren somit von oben nach unten zu und gewähren dadurch den Erhalt an Lebensraum für die Wasserorganismen unterhalb des Eises.

Die beim Gefrierprozess unter Normaldruck zu beobachtende Dichteabnahme führt zu einer Volumenzunahme von 9 %, das heißt um 1/11 des Ausgangsvolumens. Dieser Vorgang spielt zum Beispiel bei der mechanischen (physikalischen) Verwitterung eine besonders wichtige Rolle (vgl. hierzu Zepp 2005[3]). So können bei der so genannten **Frostsprengung** Gefrierdrücke von bis zu 200 kN/m^2 auftreten. Als Gewichtskraft sind das etwa 20 t/m^2, die das Gestein platzen lassen, wenn Wasser in Haarrisse eingedrungen ist und gefriert. Die Entstehung von Frostaufbrüchen („Schlaglöchern") auf Straßen ist zum Beispiel auch auf diesen Vorgang zurückzuführen. Hierbei sickert Wasser in den Straßenunterbau ein, gefriert von außen nach innen und lässt somit keinen Platz zur Ausdehnung übrig, sodass die Straßendecke an der schwächsten Stelle aufplatzt. Aber auch an feuchten Bodenoberflächen, die anschließend gefrieren, können durch oberflächennahe Eisbildung (zum Beispiel Kammeis, s. Kasten 5.1) zunächst kleinräumig Bodenbewegungen in Gang gesetzt werden.

Eine weitere Besonderheit weist Wasser in Hinblick auf seine spezifische **Wärme-**

Kasten 5.1   Kammeis und seine Entstehungsbedingungen

Mit Kammeis, auch Stengel- oder Nadeleis genannt, werden nebeneinanderstehende Eisstengel an der Bodenoberfläche bezeichnet, die wie die Zähne eines Kamms aussehen und mehrere Zentimeter lang und einige Millimeter dick werden können. Sie ragen meist mehr oder weniger senkrecht aus dem Boden heraus und schieben damit Feinerdepartikel mit nach oben. Voraussetzung für die Bildung von Kammeis ist, dass das Feinbodenmaterial oberflächennah gefroren (zum Beispiel nach einem Regen), in den tieferen Schichten der Boden jedoch noch nicht gefroren, sondern noch stark durchfeuchtet ist. Dadurch stellt sich im Boden ein Wasserdampf- und Flüssigkeitsgefälle zwischen den tieferen Schichten im Boden und der Oberfläche ein, wodurch Dampf bzw. Wasser an die Oberfläche transportiert wird. Dieser Transport ist natürlich auch von der Wasser- bzw. Dampfwegigkeit, der Porosität und der Porengröße sowie dem Bodenmaterial abhängig. Die Kapillaren, durch die das Wasser bzw. der Dampf transportiert wird, haben in den tieferen Bodenschichten einen geringeren Durchmesser als an der Oberfläche. Da sich die Oberflächenspannung (σ; s. weiter unten) von Wasser umgekehrt proportional zum Durchmesser der Wasser leitenden Röhren (in diesem Fall der Kapillaren) verhält (geringer Durchmesser $\rightarrow$ hohe Oberflächenspannung und umgekehrt) und eine hohe Oberflächenspannung eine Gefrierpunkterniedrigung zur Folge hat, bleibt das Wasser in den engen Kapillaren in den tieferen Bodenschichten flüssig. An der Oberfläche hingegen kommt es durch die Ausweitung der Kapillaren bei Abnahme der Oberflächenspannung zum Ausfrieren und damit zur Bildung der Eisnadeln. Dadurch erfolgt ein Wassertransport nach oben, wodurch die Eisnadeln wachsen. Durch die Volumenvergrößerung bei der Eisbildung wird der lockere Boden auseinander geschoben. Neben dem Flüssigwassertransport erfolgt auch ein Wasserdampffluss. Da der Dampfdruck über einer Wasserfläche größer ist (unten) als über einer Eisfläche (oben), erfolgt aufgrund des bestehenden Gradienten ein Transport des Wasserdampfes in Richtung Oberfläche. Die Eisbildung sorgt in den oberen Zentimetern des Bodens für eine Bodenbewegung, die großräumig auch als Kammeis-Solifluktion (lat. *solum*, Boden; lat. *fluere*, fließen; $\rightarrow$ Bodenfließen) bezeichnet wird. Abbildung 5.2 zeigt Kammeis an der Oberfläche eines lockeren Feinerdebodens.

Abb. 5.2 Kammeis, das aus feuchter Bodenoberfläche herauswächst. Die Eisnadeln können mehrere Zentimeter lang und wenige Millimeter dick werden (Quelle: Shiga Kogan, Japan, wikipedia)

kapazität (c) auf. Wasser hat unter den Flüssigkeiten – abgesehen von flüssigem Wasserstoff – mit c = 4,2 kJ/(kg·K) den größten Wert. Entsprechend der Definition dieser thermo-physikalischen Eigenschaft werden demnach 4,2 kJ Energie benötigt, um einen Kilogramm Wasser um ein Kelvin zu erwärmen. Dabei handelt es sich um einen vergleichsweise hohen Energiebetrag, der Wasser zugeführt werden muss, bevor sich dessen Temperatur ändert. Deshalb sind Ozeane und große Seen ausgezeichnete Wärmespeicher, die zum Beispiel nur sehr träge auf Temperaturänderungen reagieren. Das Meeresklima ist ja nicht zu Unrecht für seine thermisch ausgleichende Wirkung bekannt, die u.a. auf der großen spezifischen Wärmekapazitätsdichte des Wassers beruht und die Spanne zwischen Minimum- und Maximumtemperaturen der Luft im Tages- und Jahresgang im Vergleich zu Standorten, die stärker kontinental geprägt sind, wesentlich kleiner ausfallen lässt (s. auch Kap. 8.2.1).

Wasser hat darüber hinaus die größte **Verdunstungswärme** aller Flüssigkeiten. Diese Eigenschaft ist temperaturabhängig und berechnet sich unter Normaldruck nach Gl. 5.1

$$Q_v = \left(2\,500{,}8 - 2{,}372\,\frac{t}{°C}\right) \cdot 10^3\,\frac{J}{kg} \quad \textbf{(5.1)}$$

mit Q_v = Verdunstungswärme von Wasser (J/kg),
  t = Wassertemperatur (°C).

Bei 20 °C ergibt sich somit ein Wert für die Verdunstungswärme von Q_v = 2,45 MJ/kg. Im Vergleich zu anderen Stoffen handelt es sich bei der Verdunstungswärme um einen außerordentlich großen Energiebetrag, der benötigt wird, um Wasser aus dem flüssigen in den gasförmigen Aggregatzustand umzuwandeln. Wasserflächen

oder auch feuchten Böden kann durch diesen Zustandswechsel Wärme entzogen werden, unter der Voraussetzung, dass entsprechende atmosphärische Bedingungen (großes Sättigungsdefizit, Wind) herrschen. Pflanzen, Tiere und der Mensch profitieren von der Abgabe der Verdunstungswärme, denn dadurch wird einer Überhitzung entgegengewirkt. Auch stellt die Verdunstung ein wesentliches Glied im hydrologischen Zyklus dar (s. Kap. 5.3).

Es wurde schon darauf hingewiesen, dass Wasser in allen drei Aggregatzuständen auf der Erde gleichzeitig auftreten kann. Abbildung 5.3 enthält eine Zusammenstellung der Phasenübergänge von Wasser. Liegt Wasser als Eis, also im festen Aggregatzustand, vor, dann kann es in den gasförmigen Zustand entweder über den Zwischenschritt der Flüssigphase umgewandelt werden oder aber – ohne diesen Umweg – direkt sublimieren (lat. *sublimare*, erhöhen). Bei beiden Übergängen ist neben der Verdunstungswärme (Q_v) noch die Schmelzwärme des Eises (Q_f) zu berücksichtigen, sodass die **Sublimationswärme** ($Q_s = Q_f + Q_v$) unter Normalbedingungen 2,5 MJ/kg plus 0,3 MJ/kg, mithin rund 2,8 MJ/kg beträgt. Im Falle der Resublimierung, also der Umkehrung dieses Vorganges, wird diese Energie in einem Schritt, bei der Kondensation und dem anschließenden Gefriervorgang hingegen in zwei Schritten freigesetzt. Wechsel zwischen den Aggregatzuständen sind immer mit einem bedeutenden Wärmetransport (latenter Wärmetransport Q_E; s. auch Kap. 4) verbunden, der klimatisch, insbesondere in globalem Maßstab, eine erhebliche Wirkung hat. So kann zum Beispiel von warmen tropischen Ozeanen unter Energieeinsatz Wasser verdunsten, der entstandene Wasserdampf durch die Allgemeine Zirkulation der Atmosphäre (s. Kap. 7) in andere

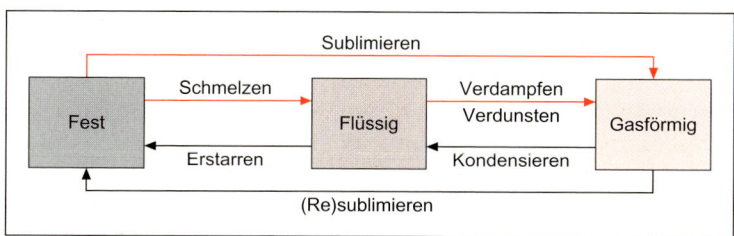

Abb. 5.3 Aggregatzustände des Wassers und deren Umwandlungsprozesse

Klimazonen (s. Kap. 8.3) verfrachtet werden und dort – im Augenblick seiner Kondensation – die zur Verdunstung aufgewendete Energie wieder abgeben.

Unter Normaldruck gefriert Wasser bei 0 °C (Erstarrungspunkt) bzw. schmilzt Eis bei dieser Temperatur (Schmelzpunkt). Seinen Siedepunkt erreicht Wasser bei 100 °C und wird zu Wasserdampf. Die beiden Werte, die die Phasenwechsel kennzeichnen, wurden bekanntlich für die Einteilung der Celsiusskala herangezogen (s. Kap. 4.5). Neben diesen Zweiphasenpunkten (fest, flüssig) gibt es allerdings noch einen Dreiphasenpunkt, den sogenannten **Tripelpunkt** (griech. *tri*, drei), der durch die Größen Druck (p) und Temperatur (T) festgelegt wird. Die Variablen lassen sich in einem p-T-Diagramm darstellen. Am Tripelpunkt liegt Wasser in allen drei Phasen gleichzeitig (fest, flüssig, gasförmig) vor. Dazu muss der Luftdruck allerdings extrem niedrig sein. Der Tripelpunkt des Wassers wird nämlich bei 273,16 K (= 0,01 °C) und einem Druck von 6,12 hPa (!) erreicht. Dieser Wert legt übrigens den Fixpunkt für die Kelvinskala fest. Ein Kelvin ist danach der 273,16te Teil der Temperatur des Tripelpunktes des Wassers. Auf die Kelvintemperatur wurde bereits in Kap. 3 näher eingegangen. Abbildung 5.4 zeigt das Phasendiagramm des Wassers, aus dem die Bereiche, in denen die drei Aggregatzustände in Abhängigkeit von Temperatur und Druck vorherrschen, ent-

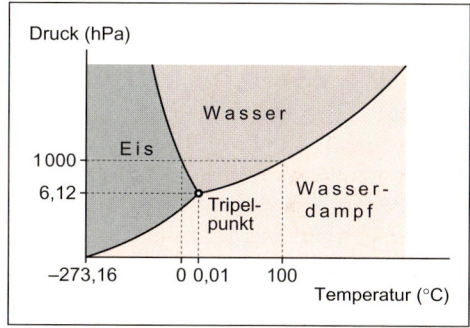

Abb. 5.4 Abhängigkeit der Aggregatzustände von Wasser mit Angabe des Tripelpunktes

nommen werden können. Dass, wie eingangs beschrieben, auf dem Planeten Mars bei einem dortigen Luftdruck von ca. 6 hPa kaum Wasser in flüssiger Form erwartet werden kann, wird jetzt verständlich (s. auch Kap. 2.2).

Letztlich soll noch auf eine Eigenschaft des Wassers eingegangen werden, die indirekt für das Klima eine wichtige Rolle spielt, nämlich seine **Oberflächenspannung** (σ). Wasser besitzt – abgesehen von Quecksilber ($\sigma_{Hg} = 476 \cdot 10^{-3}$ N/m bei 20 °C) – die größte Oberflächenspannung aller Flüssigkeiten mit einem Wert von $\sigma_{H_2O} = 73 \cdot 10^{-3}$ N/m bei 20 °C. Die Oberflächenspannung ist eine zwischen den Wassermolekülen wirkende Anziehungskraft (Kohäsionskraft), die an Wasser- oder Tropfenoberflächen, also an Grenzflächen, auftritt (s. Kasten 5.1). Diese Kraft sorgt zum Beispiel dafür, dass in porösen Böden das Wasser nicht nur der Schwerebeschleunigung folgt und sofort versickert, sondern den Pflanzen verfügbar bleibt, indem eine „Wasserhaut" als Hydrathülle die Bodenpartikel umschließt. Im Oberboden sorgt dieser Vorgang auch für eine längere Durchfeuchtung des Bodenmaterials, wodurch Wasser verstärkt über die Verdunstung der Atmosphäre zugeführt werden kann.

5.3 Hydrologischer Zyklus

Unter dem hydrologischen Zyklus oder **Wasserkreislauf** versteht man den globalen horizontalen und vertikalen Transport von Wasser in unterschiedlichen Aggregatzuständen durch die Teilsysteme der Geosphäre. Ursächliche Antriebsgrößen für diesen Kreislauf sind sowohl die Sonnenenergie als auch die Schwerebeschleunigung der Erde. Die globale Wasserbilanzgleichung lautet in vereinfachter Form (Gl. 5.2):

$$N = A + V + (R - AB) \qquad (5.2)$$

mit N = Niederschlag,
A = Abfluss,
V = Verdunstung,
R = Rückhalt und
AB = Aufbrauch.
Alle Einheiten werden in mm = l/m^2 angegeben.

Im Allgemeinen setzt sich die Wasserbilanzgleichung aus den Gliedern N, A und V zusammen. Der Klammerausdruck wird nur deshalb eingeführt, weil mit ihm die Zeitverzögerung berücksichtigt wird, die sich ergibt, wenn zum Beispiel Schnee fällt – auch zu Eis wird – und erst nach der Schmelze dem Wasserkreislauf wieder zugeführt wird.

Grundsätzlich lässt sich ein großer Wasserkreislauf, der den Wassertransport zwischen Meer und Festland umfasst, von zwei kleinen oder direkten Kreisläufen unterscheiden, die jeweils die Umsätze über Meer und Kontinent getrennt betreffen.

Abbildung 5.5 zeigt die einzelnen Glieder des globalen Wasserkreislaufs mit Angabe der bewegten Massen. Der Austausch zwischen den Ozeanen und den Kontinenten beläuft sich auf 39 700 km³ Wasser. Über den Ozeanen wird mit durchschnittlich 1 176 mm/a mehr Wasser verdunstet als diesen über den Niederschlag (1 066 mm/a) zugeführt wird. Die Differenz von 110 mm/a gelangt über den atmosphärischen Austausch (s. Kap. 7) auf die Kontinente, die allerdings im Vergleich zu den Meeresflächen wesentlich kleiner sind. Bezogen auf die Landflächen mit 149 Mio. km² ergibt sich deshalb aus dem Wert von 110 mm/a eine kontinentflächenbezogene jährliche Zufuhr von 39 700 km³ : 149 Mio. km² = 266 mm. Über Land beläuft sich die Verdunstung auf 480 mm/a, während der Niederschlag 746 mm/a erreicht. Der Überschuss von 266 mm/a fließt in die Ozeane ab und ergibt – auf die Meeresflächen bezogen – einen Jahresmittelwert von 110 mm (39 700 km³ : 361 Mio. km² = 110 mm).

• **Wassermengen auf der Erde.**
Dem hydrologischen Zyklus fällt eine wichtige Rolle beim Stoff- und Energietransport zu. Großräumig betrachtet liegen die Nährgebiete des atmosphärischen Wasserkreislaufs in den warmen tropischen und subtropischen Meeren. Es ist allerdings außerordentlich schwierig, genaue Daten zur existierenden Wassermenge auf der Erde zu liefern, da keine exakten Messungen vorgenommen werden können, um diese großräumigen Prozesse mit

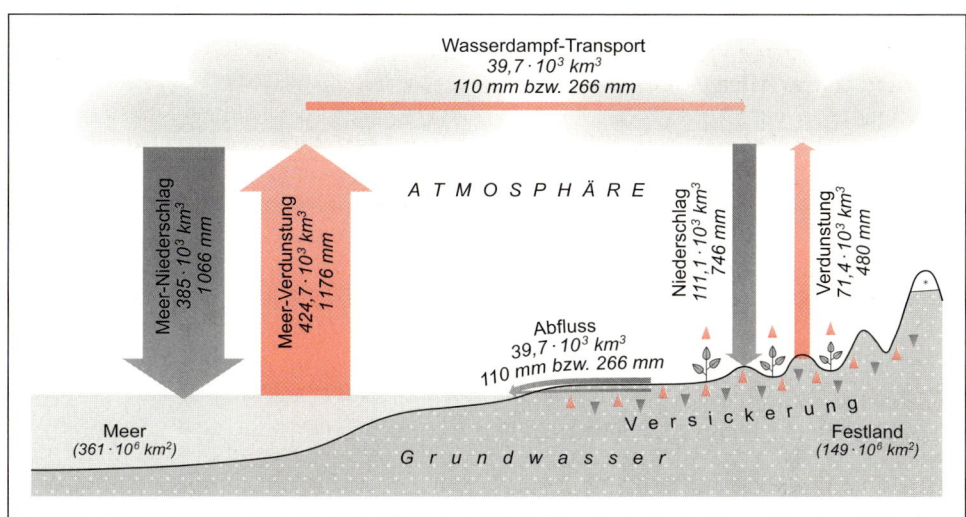

Abb. 5.5 Wasserkreislauf der Erde (nach Baumgartner/Liebscher 1996[2]; hier in der Darstellung von Lauer/Bendix 2004[2]; die Transportraten beziehen sich jeweils auf ein Jahr)

Tab. 5.1 Wassermengen der Erde (nach Lvovitch 1971; verändert)

	Wassermenge (km³)	Anteil (%)	Tiefe bei gleichmäßiger Verteilung über einem eingeebneten Erdkörper (m)
Gesamtwassermenge	1 459 110 000	100,00	2 861
Wasser im Weltmeer	1 370 323 000	93,96	2 687
Grundwasser	60 000 000	4,12	117,6
davon im Bereich des aktiven Wasseraustausches	4 000 000	0,27	7,8
Wasser im Gletschereis	24 000 000	1,65	47,1
Wasser in Salz- und Süßwasserseen	280 000[1]	0,019	0,55
Bodenfeuchte	85 000[2]	0,006	0,17
Wasser in der Atmosphäre	14 000	0,001	0,0270
Wasser in Flussläufen	1 200	0,0001	0,00235

1) Staubecken-Anteil etwa 5 000 km³
2) Bewässerungswasser-Anteil etwa 2 000 km³

der genügenden Genauigkeit abzubilden. Die überwiegend auf Schätzungen beruhenden Angaben verschiedener Verfasser gehen deshalb zum Teil weit auseinander. Wenn auch die Einzelangaben ungenau sein dürften, so besteht doch zumindest über die Reihenfolge der Größen der Teilvolumina Konsens (Tab. 5.1). Danach enthalten die Weltmeere den größten Anteil des irdischen Wassers. Nur rund 6 % des Wassers sind nicht Bestandteil der Ozeane. Die Atmosphäre enthält mit nur einem tausendstel Prozent der Gesamtmasse an Wasser sogar sechsmal weniger als das in der Pedosphäre als Bodenfeuchte vorkommende Wasser. Der relativ geringe Wassergehalt der Luft reicht allerdings aus, klimatisch außerordentlich wirksam zu sein. Stellte man sich die Erde als ideale Kugel, also mit einheitlich glatter Oberfläche, vor, dann erreichte die Gesamtwassermenge auf dem Erdkörper eine Höhe von 2 861 m; davon entfielen 2 687 m auf das Wasser in den Weltmeeren, jedoch nur weniger als 3 cm (!) auf den Wasserinhalt der Atmosphäre.

Die Wassermenge, die zwischen der Atmosphäre und den einzelnen Teilsystemen auf der Erde im großräumigen Jahresmittel zirkuliert, beläuft sich auf rund 496 000 km³. Dieses Volumen entspricht einer auf die gesamte Erdoberfläche bezogenen Flüssigkeitssäule von 973 mm. Rechnet man das atmosphärische Wasservolumen (14 000 km³) ebenfalls als äquivalente Flüssigkeitssäule um, dann ergibt sich der relativ niedrige Wert von 27 mm. Wenn also pro Jahr eine Flüssigkeitssäule von 973 mm zwischen Kontinenten, Meeren und Atmosphäre zirkuliert und letztere im Durchschnitt nur 27 mm enthält, dann muss das atmosphärische Wasser etwa 36 mal pro Jahr (973 mm : 27 mm), also etwa alle 10 Tage, zwischen Erdoberfläche und Atmosphäre ausgetauscht werden. Das ist absolut gesehen eine gewaltige Menge, die in relativ kurzer Zeit durch diesen Abschnitt des hydrologischen Zyklusses bewegt wird.

5.4 Wasser- und Landober-flächen im strahlungs-klimatischen Vergleich

Ozean- und Festlandsflächen unterscheiden sich in erheblichem Maße hinsichtlich ihrer Strahlungs- und Wärmebilanzen. Der Einfachheit halber beziehen sich die einzelnen Angaben auf Mittelwerte, die für einzelne Breitenzonen berechnet wurden (Abb. 5.6).

Zunächst kann festgehalten werden, dass die **Strahlungsbilanzwerte (Q*)** über Kontinenten und Meeren mit Annäherung an den Äquator zunehmen und ihre Maxima im äquatorialen Bereich errei-

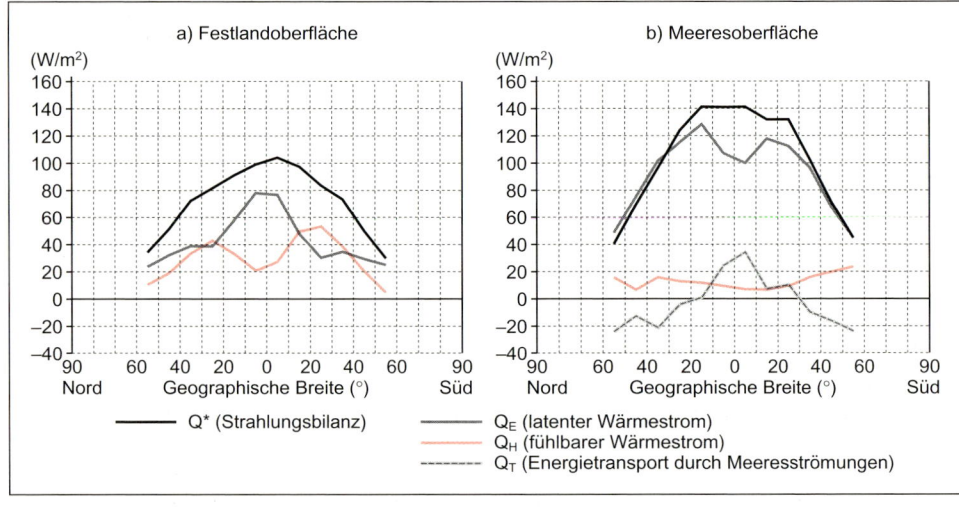

Abb. 5.6   Jahresmittelwerte der Strahlungsbilanz und der Glieder des Wärmehaushalts für Festlands- (a) und Meeresoberflächen (b) in zonaler Verteilung (Daten nach BUDYKO 1963, umgerechnet)

chen. Allerdings sind die Q*-Werte über dem Ozean mit bis zu 140 W/m² wesentlich höher als über dem Festland. Das hängt mit den unterschiedlichen Albedowerten von Land (höher) und Wasser (niedriger) sowie mit der geringeren effektiven Ausstrahlung über den Meeresgebieten zusammen. Der breitenabhängige Verlauf des **latenten Wärmestromes (Q_E)** zeigt, dass dieser über den Meeren erwartungsgemäß größer ist als über dem Festland; die „Delle" in der Verlaufskurve am Äquator wird beiderseits begrenzt durch die starke Sonneneinstrahlung in den subtropisch-randtropischen Hochdruckgebieten und dürfte durch kalte Meeresströmungen, über denen weniger Wasser verdunstet, hervorgerufen werden. Konträr zur Verlaufskurve von Q_E über den Ozeanen verhält sich diejenige der Festländer. Hier werden nämlich die höchsten Werte bei starker Bodendurchfeuchtung am Äquator erreicht, während die Gebiete der trockenen subtropisch-randtropischen Hochdruckgebiete eher zu sekundären Minima von Q_E führen. Der sensible **turbulente Wärmetransport (Q_H)** spielt über den Ozeanen nur eine untergeordnete Rolle. Es ist zwar eine leichte Breitenzonenabhängigkeit mit niedrigeren Werten am Äquator und etwas höheren Werten in außertropischen Gebieten vorhanden, jedoch übersteigen die absoluten Werte auch dort nur selten die 20 W/m²-Marke. Wie über den Meeren, so ist auch über den Kontinenten der über Q_H erfolgende Wärmetransport in die Atmosphäre bis auf die Bereiche der sonnenscheinreichen subtropisch-randtropischen Hochdruckgebiete meist deutlich niedriger als der Wert von Q_E.

Ein den Ozeanen vorbehaltener Term der Wärmebilanz stellt der **Energietransport durch die Meeresströmungen (Q_T)**

dar. Die positiven Werte (beiderseits des Äquators) bedeuten Wärmeabtransport mit bis zu 40 W/m², während die negativen Werte (> 20° N und S) Wärmeantransport anzeigen. Hierdurch wird die klimatisch ausgleichende Wirkung der Meeresströmungen evident, die Wärme aus den Tropen nicht nur in die mittleren, sondern auch in die polaren Breiten transportieren (s. auch Kap. 7.2).

5.5 Verdunstung

Ein wichtiger Antrieb für den hydrologischen Zyklus ist die **Verdunstung,** auch Evaporation (engl. *evaporation*, Verdampfung, Verdunstung) genannt. Unter Verdunstung versteht man den unter Energieaufnahme erfolgenden Übergang von Wasser aus der flüssigen in die gasförmige Phase (s. auch Kap. 5.2).

Auf die Höhe der Verdunstung wirken nicht nur die Temperatur des verdunstenden Mediums und die der Luft, sondern auch das Sättigungsdefizit der Luft und die Windgeschwindigkeit. Die Verdunstungsgeschwindigkeit ist darüber hinaus von der Luftdichte bzw. Wasserdampfdichte und damit von der Höhe ü. NN abhängig. So nimmt zwar mit zunehmender Höhe die Verdunstungsgeschwindigkeit wegen der abnehmenden Dichte zu, die Verdunstungshöhe jedoch in der Regel wegen der niedrigeren Temperaturen des verdunstenden Mediums und der der Luft ab.

Die grundsätzlich aufzuwendende temperaturabhängige Verdunstungsenergie für Normaldruck ergibt sich aus Gl. 5.1. Diese Energie steckt als latente Wärme im Wasserdampf und wird, wenn der Taupunkt erreicht ist, als Kondensationsenergie wieder freigesetzt. Durch den latenten Wärmestrom (Q_E) wird mit rund 80 W/m² im globalen Mittel relativ viel Energie an die Atmosphäre abgegeben, jedenfalls wesentlich mehr als über den sensiblen Wärmestrom, der nur 20 W/m² erreicht (vgl. hierzu Kap. 4). Durch die Allgemeine Zirkulation der Atmosphäre (s. Kap. 7) wird diese Energie von ihren Nähr- in die Zehrgebiete transportiert. Als Nährgebiete sind in diesem Zusammenhang die warmen tropischen Meere und als Zehrgebiete die kühlen oder kalten Breitenzonen beider Hemisphären anzusehen.

Die Gesamtverdunstung oder auch Gebietsverdunstung eines mit Vegetation bedeckten Landschaftsausschnitts wird mit dem Kunstwort **Evapotranspiration**, das sich aus Evaporation und Transpiration zusammensetzt, bezeichnet. Während man mit dem Begriff Evaporation die Verdunstung von Wasserflächen und wasserbenetzten Oberflächen belegt, steht der Begriff Transpiration (lat. *spirare*, hauchen) für die Wasserabgabe von Organismen. Unter diesen sind es im Wesentlichen die Pflanzen, die über die stomatäre Transpiration (griech. *stoma*, Mund), das heißt über ihre Spaltöffnungen, Wasserdampf in die Atmosphäre transportieren.

Unterschieden werden die tatsächliche (reale, aktuelle) und die potenzielle Verdunstung (jeweils für Evaporation bzw. Evapotranspiration). Unter der **aktuellen Verdunstung** wird die momentan stattfindende Verdunstung verstanden, wie sie durch den augenblicklichen Wasservorrat im Boden oder auch in der Pflanze sowie die vorherrschenden Wetterbedingungen bestimmt werden. Die **potenzielle Verdunstung** ist die theoretisch maximal mögliche Verdunstung bei ausreichendem Wasserdargebot.

Die Werte der Verdunstung messtechnisch bzw. rechnerisch zu bestimmen, ist schwierig. Zusammenfassende Angaben finden sich zum Beispiel in HUPFER/KUTTLER 2006[12] sowie in VDI 3786, Bl. 13. Von den zahlreichen Möglichkeiten, die tatsächliche und potenzielle Verdunstung zu messen, sollen nachfolgend zwei genannt werden.

Um die tatsächliche Verdunstung zu ermitteln, setzt man **Lysimeter** (griech. *lysis*, Auflösung) ein (Abb. 5.7). Hierbei handelt es sich um eine Vorrichtung zur Bestimmung der Wasserverdunstung des Bodens (Evaporation), der Transpiration der Pflanzen sowie der Gesamtverdunstung (Evapotranspiration) mithilfe wägbarer Kästen.

Ein Lysimeter besteht aus einem monolithischen, möglichst ungestörten Bodenaushub, der in einen Stahlzylinder verbracht wurde. Dieser steht auf einer möglichst genau anzeigenden Waage. Der Stahlzylinder mit dem Bodenaushub muss mit der Waage soweit in den Boden eingelassen werden, dass sein oberer Rand mit der umgebenden Bodenoberfläche einen möglichst ungestörten Übergang bildet.

Die Oberfläche des Lysimeters kann verschiedene Bedeckungen erhalten, je nachdem, welches wissenschaftliche Problem untersucht werden soll. Herrscht zum Beispiel vegetationsloser Boden vor, kann die Evaporation bestimmt werden, ist der Boden durch Pflanzen bedeckt, lässt sich die Evapotranspiration ermitteln, wobei die Werte des Niederschlags in Abzug gebracht werden müssen.

Der Einfluss des Grundwassers kann durch zwei nebeneinanderstehende Lysimeter untersucht werden. Dafür werden in zwei nebeneinander stehenden Lysimetern zwei unterschiedlich hohe Grundwasserspiegel eingestellt, indem man jeweils in der gewünschten Höhe das Sickerwasser abfließen lässt, sodass es das Grundwasser

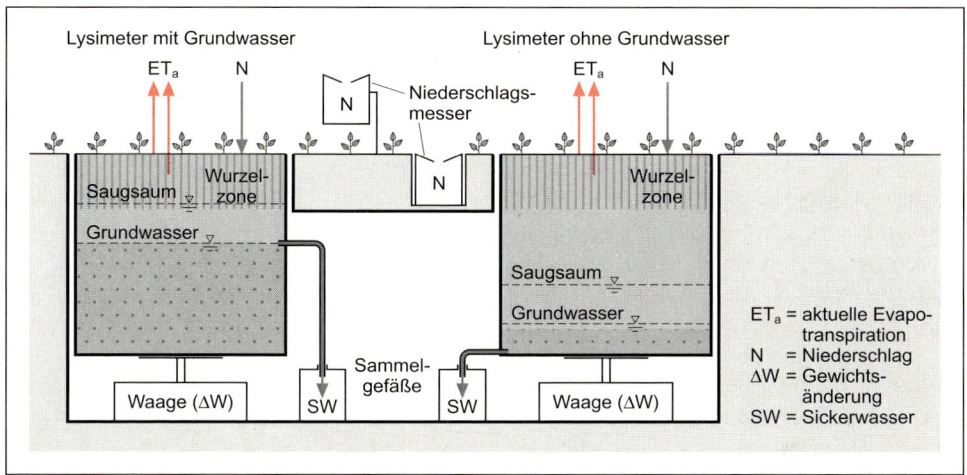

Abb. 5.7 Schematische Darstellung des Aufbaus einer wägbaren Lysimeteranlage mit und ohne Grundwasser (Quelle: Lex. Geowiss. 2001)

speisen kann oder nicht (vgl. linke und rechte Seite in Abb. 5.7).

Zur Berechnung der potenziellen Evapotranspiration wird, nicht zuletzt wegen seiner einfachen Handhabbarkeit, das von dem deutschen Meteorologen W. Haude (1898–1992) entwickelte und nach ihm benannte Verfahren herangezogen. Dessen Verdunstungsformel wurde ursprünglich für Norddeutschland bestimmt, fand jedoch im Laufe der Jahre weltweit Verbreitung. Notwendige Eingangsgrößen sind hierbei ausschließlich die Lufttemperatur und der Dampfdruck des Standorts (Gl. 5.3). Unterschiedliche Pflanzenbestände werden mit entsprechenden Koeffizienten, den **Haude-Faktoren**, berücksichtigt.

$$ETP_{pot} = f_H \cdot (E - e)_{II} \qquad (5.3)$$

mit ETP_{pot} = potenzielle Evapotranspiration (mm/d),
f_H = Haude-Faktor (mm/(d·hPa)),
E = Sättigungsdampfdruck (hPa),
e = vorherrschender Dampfdruck (hPa) und
II = Klimatermin II (14:00 Uhr MOZ).

Mit Hilfe der in Tab. 5.2 enthaltenen Faktoren lassen sich für die wichtigsten Feldfrüchte und Hauptanbauzeiten die diesen entsprechenden potenziellen Evapotranspirationswerte berechnen. Für Gras kann während der Zeit von November bis März der Haude-Faktor f_H = 0,20 mm/(d·hPa) verwendet werden.

Tab. 5.2 Auswahl an Haude-Faktoren (f_H in mm/(d·hPa)) für verschiedene Monate in Abhängigkeit von der Bestandsart (hier nach einer Zusammenstellung aus Zmarsly et al. 2007[3])

	April	Mai	Juni	Juli	August	September	Oktober
Gras	0,29	0,29	0,28	0,26	0,25	0,23	0,22
Weizen	0,26	0,34	0,38	0,34	–	–	–
Mais	–	–	0,26	0,25	0,25	–	–
Zuckerrüben	0,15	0,23	0,3	0,36	0,32	0,36	–

Zur Messung der **potenziellen Evaporation (ET$_{pot}$)** werden vielfach mit Wasser gefüllte genormte Gefäße eingesetzt, aus deren zeitabhängigem Wasserverlust die entsprechende Verdunstungshöhe (in mm) berechnet wird.

Das weltweit bekannteste Gerät stellt das amerikanische Verdunstungsmesser **Class-A-Pan** (Abb. 5.8) dar, das einen Durchmesser von 1 206 mm und eine Wassertiefe von 150 mm bis 200 mm aufweist.

Für die eher kleinräumige Erfassung der potenziellen Verdunstung wird auch vielfach das **Piche-Verdunstungsmesser** eingesetzt. Hierbei handelt es sich um ein einseitig aus Glas bestehendes, skaliertes Messrohr, an dessen unterem Ende ein Fließpapierblatt definierter Größe mit einer Halteklammer angebracht ist, um der auflastenden Wassersäule entgegenzuwirken. Das mit Wasser gefüllte Messrohr sorgt für eine permanente Benetzung des Fließpapierblatts und gewährleistet dadurch potenzielle Verdunstungsmöglichkeiten. Das Gerät wurde nach dessen Erfinder, dem französischen Hobbyinstrumentenbauer A. Piche (1861–1907; gesprochen: Pich), benannt.

Darüber hinaus existieren noch zahlreiche Verfahren, ET und ETP über den latenten Wärmestrom (Q$_E$) aus den Daten der Strahlungs- und Wärmebilanz residual zu erhalten (vgl. hierzu zum Beispiel HUPFER/KUTTLER 2006[12]).

Für sechs verschiedene Standorte sind die nach dem Haude-Verfahren berechneten potenziellen ETP$_{pot}$-Werte über Gras in Tab. 5.3 zusammengestellt.

Abb. 5.8 Ansicht eines Class-A-Pan-Evaporimeters mit Wetterhütte und Niederschlagsmesser (Death Valley, Kalifornien, USA)
Die vom Wasserspiegel abhängige Wasserzufuhr des Class-A-Pans erfolgt auf der gegenüberliegenden Seite des Gerätes und stellt einen permanenten Wasservorrat sicher. Das Schalenkreuzanemometer dient zur Erfassung der Windgeschwindigkeit in Wasseroberflächennähe (Foto: KUTTLER)

Tab. 5.3　Jahressummen der Verdunstung nach HAUDE (H in mm), der Niederschlagshöhen (N in mm) sowie des prozentualen Anteils der potenziellen Evapotranspiration am Niederschlag (N$_{ETP_{pot}}$) an ausgewählten deutschen Standorten (Quelle: NRW Klimaatlas, 1989; verändert und ergänzt)

Station	Höhe über NN (m)	H	N	$N_{ETP_{pot}} = \dfrac{H}{N} \cdot 100\,\%$
Münster	62	538	747	72
Osnabrück	95	511	826	62
Bad Salzuflen	99	542	792	68
Essen	152	515	893	58
Aachen	202	538	807	66
Kahler Asten	839	280	1 457	19

Danach belaufen sich mit Ausnahme der Mittelgebirgsstation die Verdunstungswerte auf rund 500 mm/a bis 550 mm/a. Bezogen auf die Jahresniederschlagshöhe werden somit zwischen 60 % und etwa 70 % potenziell verdunstet. Die Mittelgebirgsstation (Kahler Asten, 839 m ü. NN) zeichnet sich nicht nur dadurch aus, dass sie mit über 1 400 mm die höchste Jahresniederschlagssumme, sondern auch mit 280 mm die geringste Verdunstung aufweist. So werden hier nur 19 % des Jahresniederschlags potenziell verdunstet. Das bedeutet auch, dass ein wesentlich größerer Teil des Niederschlagdargebots für den Abfluss und damit zum Beispiel für die Füllung von Talsperren zur Verfügung steht.

5.6　Luftfeuchtigkeit

Den in der Atmosphäre enthaltenen Wasserdampf nennt man **Luftfeuchtigkeit** oder kurz **Luftfeuchte**. Alles Wasser in der Atmosphäre entstammt der Verdunstung über Meer und Land. Der Wasserdampfgehalt der Luft ist neben der für den Verdunstungsvorgang zur Verfügung stehenden Wassermenge vom Wärmeinhalt der Luft abhängig und stellt damit eine Funktion der Temperatur dar. Von den in der Atmosphäre enthaltenen Gasen kann Wasserdampf einen Anteil von bis zu 4 Vol. % (= 40 000 ppm) erreichen und ist damit nach Stickstoff und Sauerstoff das dritthäufigste Gas in der Atmosphäre. Enthält Luft den maximal möglichen Wasserdampf bei der vorherrschenden Temperatur, spricht man von Sättigung.

Es gibt verschiedene **Luftfeuchtemaße**, mit denen man den Gehalt an Wasserdampf in der Luft angeben kann. Hierzu zählen: Der Dampfdruck (e), die absolute Feuchte (ρ_W), die spezifische Feuchte (s), das Mischungsverhältnis (μ), die relative Feuchte (f) sowie der Taupunkt (t_d).

Der **Dampfdruck (e)** ist der Partialdruck (lat. *pars*, Teil), also der Teildruck, des Wasserdampfes in der Atmosphäre. Diesen Druck übte der Wasserdampf aus, wenn er das gesamte vorhandene Volumen ausfüllte. Zusammen mit den Partialdrücken der anderen Gase in der Atmosphäre ergibt er den Luftdruck. Der Dampfdruck nimmt – dem Luftdruck vergleichbar – mit zunehmender Höhe ab. Während der tatsächlich gemessene Dampfdruck mit „e" bezeichnet wird, verwendet man für den maximal möglichen Wasserdampfdruck (**Sättigungsdampfdruck**) bei vorherrschender Temperatur den Buchstaben „E".

Der Sättigungsdampfdruck lässt sich anhand der empirischen Gleichungen des deutschen Physikers und Chemikers Heinrich Gustav Magnus (1802–1870) berechnen. Allerdings müssen zwei Fallunterscheidungen getroffen werden, je nachdem, ob der Sättigungsdampfdruck über einer Wasseroberfläche (Gl. 5.4) oder über einer Eisoberfläche (Gl. 5.5) berechnet werden soll. Über einer Eisoberfläche ist nämlich der Sättigungsdampfdruck geringfügig niedriger als über einer Wasseroberfläche. Das hängt damit zusammen, dass Wassermoleküle aufgrund der geringeren Bindungsenergie in der Flüssigphase leichter in die Atmosphäre entweichen können als aus der festen Phase (die eine höhere Bindungsenergie besitzt).

$$E_W = 6{,}1 \text{ hPa} \cdot 10^{\frac{7{,}5\,t}{t + 237{,}2\,°C}} \qquad (5.4)$$

über einer Wasseroberfläche,

$$E_I = 6{,}1 \text{ hPa} \cdot 10^{\frac{9{,}5\,t}{t + 265{,}5\,°C}} \qquad (5.5)$$

über einer Eisoberfläche

mit E_W = Sättigungsdampfdruck über einer Wasseroberfläche (hPa),
   E_I = Sättigungsdampfdruck über einer Eisoberfläche (hPa) und
   t = Lufttemperatur (°C).

Ein Beispiel verdeutlicht die Unterschiede. Setzt man in beide Formeln für t = –10 °C ein, dann ergibt sich für E_W = 2,85 hPa, für E_I = 2,59 hPa, mithin eine Differenz von 9 % bezogen auf E_W. So gering der Unterschied auch ist, so wichtig ist er zum Beispiel für die Wolken- und Niederschlagsbildung, worauf später eingegangen wird.

Die Temperaturabhängigkeit des Dampfdrucks lässt sich Abb. 5.9 (S. 95) entnehmen. Hiernach herrscht bei 0 °C ein Sätti-

gungsdampfdruck von 6,1 hPa vor, während er bei 30 °C etwa 42 hPa erreicht.

Die Differenz zwischen Sättigungsdampfdruck und tatsächlichem Dampfdruck bezeichnet man als **Sättigungsdefizit** (Gl. 5.6):

$$\Delta e = E - e \qquad (5.6)$$

mit Δe = Sättigungsdefizit (hPa),
   E = Sättigungsdampfdruck (hPa) und
   e = tatsächlicher Dampfdruck (hPa).

Der bedeutende Mikroklimatologe Rudolf Geiger hat das Sättigungsdefizit der Luft einmal treffend mit dem Wort „Dampfhunger" umschrieben (GEIGER 1961[4]) und meint damit die Fähigkeit der Luft, solange Wasserdampf aufzunehmen, bis Sättigung erreicht ist.

Die **absolute Feuchte (ρ_W)** ist, wie das Symbolzeichen zeigt, die Wasserdampfdichte der Luft. Hierbei handelt es sich um das Verhältnis der Masse Wasserdampf zum Volumen Luft. Auf die Herleitung über die Zustandsgleichung für ideale Gase wird hier verzichtet. Stattdessen kann die absolute Feuchte wie folgt nach Gl. 5.7 berechnet werden:

$$\rho_W = \frac{216{,}6 \cdot e}{T} \qquad (5.7)$$

mit ρ_W = absolute Feuchte (g/m³),
   e = Dampfdruck (hPa) und
   T = Lufttemperatur (K).

Da das Volumen von Druck und Temperatur abhängig ist, eignet sich die absolute Feuchte zum Beispiel nicht dazu, Werte aus unterschiedlichen Höhenlagen miteinander zu vergleichen.

Die **spezifische Feuchte (s)** ist demgegenüber eine massenbezogene Größe, bei der im Gegensatz zur absoluten Feuchte, die ja volumenbezogen ist, keine Druckabhängigkeit auftritt, da die Masse konstant bleibt. Es handelt sich um das Verhältnis der Masse Wasserdampf zur Masse feuchter Luft. Durch Einsetzen des Wertes für den Dampfdruck und den zu diesem Zeitpunkt herrschenden Luftdruck lässt sich die spezifische Feuchte berechnen. Da der Dampfdruck gegenüber dem Luftdruck relativ klein ist, kann vereinfachend die spezifische Feuchte wie folgt berechnet werden:

$$s = \frac{622 \cdot e}{p - 0{,}378\,e} \qquad (5.8)$$

mit s = spezifische Feuchte (g/kg),
e = Dampfdruck (hPa) und
p = Luftdruck (hPa).

Beim **Mischungsverhältnis (μ)** wird die Masse Wasserdampf nicht auf die Masse feuchter Luft bezogen wie bei der spezifischen Feuchte, sondern auf trockene Luft. Unter Berücksichtigung von Luftdruck und Dampfdruck ergibt sich das Mischungsverhältnis nach Gl. 5.9 zu

$$\mu = \frac{622 \cdot e}{p - e} \qquad (5.9)$$

mit μ = Mischungsverhältnis (g/kg),
e = Dampfdruck (hPa) und
p = Luftdruck (hPa).

Dem Leser wird aufgefallen sein, dass die Einheiten der Gleichungen 5.4 bis 5.9 zwischen der rechten und der linken Seite nicht übereinstimmen bzw. sich nicht einfach ineinander umrechnen lassen. Bei der Herleitung der Gleichungen sind hier mehrere Zwischenschritte ausgelassen worden, die für das Verständnis an dieser Stelle nicht unbedingt notwendig sind. Ausführliche Darstellungen hierzu finden sich zum Beispiel in ZMARSLY et al. 2007[3].
Die wohl in der breiten Öffentlichkeit bekannteste Größe zur Angabe der Luft-

feuchtigkeit ist die **relative Feuchte (f)**. Sie wird auch prozentuale Feuchtigkeit genannt. Diese bezieht sich immer auf einen Maximalwert (Sättigungswert) und gibt damit den tatsächlichen Wasserdampfanteil in der Luft bezogen auf denjenigen Sättigungswert an, der bei der vorherrschenden Lufttemperatur erreicht würde. Die relative Feuchte lässt sich aus allen bisher genannten Feuchtemaßen (e, ρ_W, s, μ) berechnen, wenn man diese auf den jeweiligen Maximalwert bezieht. Unter Berücksichtigung des Dampfdrucks zum Beispiel ergibt sie sich nach Gl. 5.10 zu

$$f = \frac{e}{E} \cdot 100\,\% \qquad (5.10)$$

mit f = relative Feuchte (%),
e = Dampfdruck (hPa) bei entsprechender Temperatur und
E = Sättigungsdampfdruck (hPa) bei entsprechender Temperatur.

Zuletzt sei noch auf ein Feuchtemaß hingewiesen, das durch die Temperatur bestimmt wird. Es handelt sich um den **Taupunkt (t_d bzw. T_d)**, der durch die Taupunkttemperatur festgelegt wird. Die Taupunkttemperatur ist jene Temperatur, bei der die Luft mit Wasserdampf gesättigt ist. Das Wasser kondensiert, entweder in der Luft zu Nebel und am Boden zu Tau oder – bei Minustemperaturen – an diesen zu Reif. Berechnen lässt sich der Taupunkt nach der Magnusformel (Gl. 5.4), indem man für die Temperatur t die Taupunkttemperatur t_d einsetzt und anschließend diese Gleichung nach t_d auflöst. Denn am Taupunkt entspricht ja dem Wert des Dampfdrucks derjenige des Sättigungsdampfdrucks. Das Ergebnis dieser Umformung wird in Gl. 5.11 mitgeteilt, so dass der Leser nach Umstellung der Gleichung und Durchrechnen der Zwischenschritte sein Ergebnis überprüfen kann.

$$t_d = \frac{237{,}2\,°C \cdot \lg\left(\dfrac{e}{6{,}1\,hPa}\right)}{7{,}5 - \lg\left(\dfrac{e}{6{,}1\,hPa}\right)} \qquad (5.11)$$

mit t_d = Taupunkttemperatur (°C),
     e = Dampfdruck (hPa) und
     lg = Logarithmus zur Basis 10.

Neben dem Taupunkt findet häufig auch die **Taupunktdifferenz (ΔT_d)** Verwendung, wenn das Sättigungsdefizit der Luft beschrieben werden soll. Es handelt sich hierbei um die Differenz zwischen Luft- und Taupunkttemperatur, wie Gl. 5.12 entnommen werden kann.

$$\Delta T_d = T - T_d \qquad (5.12)$$

mit ΔT_d = Taupunktdifferenz (K),
     T = Lufttemperatur (K) und
     T_d = Taupunkttemperatur (K).
Die Temperaturangaben erfolgen hier in Kelvin (K), da Differenzen gebildet werden.

Weist ΔT_d einen hohen Wert auf, dann ist die Luft relativ trocken und damit das Sättigungsdefizit groß. Ist der Wert hingegen klein oder Null, dann kann wegen des geringen oder gegen Null strebenden Sättigungsdefizits die Luft keinen weiteren Wasserdampf aufnehmen, und es kommt zu Tau- oder Reifabsatz an Oberflächen. Von Taufall, wie häufig zu hören ist, sollte man nicht sprechen, denn der Wasserdampf „fällt" nicht aus der Atmosphäre, sondern setzt sich – aus allen Raumrichtungen kommend – an Oberflächen ab.

Für die vorgenannten Luftfeuchtemaße finden sich in Abb. 5.9 Möglichkeiten, die entsprechenden Werte in Abhängigkeit von der Temperatur abzulesen bzw. ineinander umzuwandeln. Ein derartiges Diagramm nennt man Nomogramm (lat. *nomos*, Kreis, Bezirk). Ein Nomogramm ist eine Netztafel mit mehreren Variablen (hier die verschiedenen Luftfeuchtemaße), deren funktionale Abhängigkeit (in diesem Fall von der Temperatur) man in quantitativer Hinsicht ablesen kann, ohne die genannten Gleichungen anwenden zu müssen.

Es finden sich Kurvenscharen für die relative Luftfeuchtigkeit in Zehnerschritten bis 100 % (Sättigungsdampfdruckkurve) sowie Leitlinien zum Ablesen der Werte für die absolute Feuchte (ρ_W) und die spezifische Feuchte (s). Geht man in dieser Netztafel von der Temperatur und der relativen Feuchte aus, dann können die gewünschten Größen abgelesen werden. Der umgekehrte Weg ist natürlich auch möglich.

Für eine gewählte Beispieltemperatur soll der Gebrauch des Nomogramms erläutert werden.

Bei einer Lufttemperatur von 20 °C möge eine relative Feuchte (f) von 80 % vorherrschen. Wie groß sind der entsprechende Dampfdruck (e) in hPa, die absolute Feuchte (ρ_W) in g/m^3, die spezifische Feuchte (s) in g/kg und der Taupunkt (t_d) in °C?

Um den Dampfdruck zu erhalten, fällt man das Lot vom Temperatur-/Feuchteschnittpunkt auf die linke Ordinate und erhält 18,7 hPa.

Der Wert für die absolute Feuchte beläuft sich auf 14 g/m^3. Diesen Wert erreicht man, wenn man das Lot vom Temperatur-/Feuchteschnittpunkt auf die Leitlinie für ρ_W fällt und von dort eine Senkrechte zur oberen Abszisse zieht, wo man den Wert ablesen kann. Für die spezifische Feuchte verfährt man entsprechend, nur dass in diesem Fall die Leitlinie für s verwendet wird. Es ergibt sich ein Wert von etwa 11,5 g/kg.

Zuletzt soll noch der Taupunkt abgelesen werden. Dazu fällt man vom Tempera-

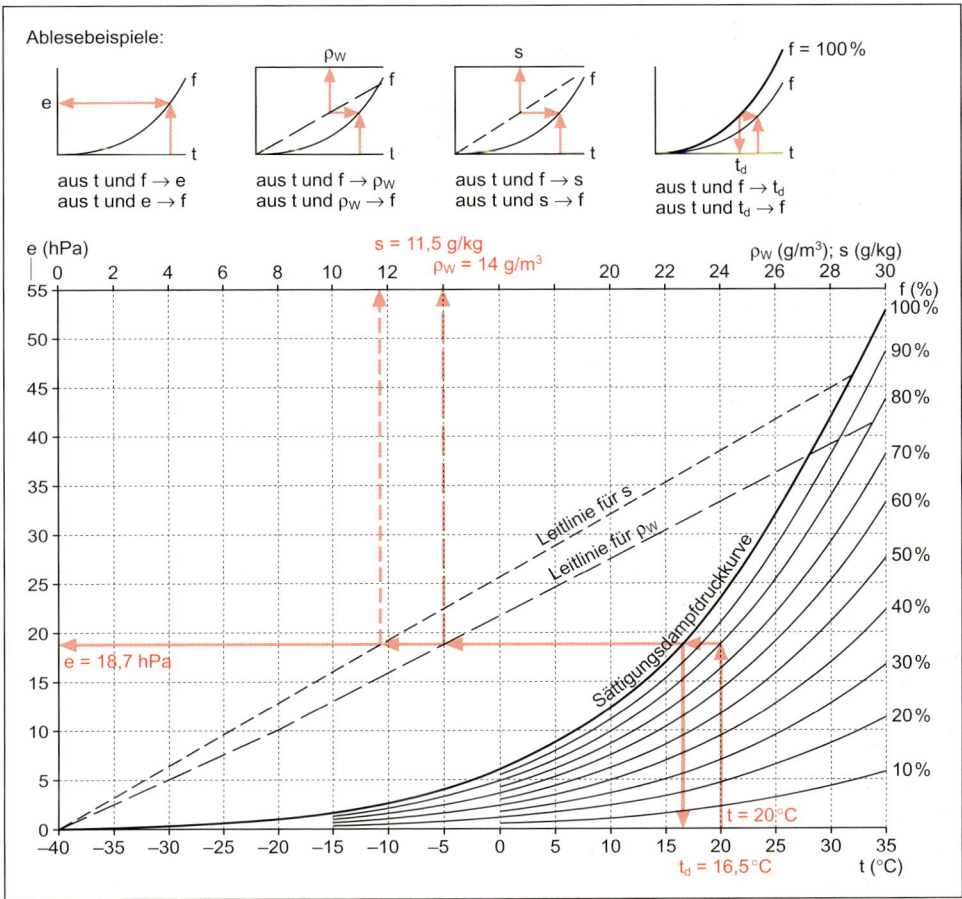

Abb. 5.9 Nomogramm zur Darstellung der Abhängigkeit verschiedener Luftfeuchtemaße von der Temperatur bei Normaldruck (e = Dampfdruck, f = relative Feuchte, ρ_W = absolute Feuchte, s = spezifische Feuchte, t_d = Taupunkt)
(nach SCHREIBER 1982[3]; Werte umgerechnet und neu gezeichnet)

tur-/Feuchteschnittpunkt das Lot auf die Sättigungsdampfdruckkurve und von dort wiederum auf die untere Abszisse, wo man den Wert von etwa 16,5 °C findet. Das bedeutet, dass bei Erreichen bzw. Unterschreiten des Taupunktes entsprechend 11,5 g/kg oder 14 g/m³ Wasser, zum Beispiel durch einsetzenden Niederschlag, freigesetzt werden können.

5.7 Wolkenbildung

Die **Wolkenbildung** und auch die Entstehung von Nebel erfolgen durch Kondensation von Wasserdampf an geeigneten Kondensationskernen (engl. *Cloud Condensation Nuclei*, CCN) bei Erreichen des

Tau- bzw. Kondensationspunktes. Wolken und Nebel unterscheiden sich nur durch ihre Lage zur Erdoberfläche. Bei **Nebel** handelt es sich um Wolken, die aus feinsten Wassertröpfchen bestehen und dem Boden aufliegen. **Wolken** haben hingegen eine größere Entfernung zum Erdboden. Ferner können in ihnen auch größere Wassertröpfchen, Eiskristalle oder eine Mischung aus beiden enthalten sein, die durch Konvektion in der Schwebe gehalten werden. Die Abkühlung der Luft, die sowohl für die Wolken- als auch die Nebelentstehung eine notwendige Voraussetzung ist, kann verschiedene Ursachen haben.

So kann Abkühlung zum Beispiel kleinräumig und bodennah durch starke nächtliche Ausstrahlung (s. Stefan-Boltzmann-Gesetz, Kap. 4.2) erfolgen, wodurch Bodennebel, auch Strahlungsnebel genannt, entsteht. Großräumig kann der Transport warmer Luft über kalter Unterlage, zum Beispiel über kalte Meeresströmungen oder ausdehnte Schnee- und Eisflächen, dazu führen, dass Abkühlung eintritt, wodurch Nebel entsteht. Ferner führt die Mischung kalter und warmer Luftmassen (s. Kap. 7.3.2.2) zur Kondensation des Wasserdampfes in der Luft. Ein wesentlicher und häufiger Bildungsmechanismus der Wolkenentstehung ist jedoch die Hebung von Luftpaketen, die sowohl thermisch als auch dynamisch verursacht sein kann (s. Kap. 7.3.2.1).

Neben der Abkühlung besteht als weitere Voraussetzung zur Wolken- und Nebelentstehung die Notwendigkeit, dass in der Luft **Kondensationskerne** enthalten sind, an denen sich der Wasserdampf niederschlagen kann. Wolkenkondensationskerne haben Durchmesser von 10^{-3} mm bis 10^{-4} mm. Kondensationskerne können Salzkristalle, Staub oder sonstige Luftinhaltsstoffe sein. Aus den Kondensationskernen hervorgehende Wolkentröpfchen können noch weit unterhalb des Gefrierpunktes flüssig bleiben, da die Lösung der als Kerne auftretenden Salzkristalle zu einer Gefrierpunktserniedrigung führt. Man spricht dann von unterkühltem Wasser. Sind allerdings Sublimationskerne (Gefrierkerne) in Gestalt von Eiskristallen vorhanden, findet eine Erstarrung der unterkühlten Tröpfchen bei geringen negativen Temperaturen statt.

Kondensation wird auch schon bei relativen Luftfeuchtigkeiten ab 75 % bis 85 % begünstigt, wenn hygroskopische (Wasser anziehende) Kerne (zum Beispiel Salze) in der Atmosphäre enthalten sind.

Im Allgemeinen bestehen Wolken bei Lufttemperaturen zwischen 0 °C und −10 °C fast ausschließlich aus unterkühlten Wassertröpfchen. Erst ab etwa −10 °C nimmt der Anteil der Eiskristalle allmählich zu, und von etwa −40 °C an bestehen Wolken ganz aus Eiskristallen. Dass Wasser am Boden unter 0 °C gefriert, liegt daran, dass hier genügend Kristallkerne vorhanden sind. Wolkentröpfchen weisen meist eine relativ niedrige **Fallgeschwindigkeit** bei überwiegend geringen Tropfenradien auf, wie der doppeltlogarithmischen Darstellung in Abb. 5.10 entnommen werden kann.

Den verschiedenen Entstehungsbedingungen und der unterschiedlichen Höhenlage über Grund entsprechend lassen sich verschiedene **Wolkenformen** unterscheiden. Mit Hilfe der Höhenlage charakterisiert man drei Wolkenstockwerke (Abb. 5.11; Erläuterung in Tab. 5.4). Dabei enthält das tiefe Stockwerk **Wasserwolken** aus nicht unterkühltem Wasser. Das mittlere Stockwerk besteht aus Wolken, die sich sowohl aus unterkühlten Tröpfchen als auch aus Eiskristallen zusammenset-

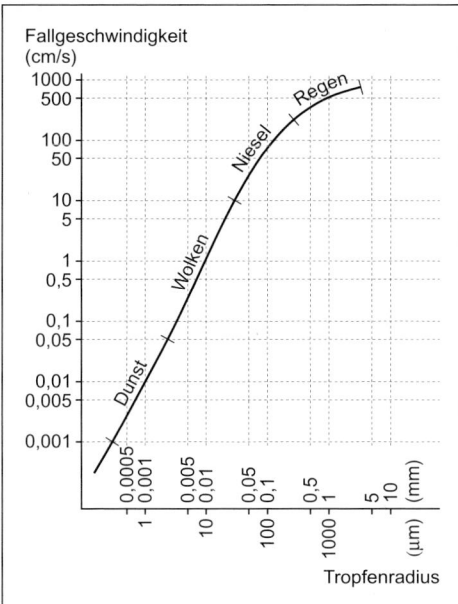

Abb. 5.10 Abhängigkeit der mittleren Fallgeschwindigkeit von Wolken- und Regentropfen vom mittleren Tropfenradius (nach STÜVE aus WEISCHET/ENDLICHER 2008[7]; verändert)

zen. Man spricht in diesen Fällen auch von **Mischwolken**. In den hohen Wolkenstockwerken handelt es sich ausschließlich um **Eiswolken**.

Grundsätzlich lassen sich nach der Art ihrer Entstehung zwei Hauptwolkengruppen unterscheiden, und zwar **Quellwolken** und **Schichtwolken**.

Quellwolken werden auch **Haufen- oder Cumuluswolken** (lat. *cumulus*, Haufen) genannt. Sie entstehen durch thermisch bedingte Vertikaltransporte der Luft und werden als Schönwetterwolken bei sonnigem Wetter bezeichnet. Vielfach zeigt die verstreute Verteilung der Cumuli am (Sommer-)Himmel, dass es sich beim konvektiven Auftrieb um das Aufsteigen einzelner größerer Luftpakete handelt, die an mehreren Stellen die auflagernden Luftschichten durchbrechen, wie in einem Schlot aufstrudeln und mit dem Wind auseinandergetrieben werden.

Haufenwolken entstehen aber auch durch Hebung der Luft an Fronten (s. Kap.

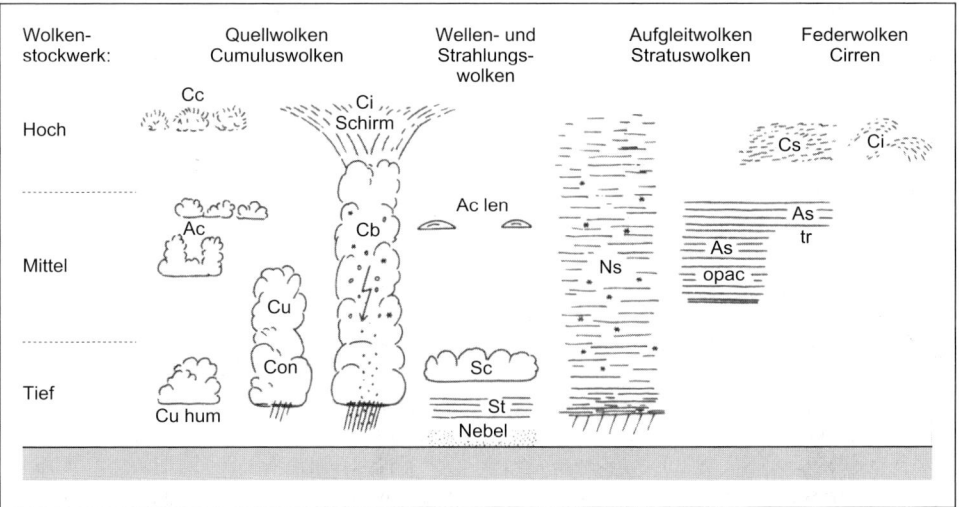

Abb. 5.11 Übersicht über die Hauptwolkenarten (s. auch Tab. 5.4) (Quelle: WEISCHET/ENDLICHER 2008[7])

7.3.2.2). Sie weisen üblicherweise eine flache Unterseite auf, die im Bereich des Kondensationsniveaus liegt, während ihre Oberseite meist blumenkohlartig aufgewölbt ist und im aktiven Zustand eine scharfe Begrenzung zeigt. Hört der Aufwärtsstrom einzelner Luftpakete auf, zerfranst unter dem Einfluss horizontaler Windströmungen die Oberfläche. Die Mächtigkeit solcher Haufenwolken ist abhängig vom Auftrieb der Luft, weshalb dieser Wolkentyp vorwiegend bei stark labiler Schichtung (s. Kap. 3.5.3) zu beobachten ist. Als besondere meteorologische Erscheinung treten in Zusammenhang mit Cumulonimbuswolken häufig **Gewitter** auf. Hierbei handelt es sich um mesoskalige Wettererscheinungen, die einhergehen mit elektrischen Entladungen (Blitz), Schallphänomenen (Donner), starkem Niederschlag (auch Hagel) sowie heftigen lokalen Fallwinden, mit denen Kaltluft bei erhöhter Turbulenz aus größeren Höhen in Richtung Bodenoberfläche transportiert wird.

Schichtwolken, auch **Stratuswolken** (lat. *stratus*, Schicht) genannt, bilden sich überwiegend bei vorherrschend horizontalen Luftbewegungen, der Advektion (lat. *advehere*, herbeiführen). Allmähliche Hebung, zum Beispiel an einer Warmfront (s. Kap. 7.3.2.2), führt in der transportierten Luft schließlich zur Kondensation des Wasserdampfes, das heißt, es setzt Wolkenbildung ein. Durch diesen Vorgang entsteht eine schichtförmig aussehende Wolken-„Decke", deren horizontale Ausdehnung um ein Vielfaches größer ist als ihre Mächtigkeit.

Die **Klassifikation der Wolken** basiert auf einer vom englischen Apotheker Luke Howard (1772–1864) erstmals veröffentlichten Idee, Wolken nach ihrem Erscheinungsbild in verschiedenen Gruppen zusammenzufassen. Diese Zuordnung wurde von der World Meteorological Organization (WMO; Weltorganisation für Meteorologie) übernommen und in einem internationalen Wolkenatlas (WMO 1990) verbindlich festgelegt (Zusammenfassung in Tab. 5.4; Beispiele im Farbtafelteil S. 246 f.).

Danach werden vier Wolkenfamilien und 10 Wolkengattungen unterschieden, die wiederum in Arten und Unterarten unterteilt werden. Einige bekannte Arten seien hier stellvertretend angeführt:

• Cirrus uncinus (Ci unc), hakenförmige Cirren;
• Altocumulus lenticularis (Ac len), linsenförmige Altocumuli; diese zeigen wellenförmige Luftbewegung an, überwiegend hinter Gebirgen, zum Beispiel beim Auftreten des Alpenföhns (s. Kap. 9.3);
• Cumulus congestus (Cu con), kräftig aufquellende Haufenwolken.

Als Unterarten gelten die Undulatus-Formen (un), Wolken in Wellenanordnung, und die Translucidus-Wolken (tr), durchscheinende Wolken, durch die hindurch Sonne und Mond erkennbar bleiben. Sonderformen wie virga (vir), mit Fallstreifen von Niederschlag, der den Boden nicht erreicht, praecipitatio (pra), mit Niederschlag, oder panus (pan), mit Fetzen, ergänzen die Beschreibungsmöglichkeiten.

Die Wassergehalte von Wolken können in weiten Maßen schwanken. Meist liegen ihre Werte, je nach Wolkenart, zwischen 1 g/m^3 und 4 g/m^3, können aber in tropischen Haufenwolken durchaus bis zu 10 g/m^3 erreichen. Nebel hingegen weist im Allgemeinen Wassergehalte von unter 1 g/m^3 auf (Berechnung in Kasten 5.2).

Tab. 5.4 Wolkenklassifikation (nach WMO, 1990)

Wolkenfamilie	Wolkengattung	Kennzeichnung	Merkmale
Hohe Wolken	Cirrus-, Federwolke	Ci	Hellweiß, faserige, faden- oder bandartige Struktur, manchmal hakenförmig abgebogen (Cirrus uncinus = Ci unc)
	Cirrocumulus-, Schäfchenwolke	Cc	Weiß, flocken- oder bändchenartige Struktur, oft in Gruppen oder Reihen angeordnet, durchscheinend, keinen Schatten werfend
	Cirrostratus-, Schleierwolke	Cs	Weißlicher, glatter oder faseriger, durchscheinender Wolkenschleier, oft mit Haloerscheinungen (farbige Ringe um Sonne oder Mond, hervorgerufen durch Lichtbrechung an Eiskristallen)
Mittlere Wolken	Altocumulus-, mittel-hohe Haufenwolke oder grobe Schäfchenwolke	Ac	Weiß bis graue Wolkenballen oder -walzen, die zusammengewachsen sein können, meist leichte Schatten werfend
	Altostratus-, mittel-hohe Schichtwolke	As	Hellgrau bis bläuliche, gleichmäßige Wolkenschich-ten, manchmal durchscheinend mit Lichthof der Sonne (Altostratus translucidus = As tr), dichtere bzw. mächtige Schichten grauer (Altostratus opacus = As op) Wolken. Aus letzteren können Niederschläge mit kleinen Tröpfchen fallen, die meist nicht den Boden erreichen
Tiefe Wolken	Stratocumulus-, Haufen-, Schicht-wolke	Sc	Grau mit weißlichen, aber auch dunkleren Flecken, manchmal aufgerissen, besteht aus flachen Schollen oder Ballen
	Stratus-, tiefe Schichtwolke	St	Graue, gleichförmige Wolkenschicht
	Cumulus-, Haufen- oder Quellwolke	Cu	Graue bis graublaue, flache Unterseite, Flanken oder Oberseite strahlend weiß, blumenkohlartige Auswöl-bungen, im frischen, d.h. aktiven Zustand des Auf-quellens scharfe Ränder; Cumulus humilis (Cu hum = wenig entwickelte Haufenwolke) erscheint bei Schön-wetterlagen (Schönwetterwolke) oft in großer Zahl um die Mittagszeit im tiefen Niveau und löst sich gegen Abend wieder auf
Wolken mit ver-tikalem Aufbau			Cumulus congestus (Cu con = mächtig aufquellende Haufenwolke) reicht bis ins mittlere, teilweise sogar höhere Niveau und ist oft Vorstufe von Cumulo-nimbus. Aus Cu con sind leichte Schauer möglich
	Cumulonimbus-, Schauer- oder Gewitterwolke	Cb	Schwarzgraue, an den Rändern aufhellende flache Unterseite, darüber mächtige, über alle drei Wolken-stockwerke aufquellende Wolkenmassen (in mittleren Breiten 4–7 km, höchstens 10 km, in den Tropen 6–10 km, höchstens 18 km). Die obersten Teile der Cb vereisen, fasern strähnig aus (Cumulonimbus ca-pillatus = Cb cap = Cb behaart) und nehmen manch-mal die Form eines Ambosses an (Cumulonimbus incus = Cb inc)
	Nimbostratus-, regnende Schicht-wolke	Ns	Graue bis dunkelgraue, gleichmäßige, dichte Wolken-schicht, die sich über alle drei Wolkenstockwerke er-streckt

---

Kasten 5.2 Zum Wasserinhalt einer Cumuluswolke (Haufenwolke)

Um den Wasserinhalt einer Haufenwolke berechnen zu können, geht man von folgenden Annahmen aus: Der Durchmesser (d) der Wolke soll 2 km betragen, und ihr mittlerer Wassergehalt (WG) wird mit 0,5 g/m³ festgesetzt. Ferner wird vereinfachend davon ausgegangen, dass diese Wolke eine ideale halbkugelförmige Gestalt aufweist. Mit Gleichung 5.13 wird ihr Volumen (V) berechnet

$$V = \frac{1}{2} \cdot \frac{4}{3} \, \pi \, r^3 \qquad\qquad\qquad\qquad (5.13)$$

mit V = Volumen der halbkugelförmigen Wolke (m³) und
     r = Radius,

daraus ergeben sich

$$V = \frac{1}{2} \cdot \frac{4}{3} \cdot \pi \cdot (1\,000\ \text{m})^3 = 2\,094\,395\,102\ \text{m}^3.$$

Aus V und WG resultieren

$$V = 2,09 \cdot 10^9\ \text{m}^3 \cdot 0,5\,\frac{\text{g}}{\text{m}^3} = 1,05 \cdot 10^9\ \text{g} = 1\,050\ \text{t}$$

Der Wasserinhalt einer Cumuluswolke der genannten Größe beläuft sich somit auf etwa 1 000 t. Regnet sich dieser beispielsweise auf einer Fläche von 1 km² vollständig und gleichmäßig verteilt ab, so ergibt das eine Niederschlagssumme von etwa 1 mm.

5.8 Niederschlag

Unter **Niederschlag** versteht man die Kondensationsprodukte des Wasserdampfes, die flüssig oder fest in der Atmosphäre entstehen. Grundsätzlich wird zwischen fallendem (Fest-, Flüssig- oder Mischniederschlag) und abgesetztem (Tau, Raueis, Glatteis, Schnee) Niederschlag unterschieden. Niederschläge entstehen nicht unmittelbar durch Absinken der durch Kondensation gebildeten Wolkentröpfchen. Wie Abb. 5.10 entnommen werden kann, sind Niederschlagstropfen um mehrere Zehnerpotenzen größer als Wolkentröpfchen. Letztere sind durchweg so klein, dass sie in der Luft schweben. Selbst die größten Wolkentröpfchen haben eine so geringe Fallgeschwindigkeit, dass sie nach Unterschreiten der Wolkenuntergrenze in der ungesättigten Atmosphäre schnell wieder verdunsten. Es ist also eine Vergrößerung der Tröpfchen notwendig, um eine höhere Fallgeschwindigkeit und ein Durchfallen bis zur Erdoberfläche ohne vollständige Verdunstung zu ermöglichen. Diese Vergrößerung erfolgt durch **Koagulation** (lat. *coagulatio*, das Gerinnen, Zusammenflocken), dem Anwachsen von Wolkentröpfchen durch Zusammenstoß mit kleineren Tropfen, und durch **Koaleszenz** (lat. *coalescere*, zusammenwachsen), worunter man das Zusammenfließen von Wassertröpfchen zu einem Regentropfen versteht. Um zu Regentropfen anwachsen zu können, die trotz Verdunstung bis zur Erdoberfläche fallen, sind schon für Nieselregen (Tropfengröße s. Abb. 5.10) größere Wolkenmächtigkeiten erforderlich. Herrschen in Wolken heftige turbulente Aufwinde vor, muss von weitaus größeren Tropfen und damit auch wesentlich mächtigeren Wolken ausgegangen werden, um ein Absinken der Tropfen gegen den Auftrieb zu ermöglichen. Dementsprechend sind die Tropfen bei Gewitterregen aus Cumulonimbus-Wolken am größten. Zu einer solchen Vergrößerung der Tropfen trägt das Wachstum von Eiskristallen wesentlich bei, aus denen zum Beispiel durch weitere Wasseranlagerung Hagelkörner entstehen können.

Ob Hagelkörner den Boden erreichen, hängt von der Länge des Weges unterhalb der Wolkenuntergrenze und der in dieser Schicht der Atmosphäre herrschenden Temperatur und Luftfeuchtigkeit ab. Deshalb ist für die Entstehung von Hagelkörnern, insbesondere von großen Körnern wie in Abb. 5.12 zu sehen, starke Konvektion, die bis in große Höhen reicht und Geschwindigkeiten von mehreren Metern pro Sekunde erreichen kann, eine wichtige Voraussetzung. In ihr werden die absinkenden Körner mehrfach wieder hochgerissen, wobei sich unterkühltes Wasser wiederholt als Eisschicht anlagert und damit die Schichtenstruktur der sich vergrößernden Hagelkörner bestimmt.

Abbildung 5.12 zeigt derartig entstandene Hagelkörner, deren Fallgeschwindigkeit in Verbindung mit ihrer Masse zu erheblichen Zerstörungen beim Aufprall an der Erdoberfläche führen können.

Für die Messung von Niederschlägen wird üblicherweise ein genormtes Nieder-

Abb. 5.12 Hühnereigroße Hagelkörner, deren Massezuwachs auf mehreren Vertikaltransporten in der Atmosphäre beruht, und ihre zerstörerische Wirkung auf der Frontscheibe eines Pkw
(Quelle: www.naturgefahr.ch)

schlagsmessgerät mit einer Auffangfläche von 200 cm^2 und einer Aufstellhöhe von 1 m ü. Gr. verwendet, das der deutsche Meteorologe Gustav Johannes Georg Hellmann (1854–1939) entwickelt hat und das deshalb auch **Hellmann-Niederschlagsmesser** genannt wird. Die Menge des gefallenen Niederschlags wird in der Einheit mm = l/m^2 und die Niederschlagsintensität als Niederschlagssumme pro Zeiteinheit (zum Beispiel Minute oder Stunde) angegeben. Eine Auswahl verschiedener Niederschlagstypen mit Angabe der Zeitdauer und Intensitäten enthält die Zusammenstellung in Tab. 5.5.

Tab. 5.5 Statistische Abgrenzung von Niederschlagstypen in den Mittelbreiten
(Quelle: LAUER/BENDIX 2004[2])

Benennung	Zeitdauer	Intensität (mm/h)	Quelle
Landregen	bis 6 h	≥ 0,5 bis 17	Frontalbewölkung
Dauerregen	> 6 h	≥ 0,5 bis 17	Frontalbewölkung
Starkregen	meist kurz (bis 10 min.)	> 17	Cb
Regenschauer, Platzregen	kurz	hoch, schnell wechselnd	Cb
Schneeschauer	kurz	wechselnd	Ns, konvektiv
Wolkenbruch	kurz	bis 200	Cb
Nebeltrauf	lang	~ 4	Nebel
Niesel-/Sprühregen	lang	~ 4	Stratuswolken, > 0 °C

Die Niederschläge sind auf der Erde sehr unterschiedlich verteilt. Beeinflusst werden Summe, Intensität und Verteilung nicht nur durch großräumig wirkende Faktoren (Allgemeine Zirkulation der Atmosphäre, Fronten, Orographie, etc., s. Kap. 7), sondern auch durch mikro- und mesoskalige Einflüsse, die sich in verschiedenen Flächennutzungstypen der Erdoberfläche widerspiegeln, wie Wälder, Äcker, Städte und Wasserflächen. Einer mittleren globalen Verteilung der auf Breitenzonen entfallenden Niederschlagssummen ist zu entnehmen (Abb. 5.13), dass die höchsten Werte im Bereich der Innertropischen Konvergenzzone (ITCZ, s. Kap. 7) erreicht werden. Von dort nehmen in Richtung beider Hemisphären die Niederschlagssummen zunächst sehr deutlich ab, um anschließend im Bereich der stärker frontengebundenen Niederschlagsdynamik der mittleren Breiten ein sekundäres Niederschlagsmaximum zu erreichen.

• **Schnee und Eis.**
Schnee entsteht durch Sublimation von Wasserdampf an Sublimationskernen. Diese wachsen weiter durch fortwährende Wasserdampfanlagerung. Die sich aus den Eiskristallen bildenden Schneekristalle weisen eine hexagonale Form auf. Schnee entsteht bei Temperaturen um 0 °C. Die Zusammenlagerung von Schneekristallen führt zur **Schneeflocke**. Die Struktur von Schneeflocken ist von der Temperatur und der Feuchtigkeit der Wolke abhängig. Große Schneeflocken bilden sich bei Temperaturen von über –5 °C und hoher Luftfeuchte, kleine Schneeflocken hingegen entstehen in trockener Luft und bestehen fast nur aus Eiskristallen. Trockener Schnee (Pulverschnee) hat eine Dichte von 50 kg/m³ bis 150 kg/m³, nasser alter Schnee kann Werte von bis zu 500 kg/m³

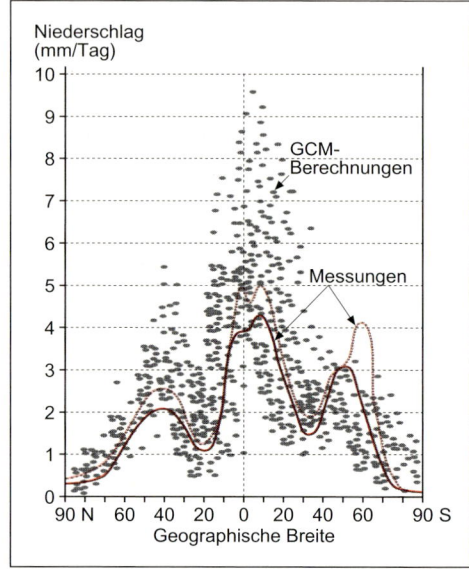

Abb. 5.13 Niederschlagsverteilung in den Breitenzonen (Mittlere Verteilung des globalen Niederschlags nach Breitenkreisen)
Die Linien repräsentieren zwei verschiedene Datensätze basierend auf Messungen von Regensammlern, die Punktwolken charakterisieren Modellergebnisse unterschiedlicher GCM-Berechnungen (Global Circulation Model) (Quelle: Lex. Geowiss. 2001)

erreichen. Bleibt Schnee über längere Zeit am Boden liegen, zum Beispiel an den Polen oder in Hochgebirgen, kann sich im Laufe der Zeit durch Schmelzen und Sinterung **Firn** bilden. Die Verfirnung führt nicht nur zu größeren Eiskristallen, sondern auch zu einem steten Entweichen der ursprünglich im Schnee enthaltenen Luft, wodurch sich der Firn immer weiter verfestigt und am Ende dieses Prozesses wasser- und luftundurchlässiges **Gletschereis** bildet. In Gletschern sind 98 % der gesamten Süßwassermenge der Erde gebunden. Gletscher prägen die Oberfläche der Erde in unterschiedlichem Maße durch ihre Bewegung, die mehrere Dekameter pro Jahr erreichen kann (Kasten 5.3). Darüber hinaus spielen sie eine wichtige Rolle für das Klimasystem der Erde und werden allerdings auch, je nach geographischer Lage, in unterschiedlichem Maße durch den Klimawandel beeinflusst (s. Kap. 11). Über die Analyse von Eisbohrkernen lassen sich die Temperaturverhältnisse und die atmosphärische Spurenstoffzusammensetzung (insbesondere der Treibhausgase, s. Kap. 11) der jüngsten geologischen Vergangenheit mit den jeweils aktuellen Messwerten vergleichen und Schlüsse zur Klimaveränderung ziehen.

Kasten 5.3   Warum fließen Gletscher?

In der aktuellen Klimadiskussion spielen Gletscher und ins Meer mündendes Inlandeis eine wichtige Rolle. Nicht nur dadurch, dass sie abschmelzen und den Meeresspiegel erhöhen können, sondern auch dass gewaltige Eismassen ins Meer gelangen, wo sie dessen Albedo und Strahlungsbilanz beeinflussen. Angesichts der „festen Masse" Eis, aus dem Gletscher bestehen, stellt sich die Frage, wodurch ein derartiger Fortbewegungsprozess (Gletscherbewegung) eigentlich verursacht wird.

Hierfür sind zwei Vorgänge im Wesentlichen verantwortlich. Einerseits die plastische Verformung von Eiskristallen im Gletscherkörper, die zu einer inneren Verformung des Gletschers führen, andererseits die an der Gletschersohle auftretende Gleitbewegung, die sich hauptsächlich bei temperierten Gletschern findet. Das sind Gletscher, die nicht permanent am Untergrund festgefroren sind und deren Basis sich thermisch am Druckschmelzpunkt befindet. Bei der Druckaufschmelzung handelt es sich um den Vorgang, dass Eis zu „fließen" beginnt, wenn es unter hohen Auflagedruck gerät. Letzterer lässt sich mit Hilfe einer Gleichung nach R. J. Clausius (deutscher Physiker, 1822–1888) und B. P. Clapeyron (franz. Ingenieur, 1799–1864), auch bekannt als Clausius-Clapeyronsche Gleichung (Gl. 5.14), berechnen.

$$\frac{dT}{dp} = \frac{T \cdot \Delta V}{\lambda} \qquad\qquad (5.14)$$

mit T = Temperatur am Gefrierpunkt (0 °C = 273 K),
p = Druck (Pa),
V = spezifisches Volumen (m^3/kg),
λ = spezifische Schmelzwärme (J/kg) und
ΔV = Differenz der spezifischen Volumina von Eis und Wasser:
$1,1 \cdot 10^{-3}$ m^3/kg bzw. $1 \cdot 10^{-3}$ m^3/kg $\Rightarrow \Delta V = 1 \cdot 10^{-4}$ m^3/kg

Einsetzen der Werte ergibt unter Berücksichtigung
• für die Gefrierpunkttemperatur von Wasser = 273 K
• für die Differenz der spezifischen Volumina = 10^{-4} m^3/kg
• für die spezifische Schmelzwärme von Eis = $3,4 \cdot 10^5$ J/kg

$$\frac{dT}{dp} = \frac{273\,\text{K} \cdot 10^{-4} \frac{m^3}{kg}}{3,4 \cdot 10^5 \frac{J}{kg}} = 8 \cdot 10^{-8} \frac{\text{K} \cdot m^3}{\frac{J}{kg}} \Rightarrow \frac{\text{K} \cdot m^3}{J} ;$$

Da $J = \frac{kg \cdot m^2}{s^2}$ ist, resultiert durch Einsetzen in obige Gleichung

$$\frac{\text{K} \cdot m^3}{J} = \frac{\text{K} \cdot m^3}{\frac{kg \cdot m^2}{s^2}} = \frac{\text{K} \cdot m}{\frac{kg}{s^2}} = \frac{\text{K} \cdot m \cdot s^2}{kg} .$$

Kasten 5.3   Warum fließen Gletscher? (Fortsetzung)

Mit $\dfrac{kg}{m \cdot s^2}$ = Pa ergibt sich die Einheit $\dfrac{K}{Pa}$

und als Rechenwert demzufolge $8 \cdot 10^{-8}$ K/Pa.

Da Gletschereis – auch wegen eventueller Verschmutzungen – eine Dichte $\rho \approx 1\,000$ kg/m^3 hat und man von einer mittleren Eisauflast von 1 000 m ausgehen kann, erzeugt das Eis einen Auflagedruck von

$$p = 1 \cdot 10^3 \, \frac{kg}{m^3} \cdot 1 \cdot 10^3 \, m \cdot 9{,}81 \, \frac{m}{s^2} = 1 \cdot 10^7 \, \frac{kg \cdot m \cdot m}{m^3 \cdot s^2} = 1 \cdot 10^7 \, \frac{kg}{m \cdot s^2} \quad ,$$

woraus wegen $\dfrac{kg}{m \cdot s^2}$ = Pa ein Druck der 1 000 m mächtigen Eissäule von $1 \cdot 10^7$ Pa resultiert.

Da $\dfrac{dT}{dp} = 8 \cdot 10^{-8} \, \dfrac{K}{Pa}$ ist, ergibt sich nach Multiplikation

$$8 \cdot 10^{-8} \, \frac{K}{Pa} \cdot 1 \cdot 10^7 \, Pa = 8 \cdot 10^{-1} \, K = 0{,}8 \, K \quad .$$

Das bedeutet, dass das Eis am Übergang zum Untergrund aufgrund der Druckaufschmelzung eine Temperaturerhöhung von 0,8 K erfährt. Der entstandene Schmelzwasserfilm an der Gletscherbasis wirkt somit als Schmiermittel für basales Gleiten.

6 Wind

THE HIGHEST WIND EVER OBSERVED BY MAN WAS RECORDED HERE

FROM 1932 TO 1937 THE MT. WASHINGTON OBSERVATORY WAS OPERATED IN THE SUMMIT STAGE OFFICE THEN OCCUPYING THIS SITE. IN A GREAT STORM APRIL 12, 1934 THE CREWS INSTRUMENTS MEASURED A WIND VELOCITY OF

231 MILES PER HOUR

Abb. 6.1 Am Observatorium auf dem Mount Washington (USA, New Hampshire; 1 917 m ü. NN) wurde während des Sturms am 12. April 1934 mit 231 Meilen pro Stunde (= 372 km/h bzw. 103 m/s) die bisher höchste Windgeschwindigkeit auf der Erde gemessen; das Gebäude ist nach wie vor mit Ketten gesichert.
Fotos: KUTTLER

6.1 Einführung

Wind ist in erster Linie horizontal bewegte Luft. Er entsteht als Ausgleichsströmung zwischen zwei Orten mit unterschiedlichem Luftdruck. Luftdruckunterschiede können ursächlich auf die ungleichmäßige Erwärmung der Erdoberfläche zurückgeführt werden. Über den Wind erfolgt der Austausch von physikalischen und chemischen Eigenschaften sowie organischen und anorganischen Inhaltsstoffen der Luft. Hierzu zählen der Transport von fühlbarer und latenter Wärme (s. Kap. 4), Wasser (s. Kap. 5), gas- und partikelförmigen Spurenstoffen (auch Pflanzenpollen und -samen) sowie Bewegungsenergie (Impuls). Windbewegungen weisen in der Regel keine gleichmäßigen Strömungsmuster auf, sondern zeichnen sich durch kurzfristige

Tab. 6.1 Windstärkeskala nach Beaufort
(nach einer Zusammenstellung aus HUPFER/KUTTLER 2006[12])

Wind-stärke in Bf	Bezeich-nung	Auswirkungen des Windes		See-gangs-grad	Windgeschwindigkeit	
		im Binnenland	auf See		m/s	km/h
0	Stille	Rauch steigt gerade empor	Spiegelglatte See	0	0,0–0,2	< 1
1	Leiser Zug	Wind durch Zug des Rauches angezeigt	Kleine Kräuselwellen	1	0,3–1,5	1– 5
2	Leichte Brise	Windfahne bewegt sich	Kleine Wellen mit glasigen Kämmen	2	1,6–3,3	6–11
3	Schwache Brise	Blätter und dünne Zweige bewegt, Wimpel streckt sich	Kämme beginnen sich zu brechen, vereinzelt Schaumköpfe	2	3,4–5,4	12–19
4	Mäßige Brise	Hebt Staub und loses Papier, bewegt Zweige und dünnere Äste	Wellen werden länger, weiße Schaumköpfe verbreitet	3	5,5–7,9	20–28
5	Frische Brise	Kleine Laubbäume schwanken, Schaumköpfe auf Seen	Mäßige Wellen mit ausgeprägt langer Form, überall weiße Schaumkämme	4	8,0–10,7	29–38
6	Starker Wind	Starke Äste in Bewegung	Beginn großer Wellen, Kämme brechen sich und hinterlassen größere weiße Schaumflächen	5	10,8–13,8	39–49
7	Steifer Wind	Bäume in Bewegung	See türmt sich, weißer Schaum beginnt, sich in Streifen in die Windrichtung zu legen	6	13,9–17,1	50–61
8	Stürmischer Wind	Zweige werden abgerissen	Mäßig hohe Wellenberge, von den Kanten der Kämme beginnt Gischt abzuwehen, Schaum in ausgeprägten Streifen in Windrichtung	7	17,2–20,7	62–74
9	Sturm	Kleinere Schäden an Häusern	Hohe Wellenberge, dichte Schaumstreifen in Windrichtung, Gischt kann Sicht beeinträchtigen	7	20,8–24,4	75–88
10	Schwerer Sturm	Bäume entwurzelt	Sehr hohe Wellenberge, lange überbrechende Kämme, Sichtbeeinträchtigung durch Gischt	8	24,5–28,4	89–102
11	Orkanartiger Sturm	Starke Schäden an Gebäuden	Außergewöhnlich hohe Wellenberge, Sicht durch Gischt herabgesetzt	9	28,5–32,6	103–117
12	Orkan	Verwüstende Wirkungen	Luft mit Schaum und Gischt erfüllt, keine Fernsicht	9	> 32,6	> 117

Schwankungen in Richtung und Geschwindigkeit aus (Turbulenz). Mit Wind werden positive und negative Wirkungen auf den Menschen und die Umwelt verbunden.

Wind ist eine vektorielle Größe, die sich aus Richtung und Geschwindigkeit zusammensetzt. Die Einheiten für die Windgeschwindigkeit sind m/s, km/h oder Knoten (kn), wobei 1 kn = 1 Seemeile pro Stunde (1 sm/h = 1,852 km/h). Eine andere Art, die Intensität bewegter Luft anzugeben, ist die Windstärke. Die bekannte Beaufortskala – benannt nach dem britischen Admiral F. Beaufort (1774–1867) – ordnet den Auswirkungen des Windes über See und auf Land entsprechende Windstärken zu (Tab. 6.1).

Windbewegungen können sowohl klein- als auch großräumig auftreten. Hierauf wird nachfolgend eingegangen.

6.2 Kleinräumiger Wind

Kleinräumige Luftbewegungen lassen sich dann beobachten, wenn nah beieinander liegende, sich aufgrund ihrer physikalischen Eigenschaften unterschiedlich stark erwärmende Flächen zu Luftdruckunterschieden führen, die Ausgleichsströmungen zwischen diesen initiieren. Dafür gibt es in der Klimatologie zahlreiche Beispiele (s. auch Kap. 9.3). Stellvertretend soll auf die Entwicklung des **Land-/Seewindsystems** eingegangen werden. Dieses Windsystem beruht – optimale Wetterbedingungen, d.h. eine windarme Strahlungswetterlage vorausgesetzt – auf dem thermischen Unterschied von Land und Wasser (s. Kap. 4 sowie Tab. 4.9).

Bei diesem Windsystem unterliegen die Strömungsrichtungen einem ausgeprägten Wechsel zwischen Tag und Nacht. Es handelt sich also um ein tagesperiodisches (diurnales) Windsystem. Ein **Tagesgang** stellt sich generalisiert und schematisch wie folgt dar (Abb. 6.2):

Zu Beginn der betrachteten Situation – morgens bzw. vormittags – herrscht Windstille (Abb. 6.2 a).

Mit zunehmender Einstrahlung erwärmt sich das trockene (!) Land dabei schneller als das thermisch träge Meer (Abb. 6.2 b). Durch die stärkere Erwärmung über Land nimmt dort in Bodennähe der Luftdruck ab (die Isobaren sind nach unten abgesenkt);

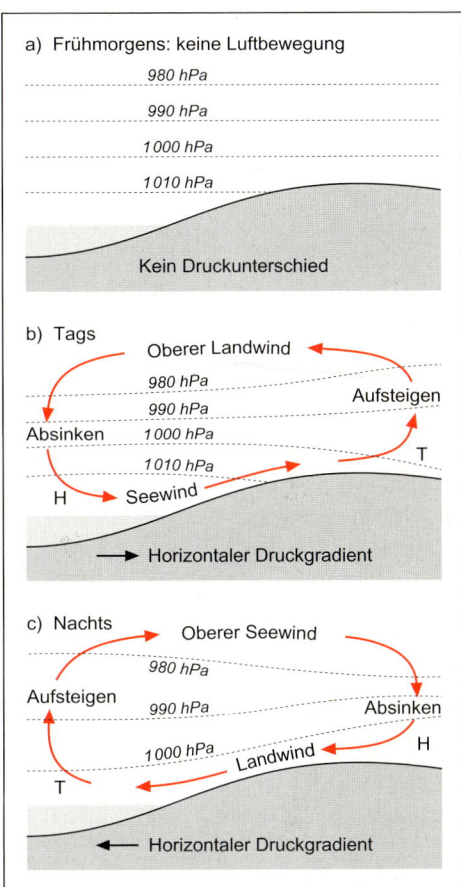

Abb. 6.2 Entstehung von Land- und Seewind

es bildet sich ein lokales Tief aus. Die aufsteigende Luft lässt in der Höhe den Druck ansteigen (die Isobaren sind nach oben aufgefächert), woraus sich ein Divergenzgebiet entwickelt, das zu einer Ausgleichsströmung zum noch kühlen Meer führt. Unter fortschreitender Abkühlung sinkt dort die Luft ab, wodurch Luftdichte und -druck über der Wasseroberfläche zunehmen (Ausbildung eines lokalen Hochs). Hieraus resultiert letztlich eine landeinwärts gerichtete bodennahe Luftbewegung. Es ist ein **Seewind** entstanden, der besonders vom späten Vormittag an deutlich ausgeprägt ist und kühle Luft zum erhitzten Land transportiert. In der Höhe ergibt sich mit dem oberen Landwind eine Kompensationsströmung.

Mit abnehmendem Sonnenstand am späten Nachmittag kühlt sich das Land wegen seiner höheren Oberflächentemperaturen schneller ab als das Meer (s. Stefan-Boltzmann-Gesetz, Gl. 4.3), wodurch sich die Strömungsverhältnisse an der Küste abends im Vergleich zum Tag allmählich umkehren. Am Boden entsteht dann ein thermisches Hoch, woraus Luft zum Meer strömt (Abb. 6.2 c). Es ist ein **Landwind** entstanden. Die in der Höhe auftretende Ausgleichsströmung wird oberer Seewind genannt.

Das gesamte Windsystem besteht so lange, wie die Strahlungsverhältnisse unterschiedliche Temperatur- und entsprechende Luftdruckverhältnisse aufrechterhalten.

Wie stark sich der kühlende Seewind auf die Lufttemperaturen an einer Meeresküste auswirken kann, dokumentiert Abb. 6.3. Deutlich ist zu erkennen, dass am Strand nach Einsetzen des Seewindes am späten Vormittag die Temperaturen von etwa 21 °C auf rund 15 °C fallen und erst mit Abflauen des Seewindes zwischen 16 Uhr und 17 Uhr wieder auf den am Dünenstandort gemessenen Wert von mehr als 20 °C ansteigen.

Land- und Seewind lassen sich nicht nur an Meeresküsten während geeigneter Wetterbedingungen beobachten, sondern auch im Uferbereich breiter Flüsse und großer Binnenseen (Bodensee, Gardasee).

Abbildung 6.4 zeigt ein eindrucksvolles Bild einer bis zu 100 km wolkenfreien Zone vor der Westküste Südindiens. Ihre Entstehung dürfte darauf beruhen, dass die durch die Seewindzirkulation über dem

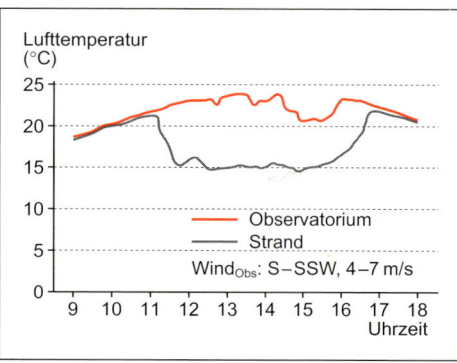

Abb. 6.3   Tagesgang der Lufttemperatur an einer strandnahen und -fernen Station bei Zingst (Ostsee) am 17. Mai 1966 (nach HUPFER/KUTTLER 2006[12])

Abb. 6.4   Wolkenfreie Zone vor der Westküste Südindiens (Aufnahme von Gemini XI, 14. Sept. 1966)

Meer absteigende Luft erwärmt wird und zur Wolkenauflösung führt.

Land- und Seewindeffekte können vertikale Mächtigkeiten von mehreren hundert Metern erreichen und über horizontale Reichweiten verfügen, die unter idealen Bedingungen durchaus mehrere Dekakilometer aufweisen. Hierbei handelt es sich dann natürlich nicht mehr um kleinräumige Windeffekte, sondern schon um mittelräumige Strömungssysteme.

6.3 Großräumiger Wind

Im Gegensatz zu kleinräumigem Wind wirken auf großräumige Luftbewegungen neben der Luftdruckgradientkraft noch weitere Kräfte, auf die nachfolgend eingegangen werden soll. Zu diesen zählen die **Corioliskraft**, die **Reibungskraft** und die **Zentrifugalkraft**. Die auch das Land-/Seewindsystem antreibende Luftdruckgradientkraft soll in Zusammenhang mit den drei genannten Kräften nunmehr genauer dargestellt werden. Alle diese Kräfte sind vektorielle Größen, d.h. sie setzen sich aus der jeweiligen Richtung und dem Betrag der Kraft (Länge des Vektors) zusammen.

6.3.1 Luftdruckgradientkraft.

Luftbewegung ist ursächlich auf Druckunterschiede zurückzuführen, die zwischen zwei Orten bestehen. Dabei wird Luft vom höheren zum tieferen Druck transportiert. Es besteht somit ein Druckgefälle, d.h. ein (auf eine Strecke bezogener) **Druckgradient (p_p)**, worauf beim Land-/Seewind bereits hingewiesen wurde. Die Kraft, die durch diesen Druckgradienten angetrieben wird, nennt man Luftdruckgradientkraft bzw. kurz Gradientkraft ($\vec{F}_p$). Diese beschleunigt ein Luftpaket mit dem Ziel, vorhandene Druckunterschiede auszugleichen.

Um die Gradientkraft zu erläutern, wird ein würfelförmiges Luftpaket betrachtet, das sich als Flächenprojektion senkrecht auf der Abszisse eines kartesischen Koordinatensystems befinden soll. Die linke Seite wird mit x_1, die rechte Seite mit x_2 bezeichnet. Auf der linken Seite soll der Luftdruck p_1 niedriger sein als der auf der rechten Seite (p_2). Bezieht man jetzt die Differenz der Luftdrücke auf die der Strecke, dann ergibt sich nach Gl. 6.1 in skalarer Schreibweise

$$p_p = \frac{p_2 - p_1}{x_2 - x_1} = \frac{\Delta p}{\Delta x} \qquad (6.1)$$

mit p_p = Luftdruckgradient (hPa/m),
  p = Luftdruck (hPa) und
  x = Strecke (m).

Die Richtung des abnehmenden Druckes wird dabei üblicherweise mit einem negativen Vorzeichen angegeben (Gl. 6.2).

$$p_p = -\frac{\Delta p}{\Delta x} \qquad (6.2)$$

In diesem Fall bedeutet das, dass der Luftdruck von rechts nach links auf der x-Achse nach Durchlaufen des Streckenstücks x um einen bestimmten Betrag abnimmt.

Werden jetzt Masse und Dichte (der Luft) mit dem soeben hergeleiteten Gradienten verbunden, so lässt sich daraus die **Gradientkraft ($\vec{F}_p$)** berechnen (Gl. 6.3):

$$\vec{F}_p = -\frac{m}{\rho} \cdot \frac{\delta p}{\delta x} \qquad (6.3)$$

mit m = Masse (kg) und
  ρ = Dichte (kg/m^3)

Eine kurze Betrachtung der Einheiten ergibt für $\vec{F}_p$ die gewünschte Einheit der Kraft, nämlich Newton.

$$[\vec{F}] = -\frac{kg}{\frac{kg}{m^3}} \cdot \frac{\frac{kg}{m \cdot s^2}}{m} = \frac{kg \cdot m}{s^2} = N$$

Horizontale Luftdruckgradienten können höchst unterschiedliche Werte annehmen, was man an der Weit- oder Engständigkeit von Isobaren (s. Abb. 3.6) erkennt. So kann der Luftdruckgradient während einer schwachwindigen Hochdruckwetterlage zum Beispiel 1 hPa/100 km (weitständige Isobaren) betragen, bei tiefdruckbestimmtem Sturmwetter hingegen 10 hPa/100 km (engständige Isobaren) annehmen.

Unter der Voraussetzung, dass nur die Luftdruckgradientkraft auf ein Luftpaket wirkt und die Erde sich nicht dreht, würde dieses vom Hoch zum Tief, also senkrecht zu den Isobaren transportiert. Der Wind wehte somit direkt vom hohen zum tiefen Druck (Abb. 6.5). Das Ergebnis wäre, dass unterschiedlich starke Luftdruckgebiete keinen Bestand hätten, denn sie würden sich innerhalb kurzer Zeit auflösen. Da für diese Betrachtung ausschließlich die Luftdruckverhältnisse und nicht zusätzlich auftretende Einflüsse – z.B. die Bodenreibung – herangezogen werden, wurden die Druckangaben in Abb. 6.5 der Einfachheit halber in die Höhe verlegt (500 hPa in etwa 5,6 km Höhe), was durch die angegebenen Drücke ersichtlich wird.

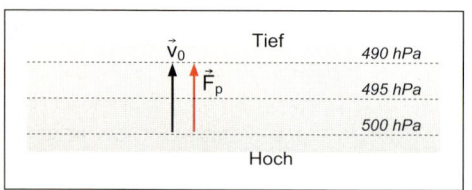

Abb. 6.5 Darstellung der Gradientkraft ($\vec{F}_p$) und des daraus resultierenden (fiktiven) Windes ($\vec{v}_0$) in der freien Atmosphäre bei nicht rotierender Erde

6.3.2 Corioliskraft.

Im reibungsfreien Bereich der Atmosphäre (auf die Reibungseinflüsse wird später eingegangen) erfolgt jedoch die großräumige Windbewegung nicht senkrecht zu den Isobaren – wie im letzten Abschnitt darge-

stellt –, sondern parallel dazu. Vom Hoch zum Tief wehende Luft scheint offensichtlich auf der Nordhalbkugel nach rechts abgelenkt zu werden. Das erstaunt zunächst und wirft die Frage auf, woran das liegt.

Verursacht wird diese Richtungsänderung durch eine weitere Kraft, die auf strömende Luft wirkt und diese sich zudem auf der sich drehenden Erde bewegt. Diese Kraft wurde zuerst von dem amerikanischen Meteorologen W. Ferrel (1817–1891) entdeckt und beschrieben. Der französische Mathematiker G.G. de Coriolis (1782–1843) hat diese Kraft für künstliche Systeme theoretisch hergeleitet und schließlich berechnet. Eigentlich müsste diese Kraft nach ihrem Erstbeschreiber Ferrel-Kraft heißen; es hat sich jedoch im wissenschaftlichen Sprachgebrauch der Begriff **Corioliskraft** ($\vec{F}_C$) durchgesetzt. Ferrel sowie Coriolis stellten fest, dass ein sich auf einer rotierenden Scheibe bewegender Körper in Abhängigkeit von der Drehrichtung der Scheibe nach rechts oder links abgelenkt wird. Hierbei handelt es sich um eine Folge der Massenträgheit. Die Massenträgheit sorgt nämlich dafür, daß ein Körper Richtung und Größe seiner Bewegung beibehält, solange er nicht von einer äußeren Kraft beschleunigt (d.h. eventuell auch gebremst oder abgelenkt) wird. Dieser Gesetzmäßigkeit unterliegen auch Bewegungen auf und über der Erdoberfläche.

Bevor auf die Berechnung der Corioliskraft näher eingegangen wird, sollen vorab einige Voraussetzungen, die zu ihrem Verständnis notwendig sind, erläutert werden.

Zunächst ist festzustellen, dass sich die Erde um ihre durch den Nord- und Südpol gedachte Achse dreht. Sie benötigt für eine Rotation des Vollkreises (360° bzw. als Bogenmaß 2π = Länge des Kreisbogens im Einheitskreis) insgesamt 86 164 s. Dieser Wert entspricht etwas weniger als 24 Stunden. Das liegt daran, dass die Erdrotation nicht auf die Umdrehung der Sonne bezogen wird, sondern auf einen Fixstern, was hier aber nicht weiter interessieren soll (s. auch Kap. 1). Der Zusammenhang zwischen der zurückgelegten Strecke für eine Umdrehung (Vollkreis) und der benötigten Zeit (86 164 s) wird mit der Winkelgeschwindigkeit (ω) beschrieben (Gl. 6.4). Vereinfacht ausgedrückt, gibt die Winkelgeschwindigkeit an, wie schnell sich ein Gegenstand dreht.

$$\omega = \frac{2\pi}{t} \qquad (6.4)$$

mit ω = Winkelgeschwindigkeit (1/s) und
   t = Zeit (s).

Setzt man die genannten Werte in Gl. 6.4 ein, erhält man für die Winkelgeschwindigkeit der Erde (in Bogenmaß ausgedrückt) demnach

$$\omega = \frac{2 \cdot \pi}{86\,164\text{ s}} = \frac{0{,}0000729}{\text{s}} = \frac{7{,}29 \cdot 10^{-5}}{\text{s}}.$$

Die Winkelgeschwindigkeit ist für alle geographischen Breiten konstant; sie nimmt deshalb immer den nach Gl. 6.4 berechneten Wert von $7{,}29 \cdot 10^{-5}$/s an.

Während der Wert der Winkelgeschwindigkeit gleich bleibt, gilt das für die Bahngeschwindigkeit eines Teilchens bzw. die Lufthülle nicht. Denn die Bahngeschwindigkeit ist davon abhängig, auf welcher geographischen Breite diese Bewegung stattfindet, da die Breitenkreisumfänge unterschiedlich groß sind. Da sie aber alle im Laufe eines Tages (genau in 86 164 s) mit der Erdrotation zurückgelegt werden, müssen für große Umfänge

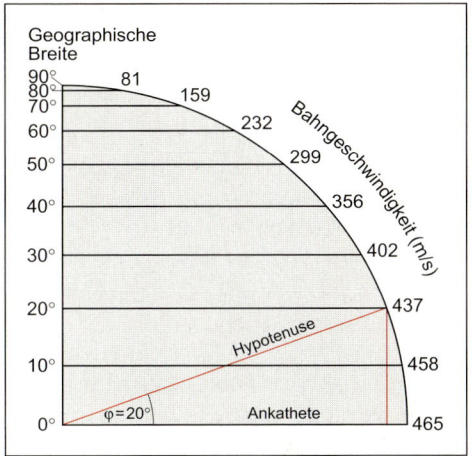

Abb. 6.6 Darstellung der mittleren Bahngeschwindigkeit (m/s) auf der Erde in Abhängigkeit von der geographischen Breite (°)

(Äquator, 0° Breite) höhere Geschwindigkeiten gelten als für kleine. Am Pol (90° Breite) ist die Geschwindigkeit dann Null. In Kasten 6.1 wurden für ausgewählte Breitenkreisumfänge die entsprechenden Bahngeschwindigkeiten berechnet und in Abb. 6.6 weitere Werte dargestellt.

Aus dem bisher Gesagten resultiert, dass ein Luftpaket, das beispielsweise von Süd nach Nord auf der Nordhalbkugel der Erde transportiert wird und dessen Reibung an der Erdoberfläche vernachlässigt werden soll, jeweils eine höhere Geschwindigkeit haben wird als es der Bahngeschwindigkeit der jeweiligen geographischen Breite entspricht, über die es hinwegbewegt wird. Daraus folgt, dass das Luftpaket aus seiner ursprünglich nach Nord eingeschlagenen Richtung nach rechts abgelenkt wird. Aus einem anfänglichen Südwind wird dann sukzessive ein Westwind. Umgekehrt bleiben von Nord nach Süd wehende Winde auf der Nordhalbkugel hinter der jeweiligen Mitführungsgeschwindigkeit zurück, was ebenfalls eine Ablenkung nach rechts

---

Kasten 6.1   Umfänge und Bahngeschwindigkeiten von Breitenkreisen

Um den Umfang der Erde in Abhängigkeit vom Breitenkreis zu berechnen, geht man von Gl. 6.5 aus, in die neben dem mittleren Erdradius der Kosinus der Breite eingeht. Letzterer bildet bekanntermaßen das Verhältnis von Ankathete zu Hypotenuse eines vom Erdmittelpunkt ausgehenden Dreiecks, wobei die Hypotenuse die volle Länge des Erdradius darstellt und die Ankathete – je nach Breitenlage – jeweils nur Teile davon. Am Äquator (0°) entspricht die Länge der Ankathete dem Erdradius und damit der Länge der Hypotenuse, mithin ist der Kosinus 1; am Pol (90°) hingegen ist die Ankathete 0 und deshalb der Kosinus 0. Zur Erläuterung siehe auch Abb. 6.6.

$$U_\varphi = 2 \cdot \pi \cdot r_E \cdot \cos\varphi \qquad\qquad (6.5)$$

mit U_φ = Umfang des Breitenkreises für die Breite φ (m) und
r_E = (mittlerer) Radius der Erde (m).

Eine exemplarische Anwendung der Gleichung ergibt für die Breiten 80°, 50° und 0° (Äquator) folgende Umfänge:
$U_{80°} = 2 \cdot \pi \cdot 6\,371\,230$ m $\cdot \cos 80° = 6\,951\,412$ m
$U_{50°} = 2 \cdot \pi \cdot 6\,371\,230$ m $\cdot \cos 50° = 25\,731\,829$ m
$U_{0°} = 2 \cdot \pi \cdot 6\,371\,230$ m $\cdot \cos 0° = 40\,031\,619$ m.
An diesen Beispielen werden die außerordentlich unterschiedlichen Breitenkreisumfänge deutlich.

Für die Berechnung der Bahngeschwindigkeit (v) wird Gleichung 6.6 zugrunde gelegt:

$$v = \frac{U}{t} \qquad\qquad (6.6)$$

mit U = Erdumfang (m) und
t = Zeit (hier: 86 164 s).

Für die oben genannten Breiten ergeben sich danach folgende Bahngeschwindigkeiten:
$v_{80} = 81$ m/s
$v_{50} = 299$ m/s
$v_0 = 465$ m/s
Hieraus folgt, dass Luft in niederen Breiten eine wesentlich höhere Mitführgeschwindigkeit aufweist als in hohen Breiten.
Was wird passieren, wenn Luft aus jenen Breiten in höhere transportiert wird?

---

bedeutet. Aus dem Nordwind wird allmählich ein Nordostwind und letztlich ein Ostwind. Auf der Südhalbkugel ergibt sich jeweils eine Ablenkung nach links.

Ein Luftpaket, das von West nach Ost auf der Nordhalbkugel der Erde transportiert wird, hat eine noch stärkere Zentrifugalkraft als vergleichbare ruhende Luftmassen, es wird also nach Süden, d.h. nach rechts abgelenkt. Umgekehrt werden von Ost nach West wehende Winde auf der Nordhalbkugel nach Norden, also ebenfalls nach rechts abgelenkt, da sie eine geringere Zentrifugalkraft haben. Auf der Südhalbkugel ergibt sich jeweils eine Ablenkung nach links.

Die Corioliskraft ist eine Scheinkraft, weil sie nur dann auftritt, wenn sich eine Masse, in diesem Fall die Luft, in einem rotierenden System bewegt. Sie ist also keine Kraft, die den Wind initiiert, sondern eine solche, die seine Richtung verändert. Die Corioliskraft hat eine horizontale und eine vertikale Komponente. Da die vertikale Komponente vernachlässigbar gering ist, soll sie hier nicht weiter behandelt werden. Für die horizontale Corioliskraft wird das Formelzeichen $\vec{F}_C$ bzw. F_C verwendet.

Die in Gl. 6.7 enthaltenen Terme zur Berechnung der Corioliskraft besagen, dass diese nur bei bewegten Massen auftritt (v > 0). Ebenfalls spielt die geographische Breite eine ausschlaggebende Rolle, da der Sinus der Breite größer als null sein muss (sin φ > 0). Daraus folgt, dass am Äquator die Corioliskraft nicht auftritt, während sie mit zunehmender Breite größer wird und bei 90° ihr Maximum erreicht. Am Äquator haben unterschiedliche Luftdruckgebiete deshalb keinen dauerhaften Bestand, denn sie gleichen sich wegen der fehlenden Ablenkung rasch aus. Die horizontale Corioliskraft in Skalarschreibweise lautet:

$$F_C = 2 \cdot \omega \cdot v \cdot m \cdot \sin \varphi \qquad \textbf{(6.7)}$$

mit F_C = horizontale Corioliskraft (kg · m/s²),
φ = geographische Breite (°),
m = Masse (kg) und
v = Geschwindigkeit (m/s).

Kasten 6.2 Zur Veranschaulichung der Corioliskraft

Unter Zuhilfenahme von Gl. 6.7 soll ausgerechnet werden, wie stark die Corioliskraft auf eine bewegte Masse, zum Beispiel einen schnell fahrenden Güterzug ($\vec{F}_{C,Gz}$) wirkt. Dieser soll sich von München nach Nürnberg, mithin nach Norden (50° n. Br. zugrunde gelegt), bewegen, eine Geschwindigkeit von 160 km/h besitzen und eine Masse von 1 000 t aufweisen.
$F_{C,Gz} = 2 \cdot 0{,}0000729$ 1/s · 44 m/s · 1 000 000 kg · sin 50° ≈ 4 900 N
Der Güterzug wird also auf seiner Fahrt mit einer Kraft von rund 4 900 N nach rechts abgelenkt. Geht man davon aus, dass der Zug insgesamt 20 Waggons hat, erfährt jeder Waggon eine Kraft von fast 250 N nach rechts. Würde diese Strecke ausschließlich für den Süd-Nord-Verkehr verwendet, dann müsste dieser auf Dauer zu einer stärkeren Abnutzung des rechten Schienenstranges führen als beim linken. Ein Zug in Gegenrichtung würde der gleichen rechts ablenkenden Kraft (in Fahrtrichtung) unterliegen und für eine entsprechende Abnutzung des anderen Schienenstranges sorgen.

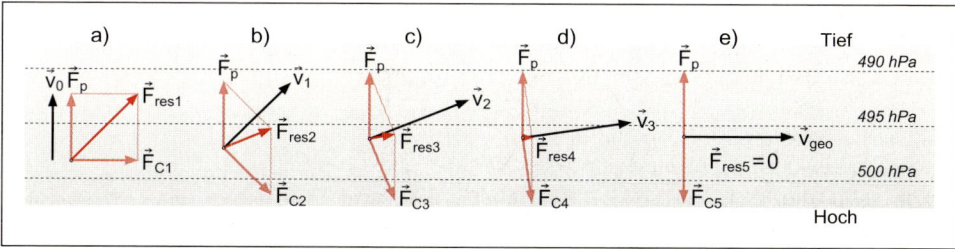

Abb. 6.7 Entstehung des isobarenparallelen (geostrophischen) Windes $\vec{v}_{geo}$
(Erläuterung im Text)

Für den reibungsfreien Raum (große Höhe über der Erdoberfläche) soll die Ablenkung einer Luftströmung durch die Corioliskraft mittels Abb. 6.7 erläutert werden.

Die Corioliskraft ($\vec{F}_C$) steht immer senkrecht zur jeweiligen Richtung der Luftströmung. Auf die durch den Druckgradienten bestimmte Windrichtung $\vec{v}_0$ (a) wirkt zunächst die Corioliskraft $\vec{F}_{C1}$ zusammen mit der immer gleich bleibenden Gradientkraft $\vec{F}_p$ (resultierende Kraft $\vec{F}_{res1}$) und verändert die Windgeschwindigkeit zu $\vec{v}_1$ (b). Auf diese wirkt wieder senkrecht $\vec{F}_{C2}$ zusammen mit $\vec{F}_p$ (resultierende Kraft

$\vec{F}_{res2}$) und verändert die Windgeschwindig-keit zu $\vec{v}_2$ (c). Das setzt sich fort, bis $\vec{F}_C$ im Kräftegleichgewicht zu $\vec{F}_p$ steht und somit ein isobarenparalleler, geostrophischer Wind ($\vec{v}_{geo}$) weht. (In Wirklichkeit greifen die Entstehung des Luftdruckgradienten und alle gedachten Stufen der Winddrehung gleichzeitig ineinander, und man kann nur den geostrophischen Wind beobachten.)

Ein derartiger Wind würde unter Idealbedingungen keinen Luftaustausch zwischen Hoch und Tief zulassen; die Druckgebilde blieben deshalb bestehen. Das ändert sich allerdings, wenn die zum Beispiel durch Strömungshindernisse verursachte Reibung der Luft an der Erdoberfläche ins Spiel kommt.

6.3.3 Reibungskraft.

Im letzten Abschnitt wurde dargestellt, wie sich strömende Luft im reibungsfreien Raum verhält. Jetzt sollen Luftbewegungen im bodennahen Bereich betrachtet werden, die durch Reibung beeinflusst werden. Grundsätzlich handelt es sich bei der Reibung um denjenigen Widerstand gegenüber bewegter Luft, der diese abbremst. Die entsprechende Reibungskraft ist somit dem Wind entgegengesetzt gerichtet. Die Reibungskraft ist eine Kraft, die parallel zur Oberfläche wirkt. Eine derartige Kraftwirkung nennt man **Schubspannung** (τ). Die Reibungskraft wird dabei von einer unteren auf eine obere Luftschicht übertragen, die parallel und wegen des unterschiedlichen Reibungseinflusses zueinander verschoben sind. Der Zusammenhang der entsprechenden Größen ergibt sich aus Gl. 6.8.

$$\tau = \frac{\vec{F}_R}{A} \qquad\qquad (6.8)$$

mit τ = Schubspannung

$$\left(\frac{N}{m^2} = \frac{\frac{kg \cdot m}{s^2}}{m^2} = \frac{kg}{m \cdot s^2} = Pa\right)$$

$\vec{F}_R$ = Reibungskraft ($kg \cdot m/s^2$) und
A = Fläche (m^2).

Wie man der Gleichung und insbesondere der Einheitenbetrachtung entnehmen kann, handelt es sich bei der Schubspannung letztlich um einen Druck, der üblicherweise in Pascal angegeben wird. Im Gegensatz zum Druck senkrecht auf eine Fläche ($F \perp A$; s. Kap. 3.4 am Beispiel des Luftdrucks auf die Erdoberfläche) wirkt die Schubspannung – wie bereits erwähnt – parallel zur Fläche ($F \parallel A$). Die Schubspannung spielt nicht nur in der Klimatologie eine wichtige Rolle, sondern zum Beispiel auch in der Geomorphologie, wenn es um die Berechnung von Massenbewegungen (Böden, Gestein, Gletscher, Wasser) geht (ZEPP 2006[3]).

Die Reibungskraft reduziert in Abhängigkeit von der Größe der Strömungshindernisse die Windgeschwindigkeit und damit auch die Corioliskraft (s. Gl. 6.8). Da die Corioliskraft nunmehr kleiner wird als im isobarenparallelen Fall – gleiche Druckgradienten vorausgesetzt – überwiegt die Luftdruckgradientkraft. Deshalb wird das Kräftegleichgewicht zwischen der Gradientkraft ($\vec{F}_p$) und der Summe aus Reibungskraft ($\vec{F}_R$) und Corioliskraft ($\vec{F}_{C1}$) bereits vor dem Entstehen des isobarenparallelen Windes erreicht, und die Luft wird nur so weit abgelenkt, daß sie noch zum tiefen Druck hin strömt. Abb. 6.8 enthält zwei Beispiele für unterschiedlich starke Reibungskräfte ($\vec{F}_{R(b)} > \vec{F}_{R(a)}$) und Corioliskräfte ($\vec{F}_{C(b)} < \vec{F}_{C(a)}$), woraus die entsprechende Ablenkung resultiert. Der entstehende Reibungswind wird auch **geotriptischer Wind** genannt.

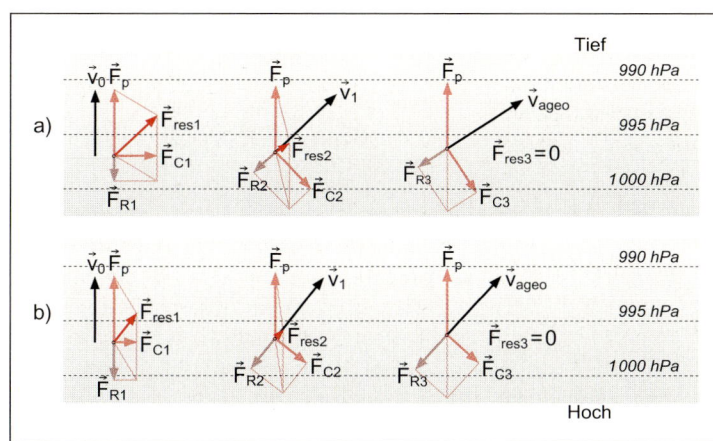

**Abb. 6.8
Entstehung des ageostrophischen (reibungsbedingten) Windes v_{ageo} bei geringerer (a) und bei stärkerer (b) Reibung**
(Erläuterung im Text)

Der durch Reibung bedingte Unterschied der Ablenkung des Windes verglichen mit der isobarenparallelen Richtung ist über Meeren mit 10° bis 20° relativ gering, über Festland ist er größer (etwa 45°), und am größten ist er über Gebirgen (> 60°).

6.3.4 Zentrifugalkraft.

Bisher wurden Strömungsverhältnisse von Luftbewegungen betrachtet, die geradlinig verliefen. Da Lufttransporte aber häufig auf gekrümmten Bahnen erfolgen, muss eine weitere Kraft berücksichtigt werden, die auf ein sich großräumig bewegendes Luftpaket einwirkt. Hierbei handelt es sich um die vom Mittelpunkt (eines gedachten Kreises) nach außen gerichtete **Zentrifugalkraft** (lat. *centrum*, Mittelpunkt; *fugere*, fliehen). Durch diese würde das Luftpaket nach außen geradlinig vom Rotationszentrum wegtransportiert, wenn nicht der Zentrifugalkraft eine gleich große Kraft, nämlich die **Zentripetalkraft** (lat. *petere*, nach etwas streben), entgegenstünde. Die Zentrifugalkraft ist dem Quadrat der Geschwindigkeit der bewegten Luft proportional und verhält sich zum Krümmungsradius der Isobaren umgekehrt proportional. In skalarer Schreibweise lautet sie (Gl. 6.9):

$$F_Z = \frac{m \cdot v^2}{r} \qquad (6.9)$$

mit F_Z = Zentrifugalkraft (kg · m/s²),
  m = Masse (kg),
  v = Windgeschwindigkeit (m/s) und
  r = Krümmungsradius (m).

Der Gleichung ist zu entnehmen, dass die Zentrifugalkraft mit größer werdendem Krümmungsradius kleiner wird. Erfahrungsgemäß werden ja auch Fahrzeuge aus engen Kurven leichter herausgetragen als aus weiten Kurven.

Bezieht man die Zentrifugalkraft jeweils auf Hoch- und Tiefdruckgebiete, dann ergeben sich in Abhängigkeit zu den anderen auftretenden Kräften ($\vec{F}_p$, $\vec{F}_C$) für hohen und tiefen Druck folgende Unterschiede:

Unter Berücksichtigung des zyklonalen Drehsinns eines Tiefs (auf der Nordhalbkugel entgegengesetzt dem Uhrzeigersinn; s. Abschnitt 6.4) und des antizyklonalen Drehsinns eines Hochs (auf der Nordhalbkugel im Uhrzeigersinn) zeigt sich unter Zuhilfenahme von Abb. 6.9, dass bei **zy-**

klonalem Drehsinn der zum tiefen Druck hin gerichteten Gradientkraft ($\vec{F}_p$) die Corioliskraft ($\vec{F}_C$) und die Zentrifugalkraft ($\vec{F}_Z$) entgegengesetzt und somit vom Krümmungsmittelpunkt weg gerichtet sind. Deshalb gilt: $\vec{F}_p = \vec{F}_C + \vec{F}_Z$. Hierbei nimmt der Druckgradient den Teil der Zentripetalkraft ein.

Im Falle des **antizyklonalen Drehsinns** addieren sich der Druckgradient ($\vec{F}_p$) und die Zentrifugalkraft ($\vec{F}_Z$) und werden durch die Corioliskraft kompensiert ($\vec{F}_C$). Es gilt: $\vec{F}_C = \vec{F}_p + \vec{F}_Z$.

Unter der Voraussetzung, dass die Luftdruckgradienten sowie die Krümmung bei beiden Druckgebilden gleich groß sind, herrscht im antizyklonalen Fall eine höhere Windgeschwindigkeit als im zyklonalen.

Allerdings weisen Tiefdruckgebiete im Allgemeinen stärkere Druckgradienten und Krümmungsradien auf als Hochdruckgebiete, so dass die höchsten Windgeschwindigkeiten beim Durchzug von Zyklonen zu erwarten sind.

Die Windbewegung bei gekrümmten Isobaren nennt man **zyklostrophischen Wind** (griech. *kyklos*, Kreis und griech. *strophe*, Drehung). Es handelt sich hierbei um einen Wind, der entlang der gekrümmten Isobaren weht. Zyklostrophischer und geostrophischer Wind werden unter dem Begriff **Gradientwind** zusammengefasst.

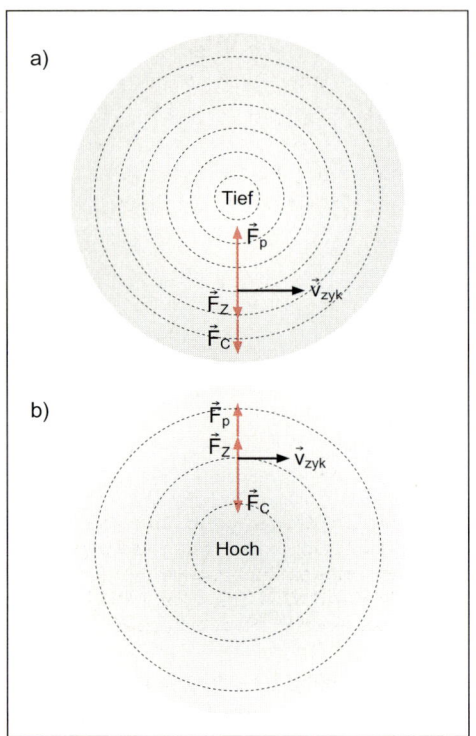

Abb. 6.9 Zyklostrophischer Wind ($\vec{v}_{zyk}$) bei zyklonaler (a) und antizyklonaler (b) Krümmung (nach HUPFER/KUTTLER 2006[12])

6.4 Rotationsrichtung von Hoch- und Tiefdruck- gebieten

Hohe und tiefe Luftdrücke treten meist als Hoch- und Tiefdruckgebiete in Erscheinung. Die Isobaren sind überwiegend kreis- oder ellipsenförmig ausgebildet. Die Dreh- bzw. Rotationsrichtung von Hoch- und Tiefdruckgebieten wird durch die Corioliskraft bestimmt. Nachfolgend sollen beide Druckgebilde mit jeweils senkrecht zur Erdoberfläche gedachter Drehachse betrachtet werden: zuerst für den Fall eines Druckgebildes in der freien Atmosphäre, also ohne Reibungseinfluss, anschließend bodennah unter Reibungseinfluss.

In der Höhe zusammenströmende (konvergierende) und absteigende Luft wird auf der Nordhalbkugel nach rechts abgelenkt. Dabei erhält das Druckgebilde einen antizyklonalen Drehsinn (im Uhrzeigersinn) bei (vertikaler) Strömungsrichtung zur Erdoberfläche. Dort strömt die Luft auseinander, sie divergiert. Aufsteigende Luft wird ebenfalls nach rechts abgelenkt.

Diese konvergiert an der Erdoberfläche und divergiert in der Höhe. Dadurch erhält die aufsteigende Luft einen zyklonalen Drehsinn (entgegen dem Uhrzeigersinn). Abbildung 6.10 zeigt schematisch die Drehrichtungen beider Druckgebilde für die freie Atmosphäre, d. h. ohne Reibungseinfluss.

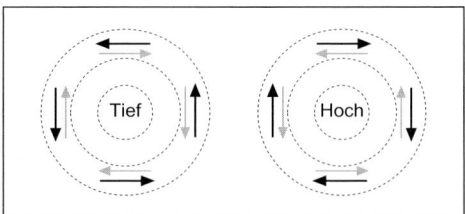

Abb. 6.10 Umströmungsrichtung von hohem und tiefem Druck in der freien Atmosphäre bei kreisförmigem Isobarenverlauf (schwarzer Pfeil: Nordhalbkugel; grauer Pfeil: Südhalbkugel) (nach HUPFER/KUTTLER 2006[12])

In Bodennähe unterliegen die Druckgebilde allerdings auch dem Reibungseinfluss. Dieser wirkt sich bekanntlich auf die Geschwindigkeit und Richtung bewegter Luft aus (s. vorhergehende Abschnitte). Abbildung 6.11 dokumentiert die für ein Hoch und Tief resultierenden Strömungsverläufe, die deutlich die reibungsbedingte Richtungsablenkung erkennen lassen.

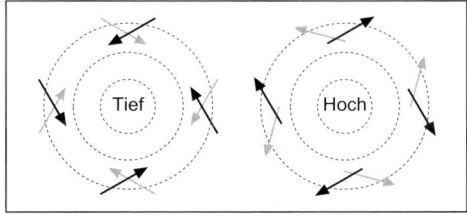

Abb. 6.11 Luftströmung in einem Tief- und einem Hochdruckgebiet unter Reibungseinfluss bei kreisförmigem Isobarenverlauf (schwarzer Pfeil: Nordhalbkugel; grauer Pfeil: Südhalbkugel) (nach HUPFER/KUTTLER 2006[12])

Daraus ergibt sich im Fall des Tiefs eine stärker zum Druckzentrum hin erfolgende Windrichtung, im Falle des Hochs eine stärker vom Druckzentrum weggerichtete Windrichtung.

6.5 Stürme und Orkane

Windgeschwindigkeiten über 75 km/h bezeichnet man als Sturm. Von Orkan spricht man bei Werten, die mehr als 117 km/h erreichen (s. Tab. 6.1). Besonders hohe Windgeschwindigkeiten erreichen **Hurrikane** (engl./span. *huracan*, Wirbelsturm). Hierbei handelt es sich um tropische Wirbelstürme zyklonalen Drehsinns mit einem Durchmesser, der bis zu einige hundert Kilometer betragen kann. Hurrikane resultieren aus Wellenstörungen der tropischen Ostströmung in der Passatzirkulation („Easterly Waves") und unterscheiden sich von den Tiefdruckgebieten der mittleren Breiten durch das Fehlen unterschiedlicher Luftmassen (s. Kap. 7). Der Luftdruck im Kern beträgt dabei häufig weniger als 950 hPa (absolutes gemessenes Minimum 856 hPa, Taifun, Okinawa, Japan, Sept. 1958). Die Geschwindigkeit der den Kern umströmenden Luft kann bis zu 300 km/h erreichen. Die ringförmig (um den Kern) bis spiralig (am Außenrand) den Orkanwirbel umgebenden Cumuluswolken (Cb) reichen in der Höhe bis an die Tropopause. Aus diesen Wolken kann sintflutartiger Regen fallen. Bis zu 1 000 mm in wenigen Stunden sind keine Seltenheit (zum Vergleich: Langjähriges Mittel an der Klimastation Essen: 850 mm/a). Der 30 km bis 50 km aufweisende Durchmesser des Kerns, das Auge des Orkans, ist verhältnismäßig windstill. In ihm herrscht absinkende Luftbewegung, und es treten

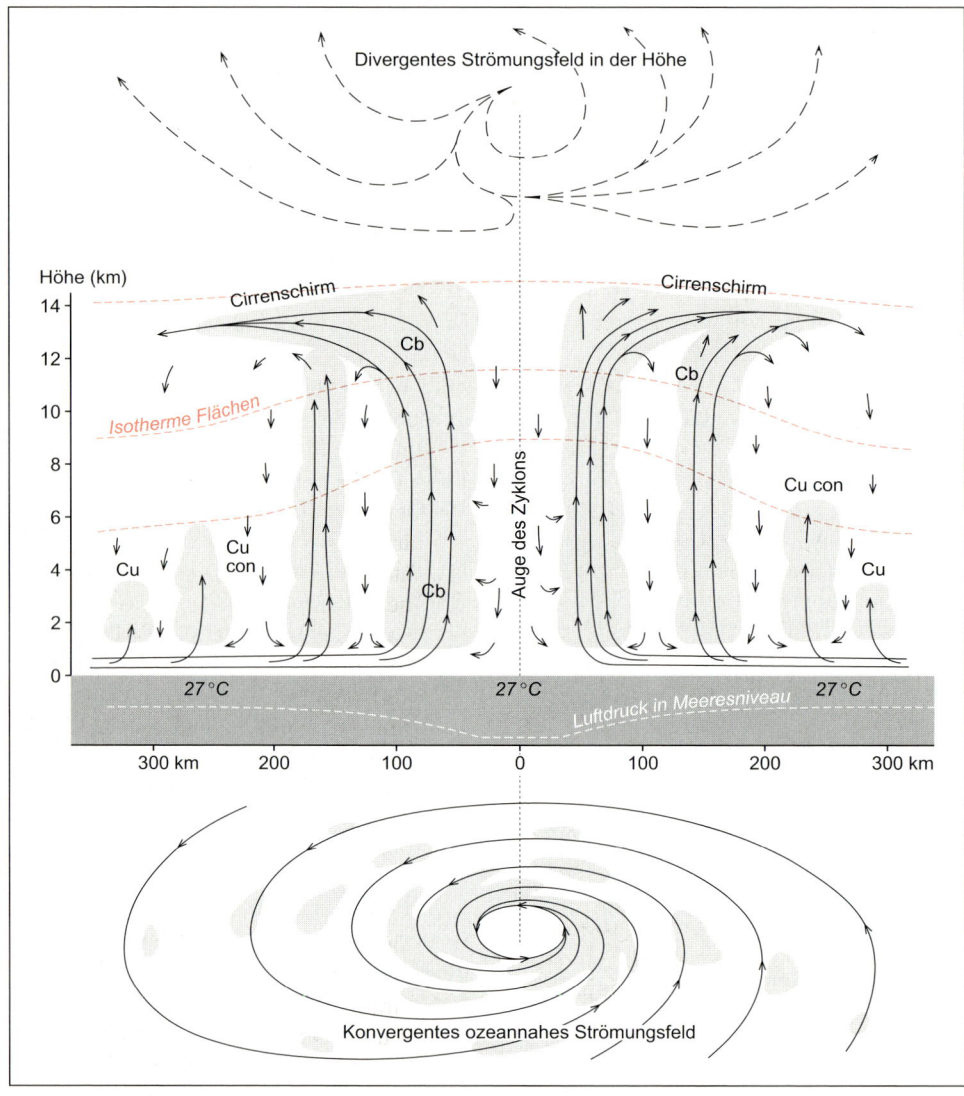

Abb. 6.12   Grund- und Aufriss eines tropischen Orkanwirbels
(nach verschiedenen Verfassern, hier nach BLÜTHGEN/WEISCHET 1980[3])

keine oder nur wenige Wolken auf (Abb. 6.12).

Tropische Wirbelstürme findet man unter verschiedenen Namen auf der Nord- und Südhalbkugel. Sie heißen Hurrikan in Nordamerika, Bengalen-Zyklone in Indien und Taifun in Japan. In Australien nennt man sie Willy-Willies und vor Madagaskar Mauritius-Zyklone. Alle tropischen Wirbelstürme haben zunächst eine ost-westliche Zugbahn bei relativ niedriger Verlagerungsgeschwindigkeit („Translationsbewegung") von 20 km/h bis 30 km/h. Sie schwenken bei weiterer Nord- bzw. Südverlagerung (auf der Südhalbkugel) annähernd parabelförmig in die Westwindströmung ein. Unter Abschwächung und Einbeziehung fremder Luftmassen kann man sie manchmal als Sturmtief in den mittleren Breiten noch tagelang weiterverfolgen.

Für die **Entstehung tropischer Wirbelstürme** müssen einige Voraussetzungen erfüllt sein. Dazu zählen eine starke Konvergenz der Luft an der Meeresoberfläche sowie hohe Wassertemperaturen ($t_0 >$ 27 °C). Diese liefern über die Verdunstungsenergie („latente Energie"), die bei der Kondensation des Wasserdampfes entsteht, den Antrieb für die starke Aufwärtsbewegung. Legt man zugrunde, dass ein Wirbelsturm pro Tag beispielsweise 10 Millionen Kubikmeter Wasser umsetzt, d. h. zur Kondensation bringt, dann ergibt sich unter Berücksichtigung eines mittleren Wertes der Verdunstungswärme von rund 2,4 MJ/kg folgender Energiebetrag, der freigesetzt wird:

$$2,4 \cdot 10^6 \, \frac{J}{kg} \cdot 10 \cdot 10^9 \, kg = 24 \cdot 10^{15} \, J$$
$$= \frac{24 \cdot 10^{15} \, Ws}{86\,400 \, s} = 2,8 \cdot 10^{11} \, W \cdot 24 \, h$$
$$= 6,7 \cdot 10^9 \, kWh$$

Somit stehen rund 7 Mrd. kWh an Kondensationswärme zur Verfügung. Das ist etwa so viel an Energie wie zwei mittelgroße deutsche Kraftwerke (Leistung: 600 MW) pro Jahr produzieren. Diese gewaltige Energie sorgt für einen starken Auftrieb der Luft und führt u. a. zu der bekannten „**Trichterkurve**" der Luftdruckverteilung beim Durchzug eines tropischen Wirbelsturms (Abb. 6.13). In diese Abbildung wurden auch die Windgeschwindigkeit in Meilen pro Stunde (1 mph = 1,609 km/h) sowie die Intensität des Wirbelsturms nach der fünfteiligen **Saffir-Simpson-Skala** aufgenommen. Diese Skala geht auf die amerikanischen Meteorologen H. Saffir und B. Simpson zurück, die sie im Jahre 1969 aufstellten. Danach werden die Hurrikane nach der Höhe der Windgeschwindigkeit, der Höhe der vom Sturm erzeugten Meereswellen und der Höhe des Luftdrucks im Zentrum des Sturms in fünf Kategorien eingeteilt. Kategorie 1 entspricht einem Hurrikan mit einer Geschwindigkeit von bis zu 95 mph (= 154 km/h), Kategorie 5 einem solchen mit mehr als 155 mph (= 250 km/h).

Orkanwirbel lassen sich besonders häufig im Spätsommer und Frühherbst beobachten. Kaltwasserozeane (Südatlantik, westlicher Südpazifik) scheiden für die Bildung aus. Ebenso verlieren tropische Wirbelstürme über Land schnell an Intensität, da die Zufuhr latenter Energie nachlässt und der Reibungseinfluss zunimmt.

Auch ist für die Rotation ein Mindestwert der Corioliskraft notwendig, der ab etwa 7° Breite beiderseits des Äquators erreicht wird, um tropische Wirbelstürme entstehen zu lassen.

Der starken Konvergenz in Bodennähe muss eine ebenso starke Divergenz in der Höhe gegenüberstehen, da sonst die feuchtadiabatischen Vorgänge innerhalb der aufsteigenden Luft, aus denen die Hebungsenergie resultiert, unterbunden würden.

Ebenfalls zu den Wirbelstürmen zählen **Tornados** (span. *tornar*, sich drehen), die jedoch kleinräumiger auftreten und meist auf den subtropischen Klimabereich beschränkt sind. Hauptverbreitungsgebiet von Tornados ist der Mittlere Westen der USA. Insbesondere in den Bundesstaaten Oklahoma und Kansas, aber auch in Min-

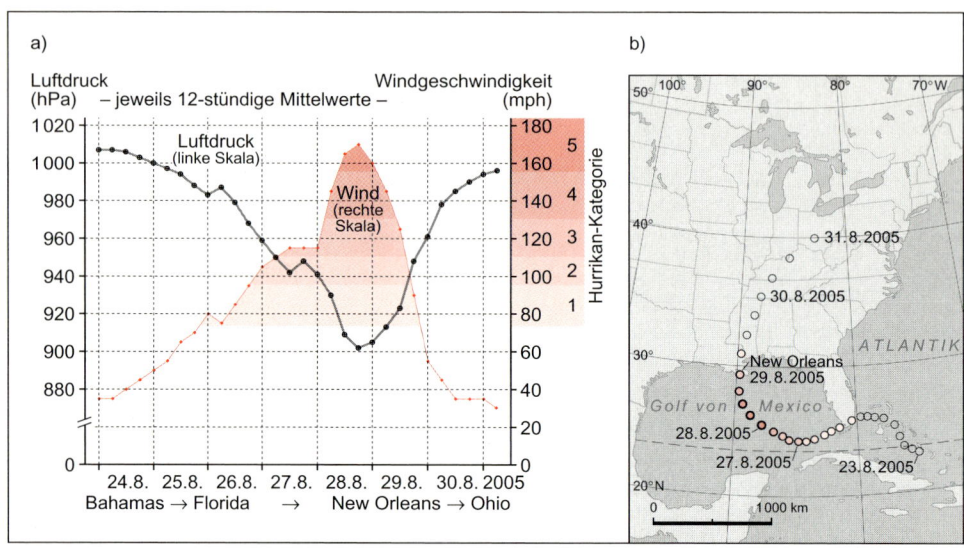

Abb. 6.13   a) Luftdruckwerte am Boden während des Hurrikans Katrina vom 24.8. bis zum 31.8.2005. Die Abbildung enthält 12-stündige Mittelwerte für die entsprechenden Standorte der Zugbahn, die in b) dargestellt sind (zur Hurrikan-Kategorie s. Text) (Daten: http://www.wunderground.com/hurricane/at200511.asp)

nesota und Illinois ist die Tornadohäufigkeit groß, weshalb man diese Gebiete auch als „**Tornado Alley**" („Tornadogasse") bezeichnet. Insgesamt sollen in den USA jährlich 700 bis 800 Tornados auftreten. Tornados entstehen überwiegend vor Kaltfronten, wenn trockenkalte Luft von den Rocky Mountains mit feuchtwarmer Luft aus dem Golf von Mexiko zusammentrifft. Große Temperatur- und Feuchtigkeitsunterschiede führen zur Labilisierung der Atmosphäre. Luft wird in eine aufwärtsgerichtete Drehbewegung versetzt. Diese führt infolge der auftretenden Zentrifugalkräfte (s. Gl. 6.9) zur Erniedrigung des Luftdrucks, wodurch adiabatische Expansion zur Abkühlung und damit zu Wasserdampfkondensation führt. Dadurch und durch mitgeführten Staub wird der berüchtigte **Tornadoschlauch** („Rüssel") sichtbar. Ein solcher Tornadoschlauch von

200 m bis maximal 1 000 m Durchmesser hat eine Translationsbewegung von 40 km/h bis 50 km/h. Ursachen der verheerenden Wirkung sind die hohen Rotationsgeschwindigkeiten (300 km/h bis 400 km/h) um den Kern und der extrem niedrige Luftdruck (80 hPa bis 100 hPa unter dem Umgebungsluftdruck). Letzterer kann verschlossene Häuser durch den in ihnen herrschenden Überdruck regelrecht explodieren lassen.

Mit den Tornados verwandt sind die **Tromben** (Wind- und Wasserhosen), die auch in Mitteleuropa vorkommen können (zum Beispiel Düsseldorf 2002, Hamburg 2005, Nottuln, Münsterland, 2008). Obwohl letztere kleinräumiger auftreten, niedrigere Geschwindigkeiten (etwa 200 km/h), geringere Durchmesser und Lebensdauern besitzen als Tornados, richten sie oft große Zerstörungen an.

Kasten 6.3   Windkraft und ihre Nutzung

Die Nutzung der Windkraft zur Erzeugung elektrischen Stroms hat nicht nur in Deutschland, sondern auch weltweit einen immer größer werdenden Stellenwert erlangt. Aus diesem Grund soll kurz hergeleitet werden, wie man die Ausbeute an elektrischem Strom aus Wind mit einfachen Mitteln berechnen kann.

Zu Beginn dieses Kapitels wurde festgestellt, dass Wind bewegte Luft ist. Deshalb enthält er kinetische Energie („Bewegungsenergie", Gl. 6.10).

$$E_{kin} = \frac{1}{2} \cdot m \cdot v^2 \qquad \text{(6.10)}$$

mit E_{kin} = kinetische Energie $\left(\frac{kg \cdot m^2}{s^2} = J\right)$,
   m = Masse (kg) und
   v = Windgeschwindigkeit (m/s).

Der Antrieb einer Windkraftanlage (WKA) ist auf die bewegte Masse Luft zurückzuführen, die durch eine senkrecht zur Bewegungsrichtung stehende Fläche strömt, nämlich der vom Rotor überstrichenen Fläche. Um diesen „Luftmassentransport", der pro Sekunde durch diese Fläche erfolgt, zu berechnen, wird die Masse durch die in Gl. 6.11 enthaltenen Größen ersetzt:

$$m = \rho \cdot A \cdot v \qquad \text{(6.11)}$$

mit m = Massenfluss (kg/s),
   ρ = Dichte (kg/m³),
   A = Fläche (m²) und
   v = Windgeschwindigkeit (m/s).

Daraus ergibt sich ein Massenfluss (in kg/s) durch eine senkrecht dazu stehende Fläche. Ersetzt man jetzt die Masse m in Gl. 6.10 durch den Massenfluss in Gl. 6.11, so erhält man mit Gl. 6.12

$$P = \frac{1}{2} \cdot \rho \cdot A \cdot v^3 . \qquad \text{(6.12)}$$

Hierbei handelt es sich um die pro Rotorfläche und Windgeschwindigkeit anstehende Leistung (P) in Watt ($\frac{kg \cdot m^2}{s^3}$).

Die Multiplikation mit der Zeit t (zum Beispiel in Stunden, h), in der die Leistung über diese Dauer erzeugt wird, liefert dann die entsprechende Arbeit der WKA (W_{WKA}) und führt zu Gl. 6.13:

$$W_{WKA} = \frac{1}{2} \cdot \rho \cdot A \cdot v^3 \cdot t \qquad \text{(6.13)}$$

Mit Gleichung 6.13 könnte man jetzt die Arbeit einer Windkraftanlage (W_{WKA}) unter Kenntnis der überstrichenen Rotorfläche und der Windgeschwindigkeit berechnen. Das ginge jedoch nur, wenn die WKA verlustfrei arbeitete und die gesamte kinetische Energie des Windes zur Stromerzeugung ausnutzen könnte.

Aus strömungsphysikalischen Gründen weist eine WKA jedoch im Idealfall nur einen „Erntefaktor" von 16/27 ≈ 0,59 (sog. Betz-Zahl, benannt nach dem deutschen Strömungsphysiker A. Betz, 1885–1968) auf. Das liegt unter anderem daran, dass die Windgeschwindigkeit am Flügel des Windrades nicht einen Wert von null annimmt, sondern Luft mit entsprechender kinetischer Energie auch an ihm vorbeiströmt, also ein „Ernteverlust" auftritt. In der Praxis wird mit dem Koeffizienten 0,4 eher ein noch niedrigerer Wert (der auch Reibungsverluste berücksichtigt) realisiert. Ergänzt um diesen Wert, ergibt sich letztlich mit Gl. 6.14 diejenige Arbeit, die eine WKA leisten kann.

$$W_{WKA} = \frac{1}{2} \cdot 0,4 \cdot \rho \cdot A \cdot v^3 \cdot t \qquad \text{(6.14)}$$

Kasten 6.3 Windkraft und ihre Nutzung (Fortsetzung)

Ein Beispiel möge die „Ernte" an elektrischer Energie verdeutlichen. Dabei wird von einer WKA ausgegangen, die einen Rotordurchmesser von 100 m aufweist. Das Stundenmittel der Windgeschwindigkeit soll 6 m/s (21,6 km/h) betragen.
Unter Zuhilfenahme von Gl. 6.14 (Luftdichte wird unter Normalbedingungen betrachtet und als konstant angenommen) errechnet sich ein Wert von

$$W_{WKA} = 0,5 \cdot 0,4 \cdot 1,2 \; \frac{kg}{m^3} \cdot \pi \cdot 2\,500 \; m^2 \cdot 216 \; \frac{m^3}{s^3} \cdot 1 \; h = 407\,150 \; \frac{kg \cdot m^2}{s^3} \cdot h = 407 \; kWh.$$

Die Windkraftanlage produziert mithin rund 400 kWh elektrischen Strom über die Dauer von einer Stunde. Auf den Stromverbrauch eines mittleren Haushaltes (4 Personen) in Deutschland bezogen, wäre das etwas mehr als pro Monat verbraucht wird.

Ergänzt seien einige statistische Angaben zur Windkraftnutzung in Deutschland für das Jahr 2006 (nach Bundesverband Windenergie, Berlin; http://www.wind-energie.de).
Danach gibt es in Deutschland insgesamt rund 19 000 WKA mit einer installierten Leistung von 20 000 MW (MW = Megawatt = 10^6 W). Die Anlagen haben im Jahre 2007 30 TWh (TWh = Terawattstunde = 10^{12} Wh) elektrischen Strom produziert (= 5,7 % der Jahresproduktion an Strom in Deutschland). Unter Zugrundelegung der genannten Daten würde im Durchschnitt jede WKA eine installierte Leistung von 1,1 MW aufweisen und rund 1,6 Mio. kWh elektrischen Strom geliefert haben. Dabei wäre jede Anlage zwischen 1 500 und 3 000 Jahresstunden (1 Jahr = 8 760 h) in Betrieb gewesen.

7 Allgemeine Zirkulation der Atmosphäre

**Abb. 7.1   Der Ausschnitt des Satellitenbildes zeigt Teile des nord-, mittel- und südamerikani-
schen Kontinents mit dem eisbedeckten Grönland. Aus der Struktur der Wolken lässt sich auf
die Dynamik der Atmosphäre schließen.**
Quelle: http://berlinadmin.dlr.de/RPIF/images/bildserien/05_Erde_hires.pdf

7.1 Einführung

Unter dem Begriff **Allgemeine Zirkulation der Atmosphäre**, auch **planetare
Zirkulation** genannt, versteht man die
die Lufthülle der Erde charakterisierenden
Strömungssysteme. Diese führen zu einem
globalen Austausch der physikalischen
und chemischen Eigenschaften der Luft.
Letztendliche Ursache dieser Zirkulation

ist der zwischen dem Äquator und den Polen bestehende, auf Ausgleich angelegte
thermische Unterschied. Dieser stellt nicht
nur für die Allgemeine Zirkulation der Atmosphäre einen wichtigen Antrieb dar,
sondern auch für die Ozeane. In diesem
Kapitel werden sowohl Ursache und Wirkungsweise der Allgemeinen Zirkulation
der Atmosphäre beschrieben als auch ihr
horizontales und vertikales Erscheinungsbild mit wichtigen Teilzirkulationen behandelt.

7.2 Ursache und Wirkung der Allgemeinen Zirkulation der Atmosphäre

Eine Gegenüberstellung der Strahlungsbilanzwerte von niederen und hohen Breiten entlang eines meridionalen Profils verdeutlicht das aktinische (gr. *aktis, Strahl(ung))* und damit **thermische Ungleichgewicht auf der Erde** (Abb. 7.2): Während zwischen etwa 40° N und S die Strahlungsbilanz mit bis zu 50 W/m² ein Überschussgebiet darstellt (positive Werte), nehmen die Gebiete polwärts 40° Breite negative Strahlungsbilanzwerte an. Es handelt sich hierbei somit um Defizitgebiete, die an den Polen jeweils Tiefstwerte von weniger als –100 W/m² erreichen.

Theoretisch würden sich aufgrund der dargelegten Wärmeüberschüsse und -defizite nach den Gesetzen der Strahlungsklimatologie (s. Kap. 4) Temperaturdifferenzen zwischen dem Äquator und den Polargebieten von mehr als 80 K ergeben (Tab. 7.1). Die tatsächlich gemessenen Werte weichen allerdings, wie man den Differenzen in der Tabelle entnehmen kann, erheblich von den berechneten Werten ab. Zum Beispiel zeigt sich, dass zwischen dem Äquator und 30° Breite die beobachteten Werte deutlich unter den für diese Klimazonen berechneten Werten liegen. Hierauf weisen die negativen Differenzen hin. Die Atmosphäre ist in diesen Gebieten also wesentlich kühler als sie es theoretisch

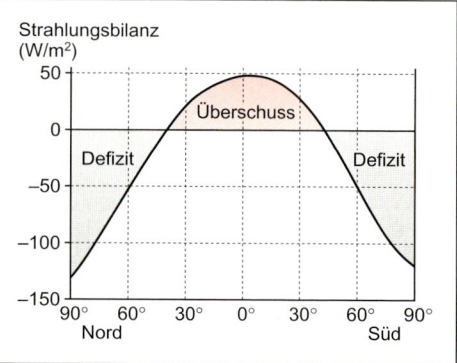

Abb. 7.2 Mittlere Lage der Strahlungsbilanzüberschuss- und -defizitgebiete in meridionaler Verteilung an der Erdoberfläche (nach KLAUS 1989, verändert)

sein müsste. Jenseits 60° Breite hingegen ist die Luft vergleichsweise erheblich wärmer, ersichtlich an den positiven Differenzen. Offensichtlich findet ein großräumiger Wärmeaustausch statt. Der Grund hierfür ist in der Wirkungsweise der Allgemeinen Zirkulation der Atmosphäre zu sehen.

Die **Energietransporte** erfolgen sowohl über die Atmosphäre als auch durch die Ozeane. Die für Abb. 7.3 berechneten Wärmetransportwerte wurden jeweils auf einen „Breitenwall" bezogen (KRAUS 2004[3]). Hierbei handelt es sich um eine senkrecht durch einen Breitenkreis gedachte Fläche, die sich zwischen der größten Ozeantiefe und der Grenze der Atmosphäre zum Weltraum aufspannt. Wiederum senkrecht zu dieser Fläche erfolgt dann der Energietransport. Um die Werte beider

Tab. 7.1 Zonal gemittelte oberflächennahe Lufttemperatur (t_{zonal}), berechnet nach der Strahlungsbilanz der Erdoberfläche im Vergleich zu gemessenen Werten (hier nach einer Zusammenstellung aus HUPFER/KUTTLER 2006[12])

Geographische Breite	0°	10°	20°	30°	40°	50°	60°	70°	80°	90°
t_{zonal} berechnet / °C	39	36	32	22	8	–6	–20	–32	–41	–44
t_{zonal} beobachtet / °C	26	27	25	20	14	6	–1	–9	–18	–22
$\Delta t_{beobachtet - berechnet}$ / K	–13	–9	–7	–2	6	12	19	23	23	22

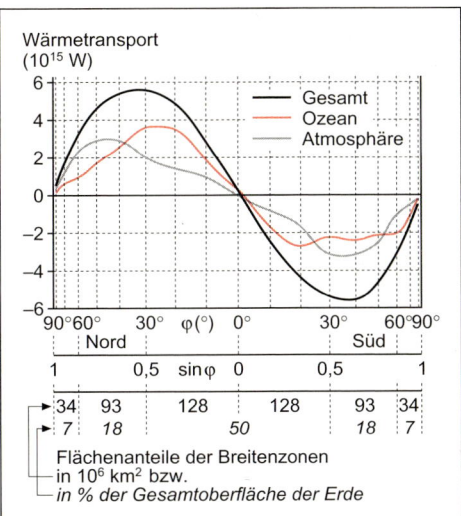

auf der Nordhalbkugel ein positives, diejenigen auf der Südhalbkugel ein negatives Vorzeichen. Da ein Energietransport durch eine (gedachte) Fläche vorliegt, könnte man auch die Energieflussdichte ($J/(s \cdot m^2)$ bzw. W/m^2; s. auch Kap. 4) betrachten.

Die Höchstwerte der gesamten mittleren globalen Energietransporte von fast 6 Petawatt (Peta = 10^{15}; PW = 10^{15} W) ergeben sich auf der Nordhalbkugel bei etwa 30° Breite und auf der Südhalbkugel bei etwa 40° Breite. Für die Ozeane werden die Maxima mit fast 4 PW auf der Nordhalbkugel bei 25° Breite, auf der Südhalbkugel mit fast 3 PW bei 20° Breite erreicht. Da der Anteil der Erdoberfläche zwischen 30° N und 30° S (Tropen/Subtropen) etwa die Hälfte der Gesamtoberfläche der Erde einnimmt und der Sonnenstand hier besonders hoch ist, wird hier im Vergleich zu anderen Breitenzonen überproportional viel Strahlung umgesetzt und als Wärme abtransportiert. Exemplarische Berechnungen zur Flächengröße einzelner Breitenzonen enthalten Kasten 7.1 sowie Abb. 7.3.

Abb. 7.3 Schematisiert dargestellte mittlere meridionale Wärmetransporte für Atmosphäre, Ozean und das Gesamtsystem (positive/negative Werte = nordwärts/südwärts gerichteter Transport)
(nach Kraus 2004[3]; verändert und ergänzt)

Hemisphären unterscheiden zu können, erhalten die polwärts gerichteten Transporte

---

Kasten 7.1   Berechnung der Flächengröße von Breitenzonen

Zur Berechnung der Flächengröße von Breitenzonen und ihres Anteils an der Gesamtoberfläche der Erde zieht man Gl. 7.1 heran.

$$A_{2,1} = 2 \cdot \pi \cdot r_E^2 \cdot (\sin \varphi_2 - \sin \varphi_1) \tag{7.1}$$

mit $A_{2,1}$ = Fläche zwischen den Breitenkreisen φ_2 und φ_1 (= Breitenzone) (m^2),
r_E = Erdradius (6 371 230 m),
φ_1 = niedere Breite (°) und
φ_2 = höhere Breite (°)

Die Berechnung wurde exemplarisch für die Breitenzonen 0°–30°, 30°–60° sowie 60°–90° durchgeführt. Es ergeben sich folgende Flächengrößen und -anteile für die entsprechenden Breitenzonen (s. auch Abb. 7.3):

30° N–0°–30° S   = 255 · 10^6 km² = 50,0 %
60° N–30° N + 60° S–30° S = 187 · 10^6 km² = 36,6 %
90° N–60° N + 90° S–60° S =   68 · 10^6 km² = 13,4 %

Danach liegt der größte Anteil mit 50 % an der Gesamtfläche im Bereich der Tropen/Subtropen (30° N–30° S), während die polaren Breiten (jeweils 60°–90° Breite N und S) insgesamt nur 14 % einnehmen.

Die Wärmeüberschüsse und -defizite führen in der Atmosphäre zu großräumig angelegten Luftdruckunterschieden und setzen Ausgleichsströmungen auf beiden Hemisphären in Gang.

7.3 Erscheinungsbild der Allgemeinen Zirkulation der Atmosphäre

Nach der Erörterung von Ursache und Wirkung wird nunmehr die relativ komplex gestaltete räumliche Gliederung der Allgemeinen Zirkulation der Atmosphäre in stark generalisierter Form behandelt. Eine Annäherung an die realen Verhältnisse soll schrittweise erfolgen. Dazu werden vereinfachte Erklärungsansätze wie das **Einzellen-** und **Dreizellenmodell** herangezogen. Anschließend erfolgt eine zusammenfassende Beschreibung des globalen Strömungsmusters für den bodennahen und bodenfernen Bereich unter Einbeziehung wichtiger Teilzirkulationen.

7.3.1 Einzellenmodell.
Bei der Analyse der globalen Zirkulationsverhältnisse soll zunächst von der Abstraktion einer nicht rotierenden Erde ausgegangen werden. In einem derartigen System führen die oben beschriebenen Wärmeüberschuss- und -defizitgebiete zu Luftdruckgradienten zwischen Äquator und den Polarregionen, die einen einfachen, meridionalen Strömungskreislauf nach sich ziehen. Dieser besteht in der Höhe aus einem vom Äquator ausgehenden polwärts gerichteten und einem in Bodennähe von den Polargebieten zum Äquator wehenden Wind. Beide Strömungen werden durch mehr oder weniger vertikal ausgerichtete Strömungsäste geschlossen, die am Äquator aufsteigende und in den Polargebieten

absteigende Richtungen aufweisen. Dieser Kreislauf wird durch die in den äquatorialen Gebieten starke Sonneneinstrahlung und die dadurch aufsteigende warm-feuchte Luft angetrieben, wodurch sich dort bodennaher tiefer Luftdruck bildet. Dieser lässt die Luft von Norden und Süden in Richtung der äquatorialen Gebiete zusammenströmen, d.h. konvergieren (lat. *convergere*, sich hinneigen). Die aufsteigende warm-feuchte Luft bildet nach Erreichen des Kondensationsniveaus Wolken und lässt konvektive Niederschläge entstehen. Die aus dem Höhenhoch über dem Äquator hervorgehende auseinanderströmende, d.h. divergierende (lat. *divergere*, auseinanderstreben) Strömung wird zum tiefen Luftdruck über den kalten Polen transportiert. Die dort in der Höhe konvergierende Strömung (Höhentief) wird in Richtung Erdoberfläche geleitet. Diese Luft ist trocken und verursacht am Boden hohen Luftdruck bei divergierender Strömung. Die von den Polargebieten zum Äquator in Gang gesetzte bodennahe Rückströmung schließt diesen Kreislauf.

Dadurch entsteht auf jeder Hemisphäre jeweils eine Zirkulations-„Zelle". Man spricht deshalb auch vom sogenannten **Einzellenmodell** der Zirkulation pro Halbkugel auf einer nicht rotierenden Erde (Abb. 7.4 a). Eine derartige, ausschließlich auf dem Luftdruckgradienten beruhende Strömung wird zu Ehren des deutschen Mathematikers und Physikers Leonhard Euler (1707–1783), der diese Zirkulationsform als erster beschrieb, Euler-Wind genannt.

7.3.2 Dreizellenmodell.
Das Dreizellenmodell stellt einen weiteren Schritt in Richtung auf eine realitätsnahe Beschreibung der Allgemeinen Zirkulation der Atmosphäre dar (Abb. 7.4 b). Bei

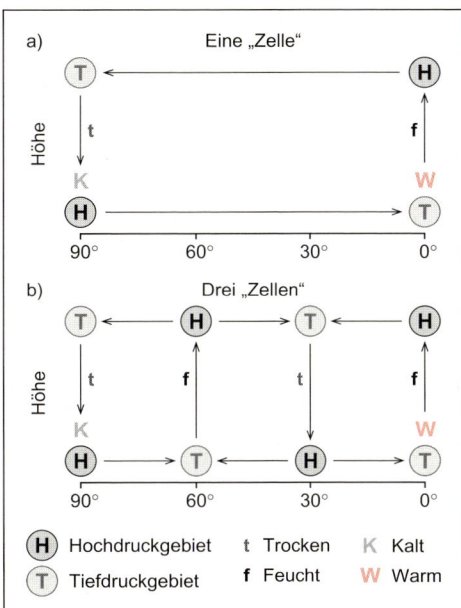

Abb. 7.4 Meridionale Vertikalschnitte zur stufenweisen Erläuterung der planetarischen Zirkulation: a) Eine „Zelle", b) Drei „Zellen" (nach Schönwiese 2003)

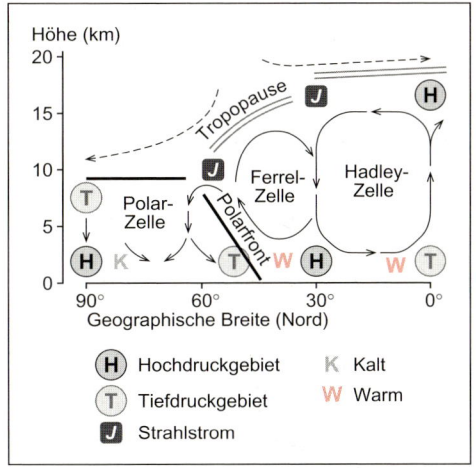

Abb. 7.5 Schematische Darstellung der zonal und zeitlich gemittelten Meridionalzirkulation zwischen Pol und Äquator auf einer Hemisphäre (nach Steinrücke 1998, hier aus Hupfer/Kuttler 2006[12])

dieser Modellbetrachtung wird berücksichtigt, dass die Erde ein rotierender und mit Strömungshindernissen unterschiedlicher Größe versehener Körper ist. Dadurch müssen in zweiter Näherung neben der Luftdruckgradientkraft (s. Abschnitt 6.3.1) und der Reibungskraft (s. Abschnitt 6.3.3) noch weitere Größen, die sich aus der Drehung der Erde ableiten, berücksichtigt werden. Hierzu zählen insbesondere der Drehimpuls, der in Abhängigkeit von der Mitführungsgeschwindigkeit am Äquator groß und in hohen Breiten klein ist, sowie die Zentrifugalkraft (s. Abschnitt 6.3.4) und die Corioliskraft (s. Abschnitt 6.3.2). Drehimpuls und Corioliskraft sind für die Zonalzirkulation von ausschlaggebender Bedeutung. Durch die Corioliskraft wird ja bekanntermaßen vom Äquator kommende, polwärts mit hohem Drehimpuls versehene Luft auf der Nordhalbkugel nach rechts und auf der Südhalbkugel nach links abgelenkt. Ebenfalls nach rechts abgelenkt werden Luftbewegungen, wenn diese aus Gebieten niedrigen Drehimpulses (hohe Breiten) in Gebiete mit hohem Drehimpuls (niedere Breiten) gelangen.

Letztendlich bewirken die genannten Größen, dass bei einer rotierenden Erde das Einzellenmodell einem differenzierteren **Dreizellenmodell** zur Beschreibung der Allgemeinen Zirkulation der Atmosphäre weichen muss (Abb. 7.5).

Charakterisiert wird letztgenannte Modellvorstellung durch drei stark vereinfacht dargestellte Kreisläufe bzw. Zellen. Dabei handelt sich um die tropisch/subtropische **Hadley-Zelle**, die in den mittleren Breiten gelegene **Ferrel-Zelle** und die im Wesentlichen die Strömungsverhältnisse der Polargebiete charakterisierende **Polar-Zelle**.

7.3.2.1 Hadley-Zelle.

Die Bezeichnung **Hadley-Zelle** geht auf den britischen Meteorologen und Arzt G. Hadley (1685–1768) zurück, der diese ausgeprägte Meridionalzirkulation mit nur schwach auftretender Zonalwindkomponente als erster beschrieb. Mit der Hadley-Zelle sind charakteristische Teilzirkulationen der Allgemeinen Zirkulation der Atmosphäre verbunden. Charakteristisch für die Hadley-Zelle ist, dass Luft am Äquator im Bereich der **Innertropischen Konvergenzzone** (engl. *Innertropical Convergence Zone*, ITCZ) aufsteigt, in der Höhe jeweils in Richtung Wendekreise transportiert wird und dort im Bereich der subtropisch-randtropischen Hochdruckgebiete absinkt. Dieser Absinkprozess führt zur Kompressionserwärmung, damit zur Wolkenauflösung und deshalb sowie durch hohen Sonnenstand verursacht zu verstärkter Einstrahlung an der Erdoberfläche. Die Wendekreiswüsten sind ein beredtes Beispiel für diesen trockenen Landschaftsgürtel. In Bodennähe fließt die Luft aus den subtropischen Hochdruckgebieten sowohl in nördliche Breiten ab als auch als **Nordostpassat** (NE-Passat, N-Halbkugel) und **Südostpassat** (SE-Passat, S-Halbkugel) dem Äquator zu. Die Passate gehen aus der Meridionalströmung durch Einflussnahme der Coriolis- und Reibungskraft in der Bodenschicht hervor. In der Höhe wehen östliche Winde, die als Urpassat bezeichnet werden. Passat und Urpassat werden durch eine meist markante Temperaturinversion (s. Kap. 3) voneinander getrennt (Passatinversion).

Zurückzuführen ist diese Inversion auf die Flächendivergenz, unter der ein Auseinanderlaufen der Meridiane von höheren zu niederen Breiten zu verstehen ist. Dadurch muss eine meridional äquatorwärts bewegte Luftmasse ihre anfänglich eingenommene Grundfläche laufend vergrößern. Dieses ist jedoch nur möglich, wenn sich ihre Schichtdicke verringert. Aus dieser vertikalen Schrumpfung folgt ein Absinken von Luft aus größerer Höhe mit entsprechender Erwärmung und Bildung einer Absinkinversion. In einer Passatströmung herrscht somit durch Flächendivergenz und Absinkbewegung eine weitgehend stabile atmosphärische Schichtung vor, die sich im Bereich der ITCZ jedoch auflöst.

Auch wenn die ursprünglich sehr trockenen Passate auf ihrem Weg über die Ozeane Feuchtigkeit aufnehmen können, kommt es nur zur Bildung von einfachen Haufenwolken (Cu hum; s. Kap. 5.7), solange die Luft nicht durch Gebirge zum Aufsteigen gezwungen wird. So sind die Gebirge der Kanarischen Inseln mit ihrer dichten Wolkendecke an den Nordosthängen und der meist wolkenarmen Südseite ein bekanntes Beispiel für die Luv- und Leeseitenunterschiede in einer Passatströmung. Mit Annäherung an den Äquator bilden sich mächtigere Haufenwolken (Cu con; s. Kap. 5.7), aus denen Schauer abregnen können. In der Zone des Zusammenflusses von NE- und SE-Passat, der ITCZ, wird die Schichtung instabil; hier fehlt die Inversion. In diesem Bereich kommt es verstärkt zu Konvektion und vor allem in den Nachmittagsstunden zur Bildung hochreichender Gewitterzellen, die wegen der starken Freisetzung von Kondensationswärme auch als „hot towers" bezeichnet werden. Diese Innertropische Konvergenzzone, die eine Breite von wenigen hundert Kilometern hat, ist keine ausgeprägte Tiefdruckrinne, wie der Name vermuten lässt, sondern mit ihrem nur geringfügig niedrigeren Luftdruck eine Zone sich ständig neu entwickelnder thermischer Zyklonen. Mit der Verlagerung

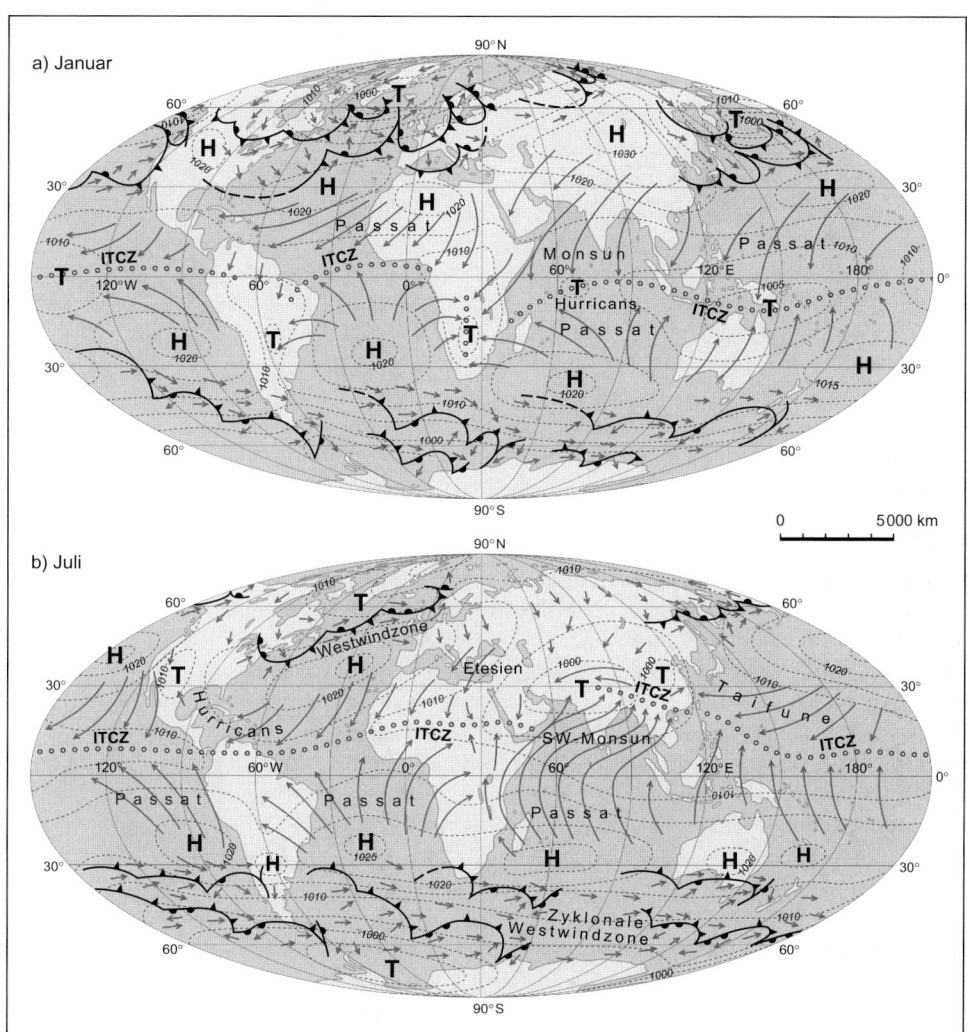

Abb. 7.6 Mittlere bodennahe Luftdruckverteilung und Luftströmung im Januar und Juli (zusammengestellt nach verschiedenen Verfassern)

des Sonnenstandes im Jahresverlauf verschiebt sich auch die ITCZ (vgl. Winter- und Sommersituation in Abb. 7.6), und folglich verschieben sich auch die subtropischen Hochdruckgürtel. Über Land sind deren Abstände zum Äquator größer als über Wasserflächen, was auf das unterschiedliche thermische Verhalten beider Medien zurückzuführen ist (vgl. dazu auch deren Werte der spezifischen Wärmekapazität und Wärmekapazitätsdichte in Tab. 4.9).

Neben den Passaten stellen die **Monsune**, die ihre stärkste Ausprägung in den tropisch/subtropischen Gebieten erfahren, eine weitere wichtige Teilzirkulation dar.

Grundsätzlich sind Monsune großräumig angelegte Windströmungen, die jahreszeitlich ihre Richtung um wenigstens 120° ändern. Mit ihrem Auftreten ist zugleich ein Wechsel von mehr oder weniger ausgeprägter Trockenheit zu hoher Luftfeuchtigkeit, starker Bewölkung und reichlichen Niederschlägen verbunden. Die meist beständig wehenden Winde können auf die Verlagerung der ITCZ und – in den bodennahen Bereichen – auch auf die unterschiedliche Erwärmung von Land und Wasser zurückgeführt werden. Der Begriff Monsun stammt aus dem Raum der klassischen Monsune des Arabischen Meeres. Die Araber bezeichnen mit *mausim* (Jahreszeit) jahreszeitlich auftretende Winde, die im Sommer von SW bis WSW, im Winter von NE wehen. Die Monsune erleichterten den Segelschiffen die Fahrten zwischen Ostafrika und Indien, wenn sich deren Fahrten an den Jahreszeiten orientierten (Abb. 7.7). Am Beispiel des indischen Monsuns soll hierauf näher eingegangen werden.

Für die Inder ist der Regen bringende Sommermonsun der wichtigste Monsun. Denn er sorgt nach winterlicher Trockenzeit und ausdörrender Hitze des Frühjahrs für die Durchfeuchtung des Bodens im Sommer und damit für den Ernteertrag. Allerdings sind durch die heftigen Niederschläge und anschließenden Überflutungen immer wieder Menschenleben zu beklagen, zuletzt in besonders starkem Maße im Jahre 2007 in dem indischen Bundesstaat Bihar. Bleibt der Monsun hingegen schwach und sind die Niederschläge unergiebig, sind Missernten und Hungersnöte die Folge.

Ursache für die Entstehung des indischen Sommermonsuns ist u. a. die starke Erhit-

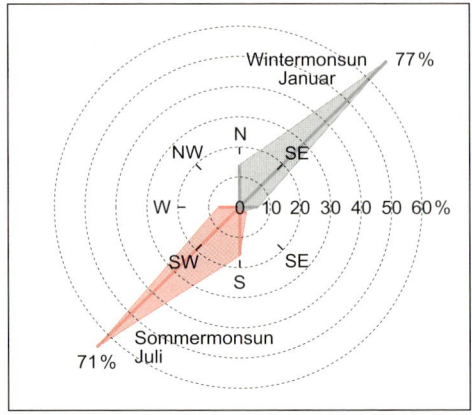

Abb. 7.7   Durchschnittliche Windrichtungshäufigkeit im Monsunbereich des Nordindik (Golf von Bengalen) in Prozent (Daten nach HENDL/BRAMER 1985)

zung des indischen Subkontinents. In dem sich dadurch entwickelnden Hitzetief (s. Abb. 7.6) ist der Luftdruck wesentlich niedriger als in der äquatorialen Tiefdruckrinne. Die ITCZ wird über dem Kontinent im Sommer bis in dieses Hitzetief verlagert, das bei etwa 30° N mit Schwerpunkt über Iran–Pakistan–Bengalen liegt. Die Passate der Südhalbkugel strömen somit über den Äquator hinweg nach N. Infolge der Aufhebung der Corioliskraft am Äquator und der Richtungsänderung der Strömung auf der N-Halbkugel (allmähliches Durchsetzen der Rechtsabweichung) drehen sie nach E ab und werden zu westlichen Winden. Für den indischen Subkontinent resultieren daraus relativ richtungskonstante SW- bzw. WSW-Winde. Monsune verlieren auch die für Passate oben beschriebene charakteristische stabile Schichtung. Flächenkonvergenz (im Gegensatz zur oben beschriebenen Flächendivergenz), der Strömungen vom Äquator ausgehend unterliegen, bewirkt durch die zunehmende Verringerung des Abstandes der Meridiane ein Ausweichen von Luft nach oben. Dieses führt zu labiler Schichtung (s. Kap. 3). Werden vom Monsun große Wasserflächen überstrichen (z.B. Indischer Ozean), reichert sich die Luft bis in Höhen von 4 bis 5 km, maximal bis 6 km mit Feuchtigkeit an. Über Land dagegen bleibt ihr Feuchtigkeitsgehalt gering (Ostafrika, Südarabien).

Im Gegensatz zum Sommermonsun ist der indische Wintermonsun eine mit vorherrschenden NW-/NNW-Winden verbundene Strömung, die aus dem NE-Passat hervorgeht. Der Antrieb geht letztlich zurück auf den zwischen dem ostasiatischen thermischen Hochdruckgebiet (Kältehoch) und den sommerlichen Hitzetiefs über den Kontinenten (insbesondere in Afrika) bestehenden Luftdruckgradienten (Abb. 7.6). Die im Kältehoch Ostasiens absinkende stabil geschichtete, trockenkalte Luft strömt der ITCZ zu, die wegen des winterlichen Sonnenstandes zum Teil weit nach S über den Äquator verschoben ist. Aufgrund der nach Übertritt über den Äquator greifenden Linksablenkung durch die Corioliskraft erfolgt Richtungsänderung der Strömung von ursprünglich NE auf NW/NNW.

Eine Besonderheit innerhalb der Hadley-Zelle stellt ein zonal orientiertes zelluläres Zirkulationssystem dar, das nach seinem Entdecker G. Walker (1868–1958) **Walker-Zirkulation** genannt wird. Diese Teilzirkulation entsteht im Wesentlichen dadurch, dass über den erwärmten Kontinenten S-Amerika, Afrika und Indonesien aufsteigende Luft zu Bewölkung und Niederschlägen führt. Über den im Vergleich zum Festland kühleren Meeren sinkt die Luft wieder ab, wodurch sich die genannten zonalen Zirkulationssysteme zwischen Kontinenten und Meeren entwickeln. Wie Abb. 7.8 entnommen werden kann, ist das Absinken der Luft insbesondere eng mit den kalten Meeresströmungen, zum Beispiel vor Südamerika und Afrika, verbunden.

Die Walker-Zirkulation erklärt, warum es einerseits über den Kontinenten zu entsprechend starker Konvektion kommt, andererseits diese jedoch über den Meeresgebieten stark abgeschwächt ist (vgl. hierzu in Abb. 7.6 die Lage der Bodenhochdruckgebiete in ihrer Land-Meer-Verteilung und Kasten 7.2).

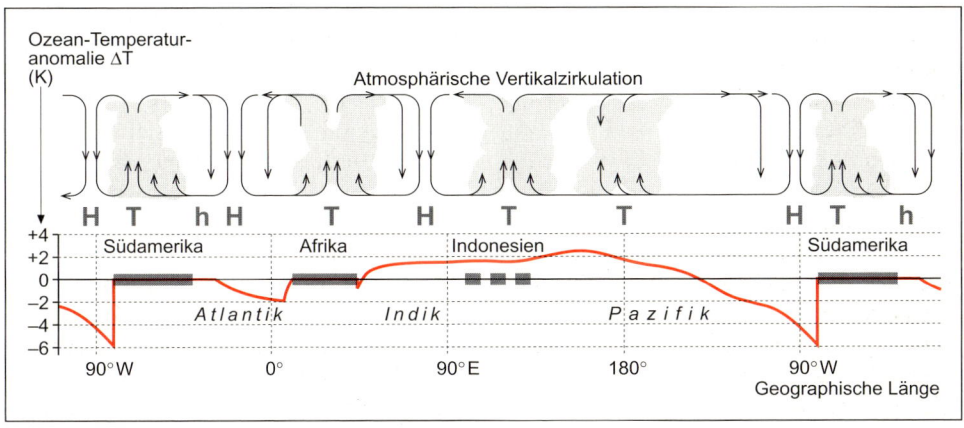

Abb. 7.8 Schema der tropischen Walker-Zirkulation in Form eines Vertikalschnitts der Troposphäre (oben) und Meeresoberflächen-Temperaturanomalien (ΔT in K; unten) (nach verschiedenen Verfassern, hier nach einer Zusammenstellung aus Schönwiese 2003[2])

Kasten 7.2   El Niño und ENSO

In engem Zusammenhang mit einer Veränderung der Walker-Zirkulation tritt meist um die Weihnachtszeit eine Warmwasseranomalie vor den Küsten des tropischen Südamerika auf, die als El Niño-Phänomen (EN; span. Christkind) nicht nur wegen seiner regionalen klimatologischen Bedeutung, sondern auch wegen der damit verbundenen Fernwirkungen auf das Klima (Telekonnektionen) bekannt geworden ist. Das Auftreten von El Niño-Ereignissen ist relativ eng gekoppelt an Luftdruckschwankungen auf der Südhalbkugel. Stellvertretend werden die meridionalen Differenzen des Bodenluftdrucks an Stationen in Nord-Australien und Tahiti gemessen, deren Differenzen die Basis zur Berechnung der sogenannten Southern Oscillation (SO) bilden. Dabei scheint es eine Antikorrelation zwischen den Werten der Luftdruckdifferenzen und dem Auftreten von EN-Ereignissen zu geben: Ist die Luftdruckdifferenz zum Beispiel hoch, entsteht entweder kein oder nur ein schwaches EN-Ereignis; im umgekehrten Fall kann sich hingegen ein starker oder sogar „Super-El Niño" einstellen. Wegen des Zusammenhangs zwischen EN und SO spricht man auch vom ENSO-Mechanismus.

Zur Erläuterung des El Niño-Phänomens soll vom klimageographischen Normalzustand ausgegangen werden. Dieser zeichnet sich dadurch aus, dass über dem Ostpazifik hoher Luftdruck vorherrscht (vgl. Abb. 7.6). In Küstennähe des südamerikanischen Kontinents führt der ablandige, durch den SE-Passat und die Walker-Zirkulation angetriebene Wind dazu, dass warmes Oberflächenwasser nach W in Richtung indomalayischer Archipel getrieben wird und durch kaltes, nährstoffreiches Auftriebswasser im küstennahen Bereich des Ostpazifiks ersetzt wird (Upwelling). Hierdurch sinkt an den tropischen Küsten Südamerikas der Wasserstand, während sich dieser an den westpazifischen Küsten erhöht. Die Neigung der Ozeanoberfläche zwischen dem südamerikanischen Kontinent und Indonesien beläuft sich dabei auf mehrere Dezimeter. Als klimatologische Konsequenz resultiert für den südamerikanischen Küstenbereich durch die absinkende, trockene Luft das Auftreten von Dürren und Wüsten. Das aufquellende, kalte Tiefenwasser führt zu dem bekannten großen Fischreichtum des Humboldt- und Perustroms (Abb. 7.9 a). Herrscht hingegen ein El Niño-Jahr vor, nimmt die Stärke der Ostwindkomponente durch einen schwächer werdenden Passat und eine Umkehrung der Walker-Zirkulation ab und führt aufgrund der sich nunmehr einstellenden tropischen Luftdruckverhältnisse dazu, dass warmes Wasser in Richtung südamerikanische Küste transportiert wird (Abb. 7.9 b). Das wirkt sich nicht nur auf einen Anstieg des Wasserstandes und eine Unterdrückung des Auftriebs kalten Tiefenwassers vor der Küste aus, sondern leitet durch Hebung der Luft wegen der Wärmezufuhr auch eine Witterung ein, die

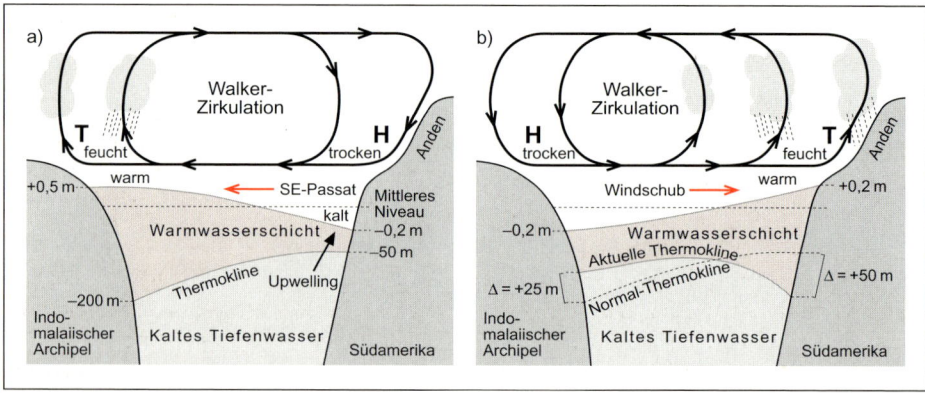

Abb. 7.9   Walker-Zirkulation und El Niño-Phänomen: a) Normaljahre, b) El Niño-Jahre (Erläuterung im Text) (nach Lex. Geogr. 2001)

Kasten 7.2   El Niño und ENSO (Fortsetzung)

den in Normaljahren trockenen Landschaften heftige Niederschläge mit sturzflutartigen Hochwässern beschert.

El Niño-Phänomene treten zyklisch auf. Besonders starke Ereignisse mit weltweiten Auswirkungen auf die Witterung lassen sich in Abständen von drei bis acht Jahren beobachten. In „Super-El Niño"-Jahren werden sogar Anomalien der Wassertemperaturen vor der peruanischen Küste erreicht, die zwischen 5 und 6 K über dem Normalwert liegen (Schönwiese 2003[2]).

Welches sind die Auslöser für das Auftreten eines El Niño-Phänomens? Wodurch wird die Abschwächung des SE-Passates eingeleitet und welcher Prozess führt letztlich zur Umkehrung der Walker-Zirkulation?

Auf diese Fragen gibt es noch keine endgültig befriedigenden Antworten. Zu den Erklärungsmöglichkeiten zählt unter anderem auch die globale Erwärmung, die bei einem Temperaturanstieg in den Südpolargebieten zu einer Südverlagerung der ostpazifischen Hochdruckgebiete führt, wodurch sich die Passatströmung abschwächen könnte. Darüber hinaus wird aber auch diskutiert, ob nicht Vulkanausbrüche in den Tropen durch Staubeintrag in die hohe Atmosphäre zu Strahlungsabnahme und damit zu einer Reduzierung der Passatströmung führen.

Über die vielfältigen klimaökologischen Auswirkungen informiert zum Beispiel das Buch von Arntz und Fahrbach (1991).

7.3.2.2 Ferrel-Zelle.

Nach dem Dreizellenmodell schließt sich polwärts an die Hadley-Zelle die **Ferrel-Zelle** (etwa zwischen 30° und 60° Breite) an, die die mittleren Breiten einnimmt. Ihr Name geht auf den amerikanischen Meteorologen W. Ferrel (1817–1891) zurück.

Klimatologisch gesehen handelt es sich hierbei um den Übergangsbereich zwischen der äquatorialen Warm- und der subpolaren Kaltluft. Derartige Übergangszonen zwischen zwei unterschiedlichen Luftmassen (s. Kap. 7.4) nennt man **Frontalzonen** (lat. *frons*, vordere Linie; Abb. 7.10). Da die Höhenlage gleicher Druckniveauflächen temperaturabhängig ist, herrscht über Warmluft in der Höhe ein größerer Druck als über Kaltluft (zur Berechnung der Unterschiede s. Kasten 7.3). Die Neigung der Druckflächen ist in diesem Gebiet besonders groß. Da die Druckunterschiede von unten nach oben zunehmen und in der Höhe ein Maximum erreichen, finden sich hier auch die höchsten Windgeschwindigkeiten, die in der Frontalzone durch zwei Fronten bzw. zwei

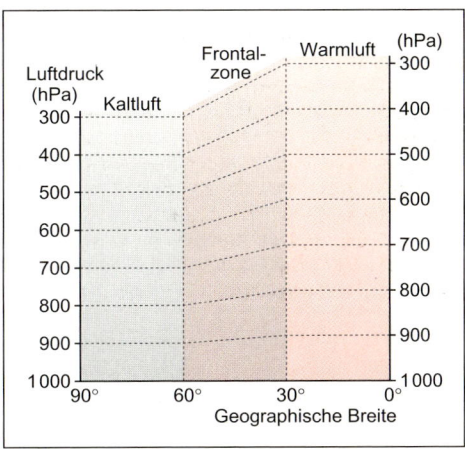

Abb. 7.10 Schematische Darstellung der vertikalen Luftdruckveränderung von Warm- und Kaltluft in meridionaler Abhängigkeit sowie Entstehung der Frontalzone

Starkwindbänder (Strahlströme, engl. *jet streams*) einer West-Ost-gerichteten Höhenströmung in Erscheinung treten: Die **Subtropenfront** mit dem **Subtropenstrahlstrom** und die **Polarfront** mit dem **Polarfrontstrahlstrom**. Während die Subtropenfront warme Luft von derjenigen

Kasten 7.3 Berechnung der Druckunterschiede zwischen einer warmen und einer kalten Atmosphäre

Für eine warme und eine kalte Atmosphäre soll exemplarisch berechnet werden, welcher Luftdruck beispielsweise in einer Höhe von 2 000 m herrscht, wenn ein einheitlicher Bodenluftdruck von 1 000 hPa für beide Atmosphären vorliegt. Diese Berechnung soll dazu dienen, einerseits die unterschiedlich starke Luftdruckabnahme innerhalb einer warmen und kalten Luftsäule zu belegen, andererseits eine Begründung für die unterschiedliche Höhenlage der Druckflächen in Abb. 7.10 zu liefern. Für diese Betrachtung geht man von der bereits in Kapitel 3 besprochenen barometrischen Höhenformel aus, die hier noch einmal aufgegriffen wird (Gl. 7.2):

$$p = p_0 \cdot e^{-\left(\frac{g \cdot z}{R_L \cdot \overline{T}}\right)} \qquad (7.2)$$

mit p = Luftdruck in der Höhe z (hPa),
    p_0 = Luftdruck im Meeresniveau (hPa),
    g = Schwerebeschleunigung (9,81 m/s²),
    z = Höhe (m),
    R_L = spezifische Gaskonstante für Luft (287 J/(kg·K)),
    $\overline{T}$ = mittlere Temperatur der Luftschicht zwischen z_0 (Boden) und z (K).

Folgende Annahmen werden zugrundegelegt: Höhe z = 2 000 m,
mittlere Lufttemperatur der warmen Atmosphäre t_{warm} = 20 °C = T_{warm} = 293 K,
mittlere Lufttemperatur der kalten Atmosphäre t_{kalt} = 0 °C = T_{kalt} = 273 K,
Bodenluftdruck p_0 = 1 000 hPa.

Für die warme Atmosphäre ergibt sich nach Gl. 7.2 in 2 000 m Höhe ein Luftdruck von p_{warm} = 792 hPa, für die kalte Atmosphäre ein solcher von p_{kalt} = 778 hPa. Das bedeutet, dass in 2 000 m Höhe ein theoretischer Druckunterschied von 14 hPa zwischen einer warmen und einer kalten Luftsäule besteht.

Die barometrische Höhenstufe, d.h. der Druckabfall von 1 Hektopascal bezogen auf eine Strecke von 1 Meter, beläuft sich in der Warmluft – gemittelt – auf etwa 9,6 m/hPa und in der Kaltluft auf 9,0 m/hPa. Der Luftdruck nimmt – gleichen Ausgangsdruck an der Erdoberfläche vorausgesetzt – somit in der Warmluft langsamer ab als in der Kaltluft.

Um die unterschiedliche Höhenlage von Druckflächen beispielsweise für das 300 hPa-Niveau in der warmen und kalten Atmosphäre zu berechnen, wird Gl. 7.2 nach der Höhe (z) umgestellt und der Einfachheit halber hier noch einmal mitgeteilt (s. auch Gl. 3.15ff.). Nach schrittweiser Separierung der Variablen lässt sich die Höhe z berechnen.

$$e^{-\left(\frac{g \cdot z}{R_L \cdot \overline{T}}\right)} = \frac{p}{p_0} \qquad -\left(\frac{g \cdot z}{R_L \cdot \overline{T}}\right) = \ln\frac{p}{p_0} \qquad z = \left(\frac{-\ln\frac{p}{p_0}}{g} \cdot R_L \cdot \overline{T}\right) \qquad (7.3\text{–}7.5)$$

Die Höhenlagen (z_{warm}, z_{kalt}) der 300 hPa-Flächen belaufen sich damit auf

$$z_{warm} = \frac{1,2}{9,81\frac{m}{s^2}} \cdot 287\frac{J}{kg \cdot K} \cdot 293\,K = 10\,286\,m \quad \text{und}$$

$$z_{kalt} = \frac{1,2}{9,81\frac{m}{s^2}} \cdot 287\frac{J}{kg \cdot K} \cdot 273\,K = 9\,584\,m\,. \qquad \text{Beachte: } J = \frac{kg \cdot m^2}{s^2}$$

Im Ergebnis ist festzustellen, dass die hier als Beispiel gewählte 300 hPa-Fläche in der warmen Atmosphäre in 10 286 m, diejenige in der kalten Atmosphäre in einer Höhe von 9 584 m liegt. Zwischen beiden Druckflächen ergibt sich somit eine Höhendifferenz von über 700 m!

Luft der mittleren Breiten trennt, grenzt die Polarfront im Wesentlichen subpolare und polare Luftmassen von denen der mittleren Breiten ab. Die Strahlströme an beiden Fronten erreichen hohe Windgeschwindigkeiten (80 m/s bis 100 m/s), sind erdumspannend angelegt und durch große Mäanderwellen in ihrem Strömungsverlauf charakterisiert. Diese Höhenwestwindströmung setzt sich als beherrschende Zirkulationsform der Frontalzone bis in die bodennahen Luftschichten durch, weshalb das Gebiet zwischen 30° und 60° Breite auch als **Westwindzone** bezeichnet wird.

Die Frontalzone weist wegen dynamischer Strömungsinstabilitäten keinen streng zonalen Verlauf auf (Abb. 7.11 a). Selbst kleine Störungen der Zonalstruktur führen zu großen Auslenkungen (Mäandern) der Grundströmung stromabwärts. Es bilden sich in der Westwinddrift mithin planetarische Wellen mit unterschiedlichem Schwingungsmuster aus. Diese Wellenstruktur kann zu Abspaltungen von Druckgebilden führen, wobei polwärts gerichtete Höhenhochdruckrücken aus Warmluft und äquatorwärts schwingende Höhentröge aus Kaltluft auftreten (Abb. 7.11 b). Bei stark zunehmender Amplitude der Schwingungen kommt es letztlich sogar zu Abschnürungen von Höhentrögen (Kaltlufttropfen) und Höhenhochdruckrücken (Warmluftinseln). Einen derartigen Vorgang bezeichnet man als Abschnürungs- oder **Cut-off-Effekt** (Abb. 7.11 c). Durch diese Abschnürung von Kaltlufttropfen oder Warmluftinseln wird eine zeitweise Blockierung bzw. Aufspaltung der Westwinddrift eingeleitet. Eine solche Situation nennt man deshalb auch **Blocking action** (Abb. 7.11 c). Aufspaltungen oder Blockierungen der Westwinddrift führen in den davon betroffenen Gebieten zu lang anhaltenden Witterungsanomalien.

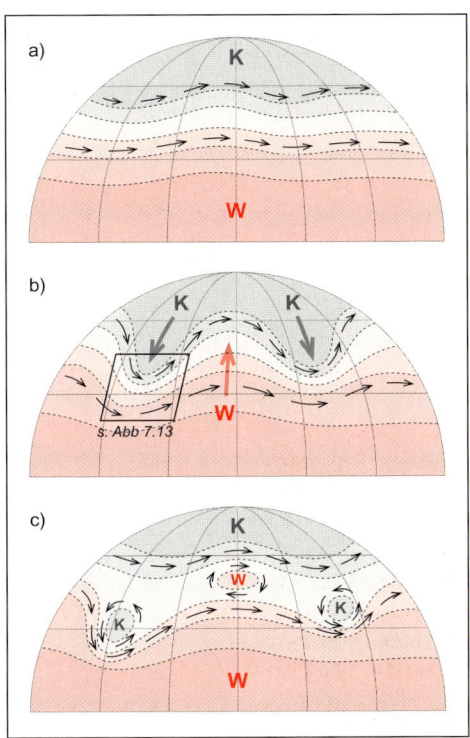

Abb. 7.11 Schematische Darstellung des Übergangs von der Zonalzirkulation mit Rossby-Wellen in die Wellenzirkulation sowie die Entstehung von Abschnürungs- (Cut-off-) und Blockierungseffekten (Blocking actions) im Bereich der planetarischen Frontalzone
a) Zonalströmung mit überlagerten Rossby-Wellen
b) Rossby-Wellen mit labil wachsenden Wellenlängen und Wellenamplituden
c) Cut-off-Effekt und Blocking action.
Ausschnitt in Abb. 7.11 b siehe Abb. 7.13
(nach Weischet 1991[5])

Die Gründe für die genannten dynamischen Instabilitäten der Frontalzone sind sowohl in den meridional verlaufenden Gebirgen, in der jahreszeitlich unterschiedlichen Erwärmung von Land und Meer sowie deren räumlicher Verteilung als auch in der breitenabhängigen Wirkung der Corioliskraft zu sehen. Nach ihrem Entdecker C.G. Rossby (1898–1957) werden die planetarischen Wellen auch **Rossby-Wellen** genannt.

Analysiert man den räumlichen Verlauf der globalen Höhenströmung, dann stellt man fest, dass vor der amerikanischen Westküste ein Ausbiegen der Höhenwestwindströmung nach N und in Lee der Rocky Mountains ein Rückpendeln nach S bzw. anschließend wieder nach N erfolgt. Vergleichbare Effekte findet man an den zentralasiatischen Hochgebirgen bzw. auf der Südhalbkugel in den Anden. Zurückzuführen ist diese Lageveränderung nicht nur auf die orographisch bedingten Reibungseffekte (Höhe der Rocky Mountains und der asiatischen Gebirge zwischen 3 000 m und 5 000 m ü. NN), sondern auch auf thermische Effekte durch die Erwärmung der Gebirgsoberflächen:

Aufheizung der hochgelegenen Bodenluft über den Gebirgen durch Strahlung und auch freiwerdende Kondensationswärme bei aufsteigender Luft nach Unterschreitung des Taupunktes bewirken gegenüber einer gleich hohen Umgebung in der freien Atmosphäre höhere Lufttemperaturen. Dadurch steigt Luft auf und fließt in der Höhe im Idealfall nach allen Seiten ab. Die auf der Luvseite vom Gebirge abströmende Luft überlagert sich derjenigen des geostrophischen Windes (Abb. 7.12). Die zusätzlich angreifenden Corioliskräfte führen zur Auslenkung der geostrophischen Strömung in Luv nach N und in Lee nach S (nähere Erläuterung durch Abb. 7.13).

Die Wellenstruktur der Strömung in der Frontalzone führt standortbedingt zu unterschiedlichen Geschwindigkeiten, was sich an der Weit- bzw. Engständigkeit der Isobaren erkennen lässt (Abb. 7.11 b). So nimmt die Drängung der Isobaren vor und

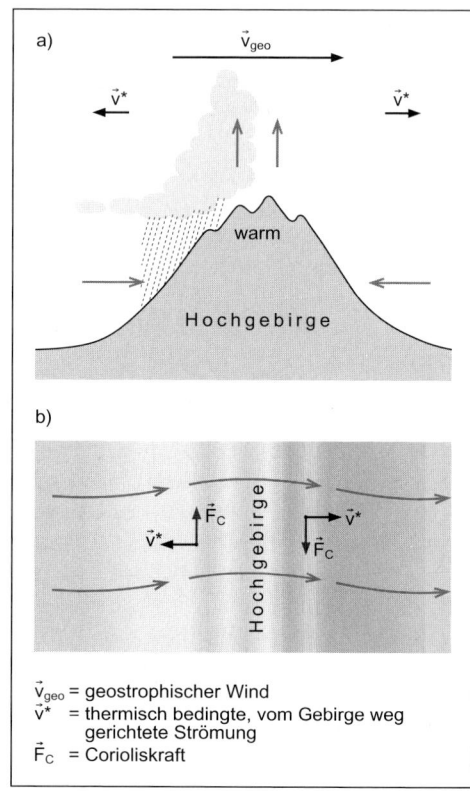

Abb. 7.12 Thermische Effekte an einem Hochgebirge: a) Querschnitt, b) Grundriss (nach FLOHN 1953; verändert)

über Gebirgen zum Beispiel zu, während sie in Lee weitständiger ist. Der höhere Luftdruckgradient führt zur Erhöhung der Geschwindigkeit, der abnehmende Luftdruckgradient in Lee zur Abbremsung der Strömung. Die wechselnden Druckverhältnisse haben Massenverlagerungen der Luft zur Folge, woraus sich Druckänderungen ergeben. Diese beruhen auf zwei Effekten:

Erstens verlaufen in der freien Atmosphäre Windströmungen immer geostrophisch (geradlinige Isobaren vorausgesetzt) oder zyklostrophisch. Dabei herrscht ein Gleichgewicht zwischen Druckgradientkraft (s. Kap. 6.3.1) und Corioliskraft (s. Kap. 6.3.2). Beim zyklostrophischen Wind wird eine der beiden Kräfte durch die Zentrifugalkraft (s. Kap. 6.3.4) verstärkt. Entscheidend für die Windgeschwindigkeit ist die Stärke der Druckgradientkraft.

Zweitens unterliegt Luft als Masse der Massenträgheit. Das bedeutet, dass sich zum Beispiel ein bewegendes Luftpaket nur mit zeitlicher Verzögerung ändernden Druckverhältnissen anpasst.

- **Dynamische Hoch- und Tiefdruckgebiete.** Wechselnde Druckverhältnisse aber sind in der Wellenströmung der Frontalzone am Südrand von Höhentrögen die Regel (Abb. 7.11 b; Nordrand auf der Südhalbkugel). Eine Ausschnittsvergrößerung des in Abb. 7.11 b stark generalisiert dargestellten Sachverhaltes zeigt Abb. 7.13. Hier stehen sich Konvergenzgebiete (Zusammendrängung der Isobaren) und anschließende Divergenzgebiete (Auseinanderstreben der Isobaren) gegenüber. In Konvergenzgebieten nimmt der Druck allmählich zu. Die Geschwindigkeit der Höhenströmung folgt dieser Zunahme des Druckgefälles aber nur mit Verzögerung. Das bedeutet, dass der Druckgradient und die von der Geschwindigkeit abhängige Corioliskraft zunächst nicht im Gleichgewicht stehen. Ageostrophische Massenversetzung zur Seite des geringeren Druckes in Richtung auf die Kaltluftseite ist die Folge. Damit erhöht sich hier der Druck am Boden. Umgekehrt nimmt der Bodenluftdruck auf der äquatorialen Seite ab.

Bei der Divergenz bleibt dagegen als Folge der Massenträgheit die Geschwindigkeit der Höhenströmung größer, als es dem verringerten Druckgefälle entsprechen müsste. Hier stehen ebenfalls der Druckgradient und die Corioliskraft nicht

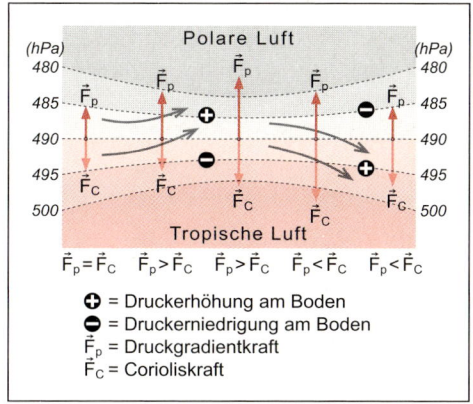

Abb. 7.13 Strömungsschema im Bereich von Konvergenzen und Divergenzen (generalisierte Ausschnittsvergrößerung aus Abb. 7.11 b) (Quelle: HÄCKEL 2005[5])

im Gleichgewicht. Deshalb erfolgt eine ageostrophische Massenverlagerung von der Kaltluft- auf die Warmluftseite mit entsprechender Abnahme des Bodendrucks auf der Polarseite und Bodendruckerhöhung auf der äquatorialen Seite. Massenversetzungen in der Höhenströmung führen dynamisch zur Entstehung von Bodentiefs, den dynamischen Zyklonen, und zu Bodenhochs, den dynamischen Antizyklonen. Mit der Westdrift wandern sie ostwärts.

Da Zyklonen und Antizyklonen im Allgemeinen eine Nord-Süd-Erstreckung über mehrere hundert Kilometer haben, besteht in ihnen ein Ungleichgewicht zwischen den breitenkreisabhängigen Werten der Corioliskraft (Abb. 7.14).

Zyklonen erhalten eine leicht zum Pol hin ausgerichtete, Antizyklonen eine zum Äquator führende Bewegungskomponente. Durch die sich mit der Wellenbewegung der Frontalzone ständig neu bildenden Hoch- und Tiefdruckgebiete entsteht an deren Südrand auf der Nordhalbkugel ein aus Einzelzellen bestehender Hoch-

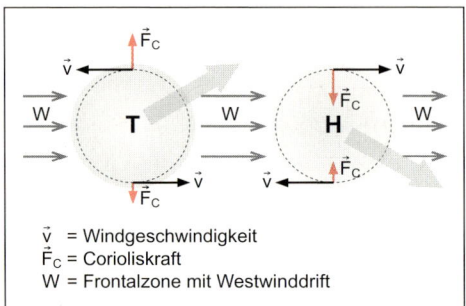

$\vec{v}$ = Windgeschwindigkeit
$\vec{F}_C$ = Corioliskraft
W = Frontalzone mit Westwinddrift

Abb. 7.14 Ausscheren von Zyklonen und Antizyklonen aus der Westdrift auf der Nordhalbkugel (Quelle: WEISCHET 1991[5])

druckgürtel, an der Polarseite ein ebenfalls aus Einzelzellen zusammengesetzter Tiefdruckgürtel, die subpolare Tiefdruckrinne (Abb. 7.6). Die verstärkte Einleitung der Wellenbewegung an den amerikanischen und ostasiatischen Gebirgen mit ihren sich in Lee entwickelnden Höhentrögen und Wirbelbildungen führt zu quasistationären, sich immer wieder erneuernden Hoch- und Tiefdruckgebieten, so zum Azorenhoch und Islandtief im Nordatlantik und dem Pazifischen Hoch und Aleutentief im Nordpazifik. Auf der Südhalbkugel liegt die Frontalzone infolge der anderen Land-/Meerverteilung um 8 bis 10 Breitengrade näher am Äquator. Die Höhenströmung ist stärker und gleichmäßiger, Höhenkeile und Höhentröge greifen nicht so weit aus. Dagegen ist dort die Ausbildung von Zyklonen ausgeprägter, die von Sturmtiefs ist häufiger. Während sich die Tiefdrucktätigkeit auf der Nordhalbkugel im Nordwinter wegen des größeren thermischen Gradienten zwischen Äquator und Polargebieten wesentlich verstärkt, bestehen in dieser Hinsicht auf der Südhalbkugel kaum Unterschiede zwischen Sommer und Winter.

• **Auswirkungen der Zyklonentätigkeit.** Mit der Westwinddrift nach E ziehende

dynamische Zyklonen sind die Ursache für die unbeständigen Witterungslagen in den mittleren Breiten. Häufig entsteht eine ganze Kette von Tiefdruckgebieten (**Zyklonenfamilie**), die in rascher Folge über West- und Mitteleuropa hinweg ziehen. Das Wettergeschehen in einer solchen Zyklone wird bestimmt durch Gegeneinanderströmen unterschiedlich warmer und feuchter Luftmassen, die in den Wirbel hineingezogen werden. Immer sind es mindestens zwei Luftmassen (s. Kap. 7.5), meist drei, selten sind mehr daran beteiligt. Häufig enthält eine Zyklone einen in der Regel im Südteil (Südhalbkugel: Nordteil) gelegenen Warmluftsektor. Da sich diese Luftmassen nicht unmittelbar miteinander mischen, entstehen Grenzflächen zwischen ihnen, die Fronten (Abb. 7.15). Die nachfolgenden Ausführungen beziehen sich auf die Verhältnisse der Nordhalbkugel.

An einer **Warmfront** gleitet die leichtere, warme Luft allmählich auf die kältere auf. Es kommt dabei zur Kondensation und Wolkenbildung (Abb. 7.15 und 7.16). So kündigt Cirrusbewölkung, die sich verdichtet und der Schichtwolken im mittleren Niveau folgen, das Herannahen einer Warmfront an; Regenbringer sind die nachfolgenden Nimbostratuswolken, die meist zu Landregen mit feintropfigem, langanhaltendem Niederschlag führen.

An der **Kaltfront** schiebt sich schwere Kaltluft infolge ihrer größeren Dichte unter die Warmluft. Zugleich eilen die höheren Schichten den von der Bodenreibung gebremsten unteren Schichten voraus und stürzen an der Stirnseite ab. Die Warmluft wird zum Aufsteigen gezwungen. Aufgetürmte Haufenwolken (Cu con und Cb) sind die Folge dieses erzwungenen plötzlichen Aufstiegs. Es kommt zu Schauern oder Gewitterregen mit großtropfigem

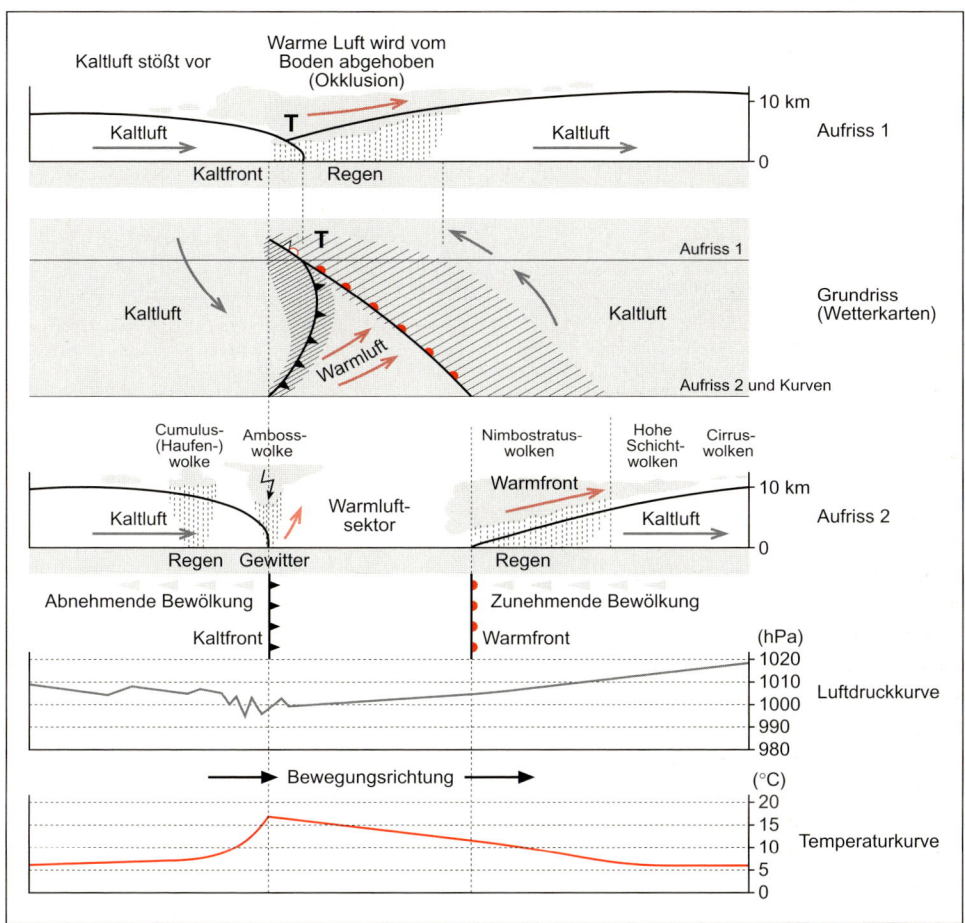

Abb. 7.15   Grund- und Aufriss einer Zyklone auf der Nordhalbkugel

Niederschlag. Je größer der Temperaturgegensatz zwischen den Luftmassen ist, um so kräftiger ist auch die Ausprägung dieser Fronten. So kann die Kaltfront als ausgedehnte Gewitterfront auftreten.

Unter einer **Okklusion** versteht man eine Front zwischen der Warm- und Kaltluft, die nur noch in der Höhe anzutreffen ist (Abb. 7.15, oben, und 7.16). Sie entsteht, wenn die Kaltfront die Warmfront eingeholt hat, denn während die Warmluft durch Aufgleiten an Bewegungsenergie

verliert, behält die Kaltluft ihre Strömungsgeschwindigkeit, abgesehen von der gebremsten Bodenluft, bei. Die Okklusion leitet die Auffüllung des Tiefs ein. Man spricht deshalb von einer gealterten Zyklone.

Der Durchzug einer Zyklone an einem Beobachtungsort (wiederum Abb. 7.15 und 7.16) kündigt sich außer durch Cirren auch durch Winddrehung von südlicher auf südwestliche Richtung, allmählichen Temperaturanstieg und Druckabfall an.

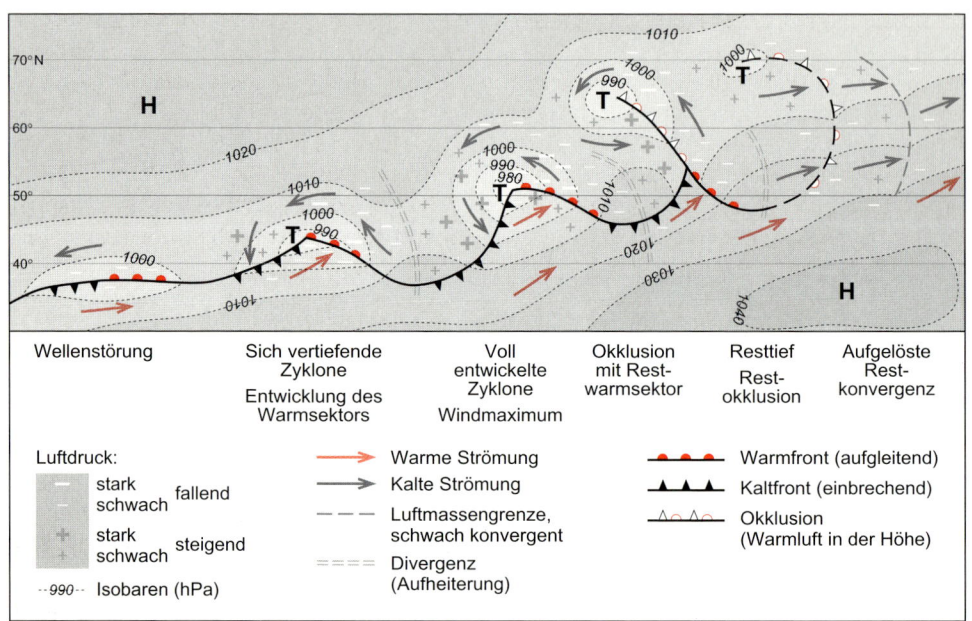

Abb. 7.16 Generalisierte Darstellung einer sich aus einer Wellenstörung entwickelnden Zyklonenfamilie auf der Nordhalbkugel (Zyklogenese)

Eine Kaltfront ist mit Winddrehung auf NW und plötzlichem Temperaturfall verbunden.

7.3.2.3 Polar-Zelle.

Als dritte Zelle schließt sich nach dem Dreizellenmodell polwärts an die Ferrel-Zelle die **Polar-Zelle** an (Abb. 7.5). Hiermit wird ein Gebiet umschrieben, das sich durch Konvergenz der Luft in der Höhe und Divergenz am Boden auszeichnet, woraus hoher Bodenluftdruck resultiert. Aus dem kalten Bodenhoch (Polarhoch) strömt mit niedriger Geschwindigkeit Luft aus. Diese wird auf ihrem Weg nach S auf der Nordhalbkugel nach rechts abgelenkt, wodurch ein NE-Wind entsteht. Da diese Luft kalt ist und eine relativ hohe Dichte aufweist, hebt sie auf ihrem Weg die wärmere und auch feuchtere Luft, die in der Regel aus

den mittleren Breiten kommt, an und bindet diese in die Höhenwestwindströmung ein. An der Luftmassengrenze zwischen mittleren und polaren Breiten treten im Polarfrontstrahlstrom maximale Windgeschwindigkeiten auf.

7.4 Zusammenfassendes Bild der Allgemeinen Zirkulation der Atmosphäre

Nach der Beschreibung der Einzelglieder und Teilzirkulationen soll nunmehr ein zusammenfassendes, allerdings wiederum stark generalisiertes Bild der planetarischen Zirkulation entworfen werden. Dazu werden für die bodennahen Verhältnisse Abb. 7.17 und für die Höhe (Druckverteilung und Strömungsverhältnisse in der mittleren Troposphäre) Abb. 7.18 zugrunde gelegt.

Ausgehend vom Äquator schließen sich an die ITCZ in Richtung Wendekreise die windbeständigsten Gebiete der Erde, die **Passate**, an. Diese werden im Wesentlichen aus den Zonen der subtropischen/randtropischen Hochdruckgebiete (Rossbreiten) gespeist und strömen als NE- und SE-Passate der ITCZ, dem Kalmengürtel, zu. Passate sind insbesondere über den Ozeanen gut ausgebildet. Über den Kontinenten ist ihre Strömung häufig durch starke Konvektionsprozesse gestört.

Der Name Passat entstammt dem Portugiesischen *passar*, was soviel wie vorbeilaufen („passieren") bedeutet. Die englische Bezeichnung *trade winds,* auf deutsch Handelswinde, weist auf die Beständigkeit und damit Verlässlichkeit dieser für die Segelschifffahrt außerordentlich bedeutsamen Winde bei der Überquerung der Ozeane hin. Die **Rossbreiten** liegen im Kerngebiet der Passate und zeichnen sich durch anhaltende Windstille oder nur schwache umlaufende Luftbewegung aus (bedingt durch absteigende Luft in den subtropischen/randtropischen Hochdruckgebieten; Gebiete der Steppen und Wüsten). Die Bezeichnung geht ebenfalls auf die Segelschifffahrt zurück. Schiffe lagen in diesen Gebieten oft tage- oder wochenlang unter Flaute und mussten deshalb die mitgeführten Pferde (Rösser) aus Nahrungs- und Wassermangel schlachten.

Passate sind überaus trockene und niederschlagsarme Winde (Passatwüsten), die nur dort, wo sie nach langem Überströmen von Wasserflächen auf Küsten- oder Hochgebirge treffen, zu starken Niederschlägen an den Gebirgsflanken führen (Steigungsregen). Da sich die ITCZ mit dem Sonnenstand im Jahresgang verlagert – im Nordsommer (Südsommer) deshalb überwiegend nördlich (südlich) des mathematischen Äquators liegt –, entwickeln sich aus den Passaten nach Übertritt auf die jeweils andere Halbkugel Teilzirkulationen die mit jahreszeitlichem Richtungswechsel auftretenden Monsune.

Die **subtropischen/randtropischen Hochdruckgürtel** stellen eine Zone von meist einzelnen, hoch reichenden warmen Hochdruckgebieten dar. Bekannteste Vertreter dieser quasistationären Druckgebilde sind das Azorenhoch und das Pazifikhoch. In der Höhe ($\approx$ 12 km) folgt der Subtropenstrahlstrom (Subtropenjetstream), der sich durch große Beständigkeit auszeichnet und im Jahresgang kaum eine Lageveränderung erfährt, dem Kernbereich des bodennahen subtropischen/randtropischen Hochdruckgürtels.

Polwärts an die Rossbreiten schließt sich der **außer- bzw. ektropische Westwindgürtel** an. Es handelt sich hierbei um das Gebiet der mittleren Breiten, das von der Wasserversorgung Waldbestände und Grasbewuchs zulässt. Unter der Westwindzone sollte man sich eher eine diskontinuierlich als richtungskonstant auftretende Westströmung vorstellen, die starken Wellencharakter hat und oft durch unterschiedliche Druckgebilde unterbrochen wird (Cut-off-Effekte und Blocking actions; vgl. Abschnitt 7.3.2.2). Unbeständigkeit in Richtung und Geschwindigkeit ist vielmehr das hervorstechende Merkmal dieser Strömung, was sich natürlich auch auf die Witterung dieses Gebietes ausprägt. Der Grund dafür ist der Massenaustausch zwischen subtropischer Warm- und polarer Kaltluft, die durch die wandernden Zyklonen stark verwirbelt werden.

Polwärts an die Westwindzone schließt sich die **Polarfront** an, deren Verlauf außerordentlich variabel ist und die mit der Entstehung dynamischer Tiefdruckgebiete

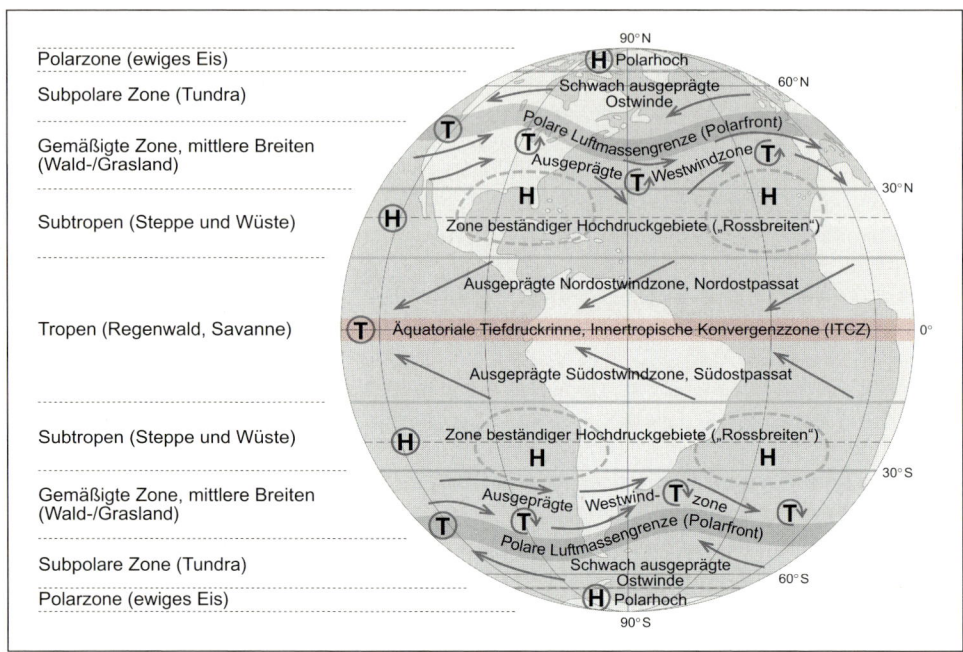

Polarzone (ewiges Eis)

Subpolare Zone (Tundra)

Gemäßigte Zone, mittlere Breiten (Wald-/Grasland)

Subtropen (Steppe und Wüste)

Tropen (Regenwald, Savanne)

Subtropen (Steppe und Wüste)

Gemäßigte Zone, mittlere Breiten (Wald-/Grasland)

Subpolare Zone (Tundra)

Polarzone (ewiges Eis)

Abb. 7.17   Generalisiertes Schema der bodennahen planetarischen Zirkulation (nach Schönwiese 2003[2])

in Verbindung zu bringen ist. Es handelt sich hierbei um eine geneigte Fläche, die die Grenze zwischen der warmen subtropischen/tropischen und der kalten polaren Luft bildet. Die Polarfront fällt in der Höhe mit einem Starkwindband (Polarfrontjetstream) zusammen, das stärker ist als dasjenige des Subtropenstrahlstroms. Im Vergleich zu letztgenanntem zeichnet sich der Polarfrontjetstream auch durch stärkere jahreszeitliche Lageveränderungen aus.

Die **subpolare Zone** (Tundrengebiet) wird am Boden durch kalte Ostwinde charakterisiert, die aus dem Polarhoch der Polarzone mit geringer Geschwindigkeit ausströmen (s. Abb. 7.5 und 7.6).

Diesem relativ differenzierten Bild der bodennahen Allgemeinen Zirkulation der Atmosphäre steht ein wesentlich einfacher strukturiertes **Strömungsverhalten in der mittleren Troposphäre** (500 hPa-Niveau, etwa 5 km ü. Gr.) gegenüber (Abb. 7.18). Beherrschendes Zirkulationselement ist hier die auf beiden Hemisphären gut ausgebildete Westwindzone, die an den Polen von Polarwirbeln mit Tiefdrucktrögen abgelöst wird. Äquatorwärts wird die Westwindzone durch die subtropischen Hochdruckzellen sowie durch die im Bereich der Hadley-Zelle vorherrschenden äquatorialen Ostwinde bestimmt. Der dynamische Verlauf der Westwindzone, der auf der Abbildung durch ein mehr oder weniger starkes Mäandrieren der Strömung zum Ausdruck kommt, wird in seiner Stärke durch die Land-Meer-Verteilung, die Jahreszeiten sowie durch eingelagerte und mittransportierte Tiefdruckwirbel beeinflusst.

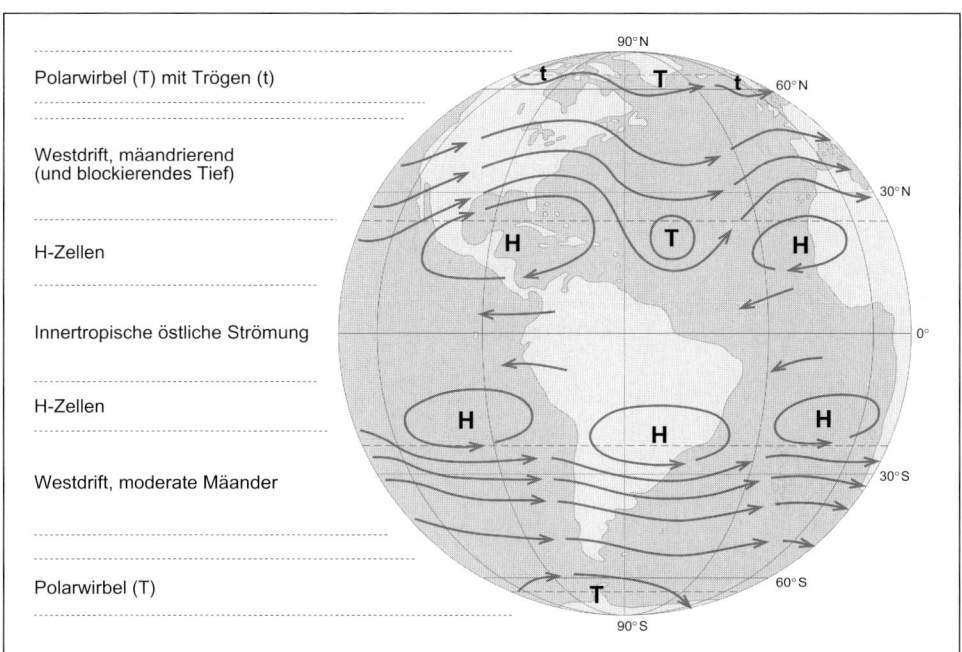

Abb. 7.18 Schema der planetarischen Zirkulation im 500 hPa-Niveau (mittlere Troposphäre) (nach SCHÖNWIESE 2003²)

7.5 Luftmassen

Bestimmende Elemente der Witterung und schließlich des Wetters an einem Ort sind die durch die Strömungssysteme der Allgemeinen Zirkulation der Atmosphäre transportierten Luftmassen. Für Mitteleuropa soll exemplarisch dargestellt werden, welche Eigenschaften Luft hat, wenn sie verschiedenen Ursprungsgebieten entstammt. In der Klimatologie bezeichnet man mit dem Begriff **Luftmasse** einen Luftkörper, dessen physikalische und chemische Eigenschaften quasihomogen sind und welcher ein Gebiet von mehr als 500 km horizontal und mehr als 1 000 m vertikal einnimmt. Die horizontale Tempe-

raturänderung sollte dabei relativ gering sein ($dt/dz_{horiz.} \leq 1K/100$ km). Unterschiede zwischen verschiedenen Luftmassen sind bedingt durch die klimatischen Verhältnisse in ihren Entstehungsgebieten und gegebenenfalls durch die Einflüsse auf ihren Zugbahnen. Die Homogenität von Luftmassen beruht im Wesentlichen auf einer Verweilzeit im Entstehungsgebiet von wenigstens einigen Tagen. Für den Wetterablauf in Mitteleuropa sind im Allgemeinen allochthone (fremdbürtige) Luftmassen bestimmend. Autochthone (eigenbürtige) Luftmassen stellen sich meist dann ein, wenn die Luft an einem Ort durch Hochdruckeinfluss zur Ruhe kommt und die klimatologischen Gegebenheiten des entsprechenden Standortes annimmt. Unterschieden werden nach ihrer Herkunft folgende Luftmassen: arktische Polarluft (P_A), Polarluft (P), Tropikluft (T) und afrikanische Tropikluft aus Nordafrika (T_S). Nach ihrem Transportweg gliedert man ferner in feuchte maritime (m) und trockene kontinentale (c) Luftmassen. Da diese auf ihrem Weg altern, d. h. ihre Temperatur ändern können, bringt man auch das in die Kennzeichnung ein: ein tief gestelltes T bedeutet Erwärmung auf dem Zuführungsweg, ein tief gestelltes P Abkühlung. Tabelle 7.2 und Abb. 7.19 enthalten weitere die verschiedenen Luftmassen charakterisierende Einzelheiten.

Tab. 7.2　Luftmassen und ihre typischen Eigenschaften (nach SCHREIBER 1982[3])

Wissenschaftl. Bezeichnung	Abk.	Bezeichnung auf Wetterkarten	Ursprungs- gebiet	Weg über	Eigenschaften
Kontinentale arktische Polarluft	cP_A	Sibirische Polarluft	Nordsibirien	Rußland	Extrem kalt, sehr trocken, stabil, wolkenarm, Advektiv- u. Strahlungsfrost, Hochnebel, darüber sehr gute Sicht
Maritime arktische Polarluft	mP_A	Arktische Polarluft	Arktis	Nordmeer	sehr kalt, feucht, labil, Advektivfrost, Schauer
Kontinentale Polarluft	cP	Russische Polarluft	Rußland	Osteuropa	kalt, trocken, stabil, Strahlungsfrost, gute Sicht
Maritime Polarluft	mP	Grönländische Polarluft	Arktis	Nordmeer	kalt, feucht, labil, Schauer, Gewitter
Kontinentale gealterte Polarluft	cP_T	Rückkehrende Polarluft	Arktis (Nordsibirien)	Südosteuropa	mäßig warm, trocken, stabil, wolkenarm, gute Sicht
Maritime gealterte Polarluft	mP_T	Erwärmte Polarluft	Arktis (Polarmeere, Grönland)	Azorenraum	mäßig warm, feucht, Stratus, Nebel, Nieseln, diesig
Kontinentale gealterte Tropikluft	cT_P	Festlandluft	Mitteleuropa	-	mäßig warm, trocken
Maritime gealterte Tropikluft	mT_P	Meeresluft	Nordost-Atlantik	England	mild, feucht, trübe
Kontinentale Tropikluft	cT	Asiatische Tropikluft	Naher Osten	Südosteuropa	heiß, trocken, dunstig, lockere, mittelhohe Bewölkung, wenig Niederschlag
Maritime Tropikluft	mT	Atlantische Tropikluft	Azorenraum	Westeuropa	warm, feucht, trübe, stratusförmige Wolken, Nebel, Nieseln
Kontinentale afrikanische Tropikluft	cT_S	Afrikanische Tropikluft	Sahara	Spanien, Balkan	trocken, heiß, staubführend (selten)
Maritime afrikanische Tropikluft	mT_S	Mittelmeer-Tropikluft	Afrika	Mittelmeer	heiß, schwül, föhnig

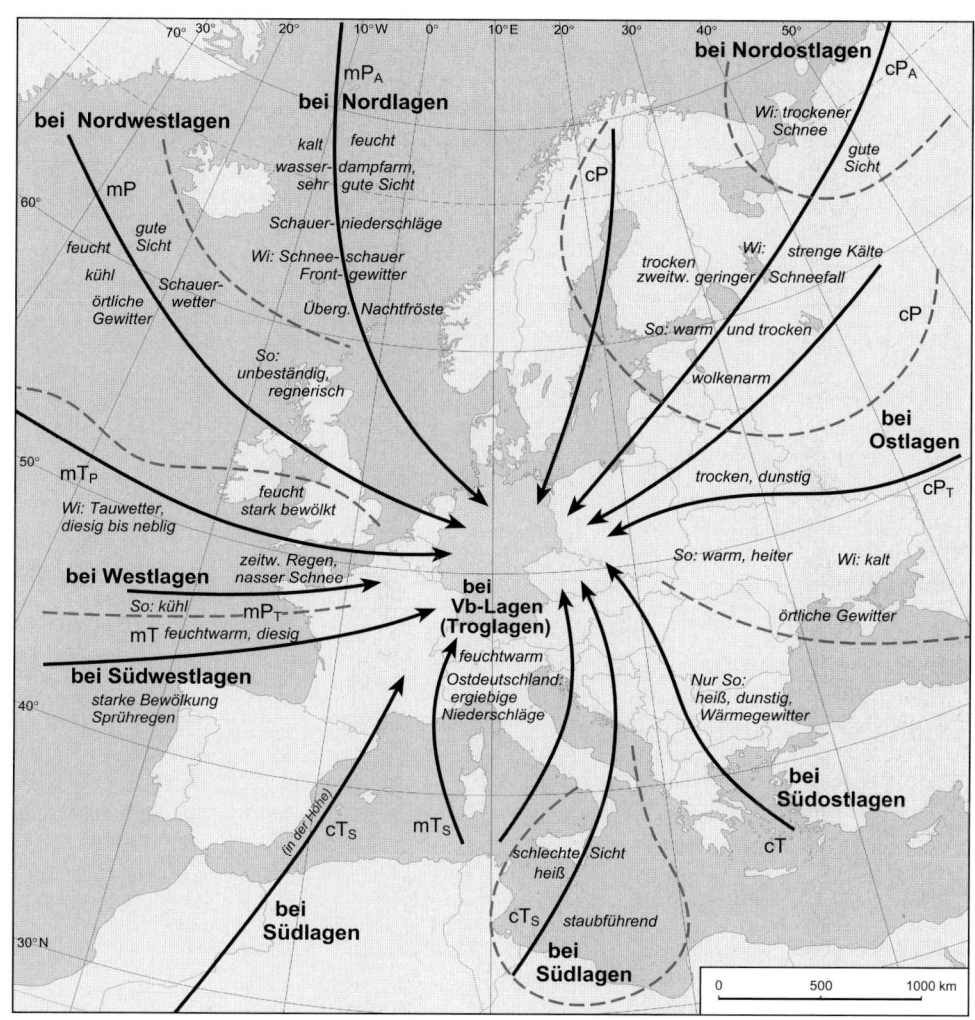

Abb. 7.19 Die Luftmassen Mitteleuropas und ihre Eigenschaften (nach SCHREIBER 1982[3])

8 Klimatypen und Klimaklassifikation

Abb. 8.1 Oberflächenbedeckendes vulkanisches Auswurfmaterial (Lapilli) und trichterförmige Pflanzgruben (Enarenado natural) sollen auf der regenarmen Insel Lanzarote die Kondensation erhöhen und die Verdunstung hemmen.
Foto: GRAF

8.1 Einführung

Das globale Klima ist mit seinen vielfältigen Facetten ein bestimmender Faktor des menschlichen Lebens. Deshalb ist es verständlich, dass schon früh von wissenschaftlicher Seite damit begonnen wurde, unterschiedliche Klimate zu typisieren und diese gegenseitig voneinander abzugrenzen. Zu den Einteilungskriterien zählen hauptsächlich Klimaelemente und Klima-

faktoren (s. Kap. 1). Darüber hinaus kann nach verschiedenen Aspekten der physischen Umwelt klassifiziert werden, die wiederum vom Klima geprägt werden. Dazu zählen zum Beispiel die Oberflächengestaltung und die Vegetation. Es zeigte sich, dass für eine weltweite Anwendung nicht die gesamte Bandbreite an Klimaeigenschaften, wie sie durch Messungen aller meteorologischen Größen repräsentiert werden, in ausreichendem Maße für eine Klassifizierung zur Verfügung stehen. Die zahlreichen Versuche, die Klimate der Erde zu ordnen, führen letztendlich dazu, dass im Wesentlichen nur die langjährigen Werte der Lufttemperatur und des Niederschlags für eine annähernd flächendeckende Auswertung herangezogen werden können. Bevor auf die Klassifizierung der Klimate näher eingegangen wird, sollen ausgewählte Klimatypen vorgestellt werden.

8.2 Klimatypen

Unter einem **Klimatyp** versteht man die Ausprägungen des Klimas, die durch die großräumige geographische Lage und die regionale physische Besonderheit eines Raumes hervorgerufen werden.

Die Klimaeigenschaften können auf der Grundlage sich ähnlich verhaltender Werte der Klimaelemente und der Einflüsse der Klimafaktoren beschrieben und zur Abgrenzung genutzt werden. Neben der Lufttemperatur und dem Niederschlag als einfach zu messende Bestimmungsgrößen werden gelegentlich auch die relative Luftfeuchtigkeit und der Wind zu Einteilungszwecken herangezogen. Bekannte Klimatypen, auf die nachfolgend eingegangen werden soll, sind:

Maritimes und kontinentales Klima, Westküsten- und Ostküstenklima, Jahres- und Tageszeitenklima, arides und humides Klima sowie Gelände-, Stadt- und Bioklima.

Die drei letztgenannten Klimatypen werden an dieser Stelle nicht behandelt, da für sie eigene Kapitel (Kap. 9 und 10) erstellt wurden.

8.2.1 Maritimität und Kontinentalität.

Der Gegensatz zwischen maritimem (ozeanischem) und kontinentalem Klima ist auf die unterschiedlichen strahlungs- und thermophysikalischen Eigenschaften von Wasser und Land (Boden bzw. Gestein) zurückzuführen.

Wasserkörper verhalten sich gegenüber kurzwelliger Einstrahlung semitransparent, das heißt sie sind in Abhängigkeit von der Wellenlänge des Lichtes und der Trübung des Wassers durch Schwebstoffe mehr oder weniger stark durchstrahlbar. Dadurch kann die Strahlungsenergie in das Medium eindringen, sich letztlich als Wärme dort verteilen und durch Strömungstransporte größere Volumina ausfüllen.

Böden können dieses nicht, denn der Strahlungsumsatz erfolgt hier im Wesentlichen an der Oberfläche, ohne dass Strahlung nennenswert in den Untergrund gelangt. Eine Temperaturveränderung (Erwärmung oder Abkühlung) ist deshalb insbesondere an trockenen Bodenoberflächen größer als an Wasseroberflächen. Da sich auch die Wärmeleitfähigkeit und die Wärmekapazität beider Medien (Daten s. Kap. 4) voneinander unterscheiden, reagieren Wasserkörper zum Beispiel wesentlich träger auf Temperatur- und Wärmeveränderungen als Landoberflächen.

Nachfolgend werden die wichtigsten **Unterschiede zwischen maritimem und kontinentalem Klima** erläutert, jedoch nur für außertropische Gebiete, denn innerhalb der Tropen sind die Unterschiede zwischen Festlands- und Meeresklima nur schwach ausgeprägt.

Eine Abgrenzung zwischen maritimem und kontinentalem Klima kann sowohl über die Temperatur als auch über den Niederschlag erfolgen, wobei auf eine thermische Unterscheidung häufiger zurückgegriffen wird.

Demnach weisen Gebiete mit maritimem Klima wie Küsten und Hochseeinseln im Jahresgang der Lufttemperaturen eine geringere Spanne zwischen den sommerlichen Maxima und den winterlichen Minima auf als Kontinentalstationen. Man spricht deshalb vom ausgeglicheneren maritimen Temperaturregime. Das Temperaturminimum liegt, da Wasser die im Sommer gespeicherte Wärme nur langsam abgibt, auf der Nordhalbkugel zum Beispiel oft erst im Februar, das Maximum im August. Ozeane sind im Sommer im Vergleich zum Festland kühl, im Winter hingegen relativ warm. Die verzögerte Temperaturreaktion ist auch ein Grund dafür, dass die Übergangsjahreszeiten verhältnismäßig lang sind, mit kühlem Frühjahr und mildem Herbst. Darüber hinaus ist der Herbst häufig regenreich. Das liegt daran, dass die Luft über dem warmen Meerwasser einen höheren Dampfdruck hat. Strömt diese über das schon kühle Festland, tritt Kondensation mit Niederschlag auf. Im Sommer lässt sich der gegenteilige Effekt beobachten. Durch das im Vergleich zum Festland kühle Meer ergibt sich dann für die darüber streichende Luft ein niedrigerer Dampfdruck. Wird die Luft landeinwärts transportiert, steigen die Temperaturen an, und die Niederschlagswahrscheinlichkeit nimmt aufgrund der abnehmenden relativen Luftfeuchtigkeit ab; häufig herrscht dann heiteres Wetter vor. Ein weiterer Grund für einen geringen Bedeckungsgrad bei auflandigem Wind an den Küsten ist darin zu sehen, dass über dem Meer aufgrund seiner Reibungsarmut die Luftströmung weniger stark in Richtung tiefen Drucks abgelenkt wird, als es über dem Festland der Fall ist. Dadurch kommt es landeinwärts zu einem Auseinanderströmen des Windes, zu einer Divergenz. Da diese an der Küste zu beobachten ist, spricht man auch von einer **Küstendivergenz**. Die Küstendivergenz bewirkt absteigende Luft und damit Wolkenauflösung durch adiabatische Erwärmung.

Maritimes Klima zieht nicht ohne weiteres hohe Niederschläge nach sich. Erst ein durch zunehmende Reibung landeinwärts verursachter Strömungsstau, insbesondere erzwungenes Aufsteigen von Luftmassen an Küstengebirgen, kann zu verstärkter Kondensation und Stauniederschlägen führen. Hierfür sind das an der flachen Westküste von Jütland gelegene Blåvandshuk (westl. von Esbjerg) mit nur 504 mm Jahresniederschlag und die in Luv des skandinavischen Gebirges liegende Küstenstadt Bergen mit fast viermal soviel Jahresniederschlag (1 958 mm) prägnante Beispiele.

Im Vergleich zum maritimen Klima ist **kontinentales Klima** durch große Temperaturunterschiede zwischen Sommer und Winter (ebenso zwischen Tag und Nacht) gekennzeichnet. Der Jahresgang der Lufttemperatur folgt bei diesem Klimatyp mit nur geringer Verzögerung dem höchsten und niedrigsten Sonnenstand; wärmster Monat auf der Nordhalbkugel ist der Juli, kältester der Januar. Die Übergangsjahreszeiten sind relativ kurz. Das Maximum der überwiegend konvektiven Niederschläge (Schauer und Gewitter) liegt im Sommer. Hingegen sind winterliche Niederschläge eher zyklonal bestimmt und wegen der niedrigeren Lufttemperaturen weniger ergiebig.

In welchem Maße der kontinentale Einfluss von der Küste (Nordsee) ins Binnenland (Sibirien) zunimmt, soll anhand einer Gegenüberstellung der Lufttemperaturen und des Niederschlags von fünf Stationen entlang des 50./60. Breitengrades dokumentiert werden (Tab. 8.1). Wie man der Tabelle entnehmen kann, steigen die Jahresamplituden der Lufttemperatur von Hamburg über Warschau, Moskau, Jenisejsk bis Jakutsk in Sibirien mit Zunahme der Meeresferne stark an. Während im

Tab. 8.1 Langjährige Monats- und Jahresmittel $\bar{x}$ der Lufttemperaturen (t) und Niederschlags-summen (N, Σ), Temperaturamplituden ($T_{max} - T_{min}$) und Niederschlagsquotienten (Sommer-/Winterhalbjahr; N_{So}/N_{Wi}) für ausgewählte Stationen (Quelle: MÜLLER 1996[5]; verändert)

Nr.	Monat	Hamburg 53° N / 10° E 14 m ü. NN		Warschau 52° N / 21° E 107 m ü. NN		Moskau 55° N / 37° E 156 m ü. NN		Jenisejsk 58° N / 92° E 78 m ü. NN		Jakutsk 62° N / 129° E 100 m ü. NN	
		t (°C)	N (mm)	t (°C)	N (mm)	t (°C)	N (mm)	t (°C)	N (mm)	t (°C)	N (mm)
I	Januar	0,0	57	−3,5	23	−10,3	31	−22,0	24	−43,2	7
II	Februar	0,3	47	−2,5	26	−9,7	28	−19,3	17	−35,8	6
III	März	3,3	38	1,4	24	−5,0	33	−10,9	17	−22,0	5
IV	April	7,5	52	8,0	36	3,7	35	−1,8	19	−7,4	7
V	Mai	12,0	55	14,0	44	11,7	52	6,5	44	5,6	16
VI	Juni	15,3	64	17,5	62	15,4	67	14,4	57	15,4	31
VII	Juli	17,0	82	19,2	79	17,8	74	17,8	60	18,8	43
VIII	August	16,6	84	18,2	65	15,8	74	14,7	60	14,8	38
IX	September	13,5	61	13,9	41	10,4	58	7,9	53	6,2	22
X	Oktober	9,1	59	8,1	35	4,1	51	−0,9	42	−7,8	16
XI	November	4,9	57	3,0	37	−2,3	36	−12,1	41	−27,7	13
XII	Dezember	1,8	58	−0,6	30	−8,0	36	−20,9	36	−39,6	9
Jahresmittel ($\bar{x}$) in °C Jahressumme (Σ) in mm		8,4	714	8,1	502	3,6	575	−2,2	470	−10,2	213
Amplitude $T_{max} - T_{min}$ in K		17,0		22,7		28,1		39,8		62,0	
N_{So} / N_{Wi}			1,3		1,9		1,9		2,1		3,5

küstennahen Hamburg eine Jahrestemperaturamplitude von 17 K erreicht wird, sind es in Moskau schon über 28 K und in Jakutsk fast erstaunliche 62 K. Dabei liegen die mittleren Sommertemperaturen in Hamburg und Jakutsk durchaus auf gleichem Niveau. Allein die Tiefe der Wintertemperaturen am sibirischen Standort führt zu dem außerordentlich großen Unterschied in den jährlichen Temperaturspannen. Neben den thermischen Verhältnissen ändern sich auch die hygrischen Gegebenheiten. So kann man eine markante Veränderung der Monatsniederschläge von West nach Ost feststellen. Dabei nimmt nicht nur die durchschnittliche Jahresniederschlagssumme von 714 mm (Hamburg) auf 213 mm (Jakutsk) ab, sondern es ändert sich auch das Verhältnis der Sommer-

zu den Winterniederschlagssummen. Während man in Hamburg von einer annähernden Gleichverteilung der Niederschläge über das Jahr mit höchsten Monatssummen im Sommer ausgehen kann (N_{So} / N_{Wi} = 1,3), nimmt dieser Quotient nach Osten zu, so dass es in Jakutsk zum Beispiel im Sommer 3,5-mal mehr regnet als im Winter, bei allerdings relativ geringer Jahressumme. Diese Daten spiegeln den prägenden Einfluss konvektiver Niederschlagsereignisse im Sommer wider.

In der Fachliteratur werden unterschiedliche Möglichkeiten beschrieben, den **Kontinentalitätsgrad** mit Hilfe verschiedener mathematischer Ansätze zu quantifizieren (Überblick dazu in BLÜTHGEN/WEISCHET 1980[3]).

Exemplarisch soll hier auf die Berechnung der thermischen Kontinentalität eingegangen werden. Bei diesem Verfahren (GORCZYNSKI 1920) bezieht man sich auf die höchste auf der Erde nachgewiesene Jahresamplitude der Lufttemperatur, die an einem der Kältepole der Erde, in diesem Fall für Werchojansk, Nordostsibirien, mit $\Delta T = 65{,}2$ K ermittelt wurde. Dieser Wert wird gleich 100 % gesetzt. Nach Gleichung 8.1 kann der Kontinentalitätsgrad wie folgt berechnet werden:

$$k = 1{,}7 \cdot \frac{R}{\sin\varphi} - 20{,}4 \qquad \textbf{(8.1)}$$

mit k = Kontinentalitätsgrad (%),
R = Jahresspanne der Monatsmitteltemperatur ($T_{max} - T_{min}$; in K) und
φ = geogr. Breite in °

Die festgelegten Grenzen stellen allerdings nur Näherungswerte dar:
0 % bis 33 %: maritimes Klima bis maritimes Übergangsklima
34 % bis 66 %: kontinentales Klima
67 % bis 100 %: extrem kontinentales Klima.
Hiernach resultieren für die in Tab. 8.1 enthaltenen Daten der Klimastationen folgende Kontinentalitätsgrade:

$k_{Hamburg}$:   16 %
$k_{Warschau}$:   28 %
k_{Moskau}:   40 %
$k_{Jenisejsk}$:   59 %
$k_{Jakutsk}$:   99 %

Nach der obigen Einteilung liegen Hamburg und Warschau mithin im maritimen Übergangsklima, Moskau und Jenisejsk im Bereich des kontinentalen Klimas und Jakutsk weist mit annähernd 100 % einen extrem kontinentalen Klimatypus auf.

Die hier vorgenommene Einteilung nach kontinentalem und maritimem Klima auf der Basis der Jahrestemperaturamplitude ist jedoch dort nicht anwendbar, wo an Küstenstandorten kalte oder warme Meeresströmungen das Temperaturregime nachhaltig beeinflussen, wie das an der japanischen Ostküste der Fall ist, deren Klima sowohl durch den warmen Kuroshio als auch den kalten Oyashio beeinträchtigt wird.

8.2.2 Jahreszeiten- und Tageszeitenklima.

Jahres- und Tageszeitenklimate unterscheiden sich jeweils danach, ob die Jahreszeit oder die Tageszeit das Klima thermisch prägt.

Unter **Jahreszeitenklima** versteht man denjenigen Klimatyp, der eine größere Temperaturamplitude im Jahresgang (zwischen Sommer und Winter) aufweist als im Tagesgang (zwischen Tag und Nacht). Von **Tageszeitenklima** spricht man, wenn die Amplitude im Tagesgang größer ist als im Jahresgang.

Jahreszeitenklima weisen alle Gebiete mit warmen und kalten Jahreszeiten auf, die somit außerhalb der Tropen liegen. Der Grund für das Auftreten dieses Klimatyps liegt in der jahreszeitenabhängigen Sonnenhöhe und damit dem unterschiedlich hohen Strahlungsgenuss begründet. Insbesondere für die höheren Breiten ist der Jahresgang der Sonnenstrahlung und damit der Temperatur ein außerordentlich charakteristisches klimatisches Merkmal.

Das Tageszeitenklima charakterisiert hingegen die **Tropen**, wo selbst bis in große Höhen ü. NN thermisch differenzierte Jahreszeiten fehlen. Denn hier ist bei fast gleich bleibender Länge der Tage sowie meist gleich großem Einfallswinkel der Sonnenstrahlung (an den Wendekreisen zwischen 43° und 90°, am Äquator zwischen 66,5° und 90°) die jährliche Temperaturamplitude gering. Wesentlich stärker sind jedoch die Temperaturschwankungen im Tagesgang, weshalb auch von einem

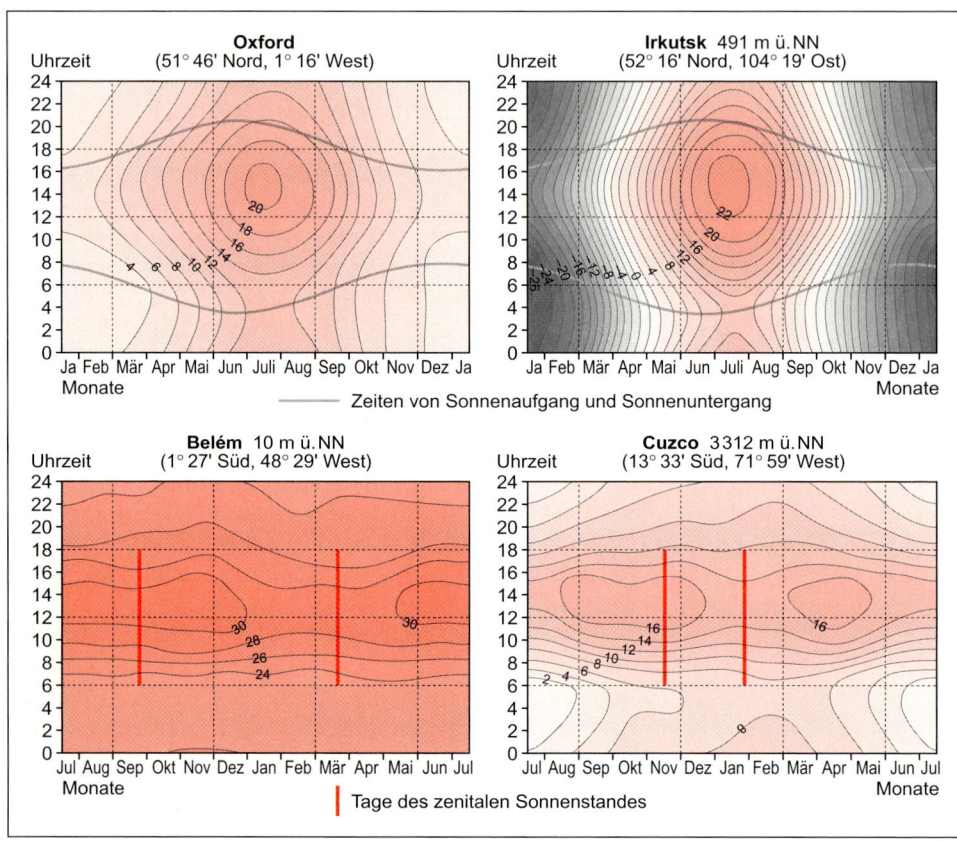

Abb. 8.2 Thermoisoplethendiagramme von Oxford (ozeanisches Jahreszeitenklima), Irkutsk (kontinentales Jahreszeitenklima), Belém (äquatoriales Tageszeitenklima) und Cuzco (wechselfeuchtes tropisches Höhenklima/Tageszeitenklima)

Tageszeitenklima gesprochen wird. Gebiete, deren Tagesamplitude größer ist als deren Jahresamplitude, zählen deshalb zu den Tropen. Jahreszeiten in den Tropen unterscheiden zu wollen, gelingt allenfalls mit Hilfe der Verteilung der Niederschläge, die eine Abgrenzung in Regen- und Zeiten mit weniger Niederschlag zulassen.

Thermosioplethendiagramme eignen sich besonders gut zur visuellen Darstellung von Jahres- und Tagesgängen der mittleren Temperatur einzelner Standorte. Allein der Verlauf der Isothermen lässt den

Unterschied zwischen beiden Klimatypen deutlich hervortreten (Abb. 8.2). So weisen zum Beispiel die Stationen Oxford in England und Irkutsk in Sibirien die für Jahreszeitenklimate typischen eher senkrechten Isothermenverläufe auf. Belém, am Mündungsgebiet des Amazonas gelegen, und die Hochgebirgsstation Cuzco in den peruanischen Anden sind hingegen tropische Standorte und deshalb durch ein Tageszeitenklima charakterisiert. Das äußert sich in beiden Thermoisoplethendiagrammen trotz der beachtlichen Höhendifferenz von mehr als 3 000 m zwischen Belém und Cuzco durch eher waagerecht verlaufende Isothermen.

8.2.3 Westküsten- und Ostküstenklima.

Das Klima der Ostseiten der Kontinente kann gegenüber dem der Westseiten derartige Unterschiede aufweisen, dass man sogar von einer **klimatischen Asymmetrie zwischen Ost- und Westküsten** sprechen kann. Das gilt sowohl für die mittleren als auch die tropischen, vor allem randtropischen Breiten. Die Ursachen, die in den Tropen und Außertropen zu diesen Klimatypen führen, sind jedoch unterschiedlich.

In den **mittleren Breiten** sind die Westseiten der Kontinente am stärksten maritim ausgeprägt, vor allem hinsichtlich der thermischen Maritimität. Das soll am Beispiel von Stationsvergleichen für die West- und Ostküste von Nordamerika erläutert werden (Tab. 8.2). Dazu werden jeweils die Daten zweier Stationen, die sich annähernd auf gleicher geographischer Breite „gegenüber" liegen, miteinander verglichen. Von Nord (58°/59°) nach Süd (24°/25°) betrachtet ergeben sich die folgenden klimatischen Unterschiede.

Zunächst fällt bei Vergleich der **Jahresmitteltemperaturen (t_m)** auf, dass diese grundsätzlich an den Westküstenstationen höher sind als an den Ostküstenstandorten. So werden in Yakutat +4,4 °C, an der Vergleichsstation an der Ostküste in Fort Chimo nur −5,2 °C gemessen. Allerdings nehmen die Differenzen zwischen den Mitteltemperaturen von Nord (Yakutat/Fort Chimo) nach Süd (La Paz/Miami) von 9,6 K auf 0,3 K ab.

Prägendes thermisches Element für diese Unterschiede sind jeweils die Temperaturen der kältesten Monate (t_k). Deren Werte liegen an der Ostküste zum Teil deutlich unter den Werten der Westküste, mit Ausnahme des tropischen Stationspaares (La Paz/Miami). Nach Süden nehmen die Temperaturen der kältesten Monate zu und deren Stationsdifferenzen ab.

Ein Blick auf die Jahrestemperaturamplitude ($T_{max} − T_{min}$) zeigt, dass bis auf das tropische Stationspaar (La Paz/Miami) an allen anderen Standorten die Jahrestemperaturamplituden an der Ostküste wesentlich höher sind als diejenigen an der Westküste. Allerdings weisen diese Werte auch ein breitenabhängiges Verhalten mit Abnahmen von Nord nach Süd auf.

Die Niederschlagsjahressummen der Stationspaare werden ebenfalls in Abhängigkeit ihrer Ost- und Westseitenlage stark beeinflusst. An der Westküste sind die Werte für die beiden Stationspaare nördlich 47° zum Teil wesentlich höher als an der Ostküste. Für die subtropisch/tropischen Stationspaare gilt das jedoch nicht; hier sind die Ostseitenstandorte durch wesentlich höhere Niederschläge gekennzeichnet.

Worauf beruhen sowohl die thermischen als auch die hygrischen Unterschiede zwischen den Küstenstandorten?

Die Klimatypen der West- und Ostküste sind auf die **Meeresströmungen** (Abb. 8.3) und ihre Beeinflussung durch vorherrschende Druckgebilde mit ihren Windrichtungen zurückzuführen. So sind die Meeresströmungen des Nordpazifiks und Nordatlantiks sehr unterschiedlich hinsichtlich Richtung und Geschwindigkeit ausgeprägt.

Für das Westküstenklima Nordamerikas ist entscheidend, dass der aus dem asiatischen Küstenbereich kommende Pazifische Strom (Kuroshio) im Bereich der Polarfront durch die Westwinddrift Richtung Osten geführt wird und sich vor der Küste Kanadas (etwa bei 50° n. Br.) in zwei Äste

Tab. 8.2   Klimatologischer Vergleich zwischen Westküsten- und Ostküstenstandorten annähernd gleicher geographischer Breite in Nordamerika. Zur geographischen Lage der Stationen siehe Abb. 8.3 (Quelle: MÜLLER 1996[5]; verändert)

Nördl. Breite	t, N	Westküste	Ostküste	Differenzen ($X_{West} - X_{Ost}$)
58°–59°		Yakutat, Alaska, USA (59 °N / 139 °W)	Fort Chimo, Quebec, Kanada (58 °N / 66 °W)	
	t_w	12 °C	11,8 °C	0,2 K
	t_k	–3 °C	–23,2 °C	20,2 K
	t_m	4,4 °C	–5,2 °C	9,6 K
	$T_{max} - T_{min}$	15 K	35,7 K	–20,7 K
	N	3 348 mm	417 mm	2 931 mm
47°–48°		Tatoosh Island, Wash., USA (48 °N / 124 °W)	St. Johns, Neufundl., Kanada (47 °N / 52 °W)	
	t_w	13,3 °C	15,4 °C	–2,1 K
	t_k	5,6 °C	–4,3 °C	9,9 K
	t_m	9,6 °C	4,7 °C	4,9 K
	$T_{max} - T_{min}$	7,7 K	20,1 K	–12,4 K
	N	1 973 mm	1 551 mm	422 mm
34°–35°		Los Angeles, Kalif., USA (34 °N / 118 °W)	Kap Hatteras, N. Carol., USA (35 °N / 75 °W)	
	t_w	22,8 °C	26,0 °C	–3,2 K
	t_k	13,2 °C	8,0 °C	5,2 K
	t_m	18,0 °C	16,8 °C	1,2 K
	$T_{max} - T_{min}$	9,6 K	18,0 K	–8,4 K
	N	373 mm	1 384 mm	–1 011 mm
24°–25°		La Paz, Mexiko (24 °N / 110 °W)	Miami, Florida, USA (25 °N / 80 °W)	
	t_w	29,8 °C	27,9 °C	1,9 K
	t_k	18,3 °C	19,4 °C	–1,1 K
	t_m	24,2 °C	23,9 °C	0,3 K
	$T_{max} - T_{min}$	11,5 K	8,5 K	3,0 K
	N	237 mm	1 520 mm	–1 283 mm

t_w, t_k, t_m = Lufttemperatur des wärmsten und kältesten Monats sowie Jahresmitteltemperatur in °C;
$T_{max} - T_{min}$ = Jahresamplitude der Lufttemperatur in K;
N = Niederschlagsjahressumme auf der Grundlage 30-jähriger Mittel (1931–1960) in mm

aufspaltet. Ein Strömungsast biegt nach Norden um und transportiert in Bezug auf die geographische Breite verhältnismäßig warmes Wasser zur nördlichen Westküste, wodurch hier die Temperaturen nicht so stark absinken, wie es der Breitenlage entspräche. Der nach Süden verlaufende Teil führt hingegen relativ kühles Wasser an den südlichen Teil der Westküste (Alaska- und Kalifornienstrom). Der Kalifornienstrom wird schließlich durch den NE-Passat nach Südwesten gedrängt und geht in den pazifischen Nordäquatorialstrom über. Diese Wegdrift von der Küste sorgt vor Kalifornien für aufsteigendes kaltes Auftriebswasser. Die Luft kühlt sich dadurch ab, reduziert die Verdunstung und lässt zum Beispiel die Küstenwüste Südkaliforniens entstehen (entsprechendes gilt für die Küstenwüsten in Westafrika, die Namib, sowie in Südamerika, die Atacama).

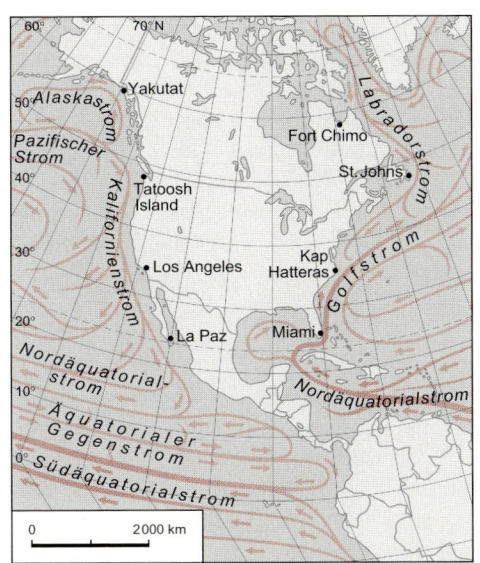

Abb. 8.3 Generalisierter Verlauf der wichtigsten Meeresströmungen an der West- und Ostküste Nordamerikas

Der Verlauf der Meeresströmungen an der Westküste Nordamerikas sorgt somit im nördlichen Bereich für eine Erhöhung, im südlichen Teil hingegen für eine spürbare Absenkung der Temperaturen und der Niederschläge.

Für das **Klima der Ostküste** sind ebenfalls zwei Meeresströmungen maßgeblich, die das Küstenklima in unterschiedlicher Weise beeinflussen. Es handelt sich hierbei einerseits um den der Labradorsee entstammenden Labradorstrom und andererseits um den Golfstrom. Der Labradorstrom transportiert kaltes Wasser südwärts an der kanadisch-nordamerikanischen Küste entlang bis etwa 40° nördlicher Breite, wo er auf den von Süden kommenden warmen Golfstrom trifft, der sich etwa in der Höhe von Kap Hatteras von der Küste trennt und als Nordatlantikstrom Richtung Europa fließt. Die niedrigen Lufttemperaturen in Fort Chimo und St.

Johns sind hierauf zurückzuführen. Da der Einfluss des Labradorstroms nach Süden hin abnimmt und derjenige des Golfstroms zunimmt, wird die nördliche Ostküste (Fort Chimo, St. Johns) thermisch benachteiligt, während die südliche Ostküste (Miami) thermisch bevorzugt wird. Kap Hatteras nimmt aufgrund seiner Lage im Übergangsbereich zwischen Labrador- und Golfstrom eine Zwischenstellung ein, was auch durch die Lufttemperaturen verdeutlicht wird. Die Zunahme der Niederschläge von Nord (Fort Chimo, 417 mm/a) nach Süd (Miami, 1 520 mm/a) wird durch die beiden Meeresströmungen ebenfalls beeinflusst.

In den Tropen ist in allen Ozeanen ein von Ost nach West verlaufender Nord- und Südäquatorialstrom ausgebildet. Motor dieser Meeresströmungen sind die Passate. Für einen schwachen Ausgleich der fortgeführten Wassermassen sorgen die Äquatorialen Gegenströme (im Atlantik nur als Guineastrom ausgebildet). Einen weiteren Wasserausgleich schaffen die aus den Westdriften der mittleren Breiten zum Äquator hin abbiegenden kühlen Meeresströmungen.

Die Ostseiten der Kontinente werden somit in tropischen und subtropischen Breiten von warmem Wasser umspült. Wo Passate mit Feuchtigkeit angereicherte Luft über Land tragen und diese durch Gebirge zum Aufsteigen gezwungen wird (z.B. Kanarische Inseln), bringen sie reiche Niederschläge. Die kühlen Strömungen an den Westseiten dagegen, durch kaltes Auftriebswasser in ihrer Wirkung verstärkt, verursachen die bekannten Küstenwüsten, auf die bereits oben hingewiesen wurde. Nur in den inneren Tropen umspülen an den Westküsten der Kontinente warme Meeresströme (z.B. Äquatorialer Gegenstrom) die Küsten.

Für Stärke und Richtung der Meeresströmungen sind die vorherrschenden Windbewegungen entscheidend. Auf die Richtung wirken zusätzlich die Corioliskraft, Reibungskraft und Zentrifugalkraft. Ein Großteil der vom Wasser aufgenommenen Energie in den Tropen wird von den Äquatorialströmungen nach Westen transportiert. Im Atlantik und im Pazifik werden diese Wassermassen dann an den Küsten überwiegend nach Norden abgeleitet.

8.2.4 Aridität und Humidität.

Mit den Begriffen Aridität (lat. *aridus*, trocken) und Humidität (lat. *humidus*, feucht) wird der Grad der Feuchtigkeit eines Klimatyps beschrieben, der am einfachsten durch das Verhältnis von Niederschlags- zur (meist potenziellen) Verdunstungssumme angegeben wird. In ariden Gebieten ist die **potenzielle (maximal mögliche) Verdunstung** größer als der Niederschlag. In humiden Räumen übertrifft hingegen die Niederschlagssumme die der Verdunstung. Humide werden von ariden Bereichen durch die **klimatologische Trockengrenze (Ariditätsgrenze)** getrennt, die eine Gleichgewichtslinie zwischen den Jahressummen des mittleren Niederschlags und der der potenziellen Verdunstung darstellt.

Dort, wo der Jahresniederschlag höher ist als die potenzielle Verdunstung, ist die klimatologische Wasserbilanz positiv, im anderen Falle negativ.

Eine erdweite Festlegung von Ariditätsgrenzen ist außerordentlich schwierig und nur dann gewährleistet, wenn auf Datenmaterial über messtechnisch einfach zu erfassende Klimaelemente für möglichst viele Stationen zurückgegriffen werden kann. Hierzu zählen in erster Linie die Daten über Lufttemperatur und Niederschlag, die diese Voraussetzungen erfüllen und zudem

meist für lange Zeiträume vorliegen.

Berechnungen zur Bestimmung von Trockengrenzen wurden in der Vergangenheit auf der Grundlage unterschiedlicher Ansätze durchgeführt, wobei man Temperatur- mit Niederschlagswerten verknüpfte. Von den zahlreichen Versuchen, den Zusammenhang zwischen Temperatur und Niederschlag in einem **Ariditätsindex** zusammenzufassen und damit die klimatologische Trockengrenze anzugeben, sollen nachfolgend einige genannt werden.

Ein in der Klimageographie sehr bekannter und auch einfacher Ansatz geht auf den Geographen PENCK (PENCK 1910) zurück. Für Penck war die Grenze zwischen aridem und humidem Klima dort gegeben, wo gerade noch soviel Niederschlag fiel, dass Flüsse ins Meer fließen konnten. In den Gebieten, in denen der Niederschlag dazu nicht ausreichte und aufgrund des Wassermangels keine Verbindung über einen Abfluss zum Meer hergestellt werden konnte, handelte es sich um ein arides Klima. Aride und humide Gebiete lassen sich zum Beispiel mit Hilfe orohydrographischer Karten relativ gut voneinander abgrenzen.

Der Penck'sche Ansatz war Grundlage für weitere Entwicklungen auf diesem Gebiet. So hat zum Beispiel KÖPPEN (1922, 1931), auf dessen Klimaklassifikation weiter unten eingegangen wird, zur Abgrenzung der Trockenklimate von den tropischen Klimaten und den warmgemäßigten Klimaten die Lufttemperatur und die Niederschlagssumme herangezogen und verschiedene Fälle unterschieden. Für die nachfolgenden Gleichungen ist zu berücksichtigen, dass die Niederschlagssummen in mm und die Lufttemperaturen in °C angegeben werden.

Die Trockengrenze in Gebieten mit vorherrschendem Winterregen ist dort anzusetzen, wo die Jahresniederschlagssumme (N_J) kleiner ist als das Zwanzigfache des langjährigen Jahresmittels der Lufttemperatur (t_J), also $N_J < 20\,t_J$. Bei gleichmäßiger Niederschlagsverteilung über das Jahr wird in der vorgenannten Gleichung die Temperatur um die Zahl 7 erhöht. Man erhält dann die Beziehung $N_J < 20\,(t_J + 7)$, und bei vorherrschendem Sommerregen wird die Temperatur sogar um die Zahl 14 erweitert, die Gleichung lautet dann $N_J < 20\,(t_J + 14)$. Die Temperaturerhöhungen wurden deshalb eingeführt, weil durch sie die unterschiedlichen Strahlungs- und Verdunstungsbedingungen im Jahresverlauf berücksichtigt werden sollten.

Weitere Unterteilungen erfolgen für das **Steppenklima** sowie das **Wüstenklima**. Für das letztgenannte sollen anhand von zwei Standorten, die hygrisch durch Winterregen und Sommerregen, also durch einen großen Unterschied charakterisiert sind, exemplarisch die **Trockengrenzbedingungen** hergeleitet werden.

So erhält der Standort Ghudamis (Libyen) nur sehr wenige Niederschläge im Jahr und wenn, dann hauptsächlich im Winterhalbjahr. Die Gleichung für die Festlegung der Trockengrenze lautet $N_J < 10\,t_J$. Das bedeutet, wenn die Niederschlagsjahressumme unter dem 10-fachen der Jahresmitteltemperatur liegt, liegt dieser Standort im ariden Gebiet. Für Ghudamis wird ein mittlerer, im Wesentlichen im Winterhalbjahr fallender Niederschlag von 27 mm angegeben bei einer Jahresmitteltemperatur von 21,9 °C. Nach Einsetzen in die Gleichung erkennt man, dass es sich hierbei um einen ariden Standort handelt, denn die Trockengrenze läge hier bei 220 mm Jahresniederschlagssumme.

Für den Wüstenstandort mit vorherrschendem Sommerregen (Bilma, Niger), dessen geringer Niederschlag überwiegend im Sommer fällt, wird die Gleichung $N_J < 10\,(t_J + 14)$ verwendet. In diesem Fall wird der Gleichungswert um die Zahl 14 erhöht, weil davon ausgegangen werden kann, dass im Sommer die Verdunstung stärker ist als in den anderen Jahreszeiten. Bilma weist ein Jahresmittel der Lufttemperatur von rund 26 °C auf. Die Trockengrenze liegt in diesem Fall bei 400 mm Jahresniederschlag. Da der Standort aber nur 22 mm Jahresniederschlag erhält, handelt es sich um ein sehr trockenes Gebiet.

Sollen aride von humiden Zeiten im Jahresgang unterschieden und mit einfachen Mitteln anhand von Klimadiagrammen erfasst werden, wird meist auf die Darstellungen von Walter/Lieth zurückgegriffen. Diese für zahlreiche Stationen auf der Erde in einem **Klimadiagrammatlas** zusammengestellten Klimadiagramme (WALTER 1970) enthalten jeweils den Jahresgang des Niederschlags und den der Temperatur. Niederschläge und Temperaturen werden auf zwei Ordinaten im Verhältnis 1 : 2 abgetragen. Die Temperaturkurve repräsentiert dabei ungefähr die potenzielle Verdunstung und kann zusammen mit der Niederschlagskurve zur Darstellung der Wasserbilanz herangezogen werden. Zu berücksichtigen ist, dass die vertikalen Erstreckungen der einzelnen Diagrammflächen als Maß für die Intensität, deren horizontale Ausdehnung für die Dauer gelten. Liegt im Jahresgang die Niederschlagskurve unter der Verlaufskurve der Temperatur, herrschen aride Verhältnisse vor, tritt der umgekehrte Fall ein, ist es humid.

Beispiele für Klimadiagrammtypen verschiedener Klimate finden sich mit den Erläuterungen in Abb. 8.4. Es handelt sich hierbei um Klimadiagramme, die insbesondere dazu geeignet sind, Homoklimate abzugrenzen, das heißt Gebiete ähnlicher

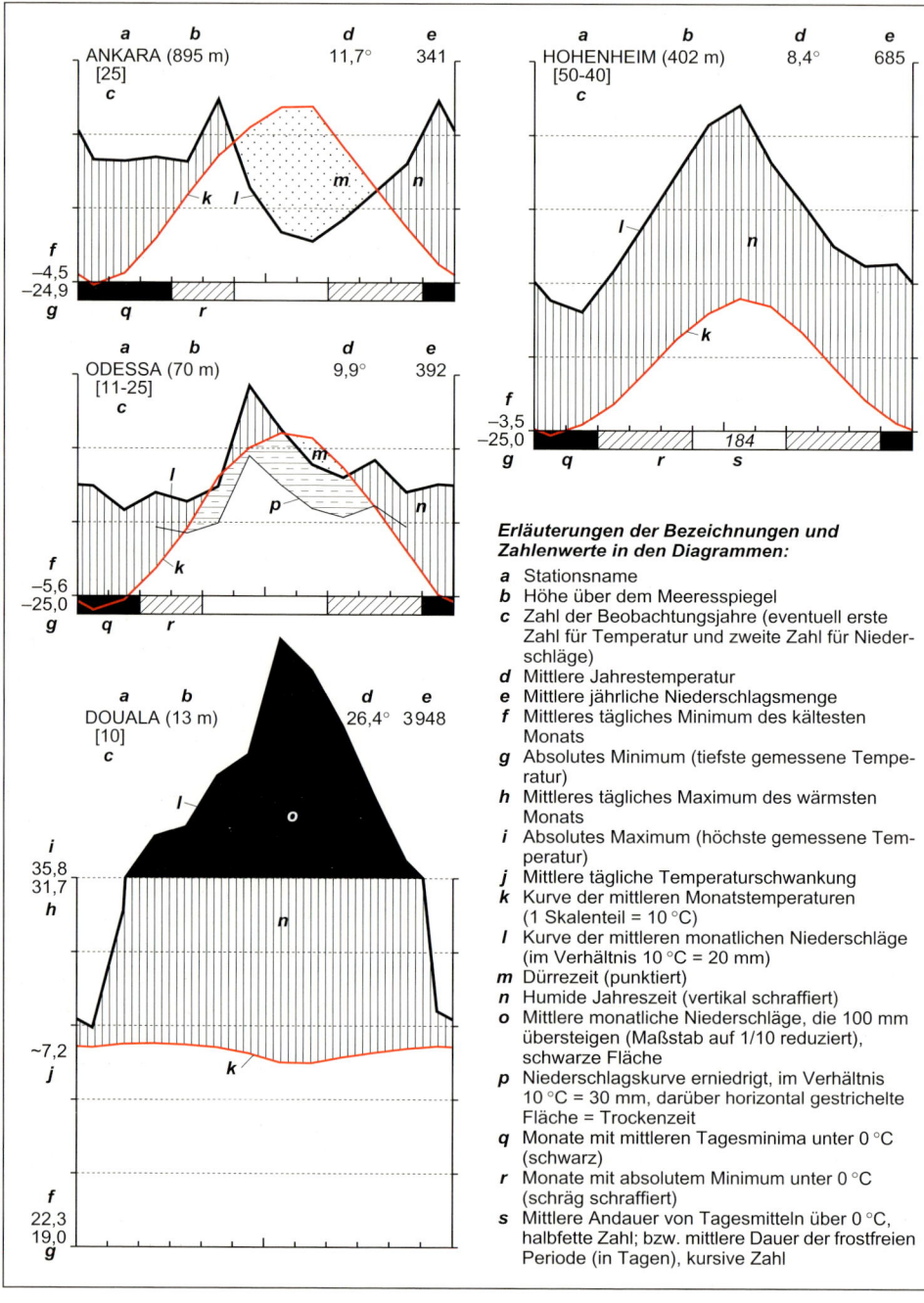

Erläuterungen der Bezeichnungen und Zahlenwerte in den Diagrammen:

a Stationsname

b Höhe über dem Meeresspiegel

c Zahl der Beobachtungsjahre (eventuell erste Zahl für Temperatur und zweite Zahl für Niederschläge)

d Mittlere Jahrestemperatur

e Mittlere jährliche Niederschlagsmenge

f Mittleres tägliches Minimum des kältesten Monats

g Absolutes Minimum (tiefste gemessene Temperatur)

h Mittleres tägliches Maximum des wärmsten Monats

i Absolutes Maximum (höchste gemessene Temperatur)

j Mittlere tägliche Temperaturschwankung

k Kurve der mittleren Monatstemperaturen (1 Skalenteil = 10 °C)

l Kurve der mittleren monatlichen Niederschläge (im Verhältnis 10 °C = 20 mm)

m Dürrezeit (punktiert)

n Humide Jahreszeit (vertikal schraffiert)

o Mittlere monatliche Niederschläge, die 100 mm übersteigen (Maßstab auf 1/10 reduziert), schwarze Fläche

p Niederschlagskurve erniedrigt, im Verhältnis 10 °C = 30 mm, darüber horizontal gestrichelte Fläche = Trockenzeit

q Monate mit mittleren Tagesminima unter 0 °C (schwarz)

r Monate mit absolutem Minimum unter 0 °C (schräg schraffiert)

s Mittlere Andauer von Tagesmitteln über 0 °C, halbfette Zahl; bzw. mittlere Dauer der frostfreien Periode (in Tagen), kursive Zahl

Abb. 8.4 Typische Beispiele von Klimadiagrammen nach WALTER/LIETH **(1964)**

oder gleicher Klimabedingungen. Dieser Klimadiagrammtypus findet nicht nur in der Klimageographie weite Verbreitung, sondern wird vornehmlich auch zur Klärung ökologischer Fragestellungen herangezogen. Vorbehalte gegen diese Art der Darstellung gibt es von meteorologischer Seite, da es als problematisch anzusehen ist, zum Beispiel die Verdunstung über eine einfache Zuordnung zur Lufttemperatur vorzunehmen. Allerdings gilt das für die oben genannten Trockengrenzbeziehungen, die eine vergleichbare Grundlage haben, ebenfalls. Grundsätzlich muss aber anerkannt werden, dass sich der genannte Klimadiagrammtyp in der Fachwelt durchgesetzt hat und weltweit angewendet wird.

8.3 Klimaklassifikationen

Unter dem Begriff **Klimaklassifikation** wird eine regionale bzw. globale Typisierung von Räumen annähernd gleichen Klimas verstanden.

Klimaklassifikationen dienen zur Charakterisierung und Einteilung der Klimate sowie ihrer Zuordnung zu bestimmten Gebieten. Hierzu bedient man sich verschiedener klimatologischer Kriterien, die weltweit – möglichst flächendeckend und mit einfachen Mitteln – erfasst werden können. Eine Kartierung von Klimagebieten lässt eine erste Übersicht über die in einem bestimmten Raum zu erwartenden klimatischen Verhältnisse zu. Dabei muss allerdings bedacht werden, dass sich Klimagebiete nicht flächenscharf an den willkürlich gezogenen Grenzen einer Klimaeinteilung ändern, sondern dass es sich um kontinuierliche Übergänge handelt. Die Vielzahl der Klimaklassifikationen lässt sich im Wesentlichen in zwei Gruppen unter-

teilen, und zwar in die genetischen und die effektiven Klimaklassifikationen. Allerdings soll noch auf einen dritten Typus hingewiesen werden, der Elemente der beiden genannten Gruppen aufnimmt, integriert, deshalb auch integrative Klimaklassifikation genannt wird, und als Einteilungskriterium die ökophysiologischen Merkmale der realen Vegetation zugrunde legt.

Eine **genetische Klimaklassifikation** (griech. *genes*, verursacht) ist eine Klimaeinteilung, deren Gliederungsmerkmale auf der Allgemeinen Zirkulation der Atmosphäre und den daraus abgeleiteten klimatischen Gegebenheiten einzelner Räume beruhen.

Im Grunde orientiert sich diese Klimaeinteilung an der räumlichen Verteilung der Strahlungs- und Wärmebilanz auf der Erde, woraus sich die Allgemeine Zirkulation der Atmosphäre ableitet. Zu den bekanntesten genetischen Klimaklassifikationen zählen die von TERJUNG und LOUIE (1972), die als Grundlage für ihre Darstellung der Klimate auf die von BUDYKO (1963) berechneten Wärmebilanzgrößen der Erde zurückgreifen, sowie die von FLOHN (1957) geschaffene Einteilung, für die Tab. 8.3 ein Beispiel zeigt.

Flohn hat seine Klimaklassifikation auf einen idealisierten Kontinent angewandt. In diesem hypothetischen Kontinent wurden die Landmassen nicht in ihrer normalen geographischen Lage dargestellt, wie man es vom Globus her kennt, sondern die Kontinente wurden ihrer Lage den Breitenkreisen entsprechend „zusammengeschoben", also die Flächen addiert. Das Ergebnis zeigt Abb. 8.5.

Die unterschiedliche Verteilung der Landmassen auf der Erde führt dazu, dass der Landmassenanteil auf der Nordhalbkugel größer ist als auf der Südhalbkugel.

Tab. 8.3 Witterungsklimatische Zonen als Beispiel einer genetischen Klimaklassifikation (Quelle: FLOHN 1957)

Zone	Luftdruck- und Windgürtel	Winde		Niederschläge	Typische Vegetationsformen
1. Innere Tropen-zone	Äquatoriale Westwinde mindestens 8 Monate	T	T	Immerfeucht, meist Starkregen	Tropischer Regenwald
2. Äußere Tropen-zone (Randtropen)	Äquatoriale Westwinde weniger als 8 Monate im Wechsel mit Passat	T	P	Sommerregen	Savanne mit Galeriewald, Trockenwald
3. Subtropische Trockenzone	Passat oder Subtropen-hoch	P	P	Vorwiegend trocken	Steppe, Wüstensteppe, Halbwüste, Kernwüste
4. Subtropische Winterregenzone	Sommer Subtropenhoch, Winter außertropische Westwinde	P	W	Winterregen, z.T. Äquinoktialregen	Hartlaubgehölze
5. Feuchtgemä-ßigte Zone	Außertropische Westwinde	W	W	Niederschläge in allen Jahreszeiten	Laubwald, Mischwald
6. Boreale Zone	Außertropische Westwinde, z.T. polare Ostwinde	E	W	Niederschläge vorwie-gend im Sommer, win-terliche Schneedecke	Laubwald, Mischwald, Nadelwald, Birken
7. Subpolare Zone	Polare Ostwinde und Westwinde (Subpolartief)	E	W	Ganzjährig geringe Niederschläge	Tundra
8. Hochpolare Zone	Polare Ostwinde	E	E	Ganzjährig geringe Niederschläge	Kältewüste (Eis)

Es bedeutet: T = äquatoriale Westwinde (bzw. Mallungen), P = tropische Ostwinde (Passat), W = außertropische Westwinde, E = polare Ostwinde

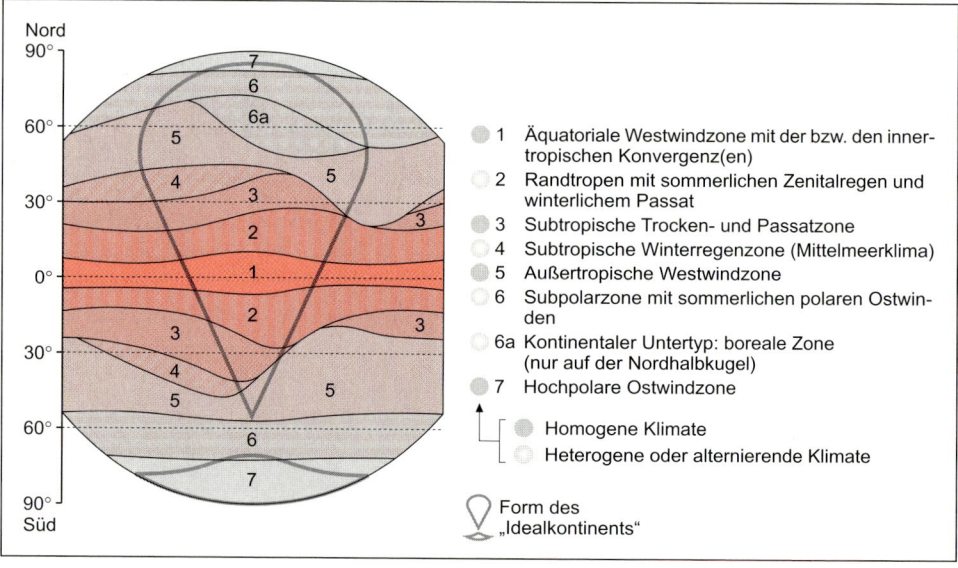

Abb. 8.5 Schematische Klimagliederung auf einem Idealkontinent und den Weltmeeren (Quelle: FLOHN 1957; verändert)

Als kartographisches Verteilungsbild dieses hypothetischen Kontinents entsteht somit eine auf dem Kopf stehende Birne oder Rübe, weshalb man umgangssprachlich dieses Konstrukt auch „Klimarübe" nennt. Danach werden auf jeder Halbkugel vier **Hauptzirkulationsgürtel** unterschieden. Diese sind:
– die äquatoriale Zone mit innertropischer Konvergenz,
– die subtropische Trockenzone oder Passatzone,
– die außertropische Westwindzone und
– die hochpolare Ostwindzone.
Diese Abgrenzungen sind wiederum nicht als flächenscharf anzusehen, sondern unterliegen aufgrund des jahresbedingten Sonnenstandes entsprechenden Lageveränderungen. Flohn spricht von homogenen oder stetigen Klimaten, wenn die Gebiete ganzjährig ein beständiges Klima aufweisen (wie die o. g. vier Klimagürtel), und von heterogenen oder alternierenden Klimaten dort, wo sich in halbjährigem Rhythmus jeweils zwei benachbarte Zirkulationsgebiete in ihren Wirkungen ablösen und Übergangsbereiche bilden. Bei den heterogenen oder alternierenden Klimazonen handelt es sich um
– die Randtropen mit sommerlichem Zenitalregen und winterlichem Passat,
– die subtropische Winterregenzone mit sommerlichem Passat und winterlichen Westwinden (mediterraner Klimabereich) und
– die subpolare Zone mit sommerlichen polaren Ostwinden, winterlichen Westwinden sowie der borealen Zone.
Die Klimaeinteilung nach dem Idealkontinent ist natürlich relativ grob und schließt Feinheiten, zum Beispiel die Darstellung des Monsunklimas oder die der Asymmetrie des Ost- und Westküstenklimas sowie der Jahreszeiteneinflüsse, aus.

Eine **effektive Klimaklassifikation** beruht, dem Wortsinn folgend, auf der Tatsache, dass das Klima auf die physische Umwelt wirkt. So ist zum Beispiel die als „standorttreu" anzusehende Vegetation ein geeigneter Klimaanzeiger, weil sich das Pflanzenwachstum auch nach der Wasserversorgung richtet und deshalb eine Einteilung in trockenes und feuchtes Klima mit verschiedenen Untereinteilungen möglich ist. Aber auch die Verbreitung klimageomorphologischer Zonen, von Bodentypen oder von landwirtschaftlichen Anbaugebieten auf der Erde werden als Abgrenzungskriterien für eine effektive Klimaklassifikation herangezogen. Diesen Ausprägungen der physischen Umwelt werden meist bestimmte Schwellenwerte klimatologischer Elemente (Temperatur, Niederschlag) zugeordnet, woraus dann auf die Verdunstung geschlossen wird.

Die bekannteste und weltweit verbreitetste effektive Klimaklassifikation ist die von Wladimir KÖPPEN und Rudolf GEIGER erarbeitete Klimeinteilung, deren wesentliches Zuordnungskriterium die Verbreitung von Vegetationstypen ist. Der Vorteil dieser Klassifikation ist, dass mit wenigen einprägsamen Buchstaben, den sogenannten „Klimaformeln", Klimatypen charakterisiert werden können. Eine Zusammenstellung der Buchstabenkombinationen sowie der pluviothermischen Kritierien und der charakteristischen Energiebilanzterme, die die Klimaformeln erläutern, findet sich in Tab. 8.4.

Die **Klimaklassifikation nach Köppen/Geiger** lässt sich wie folgt charakterisieren:

Die Einteilung erfolgt nach bestimmten, auf die Vegetation bezogenen Schwellenwerten der Temperatur und des Niederschlags, wozu Buchstabenkombinationen verwendet werden. Mit dem ersten Buch-

Tab. 8.4 Klimaklassifikation nach Köppen[1] mit Angabe der pluviothermischen Kriterien[2] und charakteristischen Energiebilanzterme[3]

Typ	Beschreibung	Pluviothermische Kriterien	Charakteristische Energiebilanzterme
A	**Tropische Klimate**	$t_{min} \geq +18\,°C$	
Af	Äquatoriales Regenwaldklima (alle Monate ausreichend Niederschlag)	$N_{min} \geq 60$ mm	Konstante monatliche Werte von Q^*, Q_B, Q_H; reichlich Niederschlag führt zu hoher Verdunstung, deshalb: $Q_E > Q_H$ (Bo < 1)
Am	Äquatoriales Regenwaldklima mit einer Trockenzeit („Äquatoriales Monsunklima")	$N_J \geq 25\,(100 - N_{min})$	
As	Äquatoriales Savannenklima mit Trockenzeit im Sommer	$N_{min} < 60$ mm im Sommer	
Aw	Äquatoriales Savannenklima mit Trockenzeit im Winter	$N_{min} < 60$ mm im Winter	Nur geringe Schwankung von Q^*. Überschneiden der Kurven von Q_E und Q_H beim Übergang von der Regenzeit zur Trockenzeit und umgekehrt
B	**Trockenklimate**	Bei – vorherrschendem Winterregen: $N_J < 20\,t_J$ – gleichmäßiger Niederschlagsverteilung: $N_J < 20\,(t_J + 7)$ – vorherrschendem Sommerregen: $N_J < 20\,(t_J + 14)$	
BS	Steppenklima	Bei – Winterregen: $10\,t_J < N_J < 20\,t_J$ – Sommerregen: $10\,(t_J + 14) < N_J < 20\,(t_J + 14)$	
BS$_h$	Heißes Steppenklima	$t_J \leq 18\,°C$	Große Amplitude von Q^* wegen des Abstandes vom Äquator; $Q_H > Q_E$ (Bo > 1) in den meisten Monaten; in der kurzen Regenzeit $Q_E > Q_H$ (Bo < 1)
BS$_k$	Kaltes Steppenklima (Prärienklima)	$t_J < 18\,°C$	Große Amplitude von Q^* mit sogar negativen Werten im Winter; Überschneidung der Q_E- und Q_H-Kurven im Sommer; sehr kleine Beträge von Q_E und Q_H im Winter, Q_H sogar negativ
BW	Wüstenklima	Bei Winterregen $N_J < 10\,t_J$ bei Sommerregen $N_J < 10\,(t_J + 14)$	Große Amplitude von Q^*; sehr kleiner Q_E-Wert; Q_H folgt Q^*-Kurve und ist nur wenig kleiner als Q^*
C	**Warmgemäßigte Klimate**	$-3\,°C < t_{min} < +18\,°C$ Niederschläge oberhalb der vorgenannten Trockengrenzen	
Cs	Gemäßigtes sommertrockenes Klima („Mittelmeerklima")	$N_{Smin} < N_{Wmin}$, $N_{Wmax} > 3\,N_{Smin}$, $N_{Smin} < 40$ mm	Große Amplitude von Q^*; Überschneidung der Q_E- und Q_H-Kurven, wobei $Q_E > Q_H$ im Winter und Frühling; im Sommer $Q_H \gg Q_E$

Tab. 8.4 Klimaklassifikation nach Köppen (Fortsetzung)

Cw	Gemäßigtes wintertrockenes Klima („Sinisches Klima")	$N_{Wmin} < N_{Smin}$ und $N_{Smax} > 10\ N_{Wmin}$	Geringere Amplitude von Q^* als bei Cs wegen der im Sommer auftretenden Bewölkung und Niederschläge; $Q_H > Q_E$ im Winter und Frühling, $Q_E \gg Q_H$ im Sommer
Cf	Feuchtgemäßigtes Klima	Alle Monate ausreichend mit Niederschlag versorgt (weder Cs- noch Cw-Klimatyp)	Große Amplitude von Q^*; Q_E und Q_H folgen der Jahresschwankung von Q^*, wobei Q_E etwas größer ist als Q_H
D	**Schneeklimate („Boreale Schnee-Wald-Klimate")**	$t_{min} \leq -3\,°C$, $t_{max} > 10\,°C$	
Ds	Schneeklima mit trockenem Sommer	$N_{Smin} < N_{Wmin}$, $N_{Wmax} < 3\ N_{Smin}$, $N_{Smin} < 40$ mm	
Dw	Schneeklima mit trockenem Winter	$N_{Wmin} < N_{Smin}$, $N_{Smax} > 10\ N_{Wmin}$	Breiter Sommergipfel von Q^*
Df	Schneeklima mit ausreichenden Niederschlägen in jedem Monat	Weder Ds noch Dw	Sehr große Amplitude von Q^*, negative Werte im Winter; Q_E und Q_H folgen Jahresgang von Q^*, wobei immer $Q_E > Q_H$
E	**Polarklima („Eisklimate")**	$t_{max} < +10\,°C$	
ET	Tundrenklima	$0\,°C \leq +10\,°C$	
EF	Frostklima („Klima des ewigen Frostes")	$t_{max} < 0\,°C$	

1) KÖPPEN (1931[2])
2) nach KOTTEK et al. (2006)
3) nach KRAUS (2004[3]), S. 418–425
Erläuterung der Zeichen:
N_J = Jahresniederschlagssumme in mm/a
N_{min} = Niederschlagssumme des trockensten Monats in mm/Monat
N_{Smin} = Niederschlagssumme des trockensten Monats im Sommerhalbjahr in mm/Monat
N_{Wm} = Niederschlagssumme des regenreichsten Monats im Winterhalbjahr in mm/Monat
t_J = Jahresmitteltemperatur in °C
t_{min} = Temperatur des kältesten Monats in °C
t_{max} = Temperatur des wärmsten Monats in °C
N_{Wmin} = im Winterhalbjahr in mm/Monat

staben wird jeweils die (Groß-)Klimazone angegeben. Bei insgesamt fünf Klimazonen ergibt sich folgende Unterteilung:

A = Tropische Klimate
B = Trockenklimate
C = Warmgemäßigte Klimate
D = Schneeklimate
E = Polarklimate (Eisklimate)

Mit dem zweiten Buchstaben werden die Niederschlagsjahressumme und die jahreszeitliche Verteilung des Niederschlags charakterisiert.

Die Klimazonen A, C, D und E lassen sich nach der Temperatur einteilen, während die Trockenklimate (B) hauptsächlich nach der Niederschlagswasserversorgung differenziert werden und ebenfalls mit großen Buchstaben versehen werden:

S = Steppenklima
W = Wüstenklima

Kleine Buchstaben (zum Beispiel f, m, s, w) finden Verwendung zur Unterteilung der anderen Klimazonen. Diese sind folgendermaßen definiert:

f = feucht; trockenster Monat (N_{min}) im A-Klima hat eine Niederschlagssumme von ≥ 60 mm

m = Mittelform; Regenwaldklima trotz einer Trockenzeit; Monsunklima

s = sommertrocken; Trockenzeit im Sommer der betreffenden Halbkugel

w = wintertrocken; Trockenzeit im Winter der betreffenden Halbkugel

Mit dem dritten Buchstaben werden die bodennahen mittleren Lufttemperaturen (Messhöhe 2 m ü. Grund) berücksichtigt. Als Einteilungskriterien werden die kleinen Buchstaben a, b, c, d, g (in Tab. 8.4 nicht aufgeführt), h und k eingesetzt und folgende Schwellenwerte damit verbunden:

a = heiße Sommer, Monatsmitteltemperatur des wärmsten Monats $t_{max} > 22\,°C$

b = warme Sommer; $t_{max} < 22\,°C$; 4 Monate $\geq 10\,°C$

c = kühle Sommer; $t_{max} < 22\,°C$; 1–3 Monate $\geq 10\,°C$

d = strenge Winter; Monatsmitteltemperatur des kältesten Monats $t_{min} < -38\,°C$

g = Ganges-Typ des jährlichen Temperaturverlaufs; t_{max} tritt vor der Sommersonnenwende und der sommerlichen Regenzeit ein

h = heiß, $t_{min} > 18\,°C$

k = kalt, $t_{min} < 18\,°C$

Einige der von Köppen verwendeten Temperaturgrenzwerte, wie die von $-38\,°C$, $-3\,°C$, $+10\,°C$ sowie $+18\,°C$ werden folgendermaßen begründet:

Die Lufttemperatur von $-38\,°C$ ist die Erstarrungstemperatur des Quecksilbers, Köppen prägte in diesem Zusammenhang auch den Begriff des „Quecksilberfrostes" (Kraus 2004[3]).

Eine Lufttemperatur von $-3\,°C$ wurde als Grenze zwischen ozeanischem und kontinentalem Klima angesehen, wenn der kälteste Monat diesen Wert erreicht.

Eine Lufttemperatur von $+10\,°C$ wurde als Voraussetzung für das Existieren von Wald angesehen, wenn mindestens ein Monat eine Mitteltemperatur dieses Wertes erreicht.

Eine Lufttemperatur von $+18\,°C$ stellt die „Palmengrenze" dar; dabei haben alle Monatsmittel mindestens diesen Wert.

Die vorgestellte Klimaklassifikation soll an einem Beispiel geprüft werden.

Dazu werden die Klimadaten des Standortes Essen, NRW, herangezogen, so wie sie in einer (hier verkürzt dargestellten) Klimatabelle vorliegen (s. Tab. 8.5).

1. Die Temperaturen des wärmsten und kältesten Monats lauten $t_{max} = 17,5\,°C$ und $t_{min} = 1,5\,°C$ und ergeben für den ersten Buchstaben:
   C (warmgemäßigtes Klima).

2. Jeder Monat ist ausreichend mit Niederschlag versorgt, wobei weder die Kriterien des Cs- noch des Cw-Klimatyps (s. Tab. 8.4) vorliegen. Für den zweiten Buchstaben resultiert demnach:
   f (feuchtgemäßigtes Klima).

3. Da der Sommer warm und $t_{max} < 22\,°C$ ist sowie 4 Monate $\geq 10\,°C$ sind, ergibt sich als dritter Buchstabe: **b**.

Der Standort Essen in Nordrhein-Westfalen ist somit dem **Cfb-Klima**, dem feuchttemperierten Klima zuzuordnen, das von

Tab. 8.5 Langjährige Monats- und Jahresmittel der Lufttemperatur und des Niederschlags in **Essen, Nordrhein-Westfalen** (Quelle: Müller 1996[5]; verändert)

	Jan	Feb	Mär	April	Mai	Juni	Juli	Aug	Sep	Okt	Nov	Dez	Jahresmittel
Mittl. Temperatur in °C	1,5	1,9	5,3	8,9	13,1	16,0	17,5	17,3	14,6	10,0	5,8	2,8	9,6
Mittl. Niederschl. in mm	73	63	47	61	63	75	86	90	66	67	72	66	829

Köppen auch wegen des Verbreitungsgebietes der Buche als „Buchenklima" bezeichnet wurde.

Die Karte der weltweiten Verbreitung der einzelnen Klimatypen nach der Klassifizierung von Köppen/Geiger findet sich im Farbtafelteil S. 242.

Die Klassifikation auf **ökophysiologischer Grundlage** basiert auf dem Strahlungs- und Wärmehaushalt der Erde unter besonderer Berücksichtigung der realen Vegetation und der Bodennutzung. Diese auf Lauer, Rafiqpoor und Frankenberg (Lauer et al. 1996) zurückgehende Klimaklassifikation arbeitet quantitativ und verwendet neben den global vorliegenden Stationsklimadaten auch solche aus phänologischen und ökophysiologischen Untersuchungen. Auf der Basis dieses Datenpools können die Grenzen einzelner Klimazonen quantifiziert werden, wodurch sich dieser Klassifizierungstypus von den klassischen beschriebenen Ansätzen abhebt. Zur übergeordneten Klimazonierung werden die solaren Bestrahlungsgänge und jährlichen Tageslängenschwankungen (TLS) verwendet, zur regionsspezifischen Unterteilung hingegen die Andauer der thermischen und hygrischen Vegetationszeiten in Monaten eingesetzt. Tab. 8.6 enthält eine Zusammenstellung der Klimatypen und Klimazonen mit den jeweiligen Einteilungskriterien und Kurzbezeichnungen. Die entsprechende Klimakarte auf ökophysiologischer Grundlage findet sich im Farbtafelteil S. 244 f.

Tab. 8.6 **Legendenkonzept und Differenzierung der Klimatypen nach der Dauer der thermischen und hygrischen Vegetationszeit zur ökophysiologischen Klimaklassifikation nach Lauer, Rafiqpoor und Frankenberg** (Quelle: Lauer et al. 1996; verändert)

Klimazonen	Klimatypen								
	Dauer der thermischen Vegetationszeit[2] (Monate)			Dauer der hygrischen Vegetationszeit[1] (Monate)					
				perarid pa 0	arid a 1–2	semiarid sa 3–4	subhumid sh 5–6	humid h 7–9	perhumid ph 10–12
Tropen **A** TLS[3] = 3 h	Kalttropen (lang)	l	≤12	A l pa	A l a	A l sa	A l sh	A l h	A l ph
	Warmtropen (sehr lang)	sl	12	A sl pa	A sl a	A sl sa	A sl sh	A sl h	A sl ph
Subtropen **B** TLS = 7 h	oligotherm (sehr kurz)	sk	0–2	B sk pa	B sk a	B sk sa	B sk sh	B sk h	B sk ph
	microtherm (kurz)	k	3–4	B k pa	B k a	B k sa	B k sh	B k h	B k ph
	mesotherm (mittel)	m	5–6	B m pa	B m a	B m sa	B m sh	B m h	B m ph
	macrotherm (lang)	l	7–9	B l pa	B l a	B l sa	B l sh	B l h	B l ph
	megatherm (sehr lang)	sl	10–12	B sl pa	B sl a	B sl sa	B sl sh	B sl h	B sl ph
Mittelbreiten **C** TLS = 12 h (kühl)	megatherm (sehr lang)	sl	10–12		C sl a	C sl sa	C sl sh	C sl h	C sl ph
	macrotherm (lang)	l	7–9		C l a	C l sa	C l sh	C l h	C l ph
	mesotherm (mittel)	m	5–6		C m a	C m sa	C m sh	C m h	C m ph
TLS = 24 h (kalt)	microtherm (kurz)	k	3–4		C k a	C k sa	C k sh	C k h	C k ph
	oligotherm (sehr kurz)	sk	0–2			C sk sa	C sk sh	C sk h	C sk ph
Polarregionen **D**	microtherm (kurz)	k	3–4				D k sh	D k h	D k ph
	oligotherm (sehr kurz)	sk	0–2				D sk sh	D sk h	D sk ph
Vergletscherte Gebiete in A, B, C, D		e	0						

1) Ein humider Monat herrscht vor, wenn in ihm der gefallene Niederschlag (N) die potenzielle Landschaftsverdunstung (pLV) wenigstens erreicht (N ≥ pLV); s. auch: Lauer/Frankenberg 1981, 1986
2) Eine thermisch bedingte Vegetationszeit (in Monaten) liegt vor, wenn die Pflanze einen deutlichen Stoffgewinn erzielt. Einzelheiten s. Tab. 1 in Lauer et al. 1996
3) TLS: Tageslängenschwankung in Stunden

9 Bioklima und Geländeklima

Abb. 9.1 Um geländeklimatologische und lufthygienische Messungen durchzuführen, verwendet man einen Messbus, der während der Fahrt in der Lage ist, sowohl wichtige meteorologische Größen aufzuzeichnen als auch gas- und partikelförmige Komponenten der Luft zu analysieren. Messbus der Abt. Angewandte Klimatologie der Universität Duisburg-Essen Foto: Nekes

9.1 Einführung

In diesem Kapitel werden zwei Fachgebiete der Klimatologie behandelt, die nicht nur in der Grundlagenforschung eine wichtige Rolle spielen, sondern auch als anwendungsbezogene Wissenschaftsdiszi-

plinen seit langer Zeit einen hohen Stellenwert, insbesondere in der Raumplanung sowie in der Wettervorhersage, einnehmen. Beide Fachgebiete zeichnen sich dadurch aus, dass dem lokalen und regionalen Aspekt des Klimas besondere Aufmerksamkeit gewidmet wird. So werden in dem Kapitel über das Bioklima nicht nur die großräumigen Mechanismen der Pflanzenverbreitung auf der Erde aufgegriffen, sondern es wird auch auf das mehr kleinräumig beeinflusste Pflanzenwachstum zum Zwecke der Klimaindikation eingegangen. Einen Schwerpunkt in den nachfolgenden Ausführungen stellt jedoch die Behandlung human-biometeorologischer Aspekte dar, und zwar wegen der Bedeutung der strahlungsklimatischen, thermischen und lufthygienischen Einflüsse auf den Menschen. Im Kapitel zur Geländeklimatologie werden nicht nur die boden- und reliefbedingten Einflüsse auf das Klima behandelt, sondern auch die Klimaeignung von Landschaftsräumen in Bezug auf ihre Nutzung analysiert.

9.2 Bioklima

Die Bioklimatologie (lat. *bios*, Leben) untersucht die langfristigen Wechselwirkungen zwischen Klima und Biosphäre, insbesondere die klimatischen Einflüsse auf die Vegetation und den Menschen. Der Begriff Bioklimatologie wird allerdings immer häufiger durch den Begriff Biometeorologie, insbesondere in der auf den Menschen bezogenen Klimatologie, ersetzt, da dieser auch kürzere Zeitabschnitte in seinen Betrachtungen mit berücksichtigt. Darüber hinaus ist der Begriff Biometeorologie international weiter verbreitet. Hier soll deshalb der neueren sprachlichen Entwicklung gefolgt und ausschließlich der aktuelle Begriff verwendet werden. Die **Biometeorologie** stellt ein Grenzgebiet zwischen den atmosphärischen und biologischen Wissenschaften dar.

Gelegentlich findet sich in der Literatur der Begriff **Ökoklimatologie** oder Ökologische Klimatologie. Diese Fachdisziplin beschäftigt sich überwiegend mit der Verbreitung der natürlichen Vegetation und der Verteilung der Tiere auf der Erde in Abhängigkeit von klimatischen Einflüssen.

Ein markantes Beispiel für biometeorologische Grundlagenforschung ist die Analyse der Vegetationsverbreitung auf der Erde. Denn neben dem Boden führt insbesondere die globale Wirkungsweise der Klimafaktoren und -elemente zum Bestehen überwiegend zonal (Vegetationszonen), aber auch azonal (zum Beispiel in Gebirgen) auftretender Vegetation. Abbildung 9.2 stellt exemplarisch die Vegetationsformen in ihrer Abhängigkeit von Jahresmitteltemperatur und mittlerer Jahressumme des Niederschlags im globalen Maßstab dar. Hierbei werden nicht nur charakteristische Lebensformen unterschieden, sondern auch wichtige terrestrische Bereiche mit ihren Pflanzenformationen pluviothermisch (lat. *pluvia*, Regen; griech. *therme*, Wärme) abgegrenzt.

Unter **Lebensformen** versteht man die Gestalt der Pflanzen, mithin ihre Größe und Form und wie sie durch die gegebenen Umweltbedingungen an ihrem Standort geprägt werden. Der deutsche Vegetationsgeograph Josef Schmithüsen (1909–1984) hat hierzu treffend ausgeführt: „Die Form des Wuchses steht in Beziehung zu der Arbeit, welche die Pflanzen zu leisten haben, um sich an ihrem Standort zu halten" (Schmithüsen 1959, S. 31).

In Abb. 9.2 werden stark generalisiert verschiedene Lebensformen unterschieden. Die Bandbreite der Vegetationsarten erstreckt sich dabei von den immergrünen Laubhölzern, die im Wesentlichen das Pflanzenkleid der tropischen Regenwälder bei hohen Jahresmitteltemperaturen und Niederschlagssummen prägen, bis zu den Zwergsträuchern, die bei geringer Wasserversorgung in vielen Klimagebieten zu finden sind.

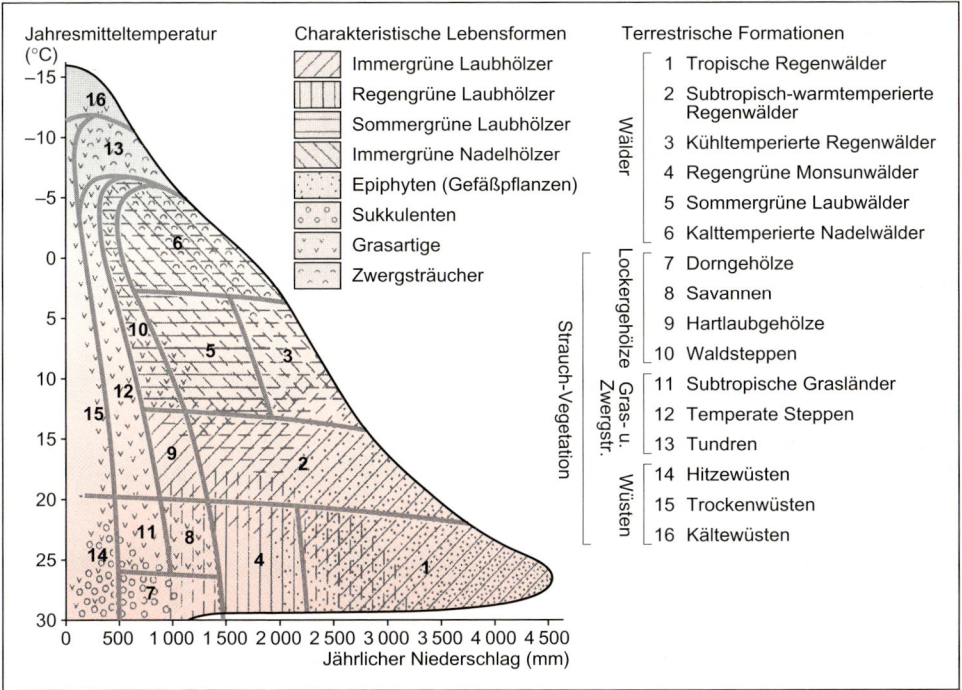

Abb. 9.2 Pflanzenformationen mit charakteristischen Lebensformen in Abhängigkeit von der Jahresmitteltemperatur und dem jährlichen Niederschlag (Quelle: Lex. Geowiss. 2000, Bd. 1)

Die Pflanzen auf den Kontinenten und in den Meeren sind die Garanten für den relativ hohen atmosphärischen Sauerstoffgehalt, der die Entwicklung der Biosphäre auf der Erde zum gegenwärtigen Erscheinungsbild zuließ.

Zurückzuführen ist der Sauerstoffgehalt auf den wohl grundlegendsten biochemischen Prozess und die wichtigste Stoffwechselreaktion der grünen Pflanzen, die **Photosynthese** (griech. *photos*, Licht; griech. *synthesis*, Zusammensetzung). Hierbei werden mit Hilfe des Sonnenlichts aus den anorganischen Bestandteilen Kohlendioxid und Wasser organische Substanzen wie Glukose und auch Sauerstoff produziert. Somit produzieren die autotrophen

(griech. *auto*, selbst; griech. *trophe*, Ernährung) Pflanzen organische (körpereigene) Substanzen, die die heterotrophen (griech. *hetero*, fremd; griech. *trophe*, Ernährung) Organismen zum Leben benötigen. Einzelheiten zum Ablauf der Photosynthese und zum Ausnutzungsgrad des Sonnenlichts finden sich in Kasten 9.1.

Das fachliche Spektrum der Biometeorologie ist weit gespannt. Schwerpunkte dieser Wissenschaftsdisziplin stellen zum Beispiel die Agrar- und Forstmeteorologie, die Phänologie sowie die Human-Biometeorologie dar. Nachfolgend werden diese Fachgebiete vorgestellt, wobei auf die Behandlung der Human-Biometeorologie ein besonderes Gewicht gelegt wird.

Kasten 9.1   Die Photosynthese und ihre Nutzung der Globalstrahlung

Die Photosynthese findet am grünen Blattfarbstoff (Chlorophyll) der Chloroplasten der Pflanzen statt. In Hinblick auf die Umsetzung anorganischen Substrats in energiereiche organische Stoffe ist die Frage von Interesse, welcher Anteil der solaren Strahlungsenergie (Globalstrahlung) für diese lichtabhängige Reaktion aufgewendet werden muss. Neben der in Gl. 9.1 dargestellten Photosynthesegleichung werden zusätzlich die jeweiligen Massen der beteiligten Reaktionspartner in Gramm angegeben. Danach werden unter Einsatz von etwa 2,9 MJ/Mol Energie neben Sauerstoff und Wasser 180 g Zucker produziert. Hier stellt sich die Frage, ob die Photosynthese ein stark oder schwach energieverzehrender Prozess ist.

Anhand einer Plausibilitätsbetrachtung soll am Beispiel der strahlungsklimatischen Verhältnisse für Deutschland ermittelt werden, wieviel Energie in Bezug auf die Globalstrahlung zur Photosynthese landwirtschaftlicher Anbauprodukte benötigt wird.

$$6 \text{ Mol}^{1)} CO_2 + 12 \text{ Mol } H_2O + 2,9 \text{ MJ/Mol} \xrightarrow{h \cdot \nu} 1 \text{ Mol } C_6H_{12}O_6 + 6 \text{ Mol } O_2 + 6 \text{ Mol } H_2O \qquad (9.1)$$

$$\underset{264 \text{ g}}{} \qquad \underset{216 \text{ g}}{} \qquad\qquad\qquad \underset{180 \text{ g}}{} \qquad \underset{192 \text{ g}}{} \qquad \underset{108 \text{ g}}{}$$

mit $\varepsilon = h \cdot \nu$;

    ε = molekulare Energie in J,

    h = Plancksches Wirkungsquantum in $J \cdot s$ und

    ν = Frequenz in $1/s$

Setzt man vereinfachend voraus, dass der Energieeinsatz von 2,9 MJ ausschließlich für den Aufbau von 1 Mol Zucker (180 g) verwendet wird, dann ergibt sich daraus ein Energiebedarf von $16 \cdot 10^3 \frac{J}{g}$.

Da sich das langjährige Jahresmittel der Globalstrahlung in Deutschland auf etwa $130 \frac{W}{m^2}$

$(= 4,1 \cdot 10^9 \frac{J}{m^2 \cdot a})$ beläuft und die Phytomasse hoher landwirtschaftlicher Anbauerträge durchaus

$10 \frac{t}{ha \cdot a}$ $(= 10^3 \frac{g}{m^2 \cdot a})$ Trockenmasse erreicht, werden für das Wachstum von $10^3 \frac{g}{m^2 \cdot a}$

insgesamt $10^3 \frac{g}{m^2 \cdot a} \cdot 16 \cdot 10^3 \frac{J}{g} = 16 \cdot 10^6 \frac{J}{m^2 \cdot a}$ an Energie benötigt.

Setzt man diesen Wert zur langjährigen Jahressumme der Globalstrahlung ins Verhältnis, dann

ergeben sich $\dfrac{16 \cdot 10^6 \frac{J}{m^2 \cdot a}}{4,1 \cdot 10^9 \frac{J}{m^2 \cdot a}} \cdot 100\,\% = 0,39\,\%.$

Diese Überschlagsrechnung zeigt, dass die Photosynthese ein außerordentlich effizient ablaufender Vorgang ist, der nur einen Bruchteil der solaren Strahlung benötigt.

1) Mol (vereinfachte Definition): Atom- bzw. Molekulargewicht in Gramm (s. auch Kap. 1)

9.2.1 Agrar- und Forstmeteorologie.

Agrar- und Forstmeteorologie sind Wissenschaften, die die klimatischen Einflüsse auf die Vegetation untersuchen. Beide Disziplinen unterscheiden sich voneinander dadurch, dass erstere wegen der relativen Kurzlebigkeit der landwirtschaftlichen Anbauprodukte im Wesentlichen die Saisonalität der witterungsklimatischen Abläufe zu beachten hat. Die Forstmeteorologie darf zwar auch die Wettersituationen mit Extremereignissen aus ihren Betrachtungen nicht ausblenden, allerdings ergeben sich für diese Fachdisziplin eher Untersuchungsaspekte, die auf die Produktivität und Langlebigkeit von Waldbeständen angelegt sind.

Kasten 9.2 Aufgaben der Agrarmeteorologie (nach CHMIELEWSKI 2006[12]; verändert)

Zu den Forschungs- und Anwendungsaspekten der Agrarmeteorologie zählen:
- Analyse des Energie-, Wasser- und Stoffkreislaufes unter besonderer Berücksichtigung der bodennahen Bereiche
- Untersuchung des Einflusses von Wetter und Witterung auf Entwicklung, Wachstum und Ertragsbildung landwirtschaftlicher Nutzpflanzen
- Ermittlung witterungsbedingter (Ernte-)Schäden und ihre Verhütung
- Nachweis des meteorologisch bedingten Auftretens und der Entwicklung von Krankheits- und Schadenserregern
- Anfertigung agrarmeteorologischer Messungen und Standortbeurteilungen – auch zum Wind- und Frostschutz
- Beratung zur Beregnung landwirtschaftlicher Kulturen und Entwicklung von Modellen, mit deren Hilfe sich die Wechselbeziehungen zwischen Boden, Pflanze und Atmosphäre (Soil, Vegetation, Atmosphere, Transfer – SVAT-Modelle) detailliert beschreiben lassen.

Zu den wissenschaftlichen Aufgaben der **Agrarmeteorologie** zählen unter anderem Untersuchungen zur Abhängigkeit des Gedeihens, der Produktion sowie der Lagerung agrarischer Anbauprodukte von den klimatischen Gegebenheiten. Darüber hinaus befasst sich die agrarmeteorologische Forschung mit dem Einfluss von Witterung und Wetter auf die Verbreitung von Pflanzenkrankheiten. Eine Zusammenfassung wichtiger Aufgabenfelder des weit gespannten Spektrums dieses Wissenschaftsbereiches enthält Kasten 9.2.

Die **Forstmeteorologie** beschäftigt sich mit den klimatischen Einflüssen auf Forstkulturen. Ein Forst stellt einen Wirtschaftswald dar, der zur Produktion von Holz, zur Ausnutzung von Schutzwirkungen (z.B. Boden-, Lärm-, Wasserschutz), zur Wald- und Landschaftsästhetik (Erholungsfunktion) sowie zur Kohlenstoffspeicherung dient (BURSCHEL 1995[2]). Zu den klimatischen Einflüssen auf Forstkulturen zählen zum Beispiel Windwurf, Schneebruch, Trockenheit, Waldbrände und das Auftreten von Schädlingen. Darüber hinaus erfüllt der Wald in klimatisch-lufthygienischer Hinsicht wichtige Filterfunktionen gegenüber partikel- und gasförmigen Luftverunreinigungen (s. Kap. 9.3.1). Im Rahmen der aktuellen Diskussion über den globalen Klimawandel fällt Wäldern wegen der Kohlenstofffixierung darüber hinaus eine besondere Rolle beim CO_2-Emissionshandel zu (s. Treibhauseffekt, Kap. 11).

Auch muss auf die human-biometeorologischen Wohlfahrtswirkungen hingewiesen werden, die dem Waldklima zu eigen sind.

Kasten 9.3 enthält eine Zusammenstellung verschiedener Waldfunktionen, die insbesondere für den Menschen wichtig sind. Weiterführende Informationen finden sich zum Beispiel in HUPFER/KUTTLER 2006[12].

9.2.2 Phänologie.

Die Phänologie (griech. *phainesthai*, erscheinen; griech. *logos*, Lehre; Erscheinungslehre), ursprünglich in der Agrarmeteorologie als Spezialdisziplin verankert, entwickelte sich in den vergangenen Jahren immer stärker zu einem eigenständigen Fachgebiet. Aufgabe der Phänologie ist es, die Wachstums- und Entwicklungsphasen der Pflanzen- und Tierwelt in Abhängigkeit vom Verlauf der Witterung zu

Kasten 9.3   Waldfunktionen und ihre Wirkung auf den Menschen
(zusammengestellt nach Angaben aus Mayer/Höppe 1984; verändert und ergänzt)

Allgemeine Wohlfahrtswirkungen
- Dämpfung von Lärm
- Schutz gegen Luftverschmutzung
- Schonendes Lichtklima
- Schutz vor Niederschlägen und Starkregenabflüssen
- Günstiges thermisches Milieu

Lärmdämpfung
- Durch Platzhaltereffekt Abstandsvergrößerung zu Lärmquellen
- Zusätzliche Dämpfung durch Stellung und Dichte von Ästen und Blättern
- Nadelwälder dämpfen aufgrund der Nadelstruktur insbesondere Schallwellen mit hohen Frequenzen
- Größte Schallabsorption geht von jungen Beständen mit tiefhängenden Ästen aus

Schutz gegen Luftverschmutzung
- Aktive Filter wegen großer Oberflächenrauigkeit
- Deposition luftgetragener Stäube im Wesentlichen an der Leeseite des Bestandes
- Trockene und nasse (über den Niederschlag erfolgende) Deposition von Luftinhaltsstoffen in Nadelwäldern größer als in Laubwäldern
- Wesentlich höhere Ablagerungswerte an Luftinhaltsstoffen durch Nebeldeposition im Bestand als im Freiland
- Teilweise stomatäre (durch die Spaltöffnungen erfolgende) Aufnahme gasförmiger Luftverunreinigungen
- Abgabe biogener Kohlenwasserstoffe (BVOC), zum Beispiel Isopren und Terpen, die Vorläufer zur Ozonproduktion darstellen (verstärkt während Strahlungswetterlagen)

Schonendes Lichtklima
- Starke Reduktion der solaren Beleuchtungsstärke in Abhängigkeit von der Höhe über Grund im Stammraum
- Kein Auftreten unangenehmer Lichtreize
- Wellenlängenabhängige Strahlungsveränderung (Dominieren der grünen Farbe mit positiven Auswirkungen auf die menschliche Psyche)

Schutz vor Niederschlägen und Starkregenabflüssen
- Vollständige Abschirmung bei leichten und kurz andauernden Niederschlägen (bei Nadelbäumen mehr, bei Laubbäumen weniger)
- Interzeptionsanteil (Benetzungswasser, das nach Niederschlag an Ästen und Blättern haftet, von dort aus verdunstet und deshalb den Boden nicht erreicht) von Bäumen liegt zwischen 10 % und 30 %, in Einzelfällen können 70 % (Zirben; Larcher 2001[6]) erreicht werden
- Hohe Wasserspeicherfähigkeit des Waldbodens durch hohen Humusanteil verhindert Abflussspitzen nach Starkregenereignissen

Günstiges thermisches Milieu
- Dämpfung der Extrema der Lufttemperaturen im Tages- und Jahresgang
- Deutlich niedrigere Strahlungstemperaturen als im Freiland
- Frontenbedingter Wetterwechsel tritt nur in abgeschwächter Form auf
- Dämpfung von Windgeschwindigkeit und kurzwelliger Einstrahlung
- Höhere relative Luftfeuchtigkeit im Stammraum als im Freiland bei annähernd gleich bleibendem Dampfdruck
- Stammraum stellt ein mildes Schonklima dar

untersuchen. Dabei fällt insbesondere der Pflanzenphänologie eine führende Rolle zu, wenn es darum geht, lokale Eigenschaften und Veränderungen des Klimas mit Hilfe pflanzlicher Indikatoren zu nutzen.

Für die Landwirtschaft sind die phänologischen Aussagen zum Beispiel eine wichtige Stütze bei der Wahl der Anbauprodukte.

Liegen lange **phänologische Zeitreihen** vor, lassen sich diesen eventuelle Trends entnehmen, durch die möglicherweise Klimaveränderungen am Standort nachgewiesen werden können. Bei der in Abb. 9.3 dargestellten langen phänologischen Reihe aus Genf wurde über einen Zeitraum von 190 Jahren (1808 bis 1997) der Blattausbruch einer Rosskastanie, die mitten in der Stadt stand, in Tagen nach Jahresbeginn notiert.

Ein Vergleich zwischen Anfang und Ende der Aufzeichnungen belegt eindrucksvoll, dass sich der Blattausbruch der Rosskastanie im Verlauf von 190 Jahren in Richtung Jahresanfang stark verfrüht hat. Die Gründe für die Verfrühung des Blattaustriebs dürften nicht nur in einer globalen Klimaerwärmung zu suchen sein, sondern auch in der lokalklimatischen Beeinflussung durch das Wachstum der Stadt Genf, wodurch sich insbesondere der thermische Stadtklimaeffekt verändert haben wird (s. Kap. 10).

Die Darstellung enthält neben den jährlichen Eintrittsterminen auch die gleitenden Mittelwerte. Von 1900 an verfrühen sich die Eintrittstermine deutlich; die interannuellen Schwankungen sind insbesondere von 1975 an bis zum Ende der Reihe beträchtlich. Zwischen Beginn und Ende der Reihe hat sich der Blattaustrieb um etwa einen Monat verfrüht.

Neben Einzelstandortuntersuchungen lassen sich auch regionale Abgrenzungen des thermischen Klimas mit Hilfe von Pflanzen vornehmen, wenn genügend Vegetationsstandorte für eine Auswertung zur Verfügung stehen. Pflanzen lassen sich auf diese Weise sowohl groß- als auch

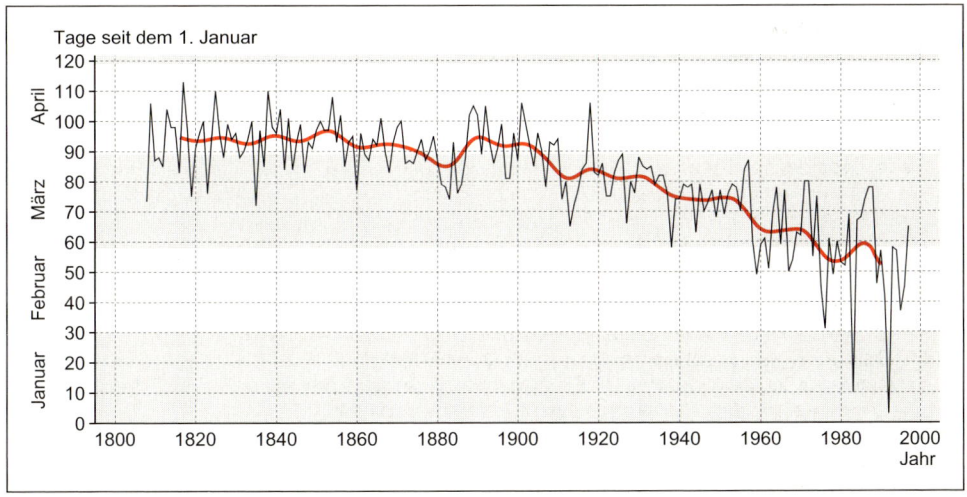

Abb. 9.3 Termine des Blattausbruchs einer Rosskastanie (*Aesculus hippocastanum*) in Genf für den Zeitraum 1808 bis 1997 (Quelle: Defila 1998; verändert)

kleinräumig als Standortanzeiger für Aussagen zum thermischen Klima mit Flächenbezug heranziehen. So können die Termine von Blüh- und Reifephasen ausgewählter Pflanzen zum Beispiel innerhalb eines Stadtgebietes kartiert werden, um damit das thermische Klima zu charakterisieren. Wie das für die Stadt Wien in Abb. 9.4 dargestellte Beispiel anhand des Verlaufs der Linien gleichen Blühbeginns (Isophanen) zeigt, öffnen sich durch urbane Überwärmung und wohl auch durch den Einfluss der Straßenbeleuchtung die ersten Blüten im Stadtzentrum etwa 25 Tage früher als im Umland. Damit können Pflanzen als Standortanzeiger neben physikalisch-chemischen Messungen auch für kleinräumige, in diesem Fall stadtklimatische Untersuchungen herangezogen werden.

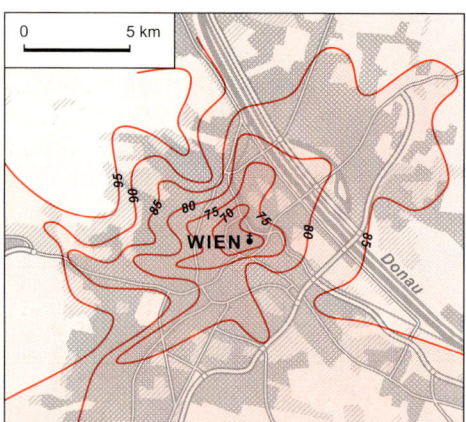

Abb. 9.4 Stadtphänologie einer Großstadt (Wien). Linien gleichen Blühbeginns der Forsythie (_Forsythia suspensa_) als temperaturabhängigem Standortanzeiger. Die Datumslinie 70 entspricht dem Kalenderdatum 11. März 1988, die Datumslinie 95 dem 5. April 1988 (Quelle: Bernhofer 1991 aus Larcher 2001[6])

9.2.3 Human-Biometeorologie.
Die Human-Biometeorologie setzt sich mit den klimatischen Gegebenheiten in ihrer Wirkung auf das Wohlbefinden und die Gesundheit des Menschen auseinander. Dabei werden die zahlreichen von der Atmosphäre ausgehenden Einflussgrößen drei verschiedenen Reiz- bzw. Wirkungskomplexen zugeordnet, die einzeln oder in Kombination das menschliche Leben positiv oder negativ beeinträchtigen können. Je nachdem, ob es sich dabei um die Wirkungen der solaren Bestrahlungsstärke, der Wärmebelastung oder der Luftqualität handelt, spricht man vom **photoaktinischen, thermischen oder lufthygienischen Wirkungskomplex**. Um Aussagen über eventuell auftretende Belastungen machen zu können, müssen die jeweiligen Messdaten bewertet werden. Dazu berechnet man entsprechende Indizes, die quantitative Aussagen zum gesundheitlichen Gefährdungspotenzial erlauben. Für die drei genannten Wirkungskomplexe existieren verschiedene Bewertungsverfahren, auf die nachfolgend exemplarisch eingegangen werden soll.

9.2.3.1 Photoaktinischer Wirkungskomplex.
Derjenige Anteil des solaren Spektrums, der für die Gesundheit des Menschen eine besondere Bedeutung hat, ist die ultraviolette Strahlung (UV-Strahlung) im Spektralbereich $100\,\text{nm} < \lambda \leq 400\,\text{nm}$. Ihr Anteil an der Gesamtstrahlung beläuft sich zwar nur auf etwa 8 %, da sich aber die Energie der elektromagnetischen Strahlung umgekehrt proportional zu ihrer Wellenlänge verhält, resultiert ein vergleichsweise hoher Energiegehalt für den genannten Bereich. Darauf beruhen die entsprechenden positiven und negativen photobiologischen bzw. photochemischen Wirkungen, die der kurz-, mittel- und langwelligen UV-Strahlung zu eigen sind (Tab. 9.1).

Tab. 9.1 Spezifische Wirkungen der Bereiche der ultravioletten Strahlung
(Quelle: VDI 1998; verändert)

Typ	Wellenlängenbereich (λ in nm)	Spezifische Wirkung
UV-A	$315 < \lambda \leq 400$ (langwellige UV-Strahlung)	Sofortpigmentierung (Hautbräunung); wirksam gegen Psoriasis (Schuppenflechte)
UV-B	$280 < \lambda \leq 315$ (mittelwellige UV-Strahlung)	Erythemwirkung (Sonnenbrand); sek. Pigmentierung; Lichtschwiele; Alterung der Haut; Hautkarzinom; Katarakt (grauer Star); Keratitis (Hornhauterkrankungen des Auges); antirachitische Wirkung durch Vitamin D-Produktion und bakterizide Wirkung
UV-C	$100 < \lambda \leq 280$ (kurzwellige UV-Strahlung)	Zellzerstörung; bakterizide Wirkung

Eine zu starke UV-Bestrahlung kann zum Beispiel zu Sonnenbrand (Erythem) oder schweren bleibenden Hautschäden bis hin zum Hautkrebs führen. Um eine Möglichkeit zu haben, die Bevölkerung im Rahmen der Wettervorhersage vor hohen Strahlungsdosen zu warnen, wurde ein sogenannter **UV-Index (UVI)** eingeführt, der seit 1993 kontinuierlich durch das Bundesamt für Strahlenschutz (BfS) und das Umweltbundesamt (UBA; beide Berlin), später auch durch den Deutschen Wetterdienst (DWD; Offenbach am Main) berechnet und im Rahmen der Vorhersage veröffentlicht wird. Mit Hilfe dieses Wertes kann die Zeit abgeschätzt werden, die bei vollem solaren Strahlungsgenuss dazu führt, einen Sonnenbrand bei Menschen unterschiedlichen Hauttyps zu verursachen (Tab. 9.2). Der Wertebereich des UVI liegt in Deutschland zwischen 0 (Minimum) und 8 (Maximum), in subtropisch/tropischen Ländern auch über 10.

Ein UV-Index von 1 bedeutet, dass an dem entsprechenden Messtag die sonnenbrandwirksame Bestrahlungsstärke einen Tagesspitzenwert von 25 mW/m^2 aufweist, ein UVI von 2 repräsentiert einen Wert von 50 mW/m^2 und ein UVI von 3 einen Bestrahlungswert von 75 mW/m^2 usw. Während im Winter die UVI-Werte in Deutschland zwischen 0 und 3 liegen, erreichen diese im Sommer bei wolkenlosem Himmel in Norddeutschland Werte um 6, in Süddeutschland solche von 8. Verschiedene Versuche haben gezeigt, dass bei einem hellen Hauttyp (Hauttyp II) eine Hautrötung dann auftritt, wenn die Bestrahlungsstärke den Grenzwert von 250 J/m^2 überschritten hat. Herrscht eine Witterung mit einem UVI von beispielsweise 4 vor, dann wird bei der betreffenden Person nach etwa 30 Minuten mit einer Hautrötung zu rechnen sein. Erreicht der UVI jedoch den Wert von 8, dann ist bereits nach etwa 15 Minuten mit einem Sonnenbrand zu rechnen. Man erhält die maximale Aufenthaltsdauer im Freien, nach der mit einem Sonnenbrand zu rechnen ist, wie folgt (exemplarisch für UVI 4 durchgeführt):

$$\frac{250 \, \frac{J}{m^2}}{100 \cdot 10^{-3} \, W} = \frac{250 \, \frac{J}{m^2}}{100 \cdot 10^{-3} \, \frac{J}{s \cdot m^2}}$$

$$= 2\,500 \, s \approx 40 \, min.$$

Beispiele für verschiedene UVI-Klassen mit Angabe der mittleren Strahlungsbelastung, der Möglichkeit des Auftretens eines Sonnenbrands bei Überschreiten der Expositionszeiten und der erforderlichen Schutzmaßnahmen für verschiedene Hauttypen enthält Tab. 9.2.

Tab. 9.2   Schutzempfehlungen für verschiedene Bereiche des UV-Indexes sowie Sonnen-brandzeiten für die verschiedenen Hauttypen (I–IV) bei ungebräunter Haut (Quelle: DWD 1996, hier nach CHMIELEWSKI 2006[12])

UVI	Belastung	Sonnenbrandzeit nach Hauttypen (I–IV)[*]				Schutzmaßnahmen
		I	II	III	IV	
0–1	gering	unwahr-scheinlich	unwahr-scheinlich	unwahr-scheinlich	unwahr-scheinlich	I–IV: nicht erforderlich
2–4	erhöht	> 25 Min.	> 30 Min.	> 45 Min.	> 60 Min.	I: erforderlich II–III: empfehlenswert IV: nicht erforderlich
5–7	hoch	> 15 Min.	> 20 Min.	> 25 Min.	> 35 Min.	I: unbedingt erforderlich II–IV: erforderlich
≥ 8	extrem	< 10 Min.	< 15 Min.	< 20 Min.	< 25 Min.	I–IV: unbedingt erforderlich

[*] I: Sehr helle Haut, rötliches oder hellblondes Haar, meist Sommersprossen
   II: Helle Haut, blondes Haar, eventuell Sommersprossen
   III: Hellbraune Haut, dunkelblond, brünett
   IV: Braune Haut, dunkle oder schwarze Haare, keine Sommersprossen

Wie sich der Verlauf der kontinuierlich aufgezeichneten UVI-Werte im Tagesgang an einer Klimastation während einer Schönwetterepisode darstellt, zeigt exemplarisch Abb. 9.5.

Während der in Abb. 9.5 zugrunde gelegten Woche erreichte der UV-Index mittlere Werte von über 4; damit lag die Strahlungsbelastung während der genannten Zeit im mittleren Bereich; das Auftreten eines Sonnenbrandes bei ungeschützter Haut ist nach einer Expositionszeit von mehr als 25 Minuten (beim Hauttyp I) möglich, entsprechende Schutzmaßnahmen sind deshalb erforderlich. Insbesondere an stark frequentierten deutschen Badestränden ist man seit einiger Zeit dazu übergegangen, die Bevölkerung auf Anzeigetafeln über den jeweils aktuellen Stand des UV-Indexes zu informieren.

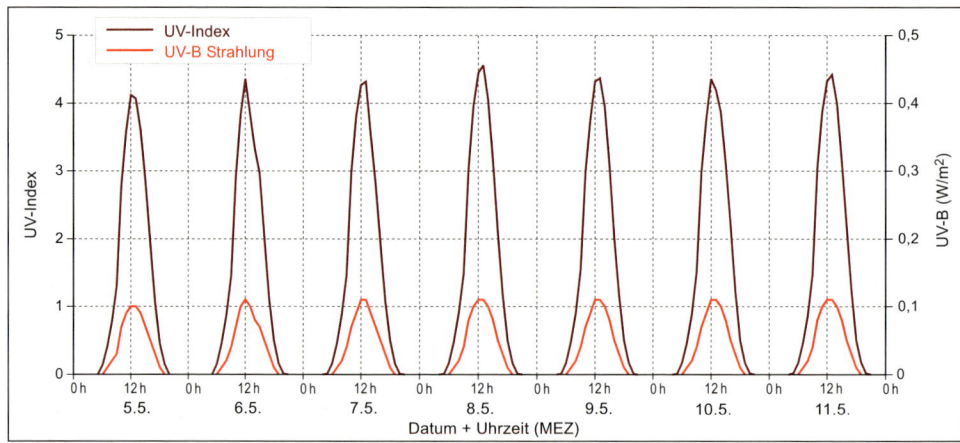

Abb. 9.5   Zeitlicher Verlauf des UV-Indexes an der Klimastation der Universität Duisburg-Essen, Campus Essen, zwischen dem 27.5.2008 und dem 2.6.2008

9.2.3.2 Thermischer Wirkungskomplex. Im thermischen Wirkungskomplex werden die Bedingungen der Wärmeabgabe des Menschen an die ihn umgebene Atmosphäre betrachtet, die sein thermisches Wohlbefinden und seine physiologische Belastung bestimmen. Obwohl der Mensch ein homoiothermer (griech. *homoio*, gleich; griech. *thermos*, warm), also ein gleichwarmer Organismus ist, der eine Körperkerntemperatur von 36,5 °C weitgehend unabhängig vom bestehenden thermischen Umgebungsmilieu konstant hält, können bei starker Behinderung der Wärmeabgabe ebenso wie bei übermäßigem Wärmeentzug die individuellen Behaglichkeitsgrenzen über- bzw. unterschritten werden. Zahlreiche epidemiologische Untersuchungen belegen den weltweit gesicherten Zusammenhang zwischen hohen Erkrankungs- (Morbiditäts-) sowie Sterbe- (Mortalitäts-)fällen und extremen thermischen Belastungen.

Schon seit langer Zeit existieren in der Human-Biometeorologie verschiedene Verfahren, mit deren Hilfe zum Beispiel die Wärme-/Kältebelastung näherungsweise berechnet und bewertend klassifiziert werden kann. Ein bekanntes Maß stellt in diesem Zusammenhang die schon als klassisch zu bezeichnende „Schwülegrenze" dar. Die einfachen thermischen Indizes bestehen für den warmen Bereich aus einer Kombination von Lufttemperatur und einer Feuchtegröße, für den kalten Bereich aus Lufttemperatur und Windgeschwindigkeit. Das zieht nach sich, dass thermophysiologisch wichtige Parameter wie die vom Körper produzierte Wärme bei unterschiedlichen Aktivitätszuständen, sich kurzfristig ändernde außenklimatische Verhältnisse, der Einfluss der kurz- und langwelligen Strahlung sowie von Bekleidung auf den Wärmehaushalt des Menschen nicht bzw. in nicht ausreichendem Maße berücksichtigt werden können.

Dieser Nachteil wird jedoch durch moderne **thermische Indizes** aufgehoben, die auf der Betrachtung des gesamten Wärmehaushaltes des Menschen beruhen und damit an den gleichermaßen notwendigen außenklimatischen wie körpereigenen Eingangsgrößen zur Ermittlung der physiologischen Belastung ausgerichtet sind.

Grundlage für die Ermittlung dieser thermischen Indizes stellt die **Energiebilanzgleichung des Menschen** (Gl. 9.2) dar, deren Einzelglieder in Abb. 9.6 schematisch dargestellt sind. Die Wärmebilanzgleichung geht ursprünglich auf den Biometeorologen Konrad Büttner (BÜTTNER 1938) zurück und wurde in der Zwischenzeit verschiedentlich modifiziert. In der von JENDRITZKY (1990) verwendeten aktuellen Form stellt sich die Wärmebilanzgleichung nunmehr wie folgt (Gl. 9.2) dar:

$$M + W + Q^* + Q_H + Q_E + Q_{SW} + Q_{Re} + Q_N + Q_S = 0 \qquad (9.2)$$

mit M = Gesamtenergieumsatz,
W = mechanische Leistung (Arbeitsleistung nach außen),
Q^* = Strahlungsbilanz,
Q_H = turbulenter Fluss fühlbarer Wärme,
Q_E = turbulenter Fluss latenter Wärme infolge Wasserdampfdiffusion durch die Haut (Perspiratio insensibilis),
Q_{SW} = turbulenter Fluss latenter Wärme durch Schweißverdunstung,
Q_{Re} = Atemwärmefluss (sensibel und latent),
Q_N = fühlbarer Wärmefluss durch Anpassung von Nahrung an die Körperkerntemperatur,
Q_S = Speicherwärmefluss durch Veränderung der Körpertemperatur

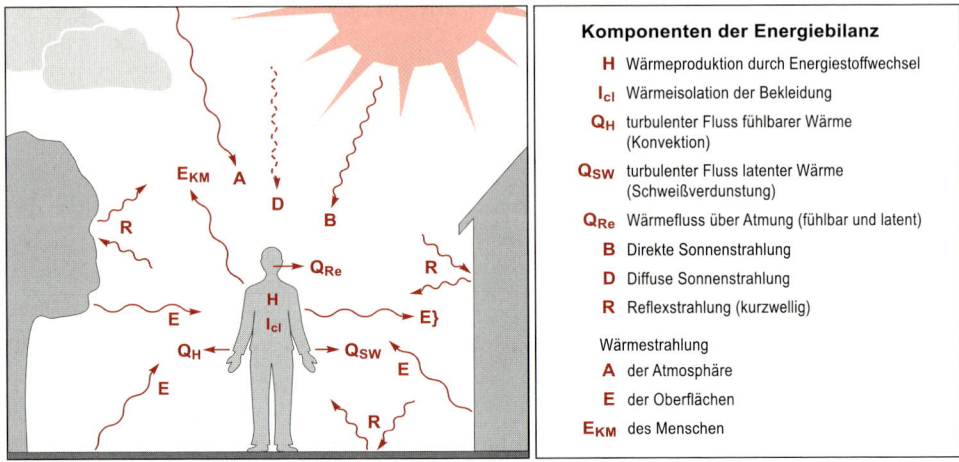

Abb. 9.6   Der thermische Wirkungskomplex im Mensch-Atmosphäre-System (Quelle: JENDRITZKY 1990)

Auf dieser Basis wurden verschiedene anwendungsorientierte numerische Modelle entwickelt, die die Grundlage für Bewertungsmethoden des thermischen Wirkungskomplexes bilden. Unter diesen sei das **Klima-Michel-Modell (KMM)** genannt, auf das wegen seiner weiten Verbreitung kurz eingegangen werden soll (JENDRITZKY et al. 1979, 1990). Dieses Modell verbindet die meteorologischen Außenbedingungen mit dem jeweiligen Aktivitätszustand, in dem sich ein Mensch befindet, zum Beispiel in Ruhe oder Bewegung. Durch diese Verknüpfung können Aussagen zur thermischen Behaglichkeit auf einer psycho-physischen Bewertungsskala getroffen werden. Der Name „Michel" deutet schon an, dass es sich um den Körper eines Durchschnittsmenschen handelt, der wie folgt definiert wurde: Geschlecht männlich, Alter 35 Jahre, Masse 75 kg, Körpergröße 1,75 m, Körperoberfläche 1,9 m^2.

Der Einsatz des KMM hat den Vorteil, dass mit seiner Hilfe zum Beispiel auch Flächenaussagen zum thermischen Wirkungskomplex möglich sind, sodass die berechneten Sachverhalte bei entsprechender Datenlage auch mittels Karten dargestellt werden können. Für Planungsprozesse kann das eine wichtige Rolle spielen.

Um die Ergebnisse des KMM anschaulich darstellen zu können, wurde das Behaglichkeitsmaß **„Gefühlte Temperatur, GT"** (engl. *perceived temperature*, pt) eingeführt. GT stellt die Lufttemperatur einer Referenzumgebung (Windstille, Schatten, rel. Feuchte 50 %, angepasste Bekleidung) dar, in der die gleiche thermische Belastung auftreten würde wie unter den aktuellen Bedingungen. Mit Hilfe der Gefühlten Temperatur werden also unter Einbeziehung entsprechender Isolationswerte der Bekleidung die thermischen Umweltbedingungen einer spazierengehenden Standardperson (Michel!) bewertet. Die Maßeinheit der gefühlten Temperatur ist das Grad Celsius. Entsprechende Temperaturen zwischen 0 °C und 20 °C werden als behaglich, solche unter 0 °C als kalt bis sehr kalt und diejenigen über 20 °C als warm bis sehr heiß empfunden.

Tab. 9.3 Erläuterung der Angaben zur Dauer von Wärmebelastung und Kältereiz in der Bioklimakarte von Deutschland (Farbtafelteil S. 241) (GRÄTZ 2008)

Wärmebelastung in Tagen		Kältereiz in Tagen	
Sehr selten	≤ 4,0	Selten	≤ 22,5
Selten	>4,0 – 12,0	Gelegentlich	>22,5 – 37,5
Gelegentlich	>12,0 – 20,0	Vermehrt	>37,5 – 52,5
Vermehrt	>20,0 – 24,0	Häufig	>52,5 – 67,5
Häufig	>24,0 – 28,0	Sehr häufig	>67,5 – 85,0
Sehr häufig	> 28,0	Überwiegend	> 85,0

Im Farbtafelteil (S. 241) ist die thermische Komponente des **Bioklimas von Deutschland** dargestellt, und zwar auf der Grundlage der Berechnungen mit Hilfe des KMM. Die dafür benötigten meteorologischen Eingangsdaten basieren auf den stündlichen Messungen und Beobachtungen an sämtlichen hauptamtlichen Wetterstationen (Synop-Daten) des Deutschen Wetterdienstes (DWD) für den Zeitraum 1971–2000. Die berechneten Daten wurden mit denen eines Geländemodells verschnitten, sodass topographische Einflüsse mit berücksichtigt werden konnten. Im Rechenmodell bewegt sich der „Klima-Michel" mit einer Geschwindigkeit von etwa 4 km/h (Geschwindigkeit eines Spaziergängers) und ist in der Lage, sich hinsichtlich seiner Kleidung jeweils aktuell und damit optimal auf die herrschenden Klimaverhältnisse einzustellen. Die Karte enthält Angaben zur Häufigkeit von Kältereizen (selten bis überwiegend) und Wärmebelastung (häufig bis selten). Beide sind über eine Matrix miteinander verknüpft. Eine Zuordnung der Kältereiz- und Wärmebelastungsklassen der genannten Zeiträume zur entsprechenden Dauer in Tagen enthält Tab. 9.3.

Die unterschiedliche Farbgebung der Karte lässt eine differenzierte räumliche Darstellung der Häufigkeit des Auftretens von Wärme- und/oder Kältebelastung zu. Gebiete in Deutschland, die sich zum Beispiel nur selten, das heißt an weniger als 23 Tagen pro Jahr, durch Kältereize auszeichnen, hingegen mit bis zu 28 Tagen, und damit häufig, Wärmebelastungen aufweisen, sind der Oberrheingraben mit seinen Randgebieten und das mittlere Neckartal. Am anderen Ende der Skala finden sich in den Höhen von Harz und Rothaargebirge und erst recht natürlich in den Alpen Gebiete mit überwiegendem Kältereiz (> 85 d/a) und nur sehr selten (< 4 d/a) auftretender Wärmebelastung.

Die in der Bioklimakarte präsentierten Ergebnisse stellen somit auch eine fundierte Grundlage für die zu berücksichtigenden human-biometeorologischen Belange der Stadt- und Regionalplanung dar.

9.2.3.3 Lufthygienischer Wirkungskomplex.

Unter dem lufthygienischen Wirkungskomplex versteht man den Einfluss der in der Atmosphäre enthaltenen festen, flüssigen und gasförmigen Luftbeimengungen auf die menschliche Gesundheit. Heutzutage wird die Luftqualität in den westlichen Industrieländern hauptsächlich durch **Kfz-bedingte Immissionen**, und zwar vornehmlich durch CO, NO, NO_2, O_3, SO_2, VOC (engl. *Volatile Organic Compounds*, gasförmige Kohlenwasserstoffe) und Feinstaub (engl. *Particulate Matter*, PM) bestimmt. In der aktuellen Umweltdiskussion spielt insbesondere der Feinstaub PM_{10}, aber auch $PM_{2,5}$

und PM$_1$, eine große Rolle im Rahmen der Gesundheitsvorsorge. PM$_{10}$ bedeutet zum Beispiel, dass der obere aerodynamische Durchmesser der Staubpartikel ≤ 10 µm ist, für die anderen Größen gilt Entsprechendes. Je feiner die Fraktionsgröße, desto lungengängiger ist der Feinstaub. Daher gehen aktuelle Forschungsansätze zur Untersuchung von Ultrafeinstäuben über.

Luftverunreinigende Stoffe werden durch verschiedene Schadstoffquellen (**Emittenten**) freigesetzt (emittiert). Es werden Industrie-, Kleingewerbe-, Hausbrand- und Kfz-Emittenten unterschieden. Die freigesetzten Luftverunreinigungen unterliegen den meteorologischen Austauschbedingungen und der chemischen Umwandlung (**Transmission**), treten am Wirkort in unterschiedlich hohen Konzentrationen auf (**Immission**) und werden – falls sie nicht von Organismen, insbesondere Pflanzen, aufgenommen werden – durch die Selbstreinigungsmechanismen der Atmosphäre (Niederschlag, Sedimen-

tation) aus dieser entfernt (**Deposition**). Die genannten Prozessabläufe enthält Abb. 9.7.

Unter den gasförmigen Spurenstoffen spielen NO$_2$ und Ozon (O$_3$) eine herausragende Rolle. Ozon stellt dabei die Leitkomponente des sogenannten Sommersmogs dar. Zusammen mit anderen Photooxidanzien entsteht Ozon während sonnenscheinreicher windarmer Wetterlagen aus verschiedenen Vorläufergasen (z.B. VOC, NO$_x$ und CO).

In der aktuellen Umweltdiskussion nehmen die partikelförmigen Spurenstoffe (PM$_{10}$, PM$_{2,5}$ und PM$_1$) einen breiten Raum ein. Mit welchen Immissionswerten an einer stark befahrenen Straße im Tagesverlauf zu rechnen ist, zeigt Abb. 9.8. Dieser Standort zählt zu den sogenannten „hot spots", da hier der entsprechende Grenzwert für die Feinstaubbelastung häufig überschritten wird. Als **Grenzwert** gilt ein Tagesmittelwert (PM$_{10}$) von 50 µg/m^3, der nur an 35 Tagen pro Jahr und Standort

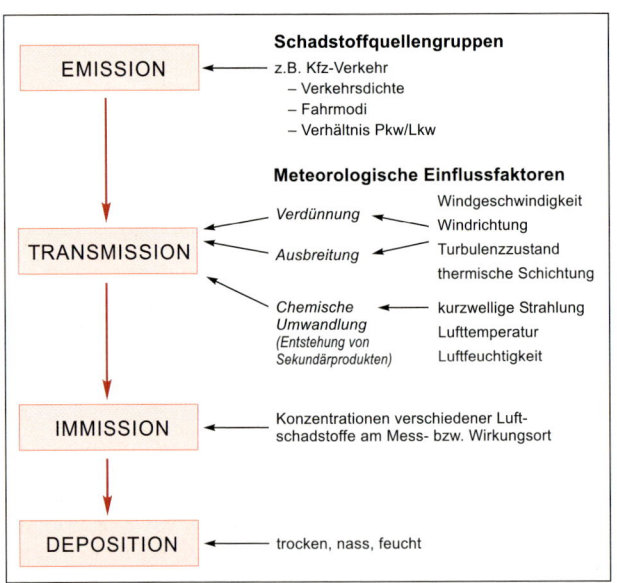

Abb. 9.7
Prozessabläufe luftverunreinigender Stoffe
(Quelle: Mayer 2000; verändert)

überschritten werden darf (EU 1999). Allein im Jahre 2007 wurden hier jedoch an 62 Tagen Grenzwertüberschreitungen nachgewiesen, wodurch eine erhebliche Feinstaubbelastung dokumentiert wird. Während des in Abb. 9.8 zugrunde gelegten Zeitraumes wurden Spitzenwerte von über 90 $\mu g/m^3$ in den Morgen- und Vormittagsstunden registriert. In den Abend- und Nachtstunden stellten sich hingegen die niedrigsten Konzentrationen ein. Dass die Belastung negativ korreliert ist mit der Windgeschwindigkeit, dokumentieren die unterschiedlich hohen Tagesspitzenwerte. Die Werte der verschieden großen Partikel unterscheiden sich zwar hinsichtlich ihrer Konzentrationsniveaus voneinander, in Bezug auf ihre tageszeitabhängigen Verläufe sind sie jedoch weitgehend identisch.

Die Wirkungen von Luftverunreinigungen auf den Menschen sind von der Dosis der Einzelkomponenten bzw. von deren Kombinationswirkungen abhängig. So können luftgetragene Partikel, insbesondere Rußteilchen (black smoke), Transportfunktionen für andere Luftinhaltsstoffe übernehmen und bei geringer Größe, aber großer Oberfläche und hoher Adsorptionsfähigkeit im Atemtrakt zu Schäden führen. Die gesundheitliche Bewertung der Wirkung einzelner Spurenstoffe auf den Menschen wurde in verschiedene Regelwerke aufgenommen, von denen einige Gesetzeskraft haben. Hierzu zählt zum Beispiel die Verordnung über Immissionswerte für Schadstoffe der Luft, für die das Bundes-Immissionsschutzgesetz entsprechende Grenzwerte vorsieht (22. BIm SchV, 2004; 33. BImSchV, 2007).

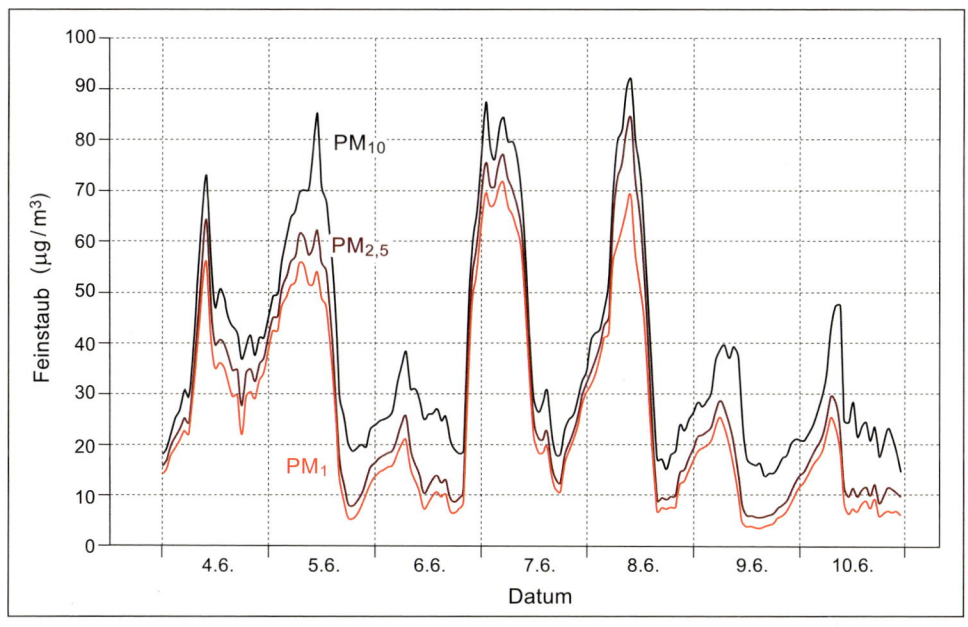

Abb. 9.8 Ergebnisse von Feinstaubmessungen (PM$_{10}$, PM$_{2,5}$, PM$_1$) an einer stark befahrenen Straße in Essen (4.6. bis 11.6.2008) (Gladbecker Straße, Essen, durchschnittliche tägliche Verkehrsstärke (DTV) = 49 000 Kfz)

Lufthygienische Bewertungsindizes stellen Umweltstandards dar, zu deren Festlegung Kompromisse eingegangen werden müssen, da es nicht möglich ist, das gesamte Spektrum luftgetragener Schadstoffe zu berücksichtigen. Den Vorteilen derartig generalisierter Indexwerte stehen deshalb auch Nachteile gegenüber.

So existieren nicht für alle Spurenstoffe Grenzwerte. Ferner beziehen sich die meisten der genannten Bewertungskriterien grundsätzlich auf die Durchschnittsbevölkerung, während gesundheitlich eher gefährdete Gruppen (Kleinkinder, alte Menschen) nicht vorrangig berücksichtigt werden. Schließlich tragen diese Kennziffern auch kaum der hohen Mobilität der Stadtbewohner Rechnung (Mayer 1990).

Die Gesamtbeurteilung der Luftqualität lässt sich durch die Berechnung von Luftbelastungsindizes vornehmen, die Luftschadstoffe berücksichtigen, die in den Luftmessnetzen in der Regel langfristig gemessen werden. Diese Luftschadstoffe stellen Leitsubstanzen für Schadstoffquellengruppen dar.

Aus der Vielzahl von Indizes zur Bewertung der Luftqualität sollen ein **Kurz- und ein Langzeitindex** vorgestellt werden. Damit lässt sich die integrale Luftqualität hinsichtlich ihres Einflusses auf Wohlbefinden und Gesundheit von Menschen beurteilen.

Bei dem hier vorgestellten Kurzzeitwert (Tagesmittelwert) handelt es sich um den Index **Daily Air Quality Index DAQx**, bei dem Langzeitwert (Jahresmittelwert) um den Long-Term Air Quality Index LAQx.

In die Berechnung des DAQx-Wertes fließen die Werte der Spurenstoffe CO, NO_2, O_3, PM_{10} und SO_2 ein, in diejenige des LAQx-Wertes die Komponenten Benzol, NO_2, PM_{10} und SO_2 sowie die Anzahl an Tagen pro Jahr, an denen der DAQx $\geq$ 4,5 ist.

Eine Berechnung der beiden Indizes lässt sich wie folgt vornehmen (Mayer 2006):

Die gemessenen Konzentrationen an ausgewählten Luftschadstoffen werden Bereichen zugeordnet, die, dem deutschen Schulnotensystem vergleichbar, aus sechs Klassen bestehen. Dabei steht die Klasse 1 für sehr gute und Klasse 6 für sehr schlechte Luftqualität (Tab. 9.4). Die Klassengrenzen wurden nach toxikologischen und epidemiologischen Befunden festgesetzt.

Mit Hilfe von Gl. 9.3 lassen sich unter Berücksichtigung der genannten Indikatoren die DAQx-Werte für die einzelnen Luftschadstoffe ermitteln.

$$DAQx = \left[\left(\frac{DAQx_{oben} - DAQx_{unten}}{C_{oben} - C_{unten}} \right) \cdot (C_{aktuell} - C_{unten}) \right] + DAQx_{unten} \qquad (9.3)$$

Zur Erläuterung von Gl. 9.3:
Unter $C_{aktuell}$ werden entweder das maximale Einstundenmittel der Konzentrationen von NO_2, O_3 und SO_2 pro Tag, das maximale gleitende Achtstundenmittel der CO-Konzentration pro Tag oder die mittlere tägliche PM_{10}-Konzentration verstanden. Bei den mit C_{oben} und C_{unten} bezeichneten Grenzen handelt es sich um die oberen und unteren Grenzen der komponentenspezifischen Konzentrationsbereiche. $DAQx_{oben}$ und $DAQx_{unten}$ sind diejenigen DAQx-Werte, die den Werten von C_{oben} und C_{unten} entsprechen (Tab. 9.3).

Als endgültiger DAQx-Wert wird der höchste substanzspezifische DAQx verwendet, der für die berücksichtigten Luftschadstoffe ermittelt wurde.

Tab. 9.4 Zuordnung von Bereichen substanzspezifischer Konzentrationen (NO₂, O₃ und SO₂: höchster Einstundenmittelwert pro Tag, CO: höchster gleitender Achtstundenmittelwert pro Tag, PM₁₀: Tagesmittelwert) zu DAQx-Werten und -Klassen einschließlich ihrer Bewertung (Quelle: MAYER 2006)

CO in mg/m³	NO₂ in µg/m³	O₃ in µg/m³	PM₁₀ in µg/m³	SO₂ in µg/m³	DAQx-Werte	DAQx-Klasse	Bewertung
0 bis < 1	0 bis < 25	0 bis < 33	0 bis < 10	0 bis < 25	0,0 bis < 1,5	1	sehr gut
1 bis < 2	25 bis < 40	33 bis < 65	10 bis < 20	25 bis < 50	1,5 bis < 2,5	2	gut
2 bis < 4	40 bis < 100	65 bis < 120	20 bis < 35	50 bis < 120	2,5 bis < 3,5	3	zufriedenstellend
4 bis < 10	100 bis < 200	120 bis < 180	35 bis < 50	120 bis < 350	3,5 bis < 4,5	4	ausreichend
10 bis < 30	200 bis < 500	180 bis < 240	50 bis < 100	350 bis < 1000	4,5 bis < 5,5	5	schlecht
≥ 30	≥ 500	≥ 240	≥ 100	≥ 1000	≥ 5,5	6	sehr schlecht

Dem **Langzeit-Luftqualitätsindex LAQx** liegen Jahresmittelwerte von Luftschadstoffen zugrunde, wobei aus verschiedenen Gründen, die hier nicht weiter diskutiert werden sollen, eine etwas veränderte Zusammensetzung an Spurenstoffen herangezogen wird. Es handelt sich hierbei um Benzol, NO₂, PM₁₀ und SO₂; zusätzlich wird die jährliche Anzahl an Tagen mit einem DAQx-Wert ≥ 4,5 berechnet (s. Tab. 9.5) und aufgenommen (PM₁₀ fließt in die Berechnung nicht ein, da zu Recht davon ausgegangen wird, dass eine Überschreitung des Kurzzeitgrenzwertes für PM₁₀ bei der Langzeit-Luftqualität keine Rolle spielt). Die Berechnung der LAQx-Werte ist derjenigen der DAQx-Werte analog und erfolgt nach Gl. 9.4:

$$LAQx = \left[\left(\frac{LAQx_{oben} - LAQx_{unten}}{C_{oben} - C_{unten}}\right) \cdot (C_{aktuell} - C_{unten})\right] + LAQx_{unten} \qquad (9.4)$$

Tab. 9.5 Zuordnung von Bereichen substanzspezifischer Konzentrationen (Benzol, NO₂, PM₁₀ und SO₂: Jahresmittelwerte) und jährlicher Anzahl n von Tagen mit DAQx* (DAQx ≥ 4,5) zu LAQx-Werten und -Klassen einschließlich ihrer Bewertung (Quelle: MAYER 2006)

Benzol in µg/m³	NO₂ in µg/m³	PM₁₀ in µg/m³	SO₂ in µg/m³	DAQx* in n/a	LAQx-Werte	LAQx-Klasse	Bewertung
0,0 bis 0,25	0 bis 12	0 bis 7,5	0 bis 5	0 bis 2,5	0,0 bis < 1,5	1	sehr gut
> 0,25 bis 1,0	> 12 bis 20	> 7,5 bis 15	> 5 bis 10	> 2,5 bis 5	1,5 bis < 2,5	2	gut
> 1 bis 2	> 20 bis 30	> 15 bis 30	> 10 bis 20	> 5 bis 15	2,5 bis < 3,5	3	zufriedenstellend
> 2 bis 5	> 30 bis 40	> 30 bis 40	> 20 bis 120	> 15 bis 30	3,5 bis < 4,5	4	ausreichend
> 5 bis 25	> 40 bis 200	> 40 bis 50	> 120 bis 350	> 30 bis 40	4,5 bis < 5,5	5	schlecht
> 25,0	> 200	> 50	> 350	> 40	≥ 5,5	6	sehr schlecht

Zur Erläuterung von Gl. 9.4: Unter $C_{aktuell}$ werden entweder die Jahresmittelwerte der Konzentrationen an Benzol, NO₂, PM₁₀ sowie SO₂ oder die bereits erwähnte jährliche Anzahl an Tagen mit DAQx* (DAQx ≥ 4,5) verstanden. C_{oben} und C_{unten} sind die entsprechenden oberen und unteren Grenzen der genannten

Spurenstoffkonzentrations- bzw. DAQx*-Bereiche. Mit $LAQx_{oben}$ und $LAQx_{unten}$ schließlich werden diejenigen LAQx-Werte bezeichnet, die C_{oben} und C_{unten} entsprechen. Auf weitere Differenzierungsmöglichkeiten der LAQx-Werte wird an dieser Stelle mit Verweis auf die oben genannte Literatur nicht eingegangen.

Ein abschließendes Beispiel über die zeitabhängige Entwicklung der Langzeitindizes (LAQx) für urbane und rurale Messstandorte in Süddeutschland enthält Abb. 9.9. Gemittelt über alle urbanen Messstationen hat sich hiernach die Luftqualität über einen Zeitraum von etwa 20 Jahren wesentlich gebessert. Denn während 1985

die meisten LAQx-Werte noch in den Klassen 5 (schlechte Luftqualität) oder sogar fast 6 (sehr schlechte Luftqualität) lagen, erreichte LAQx im Jahre 2005 Werte in den Klassen 4 (ausreichende Luftqualität) bzw. sogar 3 (zufriedenstellende Luftqualität). Allerdings bezieht sich diese Aussage ausschließlich auf die städtisch und industriell beeinflussten Standorte. Die stärker durch das Umland geprägten Gebiete ließen, bei allerdings kürzerem Messzeitraum, eine derartige Entwicklung nicht erkennen. Deren Werte bewegten sich bei guter bis zufriedenstellender Luftqualität (Klassen 2 bis 3), ohne dass eine zeitabhängige Entwicklung zu erkennen war.

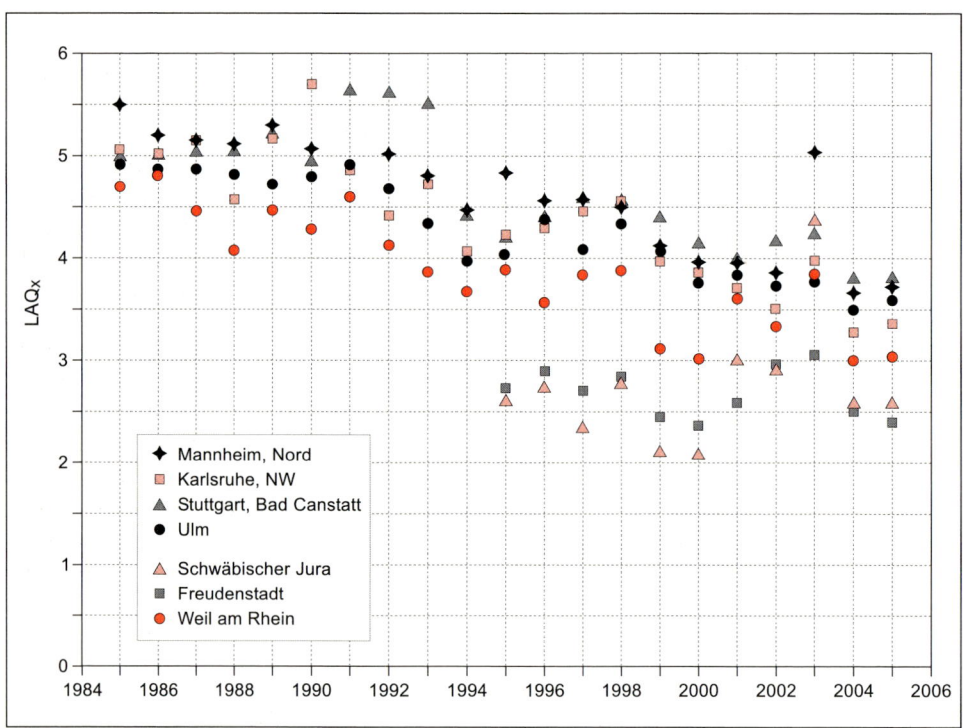

Abb. 9.9 Entwicklung der Jahresmittel der Luftqualität an verschiedenen Luftmessstationen in Süddeutschland, dargestellt mit Hilfe des Luftqualitätsindexes LAQx
(Quelle: Mayer et al. 2008, verändert)

9.3 Geländeklima

Die Geländeklimatologie, auch Topoklimatologie (griech. *topos*, Ort) genannt, beschäftigt sich mit den Wirkungen des Untergrundes auf das Klima. Hierzu zählen neben der Rauigkeit und dem Relief die Oberflächenbeschaffenheit sowie die thermischen Eigenschaften des Bodens (Kap. 4.5.1). Handelt es sich um überwiegend kleinräumige Auswirkungen, wird in erster Linie das **Mikroklima** beeinflusst (s. Kap. 1.3.2). Einer der maßgeblichen Wegbereiter der internationalen Mikroklimatologie war der deutsche Meteorologe Rudolf Geiger (1894–1981), der mit seinem Standardwerk „Das Klima der bodennahen Luftschicht" (GEIGER 1961[4]) die Grundlagen dieser Fachdisziplin legte. Eine aktuelle Bestandsaufnahme zur Geländeklimatologie gibt BENDIX (2004).

Prägen größere Raumeinheiten (Landschaften) das Klima, verwendet man dafür die Bezeichnung **Mesoklima**. Dieses umfasst nicht nur Naturlandschaften mit ihren topographisch-orographischen Besonderheiten wie Berge, Täler, Flachländer und Küsten, sondern auch Kulturlandschaften wie die von der Land- und Forstwirtschaft genutzten Räume oder urbane Siedlungsgebiete. Die wissenschaftliche Fachdisziplin, die sich mit dem Klima von Städten beschäftigt, ist die **Stadtklimatologie**. Der Bedeutung des Stadtklimas für den Lebensraum des Menschen entsprechend wurde diesem ein eigenes Kapitel gewidmet (Kap. 10).

Die mikroklimatischen sowie die meisten mesoklimatischen Prozesse entfalten ihre stärkste Wirkung während des Vorherrschens autochthoner Strahlungswetterlagen (Kap. 1.1). Diese zeichnen sich durch einen schwachen horizontalen Luftdruckgradienten mit geringer oder sogar fehlender Advektion aus. Wolkenfreier Himmel gewährleistet tagsüber weitgehend ungehinderte Einstrahlung bei positiver Strahlungsbilanz (Q^*), während nachts eine negative Strahlungsbilanz mit starker Ausstrahlung und damit Abkühlung des Bodens sowie der oberflächennahen Luft einhergehen. Unter diesen Voraussetzungen soll auf einige wichtig erscheinende geländeklimatische Aspekte nachfolgend eingegangen werden, und zwar an Beispielen für ebenes und reliefiertes Gelände.

9.3.1 Ebenes Gelände.

Über ebenem rauigkeitsarmem und vegetationslosem Boden können sich bei Strahlungswetter tagsüber vertikale Temperaturverteilungen einstellen, die bei meist überadiabatischem Temperaturgradienten (Kap. 3.5.3) zu einem verstärkt einsetzenden turbulenten Transport an sensibler (Q_H) und latenter Wärme (Q_E) führen. Hierdurch erhält die Atmosphäre Energie und Wasserdampf. Des Nachts entstehen bevorzugt über trockenen Böden **Temperatur- und Luftfeuchtigkeitsinversionen**, da der Boden aufgrund seiner thermischen Eigenschaften im Allgemeinen schneller abkühlt als Luft. Hierdurch erfolgt u. a. ein Wasserdampftransport in Richtung Erdoberfläche, wo bei Unterschreiten des Taupunktes (Kap. 5.6) Tauabsatz erfolgt bzw. sich bei Temperaturen unter 0 °C Reif bildet.

Eine wesentliche Steuerung des thermischen Verhaltens eines Bodens liegt in der Wärmeleitfähigkeit und -kapazität des Untergrundes begründet (Beispiele in Tab. 4.9). Im Falle **geringer Wärmeleitfähigkeit** stellt sich an der Bodenoberfläche im Tagesgang eine ausgeprägte Temperaturamplitude mit niedrigen Nacht- und hohen Tagestemperaturen ein. Das ist darauf zurückzuführen, dass der Boden kaum Möglichkeiten hat, Wärme in den Untergrund abzuleiten. Hierdurch entstehen hohe Oberflächentemperaturen. Nachts kühlt die Bodenoberfläche hingegen wegen des fehlenden Wärmenachschubs aus dem Untergrund stark aus.

Weist ein Boden hingegen **hohe Wärmeleitfähigkeitswerte** auf, wird tagsüber mehr Wärme als im vorgenannten Fall in die Tiefe geleitet. Dadurch stellen sich niedrigere Maximumtemperaturen und – wegen des Wärmenachschubs aus der Tiefe – nachts bzw. frühmorgens höhere Minimumtemperaturen an der Oberfläche ein.

Die insbesondere vormittags und auch nachmittags auftretende Konvektion führt zu einem ausgeprägten Tagesgang der Windgeschwindigkeit mit maximalen Werten tagsüber und minimaler Geschwindigkeit nachts (Abb. 9.10).

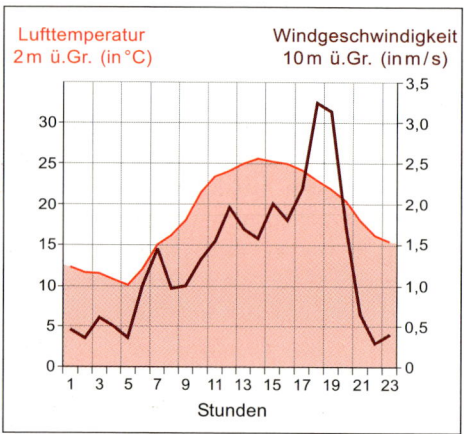

Abb. 9.10 Stundenmittelwerte der Windgeschwindigkeit und der Lufttemperatur an der Klimastation der Universität Duisburg-Essen, Campus Essen, während der Strahlungswetterlage vom 8.5.2008

Dieser ausgeprägte Tagesgang beruht darauf, dass tagsüber Luft mit höherem Impuls aus größerer Höhe durch den konvektiven Transport bodenwärts verfrachtet wird. Nachts hingegen unterbleibt dieser Vertikaltransport wegen mangelnder Einstrahlung und Bildung einer Temperaturinversion, die den Austausch behindert, so dass der Wind stark abflaut, wie es die Abbildung zeigt.

Vegetationsbedeckter Boden kann in Abhängigkeit von der Struktur und Dichte des Bewuchses die mikroklimatischen Verhältnisse an der Erdoberfläche in erheblichem Maße beeinflussen. Grundsätzlich wird durch die Vegetation die Strahlungsreferenzfläche vom Boden in die Höhe verlagert, so dass der wesentliche Teil des Strahlungsumsatzes nicht mehr an der Erdoberfläche erfolgt, sondern sich mit abnehmender Intensität von oben nach unten über das Bestandsvolumen verteilt. So können selbst niedrige Pflanzendecken wie Wiesen oder Getreidefelder zu einer beträchtlichen Verringerung der eindringenden Strahlung führen, wenn die Halme dicht genug stehen.

Besonderen Einfluss auf die mikroklimatischen Verhältnisse haben **Wälder**, die aus hoch wachsenden Bäumen bestehen. Die Sonnenstrahlung kann durch einen dichten Bestand so stark geschwächt werden, dass den Erdboden nur wenige Prozent der Freilandstrahlung erreichen. Da die Kronendachoberflächen den größten Teil des Tages höhere Lufttemperaturen aufweisen als diejenigen im Stammraum, stellt sich im Wald meist eine Temperaturinversion zwischen Boden und Kronendach ein, die tagsüber stärker ist als nachts. Dadurch wird der vertikale Luftaustausch eingeschränkt und die Luftfeuchtigkeit erhöht. Überdies setzen Wälder im Allgemeinen die Windgeschwindigkeit erheb-

Tab. 9.6 Atmosphärische Spurenstoffeinträge (in kg/(ha·a)) unter Waldbestands-[1] und Freilandbedingungen[2] im nördlichen Teil des Fichtelgebirges (Messperiode: 1.4.2001 bis 31.3.2002) (Quelle: WRZESINSKY 2004; verändert)

Ion	H^+	Na^+	K^+	NH_4^+	Mg^{2+}	Ca^{2+}	Cl^-	NO_3^-	SO_4^{2-}
(1) Bestandsniederschlag	0,2	7,0	20,4	14,1	1,3	8,5	12,2	54,5	35,5
(2) Freilandniederschlag	0,1	1,2	0,1	7,9	0,1	1,4	3,2	25,1	15,0
Differenz (1) – (2)	0,1	5,8	20,3	6,2	1,2	7,1	9,0	29,4	20,5

1) Überwiegend Fichtenbestand (Picea abies (L.) KARST). Alter: 50 a bis 150 a
2) Wöchentliche „wet-only"-Proben (ausschließlich Niederschlagswasserproben)

lich herab, wodurch Luftverunreinigungen, die eventuell durch den Straßenverkehr eingebracht werden, aufgrund des mangelnden atmosphärischen Austausches die Luftqualität verschlechtern können.

Das Blätterdach reduziert darüber hinaus bei fallendem Niederschlag durch die Zurückhaltung von Benetzungs- bzw. Haftwasser (Interzeption) an Ästen, Zweigen und Blättern Abflussspitzen am Waldboden. Für Nadelbäume beläuft sich der Interzeptionsanteil etwa zwischen 20 und 25 % der Freilandniederschlagssumme, Laubbäume weisen während der Vegetationsperiode durchaus noch höhere Werte auf.

Die allgemein bessere **Luftqualität** in Wäldern (abgesehen von der o. g. Einschränkung) beruht auch darauf, dass Bestände aufgrund ihrer großen Blattoberflächen die Möglichkeit zur trockenen und nassen Ablagerung partikel- und gasförmiger Luftverunreinigungen bieten. Die Effizienz der Ausfilterung atmosphärischer Spurenstoffe zeigt sich anhand eines Vergleichs der Spurenstoffeinträge über den Niederschlag, der die an den Blättern abgelagerten Spurenstoffe weitgehend nach Trockenphasen abwäscht, mit Freilandniederschlag (Tab. 9.6). Die Unterschiede können mehrere Kilogramm Spurenstoff pro Hektar betragen. Zwar sorgt die **Filtereffektivität** dafür, dass die Waldluft dadurch sauberer ist als diejenige des Umlands, bewirkt jedoch, dass über den Be-

standsniederschlag der Waldboden höheren Spurenstoffeinträgen ausgesetzt ist als Freilandflächen. Letzteres war zum Beispiel ein Grund für das hauptsächlich im vergangenen Jahrhundert zu beklagende Waldsterben in Mitteleuropa. Auch wird durch den verstärkten Eintrag an Nitrat zum Beispiel das Grundwasser stark belastet.

Dem Waldklima sind wegen der guten Luftqualität und der kaum zu Extremwerten neigenden Strahlungs- und Temperaturwerte verschiedene human-biometeorologische Wohlfahrtswirkungen zuzuordnen, die für den Menschen als Schon- und Heilklima Bedeutung haben und auf die bereits in Kap. 9.2.1 hingewiesen wurde.

9.3.2 Reliefiertes Gelände.

Die Darstellung mikro- bzw. mesoklimatischer Auswirkungen durch gegliedertes Gelände soll an Beispielen erfolgen, die sich sowohl durch geringe als auch durch hohe Reliefenergie auszeichnen. Als **Reliefenergie** wird hier der Höhenunterschied zwischen dem niedrigsten und höchsten Punkt eines bestimmten Gebietes verstanden.

Die Strahlungsverhältnisse werden in gegliedertem Gelände durch Tages- und Jahreszeit sowie Neigung und Exposition der Oberflächen (Hänge) bestimmt. So ergeben sich zum Beispiel unter mitteleuropäischen Strahlungsbedingungen zwischen Süd- und Nordhängen mit Zunahme der Hangneigung die größten Unterschiede in den Monatssummen der Globalstrahlung während der Monate März und September. Im Sommer sind die Differenzen zwischen beiden Hangseiten wesentlich geringer ausgeprägt. Das liegt daran, dass im Frühjahr und Herbst die Sonne bei relativ hoher Strahlungsstromdichte noch bzw. schon wieder einen relativ tiefen Stand einnimmt und sich damit Expositions- und Neigungsunterschiede der Oberflächen verstärken. Im Sommer hingegen steht die Sonne höher, so dass die Unterschiede zwischen Süd- und Nordhang zwar vorhanden, aber wesentlich schwächer sind.

Hänge sind im Tagesgang einer unterschiedlich starken Einstrahlung in Abhängigkeit von der Lage der Talachse (Nord–Süd, West–Ost) ausgesetzt. Hierdurch können in der hangnahen Luftschicht mikroskalige Strömungsbewegungen ausgelöst werden, die man als **Hangauf- und Hangabwinde** bezeichnet. Die morgendliche stärkere Erwärmung des Hangs bzw. der Hangschulter im Vergleich zur Luft der freien Atmosphäre über dem Tal verursacht eine Anhebung der hangnahen Isothermen, somit die Entstehung eines lokalen Tiefs, woraus letztlich eine Aufwärtsbewegung warmer Luft resultiert. Es ist ein Hangaufwind entstanden, der mancherorts durch Drachensegler und Paragleiter für den Auftrieb genutzt wird.

Abends und erst recht nachts kühlen sich die Hangschultern schneller ab als die hangferne Luft über dem Tal. Dadurch senken sich die Isothermen am Hang nach unten. Kühle Luft fließt hangwärts, wodurch sich ein thermisches Hoch entwickelt und einen Hangabwind nach sich zieht. Hangauf- und Hangabwinde sind tagesperiodische Winde, da sie im Tagesverlauf ihre Richtung umkehren. Ihr mikro-

skaliges Strömungsmuster ist in ein weiteres tagesperiodisch auftretendes Windsystem eingebettet. Es handelt sich um die **Berg- und Talwinde**, die wegen der größeren Raumbeanspruchung zu den mesoskaligen Windbewegungen zu rechnen sind. Der grundsätzliche Antrieb für dieses Windsystem ist darin zu sehen, dass Gebirge hochgelegene Heizflächen im Vergleich zur freien Atmosphäre ihres Vorlandes darstellen. Die Erwärmung lässt den Luftdruck über dem Gebirge deshalb tagsüber stärker abnehmen als in der freien Atmosphäre des Vorlandes, wodurch eine in das Gebirge und durch die Täler aufwärts gerichtete Luftbewegung, der Talwind, resultiert. Abends und nachts kehrt sich dieser Prozess um, denn dann kühlen sich die hochgelegenen Gebirgsflächen schneller ab als die Luft der freien Atmosphäre und es setzt eine Kaltluftströmung als Bergwind ein.

Ebenfalls zu den mesoräumigen Zirkulationen, die durch Bergmassive verursacht werden, zählen orographische Winde wie der **Föhn**, dessen bekanntester Vertreter der Süd- oder Nordföhn der Alpen ist. Während das vorgenannte Berg- und Talwindsystem optimale Entstehungsbedingungen während Strahlungswetters findet, ist die Föhnentstehung in den Alpen an eine synoptische Luftdruckverteilung gebunden, die durch ein Bodenhoch über Norditalien und ein Bodentief im süddeutschen Alpenvorland charakterisiert ist. In der Höhe sorgen ein über dem westlichen Russland liegender Hochdruckkeil und ein Tief über dem Ostatlantik für eine kräftige Südwestströmung.

Ein Föhn stellt eine Gebirgsüberströmung dar, die auf der Leeseite (bei Südföhn also das süddeutsche Alpenvorland) als warmer trockener Fallwind auftritt. Die Entstehung von Föhn kann sowohl thermodynamisch als auch **strömungs-dynamisch** bedingt sein. Im Falle des **thermodynamischen Entstehungsprozesses** strömt Luft gegen die Alpensüdseite und damit gegen den Alpenkamm. Dabei kühlt sich diese zuerst trocken-, dann feucht-adiabatisch ab und Stauniederschlag fällt aus. Nach Überströmen der Gipfelhöhe und während des Herabströmens auf der Alpennordseite erwärmt sich die Luft zuerst noch feucht-, dann aber trocken-adiabatisch. Als typische Wolkenformen lassen sich während des Auftretens von Föhn Lenticularis-Wolken („Föhnfische") auf der Leeseite des Gebirges beobachten, die z. B. Segelfliegern einen Hinweis auf eine stehende Welle mit Aufwind- (Linsenwolken) und Abwindbereichen geben kann.

Die im Alpenvorland (Lee) eintreffende Luft ist nicht nur wesentlich trockener, sondern auch wärmer als an ihrem luvseitigen Ausgangsort. Je größer der Höhenunterschied zwischen Gipfel und Lee-

seite und je wärmer und feuchter die Ausgangsluftmasse ist, desto größer sind Temperaturzunahme und Feuchtigkeitsabnahme in Lee. Ein Beispiel für die thermodynamische Entstehung des Föhns ist in Abb. 9.11 dargestellt. Hieran wird die geringere Temperaturabnahme an der Südseite (von 10 °C auf –8 °C) im Vergleich zur relativ stärkeren Temperaturzunahme auf der Nordseite (von –8 °C auf 14 °C) deutlich.

Im Unterschied zur thermodynamischen Entstehung des Föhns wird bei dessen **strömungsdynamischer Ursache** Luft in der Höhe mehr oder weniger waagerecht gegen den Alpenkamm geführt und leeseitig beim Abstieg erwärmt. Es handelt sich hierbei vielmehr um die „trockene" Variante der Föhnentstehung, denn Kondensation und Stauniederschläge auf der Luvseite treten nicht auf. Beide Entstehungsmechanismen sollen etwa gleich häufig an der Föhnentstehung beteiligt sein (HOINKA 1990).

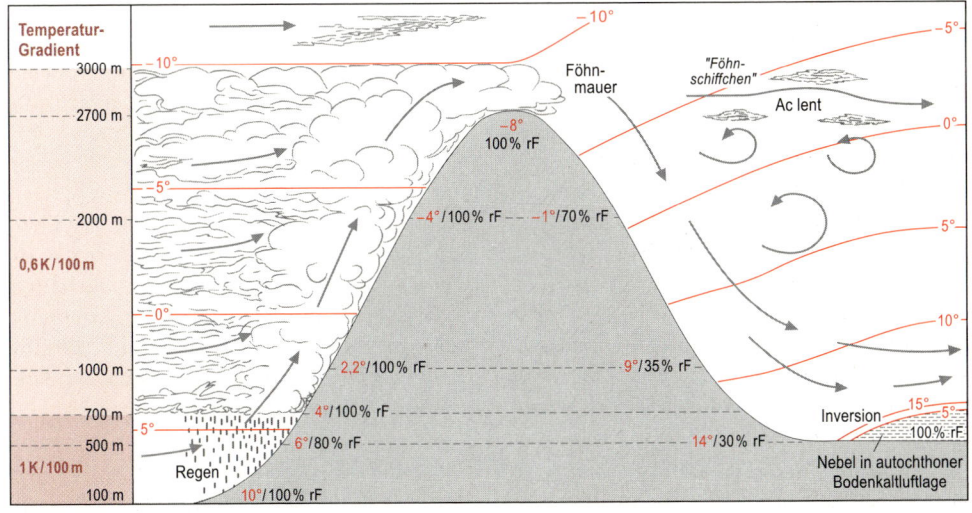

Abb. 9.11 Thermodynamische Entstehung des alpinen Südföhns. Erläuterung im Text
(nach BLÜTHGEN/WEISCHET 1980[3]; verändert)

Hingewiesen werden soll auf die human-biometeorologischen Auswirkungen einer Föhnwetterlage auf die Befindlichkeit beim Menschen, die offensichtlich auf kurzperiodische Luftdruckschwankungen der Föhnströmung zurückzuführen sind.

Während der Föhn ein gebirgsüberströmender Wind ist, der leeseitig zu einer – mitunter auch starken – Erwärmung führt, kann das für die **Bora** (griech. *boreas*, Nordwind) in Dalmatien nicht gesagt werden. Die Bora ist ein typischer Vertreter eines kalten Fallwindes, der häufig im Winter auftritt, wenn kalte Luft aus der ungarischen Tiefebene – durch entsprechende Druckverhältnisse veranlasst – in Richtung Adria transportiert wird. Die durch Luftdichtezunahme (Kompressionserwärmung) während des Herunterströmens von den Küstengebirgen in Richtung Adriatisches Meer erfolgende Erwärmung reicht meistens nicht aus, die Temperaturen der vom Kontinent stammenden Kaltluft merklich zu erhöhen (YOSHINO 1976).

Die im Sommer auftretenden **Borinos** (kleine Bora) sind zwar ebenfalls heftige Fallwinde, doch sind die Temperaturgegensätze meist gering.

Der kalte und stürmische **Mistral** im Rhônetal ist kein eigentlicher Fallwind. Meist handelt es sich um maritime Kaltluft, die durch den Rhônetalgraben in ein Tief über dem Golf von Genua fließt (Genua-Zyklone). Durch Einengungen im Talverlauf erreichen diese kalten Winde oft Sturmstärken.

Auswirkungen auf die Vegetation ergeben sich sowohl bei warmen wie kalten Fallwinden. Warme Fallwinde begünstigen Wein- und Obstbau. Sie beseitigen schon früh die Schneedecke und lassen die Feldfrüchte schneller reifen. Kalte Fallwinde gefährden dagegen durch ihre Frosteinbrüche noch im Frühjahr die Baumblüte. Im Rhônetal sucht man die Gemüsefrühkulturen durch Baumschutzstreifen vor der Einwirkung der heftigen Stürme zu schützen. Föhneffekte sind von vielen Gebirgen unter lokalen Namen bekannt, so an der Ostseite der Rocky Mountains der **Chinook**, der sowohl als warmer als auch als kalter Fallwind in Erscheinung treten kann. Je nachdem, ob die meridional verlaufenden Rocky Mountains von Südwesten oder von Nordwesten angeströmt werden, handelt es sich um einen warmen oder kalten Chinook. Weitere Regional- und Lokalwinde behandeln SCHAMP (1964) und FORESTER (1982).

9.3.3 Angewandte Geländeklimatologie.

Neben der auf die Grundlagenforschung ausgerichteten Geländeklimatologie hat sich die angewandte Geländeklimatologie entwickelt, die stärker praxisorientiert arbeitet. Die Aufgaben dieser Fachdisziplin ergeben sich im Wesentlichen aus raumplanerischen Problemen. Mit Hilfe der angewandten Geländeklimatologie soll die „Eignung des Klimas für verschiedene Landnutzungstypen in einem enger begrenzten Raum" (WANNER 1986, S. 4) bestimmt und diese nach Möglichkeit flächendeckend durch Klimaeignungskarten dargestellt werden. Eine weitere Aufgabe der angewandten Geländeklimatologie ist es, aufzuzeigen, welchen Anteil das Klima zu einer Verbesserung der Landnutzung beitragen kann. In Tab. 9.7 wurden für verschiedene Landnutzungstypen entsprechende Aufgaben zusammengestellt, von denen einige besondere Aktualität im Rahmen der Diskussion um die Auswirkungen des globalen Klimawandels haben.

Tab. 9.7 Arbeitsgebiete und Fragestellungen der angewandten Geländeklimatologie (Quelle: Wanner 1986; verändert)

Art der Landnutzung	Arbeitsgebiet / Maßnahme
Generelle Zielsetzung: Abschätzung der Klimaeignung für bestimmte Arten der Landnutzung	
Landwirtschaft	– Suche nach den bestgeeigneten Arealen für den Anbau von Spezialkulturen (Ausweichen gegenüber Gefahren wie Frost, Dürre, Nässe usw.) – Festlegung entscheidender, produktbezogener Schwellenwerte – Erhöhung der Produktionsraten
Forstwirtschaft	– Abschätzung von Einflüssen des Klimas auf das Baumwachstum – Suche von Zusammenhängen zwischen trockener und nasser Deposition, Interzeption und Waldschäden
Wohnen, Arbeiten	– Erhöhung des Wohnkomforts durch experimentelle und theoretische Untersuchungen zur Baukörperklimatologie – Steigerung der Behaglichkeit durch optimale Ausnützung des Umgebungsklimas (Strahlung, Feuchtigkeit, Windgeschwindigkeit usw.) – Einschränkung des Energieverbrauchs und Bereitstellung von Grundlagen zur optimalen Nutzung passiver Energien
Gewerbe, Industrie und Stadtplanung	– Erarbeitung von Empfehlungen für die Reduktion negativer Effekte, hervorgerufen durch größere Baukuben: Hitzestress, Windböen, Luftverschmutzung – Simulation diverser Szenarien zur Stadt- und Quartierentwicklung im Hinblick auf thermische, mechanische und lufthygienische Effekte
Öffentliche Bauten und Anlagen (Ausbildung und Gesundheit)	– Gewährleistung eines guten Raum- und Umgebungsklimas (wenig Starkwind, Bewölkung, Nebel) – Herabsetzung des generellen Energiebedarfs
Verkehrsanlagen	– Herabsetzung der lufthygienischen Schadstoffgefährdung – Ausweichen bezüglich gefährlicher Wettereinflüsse (Frost, Starkniederschläge, Nebel, Windböen, Schneeverwehungen)
Versorgungs- und Entsorgungsanlagen	– Reduktion unangenehmer oder schädigender Immissionen – Herabsetzung des Energiebedarfs infolge günstiger Standortwahl
Energienutzung	– Suche nach günstigen Standorten für geplante Energieproduktionsanlagen mit Ausstoß unangenehmer oder schädigender Immissionen – Erarbeitung klimatologischer Grundlagen zur Abschätzung der Rendite von Wasserkraftwerken, Wind- und Sonnenenergieanlagen
Sommer- und Wintertourismus	– Abschätzung von Eignung und Rendite verschiedener Areale für bestimmte Formen des Tourismus (anhand der Klimaelemente Sonnenscheindauer, Wind, Schneehöhe usw.) auch unter dem Aspekt des Klimawandels

10 Stadtklima

Abb. 10.1 Verstopfte Straßen in einer Metropole? Hongkong geht mit gutem Beispiel voran und setzt – in einigen Straßen – auf den Einsatz von Doppeldeckerbussen und Straßenbahnen
Foto: KUTTLER

10.1 Einführung

Die klimatischen und lufthygienischen Veränderungen, die Städte im Vergleich zum Freiland aufweisen, werden allgemein unter dem Begriff ‚Stadtklima‘ zusammengefasst. Das **Stadtklima** ist somit ein mit der Bebauung in Wechselwirkung stehendes Mikro- und Mesoklima (s. Kap. 9), das zusätzlich durch technisch produzierte Abwärme und anthropogene atmosphärische Spurenstoffe modifiziert wird.

Vielerorts ist der städtische Lebensraum mit Einbußen an Umweltqualität verbunden, wodurch es zu gesundheitlichen Beeinträchtigungen der Stadtbewohner kommen kann. Heiße Sommer, wie der in Mitteleuropa im Jahre 2003, zeigen die negativen Auswirkungen des Stadtklimas durch sprunghafte Anstiege der Mortalitäts- und Morbiditätsraten unter der Bevölkerung. Da im Verlauf des 21. Jhds. mehr als 70 % der Erdbevölkerung in Städten – darunter in 27 Megastädten mit jeweils 10 Mio. Einwohnern – leben wird (HEINEBERG 2006[3]), muss davon ausgegangen werden, dass immer mehr Menschen den meist nachteiligen stadtklimatischen Auswirkungen ausgesetzt sein werden.

10.2 Das Stadtklima im Überblick

Am charakteristischen Erscheinungsbild des Stadtklimas sind alle Klimaelemente mehr oder weniger stark beteiligt. Tabelle 10.1 fasst die wichtigsten Unterschiede zwischen Stadt und Umland am Beispiel westeuropäischer Großstadtbedingungen im Überblick zusammen.

Zu den Veränderungen im Einzelnen: Die städtische Dunstglocke bewirkt im Allgemeinen eine Abschwächung der **Globalstrahlung** (K↓). In den frühen Jahren der Industrialisierung war dieser Einfluss in den Ballungsräumen wesentlich stärker als der angegebene Wert. Die K↓-Werte variieren sowohl in Abhängigkeit von der an die Jahreszeiten gebundenen erhöhten Belastung mit anthropogenen atmosphärischen Spurenstoffen als auch von der Sonnenstandshöhe. Grundsätzlich ist aufgrund der stärkeren Streuprozesse in der Stadtatmosphäre im Vergleich zum Umland davon auszugehen, dass der Anteil der diffusen Strahlung (D) höher ist als derjenige der direkten Strahlung (I; siehe auch Gl. 10.1).

Die **kurzwellige Reflexion** (K↑) an den städtischen Oberflächen ist von deren Farbe, Struktur und Ausrichtung zur Sonne abhängig und erreicht – bei Abwesenheit von Schnee – vergleichbare Werte wie die des nicht bewaldeten Umlands. In mediterranen Städten können allerdings – wegen der dort meist weiß getünchten Häuser – die Oberflächenalbeden durchaus höher als die Umlandwerte sein, was sich in erheblichem Maße auf die Strahlungsbilanz (Q*) auswirkt. Aber auch hier wird der Unterschied zwischen urbanen und ruralen Werten jeweils durch die Farbe – und damit durch die Flächennutzung – des Umlands bestimmt.

Tab. 10.1 Charakteristika des Stadtklimas einer westeuropäischen Großstadt
(nach verschiedenen Verfassern; hier in der Fassung nach KUTTLER 2006; verändert)

Einflussgrößen	Veränderungen gegenüber dem nicht bebauten Umland
Globalstrahlung (horizontale Fläche)	bis −10 %
Albedo	±
Gegenstrahlung	bis +10 %
UV-Strahlung im Sommer im Winter	bis −5 % bis −30 %
Sonnenscheindauer im Sommer im Winter	bis −8 % bis −10 %
Sensibler Wärmestrom	bis +50 %
Wärmespeicherung im Untergrund und in Bauwerken	bis +40 %
Lufttemperatur – Jahresmittel – Winterminima – in Einzelfällen	~ +2 K bis +10 K bis +15 K
Wind – Geschwindigkeit – Richtungsböigkeit – Geschwindigkeitsböigkeit	bis −20 % stark variierend erhöht
Luftfeuchtigkeit	±
Nebel – Großstadt – Kleinstadt	weniger mehr
Niederschlag – Regen – Schnee – Tauabsatz	mehr (leeseitig) weniger weniger
Luftverunreinigungen – CO, NO$_x$, PM$_{10}$, AVOC[1], PAN[2] – O$_3$	mehr weniger (Spitzen höher)
Bioklima Vegetationsperiode	bis zu zehn Tage länger
Dauer der Frostperiode	bis −30 %

1) Anthropogene Kohlenwasserstoffe
2) Peroxiacetylnitrit

Im Gegensatz zu K↓ sind die Werte der aus dem Halbraum über der Stadt zum Boden gerichteten langwelligen atmosphärischen **Gegenstrahlung** (L↓) im Allgemeinen erhöht. Das ist nicht nur auf die stärkere Absorption und Reemission infrarotaktiver Gase und Partikel in der Stadtluft zurückzuführen, sondern auch darauf, dass die Stadtatmosphäre insbesondere bei schwachem übergeordnetem Gradientwind während Strahlungswetterlagen (s. auch Kap. 1.3) wärmer ist als die Umlandluft.

Die **ultraviolette Strahlung** (UV_{ges}; Spektralbereich: 100 nm $< \lambda <$ 400 nm) führt zu günstigen, in hohen Dosen aber auch zu gesundheitsschädigenden Wirkungen. Zu den günstigen Einflüssen zählt die Initiierung der Vitamin D_3-Synthese, zu den ungünstigen Einflüssen die Auslösung von Erythemen (Hautrötungen) sowie Hautkrebserkrankungen (s. auch Kap. 9.2). Die UV-Strahlung wird in der verschmutzten Stadtatmosphäre bevorzugt ausgefiltert und weist insbesondere in den Wintermonaten deutlich niedrigere Werte zum Umland auf.

Die **Sonnenscheindauer** ist in Straßenschluchten generell wegen der durch die Bebauung verursachten größeren Verschattung verkürzt, wobei Extremwerte durch ungünstige Ausrichtung, Höhe und Bestandsdichte der Gebäude sowie des Straßenverlaufs erreicht werden.

Die turbulenten Ströme der **fühlbaren Wärme** (Q_H) und der **latenten Wärme** (Q_E) sind in Stadtgebieten deutlich modifiziert, und zwar wiederum in starker Abhängigkeit von der jeweiligen Flächennutzung, der vorherrschenden Witterung sowie von der Tages- und Jahreszeit (siehe auch Abschnitt 10.6). Durchschnittswerte, die sich auf Stadtoberflächen beziehen, zeigen, dass das mittlere Bowen-Verhältnis ($Bo = Q_H/Q_E$) meist deutlich über 1 liegt, wodurch der überragende Einfluss von Q_H auf die Erwärmung der Stadtatmosphäre dokumentiert wird. Die tagsüber in den Baumaterialien von Gebäuden, Straßen und Plätzen gespeicherte Wärme (Q_B) stellt aufgrund der überwiegend hohen Werte ein wichtiges Glied in der urbanen Energiebilanz dar (Städte als „Tagspeicher").

Im Ergebnis sind die städtischen **Lufttemperaturen** im Vergleich zum Umland im Jahresmittel um 1 bis 2 K erhöht. Jedoch bestimmen Stadtgröße und -struktur sowie Wetterlage und Jahreszeit erhebliche Abweichungen von diesen Werten, die im Einzelfall und über kurze Zeit nachts durchaus 10 K bis 15 K betragen können.

Die **Windgeschwindigkeit** ist in den Städten gegenüber dem Umland im Durchschnitt geringer. Das liegt daran, dass die durch die Bebauung verursachte Erhöhung der Bodenrauigkeit die Strömung behindert. Dadurch nimmt der atmosphärische Austausch im Allgemeinen niedrige Werte an, wodurch sich z. B. die Luftqualität verschlechtern und die nächtliche Überwärmung in den Straßenschluchten kaum abgeführt werden kann. Die Böigkeit des Windes (Richtung und Geschwindigkeit) ist insbesondere an Gebäudekanten meist stark erhöht.

Die **Luftfeuchtigkeit** weist in Städten wegen der eingeschränkten Evapotranspiration (Evaporation + Transpiration) im Allgemeinen niedrigere Werte auf, was sich insbesondere tagsüber bemerkbar macht. Nachts jedoch können höhere städtische Oberflächentemperaturen Tauabsatz im Vergleich zum kühleren Umland verzögern oder sogar gänzlich verhindern, wodurch sich gleich hohe oder höhere Luftfeuchtigkeitswerte in den urbanen Gebieten einstellen. Allerdings sind die Verhältnisse in starkem Maße von den jeweiligen mikroskaligen Standortbedingungen abhängig.

Nebel ist in Großstädten – zumindest in den vergangenen Jahren – seltener anzutreffen als im Umland, was auf die inzwischen geringere Kondensationskerndichte, die höheren Lufttemperaturen und die geringere Luftfeuchtigkeit zurückzuführen sein dürfte. **Niederschläge** hingegen sind insbesondere in Lee urbaner Siedlungsräume erhöht.

Die Zusammensetzung der urbanen Luft (**Luftqualität**) hat sich in den mitteleuropäischen Industriegebieten durch die Dominanz von Kfz-Emissionen im Vergleich zu früheren Jahren, die hauptsächlich durch Industrie- und Hausbrandemissionen (Staub und SO_2) geprägt waren, stark verändert. Gegenwärtig dominieren in der urbanen Belastung mit anthropogenen atmosphärischen Spurenstoffen – trotz Einführung des Katalysators – NO, NO_2, O_3 und anthropogene Kohlenwasserstoffe (AVOC). Eine besondere Rolle im Rahmen der lufthygienischen Problematik spielen seit einiger Zeit die in der Atmosphäre enthaltenen **Feinstäube**. Es handelt sich hierbei um Aerosole (Gemisch aus Luft und Schwebeteilchen), die in unterschiedlichen Größen auftreten. Im Rahmen von Luftmessnetzen werden vorrangig Feinstäube erfasst, deren aerodynamische Durchmesser 10 μm (PM_{10}; PM = *Particulate Matter*) betragen. Aber auch kleinere Größen wie $PM_{2,5}$ oder PM_1 sind Gegenstand verschiedener Messkampagnen (s. auch Kap. 9.2). Tab. 10.2 zeigt, woher die partikulären Belastungen an einer verkehrsnahen Straße stammen: Danach entfallen 26 % auf die lokale Konzentration, 27 % auf den urbanen Hintergrund und 47 % auf den regionalen Hintergrund.

Tab. 10.2 Quellenanalyse der Feinstaubbelastung an einer verkehrsnahen Messstation in Berlin (Sachverständigenrat für Umweltfragen, 2005)

	Quellensektoren	Anteil an der Gesamtkonzentration
Lokale Konzentration (26 %)	Straßenverkehr: Aufwirbelung und Abrieb	15 %
	Straßenverkehr: Auspuffgase	11 %
Urbaner Hintergrund (27 %)	Straßenverkehr: Auspuffgase	9 %
	Sonstige Quellen	7 %
	Straßenverkehr: Aufwirbelung und Abrieb	6 %
	Hausbrand	3 %
	Industrie	1 %
	Heiz-/Kraftwerke	1 %
Regionaler Hintergrund (47 %)	Industrie	14 %
	Heiz-/Kraftwerke	9 %
	Sonstige Quellen	7 %
	Straßenverkehr: Auspuffgase	7 %
	Hausbrand	5 %
	Landwirtschaft	4 %
	Straßenverkehr: Aufwirbelung und Abrieb	1 %

Abschließend bleibt im Rahmen dieses Überblicks festzustellen, dass die genannten Klima- und Lufthygienekomponenten in vielfältiger Weise negativ, aber durchaus auch positiv auf Mensch, Tier und Pflanze einwirken.

Während unter human-biometeorologischen Gesichtspunkten im Bereich des thermischen und lufthygienischen Sektors eher Nachteile für die Stadtbewohner durch Wärmebelastung und schlechte Luftqualität zu erwarten sind, führen z.B. bei Pflanzen die höheren Stadttemperaturen zu einer Veränderung der Aspektwechsel durch vorgezogene Blüh- und Reifephasen, zu einer Verlängerung der Vegetationsperioden im Vergleich zum Umland und zu einer Erhöhung der Anzahl thermophiler Neophyten (s. auch Kap. 9.2). Hierbei handelt es sich um wärmeliebende „Neubürger". Darunter fasst man Pflanzen zusammen, die in historischer Zeit eingeschleppt wurden und sich inzwischen in den Städten eingebürgert haben. Vergleichbares wurde für verschiedene Tiere nachgewiesen, die durch die „Landflucht" in urbanen Siedlungsgebieten vermehrt heimisch geworden sind.

10.3 Ursachen des Stadtklimas

Die Ursachen des urbanen Klimas sind sowohl auf makroskalige als auch auf mikro- und mesoskalige Einflussgrößen zurückzuführen. Zur Gruppe der makroskalig wirksam werdenden Faktoren zählen

- die Breitenlage bzw. Klimazone,
- die Oberflächenformen und deren Beschaffenheit (Relief- und Topografieverhältnisse) sowie
- die Entfernung zu großen Wasserkörpern.

Die Gruppe der mikro- bis mesoskalig wirksamen Einflussgrößen besteht in erster Linie aus

- der Stadtgröße,
- der Einwohnerzahl,
- der Art der urbanen und ruralen Flächennutzungen,
- der Höhe des Versiegelungsgrades des Bodens,
- der Intensität der dreidimensionalen Strukturierung eines Stadtkörpers sowie
- der Emissionsstärke gasförmiger, fester

und flüssiger Luftbeimengungen sowie fühlbarer und latenter Abwärme aus technischen Prozessen (Q_{anthr}).

Die Einflüsse der eher großräumig wirkenden Faktoren treten im Allgemeinen hinter diejenigen der Meso- und Mikroskala zurück.

Wichtige stadtklimatische Steuerungsgrößen stellen neben der Größe und Struktur von Städten (als Strömungshindernisse) somit in erster Linie die auf dem thermischen und hydrologischen Verhalten der städtischen Baukörper beruhenden Oberflächenenergiebilanzen, die Zuordnung und Mischung von bebauten und nicht bebauten Flächen, die technisch bedingten Abwärme- und Wasseremissionen sowie die Freisetzungsstärke von Luftverunreinigungen dar. Hierauf soll nachfolgend exemplarisch eingegangen werden.

10.4 Klimawirksamkeit städtischer Oberflächen

Bedingt durch ihre Dreidimensionalität weisen Stadtkörper im Allgemeinen eine Oberflächenvergrößerung auf, die das Mehrfache ihrer Grundfläche erreichen kann. Städte stellen dadurch nicht nur Strömungshindernisse gegenüber dem Luftaustausch dar, sondern treten auch durch veränderte thermische und hydrologische Eigenschaften hervor. Dabei spielt die Flächenversiegelung eine besondere Rolle. Hierunter versteht man eine mehr oder weniger vollständige Abdichtung der Oberflächen durch undurchlässige Stoffe, so dass Flüssigkeiten, insbesondere Wasser, aber auch Gase nicht mehr ungehindert zwischen Boden und Atmosphäre ausgetauscht werden können. Als **Versiegelungsgrad** wird das Verhältnis von versiegelter Fläche zur entsprechenden Gesamtstadtfläche bezeichnet. Mittelwerte des Versiegelungsgrades deutscher Großstädte (z. B. Essen) erreichen Werte von bis zu 0,6, während in Innenstädten und reinen Industriegebieten solche von bis zu 1 auftreten können. Entsiegelungsmaßnahmen – zum Beispiel vor dem Hintergrund der sich gegenwärtig in verschiedenen Städten abzeichnenden „Schrumpfung" (engl. „shrinking cities") – führen allerdings mancherorts wieder zu einem größeren Freiflächenanteil.

10.4.1 Thermische Eigenschaften.
Farbe, Zusammensetzung, Bedeckung, Versiegelungsgrad, Oberflächenrauigkeit, Wasserversorgung sowie Ausrichtung zum solaren Strahlungseinfall entscheiden darüber, wie viel Energie über die urbanen Oberflächen aufgenommen, in die Bausubstanz abgeführt bzw. von dieser an die Atmosphäre abgegeben wird. Beispiele thermischer Eigenschaften künstlicher und natürlicher Materialien enthält Tab. 10.3.

Häufig in Städten verwendete Baustoffe (zum Beispiel Stahl, Beton) weisen zum Teil extreme thermische Eigenschaften auf.

Die Bodenfeuchte spielt für den Wärmehaushalt ebenfalls eine wichtige Rolle, wie der Vergleich eines trockenen mit einem wassergesättigten (Lehm-)Boden

Tab. 10.3 Thermische Eigenschaften[a] künstlicher und natürlicher Materialien (nach HUPFER/KUTTLER 2006[12], ZMARSLY et al. 2007[3])

Material	Anmerkungen	Dichte $(kg/m^3 \cdot 10^3)$	Spezifische Wärmekapazität $(J/(kg \cdot K) \cdot 10^3)$	Wärmekapazitätsdichte $(J/(kg \cdot K) \cdot 10^6)$	Wärmeleitfähigkeitskoeffizient $(W/(m \cdot K))$	Temperaturleitfähigkeitskoeffizient $(m^2/s \cdot 10^{-6})$	Wärmeeindringkoeffizient $(J/(m^2 \cdot s^{0,5} \cdot K))$
Asphalt		2,11	0,92	1,94	0,75	0,38	1205
Beton	Gasbeton	0,32	0,88	0,28	0,08	0,29	150
	Schwerbeton	2,40	0,88	2,11	1,51	0,72	1785
Naturstein		2,68	0,84	2,25	2,19	4,93	2220
Backstein	durchschnittl.	1,83	0,75	1,37	0,83	0,61	1065
Lehmziegel	durchschnittl.	1,92	0,92	1,77	0,84	0,47	1220
Holz	weich	0,32	1,42	0,45	0,09	0,20	200
	hart	0,81	1,88	1,52	0,19	0,13	535
Stahl		7,85	0,50	3,93	53,30	13,60	14475
Glas		2,48	0,67	1,66	0,74	0,44	1110
Gipsplatte	durchschnittl.	1,42	1,05	1,49	0,27	0,18	635
Dämmmaterial	Polystyrol	0,02	0,88	0,02	0,03	1,50	25
	Kork	0,16	1,80	0,29	0,05	0,17	120
Lehmboden (40 % Porenvolumen)	trocken	1,60	0,89	1,42	0,25	0,18	600
	gesättigt	2,00	1,55	3,10	1,58	0,51	2210
Wasser	4 °C unbewegt	1,00	4,18	4,18	0,57	0,14	1545
Luft	10 °C unbewegt	0,0012	1,01	0,0012	0,025	20,50	5
	turbulent bewegt	0,0012	1,01	0,0012	≈ 125	$10 \cdot 10^6$	390

[a] Die Eigenschaften aller aufgeführten Größen sind temperaturabhängig

zeigt. Die thermischen Eigenschaften erhöhen sich in feuchtem Boden zum Teil erheblich. Für das thermische Bodenklima resultiert daraus, dass Temperaturänderungen zwar schneller und in größere Tiefen vordringen können als in trockenen Substraten, an der Oberfläche sich jedoch – auch bedingt durch den Energieaufwand für die Evaporation – niedrigere Temperaturen einstellen. Dadurch wird letztendlich jedoch weniger Energie über die Wärmestrahlung ($L\uparrow$) und den turbulenten sensiblen Wärmestrom (Q_H) an die Atmosphäre abgegeben.

Asphaltoberflächen stellen in Städten typische Flächenversiegelungsmaterialien dar und zeichnen sich im Vergleich zu natürlichem Boden (trockener Lehmboden) über eine dreimal so hohe Wärmeleitfähigkeit, doppelt so hohe Temperaturleitfähigkeit und einen über dreimal so hohen Wärmeeindringkoeffizienten aus. Sie absorbieren aufgrund ihrer überwiegend dunklen Farbe viel Strahlungsenergie, die sowohl über die langwellige Ausstrahlung ($L\uparrow$) und den turbulenten sensiblen Wärmestrom (Q_H) in die Luft gelangt als auch über die Wärmeleitung in die Tiefe (Q_B) transportiert wird und dort solange verbleibt (Wärmereservoir), bis der Temperaturgradient zwischen Bodentiefe und Oberfläche sein Vorzeichen ändert. Trockene Asphaltoberflächen heizen sich im Vergleich zu natürlichen Materialien bei starker sommerlicher Einstrahlung sehr stark auf, da dann kein Energietransport über die Verdunstung (Q_E) stattfinden kann. Dadurch steht der Betrag der Strahlungsbilanz ausschließlich für die turbulente Lufterwärmung und die Bodenerwärmung zur Verfügung. Das unterscheidet eine derartige Oberfläche von natürlichem Boden, der meistens Feuchtigkeit enthält und diese unter Aufwand von Energie in die Atmosphäre transportiert. Dieser Anteil steht dann der Luft- und Bodenerwärmung nicht zur Verfügung, so dass natürliche Bodenoberflächen in der Regel kühler sind.

10.4.2 Hydrologische Eigenschaften.

Die hydrologischen Eigenschaften urbaner Oberflächen umfassen Abfluss, Versickerung und kapillaren Aufstieg von Bodenwasser. Diese Eigenschaften werden u.a. vom Versiegelungsgrad und dem Porenvolumen (Hohlraumanteil am Bodenvolumen) bestimmt. Der Oberflächenabfluss hängt außer vom Gefälle und Versiegelungsgrad auch von der materialspezifischen Benetzungskapazität ab.

Für die Infiltration von Wasser in den versiegelten Untergrund sind Anzahl und Durchlässigkeit von Fugen und Rissen des abdichtenden Materials maßgeblich. Sind diese z.B. durch tonreichen Straßenstaub an der Oberfläche verstopft, so muss von geringeren Infiltrationsraten ausgegangen werden als bei durchlässigen, mit Sand gefüllten Öffnungen.

Für vier verschiedene urbane Oberflächen enthält Tab. 10.4 wichtige **Wasserhaushaltskomponenten**. In Bezug auf den Abfluss weisen Asphaltflächen mit 72 % des Niederschlags den größten Wert auf, während über Rasengittersteinflächen (typisch für befestigte Stellplätze) nur 5 % abfließen. Bei der Versickerung kehren sich die Verhältnisse jedoch um: Während in den Asphalt nur 8 % eindringen, sind es bei den anderen Materialien, die durch mehr oder weniger große Öffnungen mit dem Untergrund verbunden sind, bis zu 60 %.

Die potenzielle Verdunstung (nach HAUDE, s. auch Kap. 5.5) belief sich in dem angegebenen Zeitraum auf 650 mm.

Eine stadtklimatisch außerordentlich wichtige Größe stellt die Verdunstung dar.

Tab. 10.4 Wasserhaushaltskomponenten versiegelter Flächen in Berlin (Messperiode: April 1985 bis März 1986) (nach WESSOLEK 2001)

	Niederschlag		Abfluss		Versickerung		Verdunstung	
	mm	%$_{Nd}$	mm	Δ (%$_{Nd}$)	mm	Δ (%$_{Nd}$)	mm	Δ (%$_{Nd}$)
Kunststeinplatten mit Mosaik-pflaster (Gehweg)	631	100	104	16	319	51	208	33
Betonverbundsteine	631	100	103	16	379	60	149	24
Rasengittersteine	631	100	32	5	318	50	282	45
Straße (Asphalt)	631	100	455	72	51	8	126	20

Wie den Werten für die genannten Oberflächen entnommen werden kann, werden zwischen 20 % (Asphalt) und maximal 45 % (Rasengittersteine) des Jahresniederschlags verdunstet. Damit ist ein erheblicher Energieaufwand verbunden ($q_{v,W\,20°C}$ = 2,45 MJ/kg), der für die Erwärmung der Atmosphäre (L↑; Q_H) dann nicht mehr zur Verfügung steht.

Neben den klimatischen Auswirkungen spielen versiegelte oder teilversiegelte Oberflächen eine herausragende Rolle für die Grundwasserneubildung in Stadtökosystemen. Messungen innerhalb urbaner Flächennutzungen belegen, dass in Stadtgebieten mit erheblichen Unterschieden gerechnet werden muss. So können **Versiegelungsmaterialien** mit hohen Fugenanteilen (Betonverbund- und Grasbetonsteine) sowie auf Böden aufgebrachte Verdunstungssperrschichten (z. B. Kies) höhere Grundwasserneubildungsraten aufweisen als freie Acker- oder Waldflächen. Das liegt daran, dass einsickerndes Wasser durch die teilweise erfolgte Oberflächenversiegelung stärker gegen Verdunstung geschützt ist als bei unbedeckten natürlichen Oberflächen. Diese Ergebnisse zeigen, dass ein Stadtgebiet hinsichtlich der Grundwasserneubildungsrate als sehr differenziert betrachtet werden muss.

10.5 Aufbau der Stadtatmosphäre

Sowohl die Struktur und räumliche Anordnung von Gebäuden als auch die für Stadtgebiete typischen Stoff- und Energieströme führen zur Modifikation der **Planetaren Grenzschicht** (engl. *Planetary Boundary Layer*, PBL) im Siedlungsbereich (s. auch Kap. 3.3).

Unter den klimatisch optimalen Verhältnissen einer windschwachen strahlungsreichen Wetterlage stellen sich die Unterschiede zwischen einer Stadt- und Umlandatmosphäre besonders gut heraus. Die PBL des flachen und homogenen Umlandes einer Stadt lässt sich in eine Bodenschicht (Prandtlschicht, engl. *Surface Layer*, SL) und die darüber liegende Mischungsschicht (Ekmanschicht, engl. *Mixing Layer*, ML; Abb. 10.2 a) unterteilen.

Die bauliche Komplexität eines Stadtkörpers führt zu einer feineren vertikalen Untergliederung der Stadtatmosphäre. Diese ist weitgehend abhängig von der Art, Größe, Flächendichte und Ausrichtung (Längs- und Querachsenlage) der Bebauung. Im Allgemeinen bildet die von der Bodenoberfläche bis zum mittleren Dachniveau definierte **Stadthindernisschicht** (engl. *Urban Canopy Layer*, UCL) den unteren Teilbereich der sogenannten **Stadtreibungsschicht** aus (engl. *Urban Rough-*

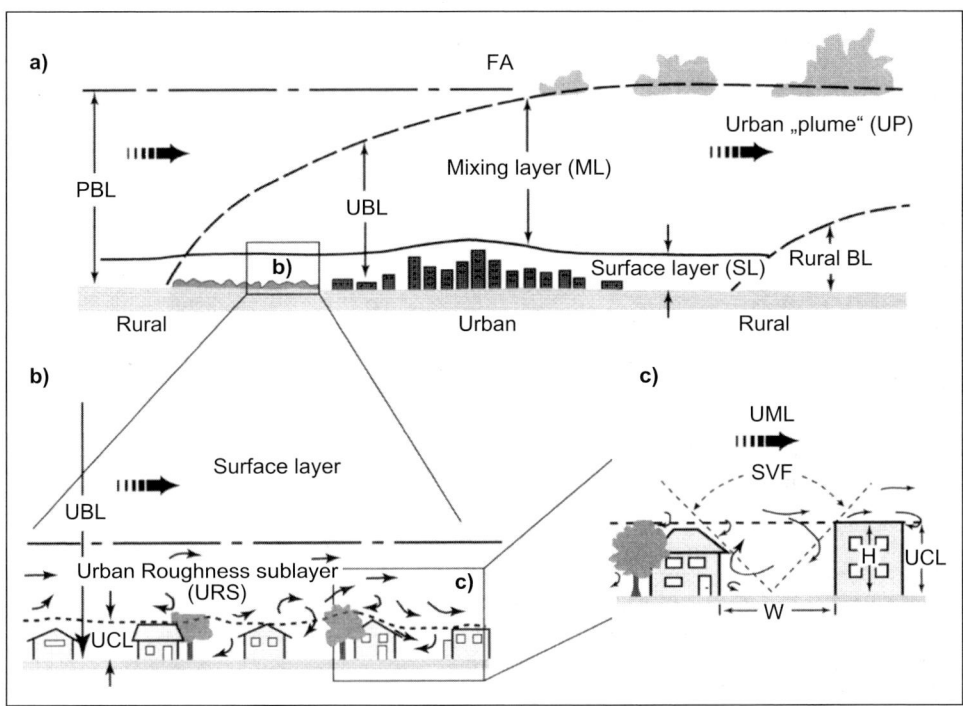

Abb. 10.2 Modifikation der Planetaren Grenzschicht (PBL) durch einen Stadtkörper (nach Oke 1997)

ness Sublayer, URS; Abb. 10.2 b). Die Strömung innerhalb der URS ist stark lokal geprägt und wird durch die spezifische Anordnung einzelner Rauigkeitselemente (Abb. 10.2 c) charakterisiert. Oberhalb der URS nehmen diese Einflüsse auf das Strömungsfeld ab, so dass ein homogenes Turbulenzfeld vorliegt. Den Abschluss nach oben bildet die **städtische Mischungsschicht** (engl. *Urban Mixing Layer*, UML), deren Mächtigkeit im Durchschnitt ein bis zwei Kilometer betragen kann. Erst in der freien Atmosphäre (engl. *Free Atmosphere*, FA), die über dem städtischen „Störkörper" in einer größeren Höhe als über dem Umland beginnt, lässt sich ein Stadteffekt kaum noch nachweisen.

Die vorgenannte schematische Gliede-rung der Stadtatmosphäre kann durch die vorherrschende Windströmung modifiziert werden. So entwickelt sich luvseitig vom Rauigkeitssprung Umland–Stadt in Abhängigkeit von der Stärke der Wechselwirkungen mit der Unterlage ihre Mächtigkeit, erreicht im Idealfall ein Maximum über der Stadt und passt sich leeseitig nach Überschreiten der Bebauungsgrenzen wieder den vom Umland vorgegebenen Oberflächenverhältnissen an. Allerdings kann oberhalb der **Umlandbodenschicht** (engl. *Rural Boundary Layer*, BL) die urbane Abluftfahne (engl. *Urban Plume*, UP; Abb. 10.2 a) bei entsprechenden Windverhältnissen noch mehrere Kilometer fortbestehen und – turbulenzbedingt – auch den Boden erreichen, bevor sie endgültig aufgelöst wird. In Einzelfällen kann das dazu führen, das weitab von den Siedlungsgebieten stadtklimatische Verhältnisse im Umland auftreten.

Unter windarmen Strahlungswetterbedingungen weist die Stadtatmosphäre mit ihrem Schichtenaufbau eine gut strukturierte diurnale Abhängigkeit auf, wobei tagsüber durch Konvektion die Mischungsschicht wesentlich mächtiger ist als nachts. Das beeinflusst auch die Ausbreitung von Luftbeimengungen und damit deren Konzentrationen.

10.6 Städtische Energiebilanz

Die urbane Energiebilanz, die sich aus dem Strahlungs- und Wärmehaushalt zusammensetzt, wird durch Art, Gliederung, Nutzungsstruktur und Exposition der Oberflächen geprägt. Unter der Voraussetzung von Austauscharmut und Niederschlagsfreiheit setzt sich die Wärmebilanz an der Grenzfläche Boden–Luft aus den in Gl. 10.1 (Kasten 10.1) genannten Einzelgliedern zusammen. Nach dem Energieerhaltungssatz muss die Summe der einzelnen Glieder der Energiebilanz ausgeglichen sein und wird deshalb gleich Null gesetzt. Die Strahlungsbilanz Q^* ergibt sich nach Gl. 10.2 (Kasten 10.1).

Die Richtung der Strahlungsflussdichten wird durch die Vorzeichen angegeben, wobei diese positiv sind, wenn sie zu den Bezugsflächen gerichtet sind, und negativ, wenn sie von diesen weggerichtet sind. Bei den Wärmeflussdichten müssen zusätzlich die Vorzeichen der vorherrschenden Gradienten berücksichtigt werden, so dass bei negativen Gradienten die Vorzeichen der Flüsse positiv, im anderen Falle negativ sind (s. auch Kap. 4.5).

Kasten 10.1   Energiebilanz

Die Energiebilanz setzt sich aus der Wärmebilanz und der Strahlungsbilanz zusammen.

Wärmebilanz

$$Q^* + Q_{anthr} + Q_{Met} + Q_H + Q_E + Q_B = 0 \quad (W/m^2) \tag{10.1}$$

mit
Q^* = Strahlungsbilanz,
Q_H = turbulente fühlbare Wärmeflussdichte,
Q_E = turbulente latente Wärmeflussdichte,
Q_B = Bodenwärmeflussdichte,
Q_{Met} = metabolische Wärmeflussdichte und
Q_{anthr} = anthropogene Wärmeflussdichte
(alle in W/m^2).

Strahlungsbilanz

$$Q^* = K{\downarrow} - K{\uparrow} + L{\downarrow} - L{\uparrow} - L{\uparrow}_{refl.} \quad (W/m^2) \tag{10.2}$$

mit
$K{\downarrow}$ = direkte (I) und diffuse (D) Globalstrahlungsflussdichte (W/m^2),
$K{\uparrow}$ = kurzwellige Reflexion (= $K{\downarrow}{\cdot}\alpha$) ($W/m^2$),
$L{\downarrow}$ = langwellige atmosphärische Gegenstrahlung (W/m^2),
$L{\uparrow}$ = langwellige Ausstrahlung (W/m^2),
$L{\uparrow}_{refl.}$ = langwellige Reflexion (= $L{\downarrow}{\cdot}(1-\varepsilon)$) ($W/m^2$),
ε = langwelliger Emissionsgrad (1) und
α = kurzwellige Albedo (1).

Werden lange Betrachtungszeiträume zugrundegelegt, unterscheiden sich in der Summe die urbane und rurale Bilanz nur geringfügig. Die Differenzen der Einzelterme können allerdings kurzfristig groß sein, im Ergebnis kompensieren sie sich jedoch weitgehend.

Insgesamt zeichnet sich die urbane Strahlungsbilanz dadurch aus, dass sich in Abhängigkeit von der Luftverschmutzung die kurzwelligen Strahlungsflussdichten im Vergleich zum Umland verringern, im langwelligen Bereich jedoch erhöhen. In summa resultieren daraus im Allgemeinen etwas niedrigere Werte im versiegelten als im nicht versiegelten Bereich. Zugleich ist die kurzwellige Albedo der oft durch dunkle Oberflächen und Mehrfachreflexionen in den Straßenschluchten geringer.

Die langwelligen Strahlungsflussdichten werden durch die Temperatur der Oberflächen und der Atmosphäre (auch durch die Luftfeuchtigkeit und weitere infrarotaktive Spurenstoffe) sowie die entsprechenden langwelligen Emissionsgrade (ε) bestimmt. Auf die **langwellige effektive Ausstrahlung** ($-L\!\uparrow + L\!\downarrow - L\!\uparrow_{\text{refl}}$) wirkt sich in Straßenschluchten neben den meist höheren Oberflächentemperaturen insbesondere der Himmelssichtfaktor (engl. *Sky View Factor*, SVF; Abb. 10.1 c) aus, der sich aus dem Quotienten der aktuellen Himmelssicht zum potenziell freien Himmel ergibt.

10.6.1 Anthropogene Wärme.
In einigen Großstädten spielt die durch das menschliche Wirtschaften verursachte Wärmeproduktion (Q_{anthr}) und deren Freisetzung in die Atmosphäre deshalb für die Energiebilanz eine besondere Rolle, weil sie zum Teil in Größenordnungen erfolgt, die denjenigen einzelner Terme der natürlichen Wärmebilanz nahe kommen oder diese sogar noch übertreffen.

Anthropogene Wärme oder kurz Abwärme entsteht durch technische Prozesse, zum Beispiel beim Betrieb von Kraftfahrzeugen, Kraftwerken, Industrieanlagen und als Folge der Gebäudeklimatisierung (Heizen und Kühlen). Gelegentlich wird hierunter auch die durch den Metabolismus (Stoffwechsel) der Organismen – in diesem Fall der Stadtbewohner – freigesetzte Wärme (Q_{Met}) subsumiert. Diese macht allerdings nur einen vernachlässigbaren Anteil an der Gesamtsumme von Q_{anthr} aus, weshalb sie meistens nicht berücksichtigt wird. Anthropogene Wärmestromdichten können jedoch in Abhängigkeit vom Typus sowie von der geografischen Breite und topografischen Lage eines städtischen Siedlungskörpers sehr unterschiedliche Werte annehmen. So werden z.B. große Werte sowohl durch hohe Einwohnerdichten als auch durch hohen Pro-Kopf-Energieverbrauch verursacht (Tab. 10.5). Besonders hohe Q_{anthr}-Werte lassen sich im Allgemeinen in winterkalten Ballungsräumen beobachten, in denen ein großer Teil des Energieeinsatzes zur Gebäudeerwärmung benötigt wird und der solare Energieeintrag gering ist. Aber auch für sommerheiße Siedlungsgebiete kann ein hoher Energieverbrauch nachgewiesen werden, der nicht nur zur Gebäudekühlung, sondern auch zur Wassererwärmung (zum Beispiel in großen Hotels) aufgewendet wird.

Am Beispiel der südfranzösischen Stadt Toulouse wird in Abb. 10.3 die tägliche anthropogene Wärmestromdichte (Q_F) für jeden Monat im Verlaufe eines Jahres angegeben, die sich aus dem Strom- und Gasverbrauch sowie dem Betrieb von Kraftfahrzeugen ergibt. Hierbei wird davon ausgegangen, dass jede eingesetzte Energieform letztendlich in Wärme umgesetzt und an die Umgebung abgegeben wird. Um Vergleiche zwischen allen Energieträgern gewährleisten zu können, wurde die jeweilige Leistung auf die Stadtfläche bezogen (W/m^2). Insgesamt zeigt sich, dass die Summe der anthropogenen Wärmestromdichte im Winter Monatsmittelwerte von bis zu 70 W/m^2 erreicht, während der Wert im Sommer auf etwa 30 W/m^2 absinkt. Wesentlich stärkere Schwankungen weisen die entsprechenden Tagesmittelwerte auf. Die größten Anteile an der Gesamtsumme nehmen der Strom- und Gasverbrauch ein. Beide erreichen im Winterhalbjahr höhere Werte als im Sommerhalbjahr. Der Kraftfahrzeugverkehr trägt demgegenüber mit etwa 10 W/m^2 relativ wenig an Q_{anthr} bei.

Tab. 10.5 Pro-Kopf-Energieverbrauch, Flussdichten der anthropogenen Wärmeproduktion (Q$_{anthr}$) und der natürlichen Strahlungsbilanz (Q*) ausgewählter Städte (nach versch. Verfassern, hier nach HUPFER/KUTTLER 2006[12])

Stadt (geogr. Breite)	Jahr	Jahreszeit	Fläche (km²)	Bevölkerung (10⁶ Einw.)	Einwohnerdichte (Einw./km²)	Pro-Kopf-Verbrauch (GJ/Einw.)	Q$_{anthr}$ (W/m²)	Q* (W/m²)	$\frac{Q_{anthr}}{Q^*} \cdot 100\%$
Fairbanks (64° N)	1965 –70	Jahr	37	0,03	810	740	19	18	106
Reykjavík (64° N)	1992	Jahr	38	0,1	2 680	1 100	35	90	39
Sheffield (53° N)	1952	Jahr	48	0,5	10 420	58	19	56	34
Berlin (West) (52° N)	1967	Jahr	234	2,3	9 830	67	21	57	37
Vancouver (49° N)	1970	Jahr	112	0,6	5 360	112	19	57	33
Budapest (47° N)	1970	Jahr Sommer Winter	113	1,3	11 500	118	43 32 51	46 100 -	93 - -
Montreal (40° N)	1961	Jahr Sommer Winter	78	1,1	14 102	221	99 57 153	52 92 13	190 62 1 177
Manhattan (40° N)	1967	Jahr Sommer Winter	59	1,7	28 810	128	117 40 198	93 - -	126 - -
Tokyo (35° N)	1989	Jahr Sommer Winter	612	8,1	13 235	70	31 25 40	59 100 17	53 25 235
Los Angeles (34° N)	1965 –70	Jahr	3 500	7,0	2 000	331	21	108	19
Hongkong (22° N)	1971	Jahr	1 046	3,9	3 730	34	4	~110	4
Singapur (1° N)	1972	Jahr	568	2,1	3 700	25	3	~110	3

10.7 Städtische Überwärmung

Die im Vergleich zum Umland höheren Luft- und Oberflächentemperaturen in Siedlungsgebieten ($\Delta T = T_{Stadt} - T_{Umland}$) sind auf die unterschiedlich starke Ausprägung der einzelnen Glieder der Energiebilanz (Gl. 10.1) zurückzuführen. Der hierfür verwendete Begriff „städtische Wärmeinsel" (engl. *Urban Heat Island*, UHI) beschreibt stark generalisierend das Faktum einer inselartig ausgebildeten urbanen Überwärmung, die von einem kühleren Freiland umgeben wird. Abb. 10.4 zeigt am Beispiel der Stadt Gelsenkirchen die mittlere bodennahe nächtliche Lufttemperaturverteilung während des Vorherrschens von Strahlungswetter. Um die Unterschiede zum kühleren Umland deutlich hervortreten zu lassen, wurden in

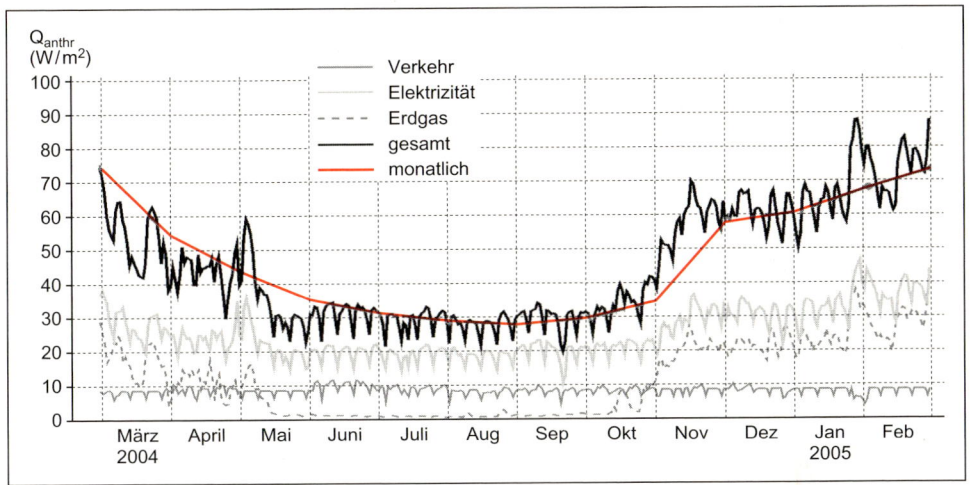

Abb. 10.3   Tagesmittelwerte der anthropogenen Wärmestromdichte (Q_{anthr}) für die Stadt Toulouse, Frankreich, für den Zeitraum März 2004 bis Februar 2005 (nach PIGEON et al. 2007)

diesem Fall Differenzen der Einzelwerte zu den Messfahrtmittelwerten gebildet und als Isanomalen dargestellt. Gebiete, die Werte oberhalb der 0 K-Isanomalen aufweisen, sind mithin wärmer (das gilt insbesondere für bebaute Bereiche), diejenigen Flächen, die Werte unter der 0 K-Isanomalen einnehmen, sind kühler als der Mittelwert (Umland und/oder Grünflächen). Der meist buchtenreiche Verlauf dieser Trennlinie deutet auf Kaltluftbewegungen hin.

Das thermische Klima innerhalb einer Stadt lässt sich eindrucksvoll auch anhand von **klimatologischen Ereignistagen** darstellen. Hierbei handelt es sich um positive oder negative Abweichungen einer meteorologischen Größe innerhalb eines Tages von einem vorgegebenen Schwellenwert.

Für drei Stationen in Gelsenkirchen wurden entsprechende Daten in Tab. 10.6 zusammengestellt. Die Stationsstandorte enthält Abb. 10.4.

Grundsätzlich ist festzustellen, dass sich die Stadtstationswerte zum Teil sehr deutlich von denjenigen des Umlandes unterscheiden. Aber auch innerhalb der Stadt zeigen sich Unterschiede, die durch die Lage der Stationen innerhalb der bebauten Fläche verursacht werden. Die Daten dokumentieren für die beiden Stadtbereiche eine Häufigkeitsabnahme der Tage mit niedrigen Temperaturen und eine starke Zunahme der Wärmebelastung im Sommer, die zum Beispiel durch die Anzahl der „Grillpartytage" besonders hervorgehoben wird.

Neben dem räumlichen Erscheinungsbild der städtischen Wärmeinsel weist die UHI auch ein zeitlich differenziertes Auftreten auf, das an die Tages- und Jahreszeit gebunden ist.

Wie in Abb. 10.5 dokumentiert wird, ergeben sich die größten UHI-Intensitäten für eine mitteleuropäische Großstadt in der zweiten Nachthälfte der Sommermonate Juni bis August, wobei sich die Wetter-

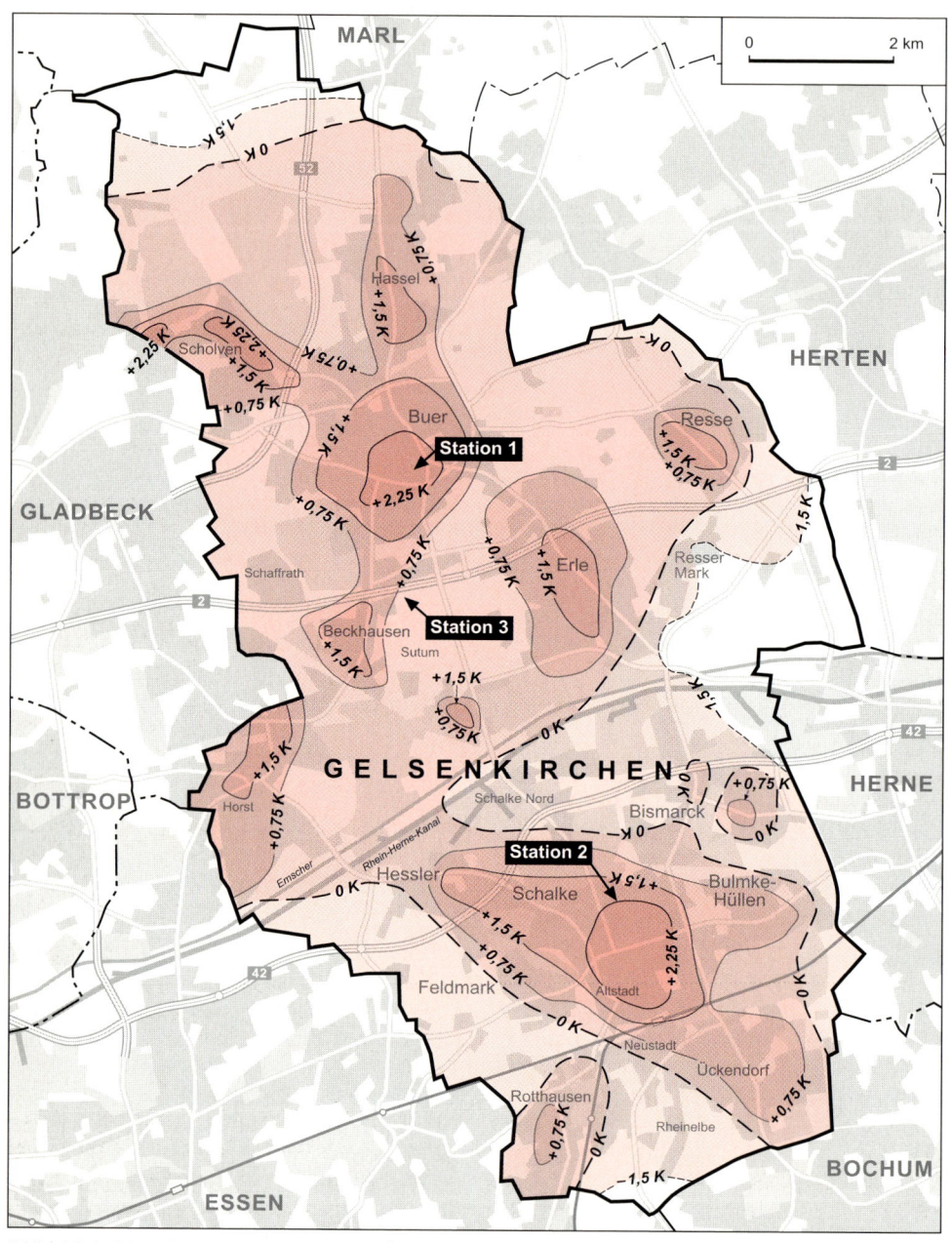

Abb. 10.4 Verteilung der bodennahen Lufttemperaturdifferenzen (in K, Isanomalen) bezogen auf den Mittelwert von drei strahlungsnächtlichen Messfahrten (31.3./1.4., 16./17.6. und 26./27.7.1999) (nach KUTTLER/BARLAG 2002; verändert)

Tab. 10.6 Anzahl klimatologischer Ereignistage im Stadtgebiet von Gelsenkirchen. Messzeitraum vom 1.11.1998 bis 31.10.1999 (zur Lage der Stationen s. Abb. 10.4) (nach KUTTLER/BARLAG 2002)

	Ereignistage	Definition	Stadt		Umland
			Station 1	Station 2	Station 3
Winter	Frosttage	$t_{min} \leq 0\ °C$	36	33	44
	Kalte Tage	$t_{mit} \leq 0\ °C$	19	17	20
Sommer	Heiztage	$t_{mit} < 15\ °C$	238	236	247
	Warme Tage	$t_{mit} \geq 20\ °C$	49	47	32
	Sommertage	$t_{max} > 25\ °C$	47	45	40
	Heiße Tage	$t_{mit} \geq 30\ °C$	14	8	7
	Grillpartytage	$t_{21h} > 20\ °C$	50	43	36
	Heiße Nächte	$t_{0h} > 20\ °C$	21	15	10

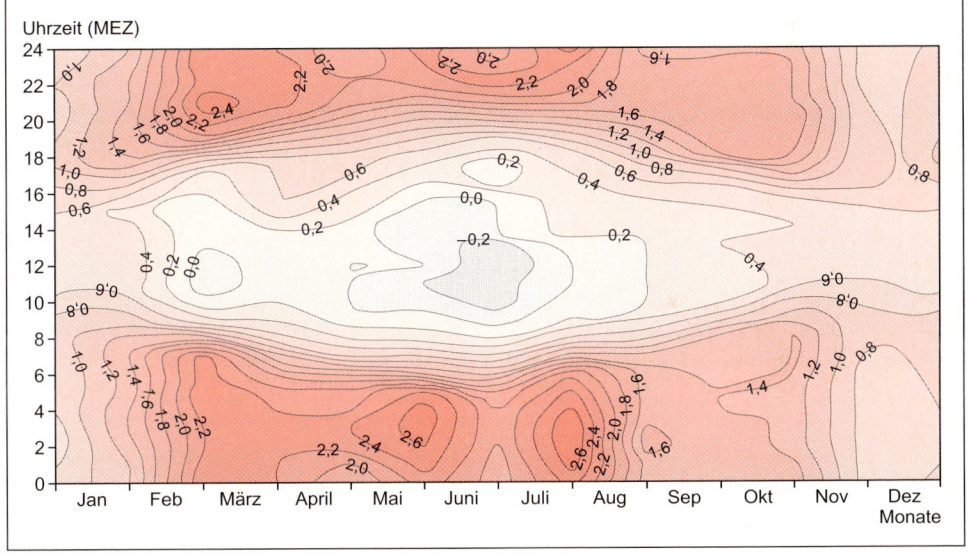

Abb. 10.5 Tagesgang der Lufttemperaturdifferenzen (ΔT_{S-U} in K) zwischen einer Innenstadt- und einer Freilandstation in der UCL. Großraum Düsseldorf, Messhöhe 2 m ü. Gr., Messperiode Januar 1993 bis Januar 1994 (nach KUTTLER 1997)

lagenabhängigkeit in der zellulären Überwärmungsstruktur im Isoplethendiagramm widerspiegelt. Zur Mittagszeit ergeben sich im Vergleich zur Nacht während aller Monate des Jahres keine oder nur schwach positive Temperaturunterschiede zwischen Stadt und Umland. Im Juli kommt es sogar zu einer Umkehr der Verhältnisse (zwischen 11 und 14 Uhr), wobei die leicht negative Temperaturdifferenz auf eine etwas höhere Erwärmung des Umlandes hindeutet. Diese überwiegend während starker Einstrahlung auftretende Situation ist auf den Schattenwurf der Gebäude, auf die

Verlagerung der maßgeblichen Strahlungsreferenzflächen vom Straßen- ins Dachniveau und auf die Ableitung von Wärme in die Baumaterialien zurückzuführen.

Grundsätzlich stehen die UHI-Intensitäten in negativer Abhängigkeit zur Höhe der Windgeschwindigkeit und zum Wolkenbedeckungsgrad. Positive Zusammenhänge lassen sich hingegen zur Stärke der Stabilität der Umlandatmosphäre erkennen. Neben den genannten meteorologischen Einflussgrößen steuern aber auch die Struktur und Art der urbanen Oberflächenbedeckungen sowie die meist an die Einwohnerzahl gekoppelte Stadtgröße die urbane Überwärmung. Es zeigt sich, dass die Abhängigkeit der maximalen UHI von der Einwohnerzahl im Allgemeinen positiv ist. Allerdings heben die stark gestiegenen Energieverbräuche in den letzten Jahrzehnten diesen relativ engen Zusammenhang auf, wie Untersuchungen in Wien belegen.

10.8 Bodennahes Windfeld

Die Luftströmung zeichnet sich in Städten in der Regel durch niedrigere Geschwindigkeiten, häufigeres Auftreten von Windstillen, eine höhre Anzahl an Schwachwindstunden, eine Zunahme der mechanisch und thermisch verursachten Turbulenzen sowie der Böigkeit aus. Darüber hinaus beeinflussen Straßenschluchten durch Kanalisierung die Windrichtung. Ferner können in Luv einer Stadt divergierende und in Lee konvergierende Strömungen beobachtet werden.

Da die Bebauungsdichte starken räumlichen Schwankungen unterliegt, ist es schwierig, allgemeine Angaben zum Windfeld einer Stadt zu machen. Gleichwohl enthält Tab. 10.7 Angaben zur mittleren Windgeschwindigkeit für verschiedene Klimatope der Stadt Düsseldorf. Die Werte belegen unter anderem, dass nicht nur bebaute Flächen zu einer Abnahme der Windgeschwindigkeit führen können, sondern auch Grünflächen, die zum Beispiel dichten Baumbestand aufweisen können.

Städte weisen allerdings nicht immer eine im Verhältnis zum Umland niedrigere Windgeschwindigkeit auf. Insbesondere während Strahlungswetterlagen, wenn die übergeordnete Windgeschwindigkeit sehr niedrig ist, kann durch den Wärmeinseleffekt bedingt die Windgeschwindigkeit in der Stadt, insbesondere des Nachts, höhere Werte erreichen. Sind Städte mit ihrem Umland durch Luftleitbahnen verbunden, so kann während solcher Situationen kühle Umlandluft in den überwärmten Stadtkörper transportiert werden. Man spricht in einem solchen Fall auch von einem **Flurwind** oder einer UHI-Zirkulation. Als Flurwind wird eine derartige Strömung deshalb bezeichnet, weil die Luft aus dem Umland (von der Flur) in die Stadt weht.

Tab. 10.7 Mittlere stündliche Windgeschwindigkeiten in verschiedenen Klimatopen der Stadt Düsseldorf in 4 bis 6 m ü. Gr. (Messperiode: Januar 1993 bis Januar 1994) (nach Kuttler 2000)

Freiland (Kuppe)	Vorort	Industrie	Grünfläche	Innenstadt, rheinfern	Innenstadt, rheinnah	Gewerbe	Aue
100 %	69 %	60 %	49 %	57 %	71 %	54 %	74 %
3,5 m/s	2,4 m/s	2,1 m/s	1,7 m/s	2,0 m/s	2,5 m/s	1,9 m/s	2,6 m/s

10.9 Urbane Wasserbilanz

Die städtischen Luftfeuchtigkeitsverhältnisse sind eng gekoppelt an die urbane Wasserbilanz, die sich aus folgenden Einzelgliedern zusammensetzt (Gl. 10.3):

$$N + F + W + ETP + \Delta R + \Delta S + \Delta A = 0$$
(mm/Zeiteinheit) **(10.3)**

mit
N = Niederschlag,
F = Wasserfreisetzung durch Verbrennungsprozesse,
W = kanalisierte Wasserzufuhr aus Flüssen oder Staubecken,
ETP = Evapotranspiration,
ΔR = Nettoabfluss,
ΔS = Nettowasserspeicherung im Boden und
ΔA = Nettofeuchteadvektion.

Von den hier genannten Quellen- und Senkentermen werden F und W durch den Menschen im Wesentlichen direkt beeinflusst, während ETP, ΔR und ΔS über den Anteil der versiegelten Fläche beziehungsweise durch die Oberflächenverdichtung einer eher indirekten anthropogenen Steuerung unterliegen. Über die Höhe der Wasserfreisetzung durch Verbrennungsprozesse F und deren Anteil an der Gesamtsumme der Wasserbilanz finden sich in der Literatur widersprüchliche Angaben. Einerseits wird diesem Faktor ein relativ großer Einfluss nachgesagt, andererseits wird die Beeinträchtigung als marginal angesehen. Eine Abhängigkeit von der jeweiligen Stadtgröße und den Nutzungsstrukturen ist jedoch anzunehmen.

Wasserbilanzen für Großstädte zeigen im Vergleich zum Umland (Tab. 10.8), dass der Gesamtabfluss (GA) in bebautem Gebiet je nach Versiegelungsgrad um bis zu 100 % über demjenigen des Umlandes liegen kann (Beispiel Minsk). Bestimmende Größe ist hierbei insbesondere der oberirdische Abfluss (AO), während der unterirdische Abfluss (AU) wegen der Bebauung vergleichsweise stark eingeschränkt ist. Die städtische Evapotranspiration weist für die drei genannten Beispiele im Einzelfall für Minsk um bis zu 42 % niedrigere Werte auf als für das entsprechende Umlandeinzugsgebiet (E_3) gemessen wurden.

Tab. 10.8 Vergleich der mittleren Wasserbilanz (mm/a) dreier Großstädte (Gs) in der Russischen Förderation sowie in Weißrussland mit benachbarten, landwirtschaftlich genutzten Einzugsgebieten (E_1 bis E_3) (aus HUPFER 1991; verändert)

	Moskau	E_1	Δ (%)	Kursk	E_2	Δ (%)	Minsk	E_3	Δ (%)
N	700	700	-	527	527	-	800	800	-
GA	300	200	+50	133	111	+20	472	240	+97
AO	250	130	+93	86	61	−26	408	144	+183
AU	50	70	−28	47	50	−6	64	96	−34
ETP	400	500	−20	394	416	−4	328	560	−42
VG	0,35			0,12			0,50		
Ψ	0,36	0,19		0,16	0,12		0,51	0,18	

Einzugsgebiete (E): E_1 (Moskva), E_2 (Tuskar), E_3 (Svislač)
N = Niederschlag; GA = Gesamtabfluss; AO = oberird. Abfluss; AU = unterird. Abfluss; ETP = Evapotranspiration; VG = Versiegelungsgrad; Ψ = Abflussbeiwert = AO/N

$$\Delta = \frac{Gs - E}{E} \cdot 100 \, \%$$

10.10 Städtische Luftqualität

Die **Luftverschmutzung** von Städten stellt ein weltweites Problem dar. Während in den westlichen Industrieländern heutzutage überwiegend der Kraftfahrzeugverkehr als wichtige Emissionsquelle auszumachen ist, wird die Luftqualität in den weniger entwickelten Ländern in erheblichem Maße auch durch Industrieemissionen beeinträchtigt. Luftverunreinigungen unterliegen nach ihrer Emission der atmosphärischen Transmission. Je nach Vorherrschen der meteorologischen Austauschverhältnisse werden sie dabei angereichert oder verdünnt, chemisch umgewandelt oder abgelagert. Die Höhe der Luftverschmutzungskonzentrationen weist Abhängigkeiten in zeitlicher und räumlicher Hinsicht auf, die allerdings nicht nur meteorologisch gesteuert sind.

Trendanalysen für einzelne Luftverschmutzungsindikatoren lassen sich für die meisten Großstädte der weniger entwickelten Länder noch nicht in gewünschtem Maße vornehmen, da die bisherigen Messreihen meist zu kurz sind. In Schwellenländern allerdings, die einer beschleunigten wirtschaftlichen Entwicklung unterliegen (zum Beispiel China und Russland), nehmen die Luftverschmutzungskonzentrationen insbesondere bedingt durch den stark anwachsenden Kfz-Verkehr zu. In den westlichen Industrieländern weisen die Zeitreihenentwicklungen der wichtigsten Spurenstoffe unterschiedliche Ergebnisse auf. So lässt sich zum Beispiel für das überwiegend Industrieprozessen entstammende SO_2 feststellen, dass es als Luftverschmutzer nur noch eine untergeordnete Rolle spielt. Ebenso haben die Konzentrationen der hauptsächlich dem Kfz-Verkehr entstammenden Spurenstoffe NO und NO_2 in den vergangenen Jahren leicht abgenommen, obwohl kein eindeutiger Trend festzustellen ist. Gerade an den höchstbelasteten, verkehrsnahen Messstationen bleibt die Abnahme hinter den Erwartungen zurück. Da gleichzeitig der gesetzliche Jahresgrenzwert für NO_2 durch EU-weite Anpassung an die Vorgaben der Weltgesundheitsorganisation WHO z. B. in Deutschland bis 2010 deutlich sinkt, bleibt die Einhaltung von Grenzwerten an urbanen „Brennpunkten" auch in Zukunft fraglich, was insbesondere auch für die Feinstäube gilt. Für die sekundäre Luftverunreinigung O_3 lässt sich – dem NO_x-Trend vergleichbar – bisher keine eindeutige Entwicklung erkennen.

Die derzeitige Immissionssituation soll am Beispiel eines großen mitteleuropäischen Ballungsraumes, des Rhein-Ruhr-Gebietes, an repräsentativen Luftverschmutzungsindikatoren erläutert werden (Tab. 10.9).

Auch die Spurenstoffe, die stärker durch den Straßenverkehr verursacht werden, weisen mittlerweile Durchschnittswerte auf, die zu keinen Überschreitungen der entsprechenden Grenzwerte zum Schutz der menschlichen Gesundheit (22. BImSchV vom 11.9.2002) führen. Für die Verkehrsstandorte ergibt sich jedoch ein etwas anderes Bild: Im Vergleich zum „Gebietsmittel Rhein-Ruhr" resultiert ein zum Teil erheblich höherer Wert insbesondere für NO (um den Faktor 2,8 höher) und NO_2 (1,7). Grenzwertüberschreitungen werden an Straßen sowohl für NO (Jahresmittelwert) als auch für Schwebstaub (Jahresmittel- und 98 %-Wert) nachgewiesen. Größendifferenzierte Messungen des Feinstaubes ($PM_{2,5}$ und PM_{10}) weisen als einen wichtigen Verursacher auch den Straßenverkehr aus, der sowohl direkt durch die

Tab. 10.9 Jahresmittelwerte ($\bar{x}$) und 98 %-Werte[1)]ausgewählter atmosphärischer Spurenstoffkonzentrationen für das Rhein-Ruhr-Gebiet[2)] sowie Verkehrs-[3)] und Waldstationen[4)]
(Datengrundlage 2007; nach Landesamt für Natur, Umwelt und Verbraucherschutz, LANUV, NRW)
(- = keine Daten)

	Rhein-Ruhr-Gebiet		Verkehrsstationen		Waldstationen	
	$\bar{x}$	98 %-Wert	$\bar{x}$	98 %-Wert	$\bar{x}$	98 %-Wert
SO_2 [5)] ($\mu g/m^3$)	8	38	-	-	-	-
PM_{10} [6)] ($\mu g/m^3$)	27	-	31	-	13	-
NO [5)] ($\mu g/m^3$)	14	110	39	164	1	6
CO [5)] (mg/m^3)	-	-	0,4	1,4	-	-
NO_2 [5)] ($\mu g/m^3$)	29	71	49	102	9	34
O_3 [5)] ($\mu g/m^3$)	36	114	-	-	57	123

1) 98 %-Wert – die dargestellten Werte werden nur von 2 % aller Messwerte überschritten; Mittelwert aus Halbstundenmittelwerten berechnet
2) Mittelwert von 28 Stationen (Bonn bis Wesel und Unna bis Krefeld), ohne Verkehrsstationen und Sondermessstationen
3) Mittelwerte der Messstationen Düsseldorf-Mörsenbroich und Essen-Ost
4) Mittelwerte der Messstationen Eggegebirge, Eifel und Rothaargebirge
5) Mittelwerte aus Stundenmittelwerten berechnet
6) Mittelwerte aus Tagesmittelwerten berechnet
Alle gemessenen Größen haben einen Temperaturbezug von 20 °C

Emission von Ruß (kleineren Partikeln) als auch indirekt durch die Aufwirbelung von Straßenstaub (größere Partikeln) daran beteiligt ist. Entsprechende Grenzwertüberschreitungen stellen vielerorts ein Problem dar.

In Abb. 10.6 sind die Mittelwerte von Partikelkonzentrationen entlang einer von Süd nach Nord durch die Stadt Essen, NRW, mit einem Messfahrzeug befahrenen Route (Streckenabschnitte 1 bis 100) dargestellt. Es zeigt sich, dass höhere PM_{10}-Konzentrationen meistens im Einflussbereich von Autobahnen und Hauptverkehrsstraßen auftreten (s. auch Kap. 9.2).

Im Vergleich zu den genannten Mittelwerten des Rhein-Ruhr-Gebietes (Tab. 10.9) sind die Konzentrationen der hier gewählten Luftverschmutzungsindikatoren

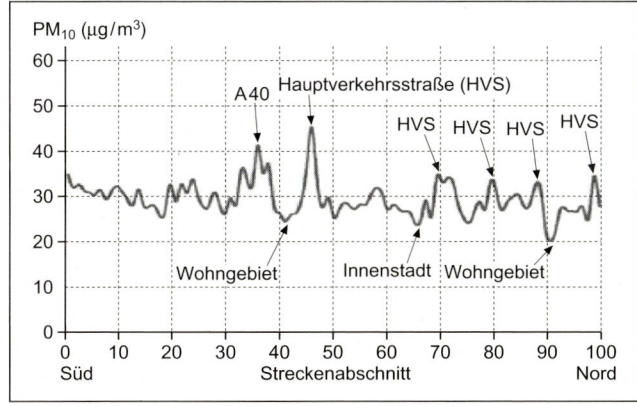

Abb. 10.6
Median der mobil erfassten PM_{10}-Konzentrationen im Stadtgebiet von Essen, NRW, im Frühjahr 2005 als Mittelwert aus 8 Messfahrten
(nach KUTTLER/WEBER 2006)

in den so genannten Reinluftgebieten („Waldstandorte") des Rhein-Ruhr-Raumes bis auf das Ozon erwartungsgemäß niedrig. Die deutlich höheren Ozonkonzentrationen sind auf verschiedene Ursachen zurückzuführen: Einerseits auf das in unbelasteter Luft häufig anzutreffende höhere NO_2/NO-Verhältnis (hier: 9; zum Vergleich: im Ballungsraum erreicht es nur den Wert 2,1), wodurch der wesentlich geringere Einfluss des ozonabbauenden NO in Waldgebieten verdeutlicht wird. Andererseits werden von Pflanzen bei hoher Einstrahlung biogene Kohlenwasserstoffe (Terpene, Isoprene) freigesetzt, wodurch die Konzentration an Ozonvorläufergasen erhöht wird (s. auch Kasten 10.2). In lufthygienisch belasteten Gebieten weisen die Ozonkonzentrationen einen vom Sonnenstand und der Temperatur abhängigen ausgeprägten Tagesgang auf, der durch ein nächtliches Minimum und ein frühnachmittägliches Maximum charakterisiert ist. Gelegentlich jedoch kann das Nachtminimum durch Auftreten eines Sekundärmaximums unterbrochen sein. In Reinluftgebieten hingegen lassen die Ozonkonzentrationen nur eine geringe Abhängigkeit vom Tagesgang erkennen und verharren während sommerlichen Strahlungswetters auf einem weitgehend hohen Konzentrationsniveau. Die Ozondosis, die aus der Konzentration durch Multiplikation mit der Wirkdauer berechnet wird, ist deshalb in Reinluftgebieten meistens höher als in verkehrsbestimmten Ballungsräumen. Dass Reinluftgebiete im Allgemeinen gleichwohl eine bessere Luftqualität zuerkannt bekommen, liegt daran, dass hier im Gegensatz zu den Ballungsräumen das Auftreten hoher Ozonkonzentrationen nicht an ebenfalls hohe Immissionswerte anderer Luftverschmutzungsindikatoren gebunden ist.

10.11 Steuerung stadtklimatischer Prozesse

Die Verbesserung von Klima und Luft in Ballungsräumen und Städten sollte von der Vorstellung getragen sein, ein **„ideales Stadtklima"**, das sich durch gute Luftqualität und möglichst geringe Wärmebelastung auszeichnet, durch planerische Eingriffe für die Stadtbewohner anzustreben. Eine derartige Forderung lässt sich in strengem Sinne nur dort realisieren, wo Neugründungen von Städten vorgesehen sind und bereits in der Planungsphase Stadtklimatologen in enger Abstimmung mit den Entscheidungsträgern zusammenarbeiten. Das dürfte in großem Stil zum Beispiel auf den asiatischen, insbesondere auf den chinesischen Raum zutreffen, wo in den nächsten Jahrzehnten eine Vielzahl von Millionenstädten geplant ist. Realistischerweise gilt dies für bestehende Siedlungsräume nicht. Hier kann es allenfalls Aufgabe der Stadtplanung sein, diesem Ideal durch Maßnahmen zur Minimierung der Belastungen und zu stadtklimatisch wirksamen Umfeldverbesserungen möglichst nahe zu kommen, so dass zumindest ein **„tolerables Stadtklima"** angestrebt werden kann.

Eine wichtige Hilfestellung leisten in diesem Zusammenhang sogenannte **Synthetische Klimafunktionskarten**, mit deren Hilfe klimatische und lufthygienische Gunst- von Ungunsträumen unterschieden werden können. Derartige Kartendarstellungen enthalten Informationen über die kleinklimatischen Verhältnisse in unterschiedlichen Flächennutzungsstrukturen (Klimatope), Angaben zur Luftqualität sowie Hinweise auf klimatopübergreifende Flächen, denen definierte Klimafunktionen zugesprochen werden können. Zu letztgenannten zählt zum Beispiel die Anbindung ruraler Kaltluftproduktionsflächen an urbane Luftleitbahnen, um auch bei austauscharmen Wetterlagen eine Frischluftversorgung der Innenstadtgebiete sicherzustellen. Ein Kartenbeispiel enthält der Farbtafelteil (S. 248).

Bei Neuaufstellungen von urbanen Flächennutzungsplänen gibt es jedoch auch im Falle bestehender Stadtstrukturen durch zukunftsweisende Flächenausweisungen die Möglichkeit stadtklimatischen Einfluss zu nehmen.

Die derzeit in einigen deutschen Großstädten zu beobachtende Bevölkerungsabwanderung („**Schrumpfende Städte**") eröffnet zum Beispiel die Möglichkeit, bestehende Stadtstrukturen zukunftsweisend auf neue Anforderungen auszurichten und dabei stadtklimatische Erkenntnisse in den Planungsvollzug zu integrieren. Das sollte als Chance gesehen werden, freiwerdenden Wohnraum auch stadtklimatologisch sinnvoll umzuwidmen (BARLAG 1993). Das kann zum Beispiel geschehen durch eine Auflockerung der Bebauungsstruktur, die Schaffung oder Sicherung klimarelevanter naturbelassener **Freiflächen** sowie die Erhaltung bzw. strukturelle Verbesserung von Luftleitbahnen, über die Umlandfrischluft in das bebaute Gebiet geführt werden kann. Neben Wasserflächen spielen in diesem Zusammenhang innerstädtische Grünflächen eine besondere Rolle. Bei optimaler Gestaltung verhindern oder reduzieren diese die thermische Belastung, wenn ein Luftaustausch zwischen ihnen und der bebauten Fläche gewährleistet ist. Klimameliorierende Eigenschaften gehen auch schon von kleinen Grünflächen aus (BONGARDT 2006). Ihre Fernwirkung nimmt allerdings dann zu, wenn diese über ein Verbundsystem (Luftleitbahnen) optimal miteinander vernetzt sind. Die Schaffung zusätzlicher Grünflächen sollte bei Nutzungsänderungen (Industriebrachen, Bebauungslücken, ungenutzte Bahnlinien, Verlegung von Parkraum unter die Erde etc.) ebenso ins Auge gefasst werden wie die Möglichkeit der Begrünung von Hausfassaden und Dachflächen, die nicht nur für das Einzelobjekt, sondern auch darüber hinaus positive Wirkungen auf das Stadtklima haben.

Zu den verkehrsorientierten Maßnahmen zählen eine weitere Reduzierung der Kfz-Emissionen bzw. der verstärkte Einsatz emissionsarmer Fahrzeuge (Hybrid-, Elektro- und Wasserstoffantrieb), ferner die Vermeidung unnötiger Individualfahrten. Ein optimales Verkehrsmanagement sollte durch entsprechende Leitsysteme einen möglichst kontinuierlichen Verkehrsfluss sichern. Auch sollte an den Ausbau des ÖPNV mit Erhöhung der Taktfrequenz gedacht werden, und neue Wohngebiete sollten so gestaltet werden, dass der Gebrauch des Kfz für Versorgungsfahrten grundsätzlich minimiert werden kann.

Zu den objektorientierten Maßnahmen zählen eine Einschränkung des Energieverbrauchs für den Gebäudebetrieb (Heizen, Kühlen, Lüften, Beleuchten) durch klimagerechtes Bauen. Hierunter ist eine optimale Standortwahl von Neubaugebieten mit entsprechender Gebäudekonzeption, -ausrichtung, -form, -anordnung und -wärmedämmung zu verstehen. Da nach wie vor ein großer Teil der Primärenergie für die Hausbeheizung aufgewendet werden muss, ist auf energiesparenden Wärmeschutz bei Gebäuden zu achten.

10.12 Stadtklima und globale Klimaentwicklung

Vor dem Hintergrund einer für das 21. Jh. vorausgesagten Verdoppelung der atmosphärischen CO_2-Konzentration wird für Europa davon ausgegangen, dass es zu einer durchschnittlichen, regional jedoch durchaus unterschiedlich erfolgenden Erwärmung von etwa 2 K gegenüber dem Vergleichsjahr 1985 kommen wird. Nachfolgend soll der globale Einfluss auf die thermischen Verhältnisse exemplarisch dargestellt werden.

Wie sich die thermischen Bedingungen in Nordrhein-Westfalen aufgrund von Modelluntersuchungen verändern werden, zeigt Tab. 10.10 anhand der Darstellung ausgewählter klimatologischer Ereignistage. Als klimatologischer Ereignistag wird eine Unter- oder Überschreitung eines Schwellenwertes einer meteorologischen Größe bezeichnet (s. dazu auch Kap. 3).

Tab. 10.10 Mittlere Anzahl klimatologischer Ereignistage für Nordrhein-Westfalen unter gegenwärtigen und veränderten Klimabedingungen. Anzahlvergleich für 2046/55 minus 1951/2000 (nach GERSTENGARBE/WERNER 2005; verändert)[1]

	Gegenwart (1951/2000) Mittlere Anzahl/Jahr	Zukunft (2046/2055) Mittlere Anzahl/Jahr	Änderung Zukunft–Gegenwart Mittlere Anzahl/Jahr
Frosttage	67,1	46,1	−21,0
Eistage	14,9	8,7	−6,2
Sommertage	26,2	44,2	+18,0
Heiße Tage	4,4	10,8	+6,4
Tage mit Niederschlag ≤ 0,1 mm	180,9	185,3	+4,4
Tage mit Niederschlag ≥ 10 mm	24,1	25,2	+1,1

1) Die Definitionen der klimatologischen Ereignistage finden sich in Kap. 3, Tab. 3.6

Während z. B. die Winterstrenge, dargestellt anhand der Anzahl von Frost- und Eistagen, um 21 bzw. 6 Tage pro Jahr abnehmen wird, dürften die Anzahl der Sommertage um 18 und die der heißen Tage um 6 pro Jahr zunehmen. Eine Abnahme der Winterstrenge dürfte an eine Reduzierung des Heizenergieverbrauchs gekoppelt sein. Eine Zunahme der Sommertage könnte hingegen zu einem steigenden Energiebedarf für das Betreiben von Klimaanlagen führen.

Da der Energieverbrauch in hohem Maße von den klimatischen Gegebenheiten abhängt, spielt die geographische Lage eines Ballungsraumes in diesem Zusammenhang eine wichtige Rolle. Am Beispiel des Stromverbrauchs einer Großstadt in den mittleren Breiten (Essen, NRW) soll hierauf näher eingegangen werden. Für Essen

zeigt sich die erwartete umgekehrt proportionale Abhängigkeit des Stromverbrauchs von der Lufttemperatur (Abb. 10.7).

Dieses ist typisch für eine Stadt mit winterbestimmenden Verbrauchswerten. So führen Temperaturschwankungen von ±1 K im Temperaturbereich unter 0 °C zu Mehr- oder Minderverbräuchen von ±2,7 GWh. Im Sommer (t > 20 °C) beläuft sich dieser Wert hingegen auf nur 2,3 GWh. Das sind immerhin 400 MWh mehr oder weniger an täglichem Stromverbrauch. Allerdings zeigt die Punkteverteilung auch, dass ab etwa 25 °C der Stromverbrauch offensichtlich wieder zunimmt (statistisch allerdings nicht abgesichert). Das könnte ein erster Hinweis darauf sein, dass an Sommertagen (t > 25 °C) mehr Strom für Kühlungszwecke gebraucht wird.

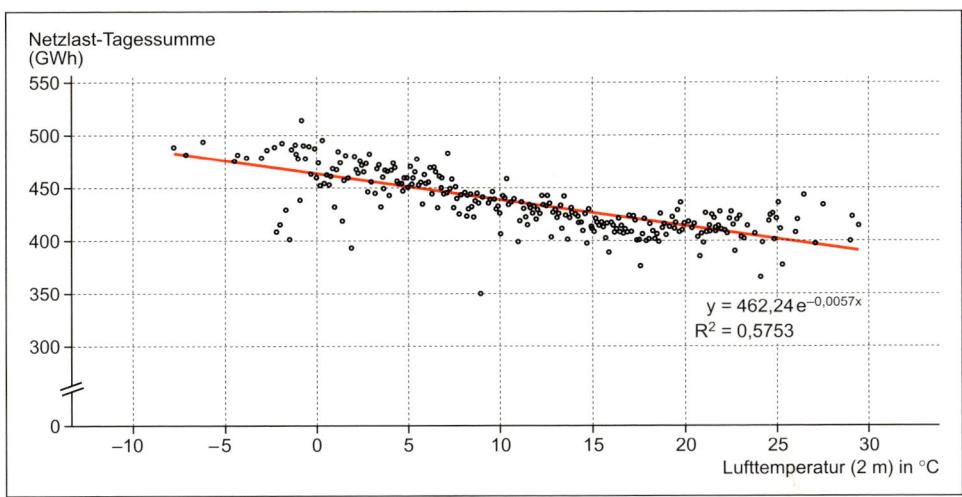

Abb. 10.7 Netzlast-Tagessummen im Netz des RWE in Abhängigkeit von der Lufttemperatur in 2 m ü. Gr. für den Zeitraum 1.1.2003 bis 31.12.2006 (gruppiert nach der Temperatur).
Das Netz der RWE erstreckt sich vom südlichen Niedersachsen über einen Großteil von Nordrhein-Westfalen bis in das Saarland, Rheinland-Pfalz und das südliche Hessen und wird ergänzt durch den schwäbischen Teil von Bayern. Am Stromverbrauch sind beteiligt (jeweils in %): Mechanische Energie (55,6), Wärmeproduktion (34,6), Beleuchtung (9,8). Die Daten der Lufttemperatur entstammen der Klimastation der Universität Duisburg-Essen, Campus Essen
Quelle: RWE, Essen; pers. Mitteilung, Nov. 2006

Im Vergleich zu den vorgenannten Verhältnissen ist für westlich geprägte Ballungsräume in den Subtropen hingegen davon auszugehen, dass ansteigende Temperaturen höhere Stromverbräuche nach sich ziehen werden. Da der winterliche Energieeinsatz hier nur eine untergeordnete Rolle spielt, stellt der verstärkte Verbrauch für die Raumkühlung eine wichtige Steuerungsgröße dar. Für Los Angeles dürfte sich der zur Kühlung aufzuwendende Stromverbrauch um rund ein Drittel im Vergleich zu heute erhöhen.

Die genannten Beispiele aus den beiden Klimazonen belegen, dass der regionale Aspekt einer globalen Klimaveränderung einen großen Einfluss auf den Energieverbrauch haben wird. Kasten 10.2 enthält Empfehlungen zur Planung einer klimawandelgerechten mitteleuropäischen Stadt.

Kasten 10.2   Planung einer klimawandelgerechten Stadt

Um dem Klimawandel auch auf städtischer Ebene zu begegnen, sollten langfristige Planungsprozesse eingeleitet werden, die sowohl zu einer Reduzierung der Strahlung- und Lufttemperaturen führen als auch zu einer Vermeidung bzw. Verringerung von CO_2-Emissionen beitragen.

Die nachfolgende Aufstellung enthält einige Empfehlungen, die besonders dort im bebauten Bereich umgesetzt werden sollten, wo bereits gegenwärtig thermische oder lufthygienische Probleme bestehen. Die Vorschläge wurden in fetter Schrift hervorgehoben, die damit verbundenen Auswirkungen in Klammern hinzugefügt.

- **Hochverdichtete, kompakte Bauweise mit optimaler Wärmedämmung, Verschattungsmöglichkeiten**
  ($\rightarrow$ minimaler Energieverbrauch im Sommer und Winter; Reduktion der CO_2-Emission)
- **Stadt der kurzen Wege und optimale Anbindung an Personennahverkehr**
  ($\rightarrow$ keine oder nur geringe Kfz-Emissionen; Reduktion der CO_2-Emission)
- **Unterbindung/Reduzierung des suburbanen, d.h. randstädtischen Wachstums**
  ($\rightarrow$ Vermeidung der Flächenvergrößerung urbaner Areale zur Sicherstellung der ruralen Kaltluftproduktion)
- **Bodennahe Durchlüftung garantieren**
  ($\rightarrow$ Sicherstellung des Frisch- und Kaltlufttransportes über Luftleitbahnen aus dem ruralen Umland)
- **Urbane Durchgrünung (Dach, Fassade, ebenerdig)**
  ($\rightarrow$ Reduktion der Oberflächen- und Lufttemperaturen)
- **Verwendung von Pflanzen mit nur geringer Emission an biogenen Kohlenwasserstoffen (z.B. Terpen, Isopren etc.)**
  ($\rightarrow$ Vermeidung von Ozonvorläufergasen zur Senkung der Ozonkonzentrationen)

11 Treibhauseffekt und Ozonloch

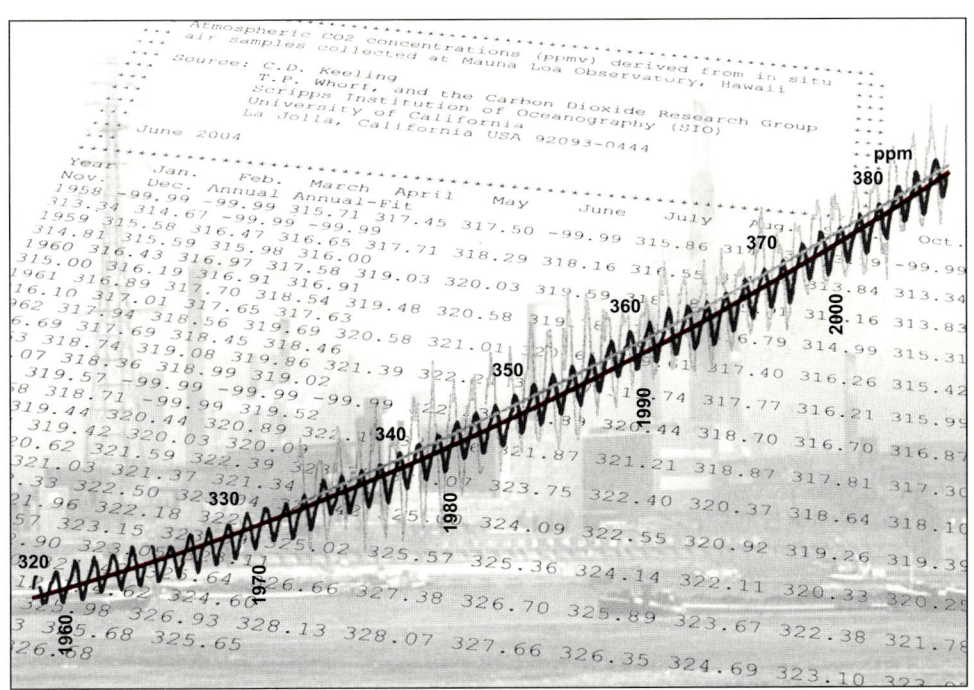

Abb. 11.1   Der Anstieg des CO_2 in der Atmosphäre wurde erstmals 1958 von C.D. Keeling (1928–2005; University of California, La Jolla) in Luftproben vom Mauna Loa Observatory, Hawaii, gemessen. Hier abgebildet ein Ausschnitt aus dem Orignalausdruck der Messwerte 1958 bis 1970 (–99,99 = kein Messwert), darüber die Kurve des CO_2-Anstiegs von 1958 bis 2007 monatlich (schwarz) und als Trend (rot)

11.1 Einführung

Menschliches Wirtschaften tritt zunehmend auch global als zusätzlicher (anthropogener) Klimafaktor auf. In erster Linie handelt es sich hierbei um die Auswirkungen von unablässig in die Atmosphäre eingeleiteten gas- und partikelförmigen Spurenstoffen, die zu Veränderungen des Strahlungs- und Wärmehaushalts führen können. Als Umweltbeeinträchtigungen globalen Ausmaßes sind in diesem Zusammenhang die Zunahme im infraroten Spektralbereich absorbierender Stoffe und die Abnahme des stratosphärischen Ozons zu nennen, die als „Treibhauseffekt" respektive „Ozonloch" mittlerweile auch einer breiteren Öffentlichkeit bekannt sind. Auf beide Probleme soll nachfolgend näher eingegangen werden.

11.2 Treibhauseffekt

Die **Ursache des Treibhauseffektes** ist in den mehr als 80 verschiedenen atmosphärischen Spurenstoffen zu sehen, die drei- oder mehratomig sind und im langwelligen Spektralbereich (3,5 μm bis 20 μm) Strahlung absorbieren. Diese Fähigkeit beruht auf der asymmetrischen Molekülstruktur (Dipolmoment) dieser Stoffe. Zu den gasförmigen Treibhausgasen treten allerdings auch die in der Atmosphäre enthaltenen Schwebeteilchen (Partikeln), auf die später eingegangen wird.

Absorber langwelliger Strahlungsenergie sind neben dem in der Atmosphäre enthaltenen Wasserdampf (H_2O) Kohlendioxid (CO_2), Methan (CH_4), Distickstoffoxid (Lachgas, N_2O), Ozon (O_3) sowie mit Chlor und Brom halogenierte Kohlenwasserstoffe (z.B. Fluorchlorkohlenwasserstoffe, FCKW). Die Effektivität der „Treibhauswirkung" hängt dabei sowohl von der Art als auch von der Konzentration der genannten Spurenstoffe ab.

Die **Wirkung des Treibhauseffektes** wird meistens mit der eines Gewächshauses verglichen, wobei in sehr vereinfachter und nicht ganz richtiger physikalischer Vorstellung die Atmosphäre mit dessen Glasdach gleichgesetzt wird: Während kurzwellige Sonnenstrahlung bei sauberem Glas zum größten Teil bis zum Gewächshausboden vordringt und von dort aus die Luft innerhalb des Treibhauses erwärmt, wird dagegen die langwellige Ausstrahlung (Wärmestrahlung) vom Glas der Umschließungsflächen zurückgehalten und erwärmt dadurch die Luft im Gewächshaus.

Um den Treibhauseffekt in seiner die Temperatur beeinflussenden Art auf die Atmosphäre verstehen zu können, wird auf Fakten zurückgegriffen, die bereits in Kap. 1 besprochen wurden. Dort wurde ausgeführt, dass die solare Strahlung an der Obergrenze der Erdatmosphäre bzw. an der Erdoberfläche bei fehlender Atmosphäre im langjährigen Mittel etwa 1 368 W/m^2 („Solarkonstante") beträgt. Ferner wurde davon ausgegangen, dass sich bei gleichmäßiger Verteilung der Energie über die gesamte Kugeloberfläche der Erde im räumlich-zeitlichen Mittel eine Energiestromdichte von $E_{0,S} = 342$ W/m^2 einstellt. Des Weiteren wurde in Kap. 4 darauf hingewiesen, dass die Erwärmung der Atmosphäre überwiegend vom Boden her, nämlich durch den Strahlungsumsatz an den verschiedenen Oberflächen, erfolgt.

Von den bereits behandelten Strahlungsgesetzen ist bekannt, dass sich mit Hilfe des Stefan-Boltzmann-Gesetzes (s. Kap. 4.2) die Wärmestrahlung eines Körpers, mithin seine langwellige Ausstrahlung, aus dessen Oberflächentemperatur bestimmen lässt. Für drei verschiedene thermische Situationen (Abb. 11.2 a bis c) soll nunmehr die Wirkung des Treibhauseffektes für die Erde verdeutlicht werden.

In Abb. 11.2 a) wird davon ausgegangen, dass die Erde keine Atmosphäre besitzt und die auf die Erdoberfläche erfolgende Einstrahlung zu 100 % in Wärmestrahlung umgesetzt wird. Die Erdoberfläche wird demnach als Schwarzer Strahler ($\varepsilon = 1,0$) aufgefasst, der die gesamte auf die Erde treffende Strahlung in Gestalt der Wärmestrahlung abgibt. Es wird mithin ein Strahlungsgleichgewicht zwischen der kurzwelligen Sonneneinstrahlung und der langwelligen Erdausstrahlung angenommen. Um die Oberflächentemperatur zu berechnen, geht man vom **Stefan-Boltzmann-Gesetz** (Gl. 11.1) aus:

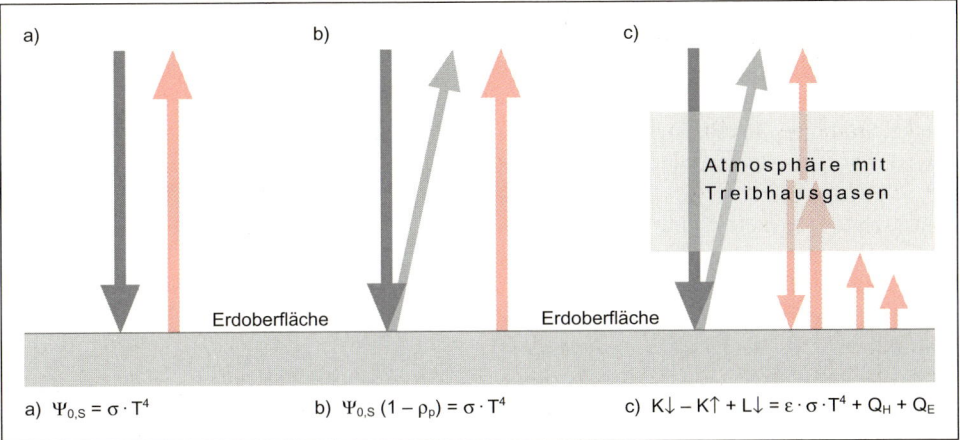

a) $\Psi_{0,S} = \sigma \cdot T^4$

b) $\Psi_{0,S}(1-\rho_p) = \sigma \cdot T^4$

c) $K{\downarrow} - K{\uparrow} + L{\downarrow} = \varepsilon \cdot \sigma \cdot T^4 + Q_H + Q_E$

Abb. 11.2 Strahlungsgleichgewicht der Erde im mittleren Abstand zur Sonne
a) Erde als Schwarzstrahler, ohne Atmosphäre und planetarer Albedo,
b) Erde als Schwarzstrahler mit planetarer Albedo ($\rho_p = 0,3$) im Spektralbereich der Solarstrahlung,
c) Erde mit planetarer Albedo, Globalstrahlung, reflektierter Strahlung an der Erdoberfläche und Treibhausgasen in der Atmosphäre (natürlicher Treibhauseffekt) sowie langwelliger Emissionsgrad $\varepsilon = 1,00$ (aus HUPFER 1991; verändert)

$$\Psi_{0,S} = \varepsilon \cdot \sigma \cdot T^4 \qquad (11.1)$$

mit $\Psi_{0,S}$ = langwellige Ausstrahlung der Erdoberfläche in W/m^2,
ε = langwelliger Emissionsgrad (Schwarzstrahler = 1),
σ = Stefan-Boltzmann-Konstante ($5,67 \cdot 10^{-8}\ W/(m^2 \cdot K^4)$).

Nach Umstellen von Gl. 11.1 und Separieren von T in Gl. 11.2

$$T = \sqrt[4]{\frac{342}{5,67 \cdot 10^{-8}}} \qquad (11.2)$$

ergibt sich für die Erdoberfläche eine Temperatur von

$$T = 278,8\ K = 5,6\,°C. \qquad (11.3)$$

Hierbei handelt es sich um einen sehr niedrigen Wert.

Bei seiner Berechnung wurde allerdings vereinfachend angenommen, dass die Erde das Sonnenlicht nicht reflektiert. Das trifft jedoch nicht zu, denn durchschnittlich 30 % der Sonnenstrahlung werden von der Erde reflektiert. Berücksichtigt man in Situation b) zusätzlich diese planetare Albedo (ρ_p) mit $\rho_p = 0,3$, setzt man in Gl. 11.4 die entsprechenden Werte ein

$$\Psi_{0,S}(1-\rho_p) = \varepsilon \cdot \sigma \cdot T^4 \qquad (11.4)$$

und stellt man nach der Temperatur T um, dann ergibt sich nach Gl. 11.5

$$T = \sqrt[4]{\frac{239}{5,67 \cdot 10^{-8}}} \qquad (11.5)$$

mit 255 K = –18 °C Erdoberflächentemperatur.

Somit resultiert eine wesentlich niedrigere Temperatur als jene, die für Situation Abb. 11.2 a) mit 5,6 °C berechnet wurde. Hieran wird der große Einfluss der Albedo deutlich.

Beide Werte stimmen auch nicht annähernd mit der aktuellen globalen Mitteltemperatur der Erde von etwa 15 °C überein. Dass die Temperatur der Erdatmosphäre hingegen um 33 K wesentlich höher ist, liegt an dem bedeutenden Einfluss des Treibhauseffektes, der auf der atmosphärischen Gegenstrahlung beruht, was in Situation Abb. 11.2 c) bildlich dargestellt und erläutert wird.

Hierbei werden neben der Globalstrahlung $K\downarrow$ und der langwelligen Ausstrahlung $L\uparrow$ die atmosphärische Gegenstrahlung $L\downarrow$ sowie der fühlbare und latente Wärmestrom berücksichtigt. In Gl. 11.6 sind die Einzelterme entsprechend zusammengefasst. Die in der Legende in Klammern enthaltenen Rechenwerte beruhen auf den Angaben in Kap. 4, Abb. 4.8. Für die Berechnung wurde von einem mittleren langwelligen Emissionsgrad $\varepsilon = 1,00$ (Schwarzstrahler) ausgegangen.

$$K\downarrow - K\uparrow + L\downarrow = \varepsilon \cdot \sigma \cdot T^4 + Q_H + Q_E \tag{11.6}$$

mit $K\downarrow$ = Globalstrahlung an der Erdoberfläche (58 % von 342 W/m²),
$K\uparrow$ = von der Erdoberfläche reflektierte Strahlung (9 %),
$L\downarrow$ = Gegenstrahlung (95 %),
ε = Emissionsgrad, langwellig (1,00),
σ = Stefan-Boltzmann-Konstante (5,67 · 10⁻⁸ W/(m² · K⁴)),
T = Temperatur an der Erdoberfläche,
Q_H = fühlbarer Wärmestrom (6 %),
Q_E = latenter Wärmestrom (24 %).

Nach Einsetzen der Werte in Gl. 11.6 ergibt sich somit

$$198,4\ \text{W/m}^2 - 30,8\ \text{W/m}^2 + 324,9\ \text{W/m}^2$$
$$= 5,67 \cdot 10^{-8}\ \text{W/(m}^2 \cdot \text{K}^4) \cdot 1,00 \cdot T^4$$
$$+ 20,5\ \text{W/m}^2 + 82\ \text{W/m}^2,$$

und nach Separieren von T

$$T = \sqrt[4]{\frac{K\downarrow - K\uparrow + L\downarrow - Q_H - Q_E}{5,67 \cdot 10^{-8} \cdot 1,00}}. \tag{11.7}$$

Unter Berücksichtigung der genannten Werte resultiert für T nach Gl. 11.8 (Einheiten wurden weggelassen)

$$T = \sqrt[4]{\frac{198,4 - 30,8 + 324,9 - 20,5 - 82}{5,67 \cdot 10^{-8} \cdot 1,00}} \tag{11.8}$$

eine mittlere Oberflächentemperatur von

$$T = 288\ \text{K} = 15\ °\text{C}. \tag{11.9}$$

In Gegenwart einer Atmosphäre, die Treibhausgase enthält (Abb. 11.2 c), resultiert daraus eine mittlere Oberflächentemperatur von $T_s = 288\ \text{K} = 15\ °\text{C}$. Zusätzlich zur Globalstrahlung ($K\downarrow$) und Ausstrahlung ($\sigma \cdot \varepsilon \cdot T_s^4$) tritt nämlich jetzt die atmosphärische Gegenstrahlung ($L\downarrow$) als zeitliche wärmekonservierende Größe auf.

Die durch das Vorhandensein der Atmosphäre bedingte Temperaturerhöhung wurde übrigens schon um 1800 von Joseph de Fourier (1768–1830) erkannt. Svante Arrhenius (1859–1927) berechnete bereits 1907 für die Erdoberfläche eine Mitteltemperatur von 16 °C. Dies ist ein Wert, der ziemlich genau der heutigen globalen Mitteltemperatur von 15 °C entspricht.

11.2.1 Natürlicher und zusätzlicher Treibhauseffekt.

In Hinblick auf die Entstehung des Treibhauseffektes ist es sinnvoll, zwischen einer auf natürlichen Ursachen beruhenden Erwärmung (natürlicher Treibhauseffekt) und einer zusätzlichen, durch den Menschen bedingten Temperaturerhöhung (zusätzlicher bzw. anthropogener Treibhauseffekt) zu unterscheiden.

Der **natürliche Treibhauseffekt** wird im Wesentlichen durch Wasserdampf und CO_2 – aber auch in geringerem Maße durch CH_4, N_2O und O_3 – verursacht. Wie bereits in Kap. 4 ausgeführt, erfolgt die kurzwellige solare Zustrahlung überwiegend im Spektralbereich von 0,1 μm bis 3,5 μm, die langwellige terrestrische Ausstrahlung hingegen zwischen 3,5 μm und 100 μm. Im Wellenlängenbereich unterhalb von 8 μm und oberhalb von 18 μm wird die langwellige Strahlung durch den atmosphärischen Wasserdampf und im Spektralbereich von 13 μm bis 18 μm durch CO_2 fast vollständig absorbiert. Diese Energie bleibt der Atmosphäre erhalten und sorgt dafür, dass sich im Lebensraum des Menschen die genannte globale Durchschnittstemperatur von etwa 15 °C einstellt. Festzuhalten bleibt, dass der atmosphärische Wasserdampf und das CO_2 somit als „natürliche Treibhausgase" erst die Voraussetzung dafür schaffen, dass Leben auf der Erde in der uns bekannten Form möglich ist.

An der durch den natürlichen Treibhauseffekt bedingten Temperaturerhöhung sind zu etwa 60 % Wasserdampf, zu 20 % CO_2, zu 3 % bzw. 4 % CH_4 und N_2O sowie zu 7 % troposphärisches O_3 beteiligt. Der Wasserdampf wird als Treibhausgas meist unterschätzt, obwohl er den größten Anteil aller klimawirksamen Gase besitzt, denn sein atmosphärischer Gehalt kann – temperaturabhängig – bis zu 4 Vol.-% betragen. Allerdings fällt dem Wasserdampf unter den Treibhausgasen als nicht permanentem Gas eine Sonderrolle zu. Einerseits ändert er beim Unterschreiten der Taupunkttemperatur seinen Aggregatzustand und tritt dann nicht mehr in gasförmiger Form auf. Andererseits erfolgt durch Temperaturerhöhung eine Zunahme der Landverdunstung, die wiederum einen verstärkten Treibhauseffekt bewirken kann (positive Rückkopplung).

Der **zusätzliche Treibhauseffekt** wird im Gegensatz zum natürlichen Treibhauseffekt hauptsächlich durch CO_2 (60 %), aber auch durch CH_4 (15 %), FCKW (11 %), O_3 (9 %) und N_2O (4 %) verursacht.

Das zusätzlich in die Atmosphäre eingebrachte CO_2 beruht im Wesentlichen auf Verbrennungsprozessen fossiler Energieträger (vollständige Oxidation des Kohlenstoffs) und der Zerstörung der Vegetation (zum Beispiel Abholzen der tropischen Regenwälder). Aber auch die Verschmutzung der Meere wirkt sich auf den CO_2-Gehalt der Atmosphäre aus, wenn durch Einschränkung der Photosynthese des Phytoplanktons (pflanzliches Plankton) die Aufnahme atmosphärischen CO_2 reduziert wird.

Wichtige Emissionsquellen für **Methan (CH_4)** stellen intensive Rinderhaltung, Reisanbau, Leckagen von Erdgaspipelines sowie entweichendes Methan aus steinkohlefördernden Zechen dar. Aber auch durch Termiten sowie durch Pflanzen – wie kürzlich herausgefunden wurde – werden nicht unbeträchtliche CH_4-Mengen freigesetzt. Darüber hinaus entweicht aus wärmer werdenden Meeren und Permafrostgebieten das dort in fester Form als Clathrat (Einschlussverbindung) festgelegte Methan in die Atmosphäre, wo es den Treibhauseffekt aufgrund seines im Vergleich zu CO_2 hohen Erwärmungspotenzials verstärkt.

Distickstoffmonoxid (N_2O) wird vornehmlich durch mikrobielle Denitrifikation der Atmosphäre zugeführt. Auch lassen die Abholzung der tropischen Regenwälder und zunehmende Verwendung stickstoffhaltiger Mineraldünger (Nitrate) in der Landwirtschaft die atmosphärische N_2O-Konzentration ansteigen.

Troposphärisches Ozon (O_3) wird im Sommer überwiegend während warmer, strahlungsreicher Hochdruckwetterlagen in Gegenwart von Stickstoffoxiden (NO_x) und flüchtigen organischen Verbindungen (VOC), die sowohl anthropogener als auch biogener Herkunft sein können, gebildet. Tritt kein Abbau in der Atmosphäre zum Beispiel durch Reaktion mit anderen Spurenstoffen, wie NO, auf, kann Ozon über weite Strecken transportiert werden und sich in der Troposphäre auch in sogenannten Reinluftgebieten anreichern.

Neben den bereits genannten Treibhausgasen gibt es weitere Spurenstoffe, die ausschließlich anthropogener Herkunft und auch thermisch klimatisch wirksam sind. Zu ihnen zählen u.a. **Fluorchlorkohlenwasserstoffe (FCKW)** wie Dichlordifluormethan (CCl_2F_2) und Trichlormonofluormethan (CCl_3F), die als Treibmittel in Spraydosen, Kühlmittel und zur Herstellung von Polyurethanschaumstoffen verwendet wurden bzw. werden. Zusätzlich zu ihrer thermischen Wirksamkeit verursachen sie einen Abbau der stratosphärischen Ozonschicht (siehe Abschnitt 11.3.3). Aus diesem Grund wurden ihre Herstellung und Anwendung eingeschränkt und z.T. verboten.

Als Alternative entwickelte man Fluorkohlenwasserstoffe (FKW), wie 1,2,2,2-Tetrafluorethan (CH_2FCF_3), die zwar nicht die Ozonschicht schädigen, jedoch zur Erwärmung der Atmosphäre beitragen.

Um die Effektivität der genannten Spurengase auf den globalen Treibhauseffekt vergleichend einschätzen zu können, wird deren thermische Wirksamkeit auf das CO_2 als „Normgröße" bezogen. Diese Größe nennt man auch das **Globale Erwärmungspotenzial** (*Global Warming Potential*, GWP). Hierunter versteht man z.B. das auf 1 kg Kohlendioxid bezogene Vielfache der thermischen Wirksamkeit eines Spurenstoffes unter Zugrundelegung eines Vergleichszeitraumes (beispielsweise 100 Jahre). So weist zum Beispiel 1 kg Distickstoffmonoxid (N_2O) die gleiche Wirkung auf wie 200 kg Kohlendioxid. Tab. 11.1 enthält Daten zu verschiedenen treibhauswirksamen Gasen. Daraus geht zum Beispiel auch hervor, dass Spurenstoffe, die nur in niedrigen Konzentrationen auftreten, ein durchaus hohes GWP haben können. Der Aufstellung ist allerdings auch zu entnehmen, dass die derzeitige thermische Wirksamkeit des Treibhauseffekts überwiegend auf den Wasserdampf und das CO_2 zurückgeht. Denn beide zusammen sind an der genannten Temperaturerhöhung durch den Treibhauseffekt von 33 K mit immerhin 28 K beteiligt.

Das Spurengas mit dem höchsten Treibhauspotenzial ist Schwefelhexafluorid (SF_6), das in Deutschland als Füllgas für Autoreifen und Schallschutzfenster dient. Ferner wird es als Schutzgas beim Schmelzen hochreaktiver Metalle (z.B. Magnesium), als Dielektrikum in Kondensatoren und als Isoliergas in der elektrischen Energieversorgung verwendet. Außerdem werden SF_6 wie auch CF_4 (Tetrafluormethan) und C_2F_6 (Hexafluorethan) gelegentlich als Tracergase in der Stadt- und Geländeklimatologie zur Untersuchung bodennaher atmosphärischer Austauschverhältnisse verwendet. Allerdings sind die Quellstärken der für Forschungszwecke eingesetzten Tracergase als marginal anzusehen.

11.2.2 Der CO_2-Gehalt der Atmosphäre. Im Verlaufe der Entwicklung der Erdatmosphäre hat der CO_2-Gehalt eine wechselvolle Geschichte erfahren. So dürfte die früheste Gashülle der Erde (vor

Tab. 11.1 Treibhauswirksame Spurengase in der Atmosphäre
(Quellen: HUPFER/KUTTLER 2006[12]; WMO Greenhouse Gas Bulletin 2004, http://www.wmo.ch/web/arep/gaw/ghg/ghg-bulletin-en-11-06.pdf; Umweltbundesamt 2006, Berichterstattung unter der Klimarahmenkonvention der Vereinten Nationen 2006, www.umweltbundesamt.de)

Chemische Formel bzw. Akronyme	Jährliche Emission in Deutschland mit Bezugsjahr	Mischungs-verhältnis in der Atmosphäre (Jahr)	Prognostizierte Zunahme in der Atmosphäre	Treibhaus-potenzial (bezogen auf CO_2 und 100 a)	Mittlere Lebensdauer	Derzeitiger Beitrag zum Treibhaus-effekt (in K)
H_2O (Dampf)	k.A.	bis 4 %	k.A.	k.A.	ca. 10 d (troposph.)	ca. 21 K
CO_2	886 Mio. t (2004)	377 ppm (2004)	≈ 0,5 %/a schwankend	1	6 bis 10 a	ca. 7 K
CH_4	2 450 Tsd. t (2004)	1,78 ppm (2004)	0,01 %/a schwankend	25 bis 30	14,5 ± 2,5 a	ca. 1 K
N_2O	207 Tsd. t (2004)	318 ppb (2004)	0,22 %/a	200	120 a	ca. 1,5 K
O_3 (troposph.)	sekundärer Spurenstoff	34 ppb (2000/2001)	k.A.	< 2 000	Stunden bis Tage	ca. 2,4 K
CCl_2F_2	Produktion eingestellt	546 ppt (2000/2001)	k.A.	7 300	100 a	
CCl_3F	Produktion eingestellt	262 ppt (2000/2001)	k.A.	3 500	50 ± 5 a	
FKW	8 802 t (2004)	k.A.	k.A.	bis 2 000	bis 250 a	Diese Spuren-stoffe tragen zum Rest des Treibhaus-effektes bei
CF_4	76 t (2004)	k.A.	k.A.	6 500	50 000 a	
C_2F_6	22 t (2004)	3 ppt (2000/2001)	k.A.	9 200	10 000 a	
SF_6	187 t (2004)	5,4 ppt (2004)	4 %	23 900	3 200 a	

etwa 1 Mrd. Jahren) im Wesentlichen aus einem Stickstoff-Kohlendioxid-Gemisch bestanden haben. Das CO_2 hatte hieran einen Anteil von etwa 15 Vol.-% ($\cong$ 150 000 ppm!). Die damalige Erdatmosphäre war somit ansatzweise vergleichbar mit der heutigen Venusatmosphäre, deren CO_2-Konzentration mit über 90 Vol.-% allerdings einen noch wesentlich höheren Wert einnimmt. Die für die Erdatmosphäre relativ hohen Kohlendioxidkonzentrationen wurden während des Erdmittelalters (vor etwa 500 Mio. Jahren) durch den im Rahmen der pflanzlichen Photosynthese aufgenommenen Kohlenstoff und die Ab-

gabe von Sauerstoff sukzessive gesenkt und erreichten in den vergangenen 1 100 Jahren (Abb. 11.3) ein nahezu konstantes Konzentrationsniveau von etwa 280 ppm ($\cong$ 0,0280 Vol.-%). Erst mit Beginn der **Industrialisierung** stieg der globale CO_2-Gehalt in der Atmosphäre – nunmehr – exponentiell an und erreicht heute Werte (2007) von über 380 ppm. Das entspricht in Bezug auf den Ausgangswert (280 ppm) einer Steigerung von mehr als 36 %. Daten, die älter sind als Messungen, werden indirekt ermittelt, indem man zum Beispiel den CO_2-Gehalt aus Eisbohrkernen bestimmt. Hierbei handelt es sich um soge-

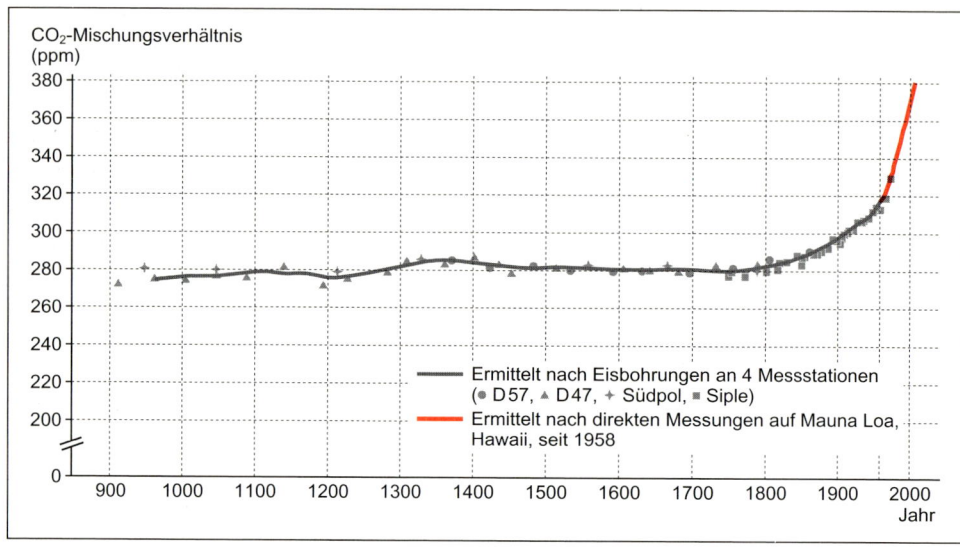

Abb. 11.3 Entwicklung des CO_2-Mischungsverhältnisses während der vergangenen 1100 Jahre (nach verschied. Verf., hier nach Schönwiese 2000)

nannte **Proxydaten** (engl. *proxy*, Stellvertreter).

Erst seit 1958 gibt es **direkte Messungen des atmosphärischen CO_2-Gehaltes**. Deshalb ist man besonders gut über diesen Spurenstoff in der jüngsten Zeit der Klimaentwicklung informiert. Denn im Januar jenes Jahres wurde auf Hawaii am Hang des Vulkans Mauna Loa eine CO_2-Messstation in einer Höhe von 4170 m ü. NN von Charles Keeling (1928–2005) eingerichtet, die bis heute die längste ununterbrochene Datenreihe für CO_2 weltweit liefert. Im Jahr des Messbeginns belief sich der mittlere CO_2-Gehalt der Atmosphäre auf 315 ppm. Als Keeling, der Zeit seines Lebens diese Station betreute, im Jahre 2005 starb, war der Wert bereits auf 381 ppm angestiegen. Dieser Standort verkörpert wie kein anderer die Vorteile einer „globalen" Hintergrundstation, mit deren Daten man den von lokalen Einflüssen freien CO_2-Gehalt der Atmosphäre erfassen kann. Denn diese Station liegt 4000 km vom Festland entfernt, in einer Lavawüste, mehr als 4000 m hoch über dem Meeresspiegel, im Strömungsbereich des NE-Passats.

Abb. 11.4 stellt die Mauna-Loa-Werte in Form einer Zeitreihe dar. Zum Vergleich mit einer Landmessstation von allerdings kürzerer Dauer wurden die Werte der Messstelle Schauinsland, Schwarzwald (1250 m ü. NN) mit aufgenommen. Aus den für beide Datensätze berechneten Regressionskurven lässt sich eine mittlere jährliche Zunahme von 1,6 ppm CO_2 ermitteln. Allerdings ist die Kurve auf dem Schauinsland mit 1 bis 2 ppm leicht in den höheren Konzentrationsbereich verschoben.

Ein Blick auf die Jahresgänge beider CO_2-Trends offenbart weitere Unterschiede zwischen beiden Standorten: Die Differenzen zwischen Sommer und Winter sind an der Landstation, die in einem Waldgebiet liegt, im Vergleich zur Inselstation

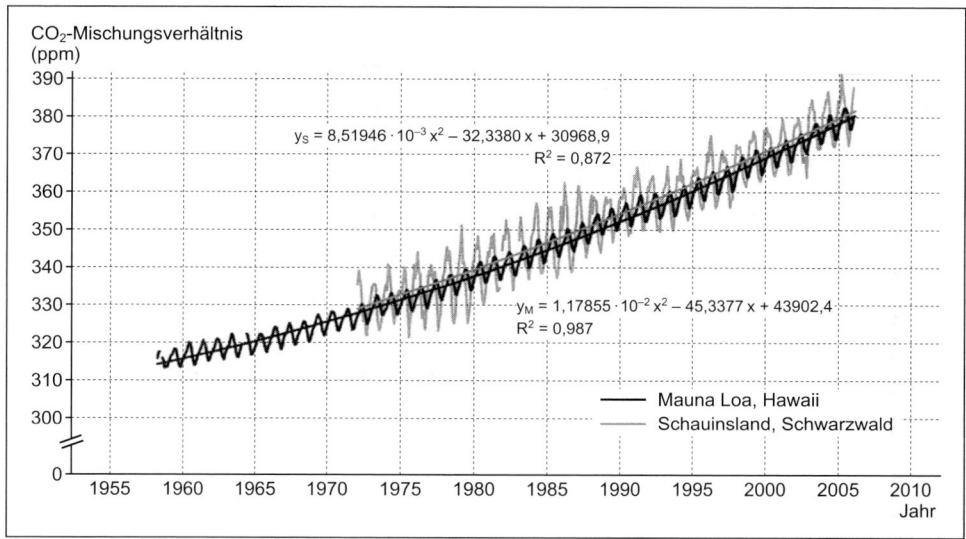

Abb. 11.4 Verlauf des CO_2-Mischungsverhältnisses an den Stationen Mauna Loa (M), Hawaii (4 170 m ü. NN), und Schauinsland (S), Schwarzwald (1 250 m ü. NN)
(nach: http://gaw.kishou.go.jp/wdcgg.html (Schauinsland) und
http://www.cmdl.noaa.gov/projects/web/trends/CO2_mm_mlo.dat (Mauna Loa))

mit vegetationsloser Umgebung wesentlich stärker. Die **Station Schauinsland** ist einerseits durch den Vegetationszyklus geprägt: Durch die Zersetzung des Laubs im Winter und durch eingeschränkte Photosynthese wird mehr CO_2 freigesetzt als von den Pflanzen zu dieser Jahreszeit aufgenommen werden kann. Im Sommer überwiegt hingegen die Aufnahme des CO_2 durch die Vegetation, wodurch der CO_2-Gehalt der Atmosphäre zurückgeht. Andererseits erfolgt während des Winters nicht nur eine stärkere anthropogene CO_2-Belastung, die zum Beispiel aus der Wärmeerzeugung durch fossile Brennstoffe resultiert, sondern es herrschen auch häufiger austauscharme Wetterlagen vor, die die Spurenstoffkonzentrationen in der Atmosphäre ansteigen lassen. Am Standort Mauna Loa fehlen diese Einflussgrößen weitgehend.

Zur Verdeutlichung der jahreszeitlichen Unterschiede beider Standorte wurden entsprechende Monatsmittelwerte exemplarisch für das Jahr 2005 in Abb. 11.5 dargestellt. Während auf dem Schauinsland die höchsten CO_2-Konzentrationen mit über 390 ppm im Februar auftraten, ist an der Station Mauna-Loa der Monatshöchstwert nicht nur ins Frühjahr (Mai) verschoben, sondern weist auch mit 382 ppm einen vergleichsweise deutlich niedrigeren Maximumwert auf. An der Station Schauinsland wiederum wird der niedrigste Monatsmittelwert im August erreicht (372 ppm; sommerliche Photosynthese!), auf dem Mauna Loa im September (377 ppm). In den Spannweiten (Monatsmaximum minus Monatsminimum) der CO_2-Monatsmittelwerte beider Stationen drücken sich mit 19 ppm (Schauinsland) und nur 6 ppm (Mauna Loa) nicht zuletzt

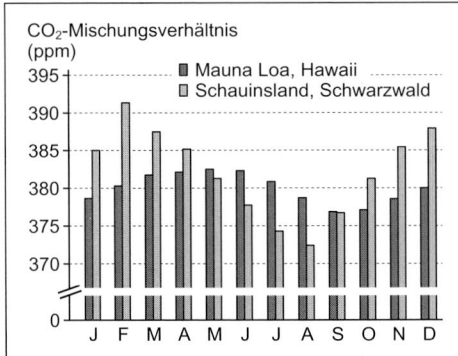

Abb. 11.5 Monatsmittelwerte der CO_2-Mischungsverhältnisse an den Stationen Mauna Loa, Hawaii, und Schauinsland, Schwarzwald, im Jahre 2005 (Spannweite für Mauna Loa = 5,72 ppm, Spannweite für Schauinsland = 18,93 ppm)
(nach http://gaw.kishou.go.jp/wdcgg.html (Schauinsland), http://www.cmdl.noaa.gov/ projects/web/trends/CO2_mm_mlo.dat (Mauna Loa))

auch die kontinentale und maritime Prägung der Standorte aus.

11.2.3 Einfluss atmosphärischer Partikeln auf den Treibhauseffekt.

Außer den besprochenen Spurengasen greifen auch feste oder flüssige Schwebeteilchen (Partikeln) in den Strahlungs- und Wärmehaushalt der Atmosphäre ein. Diese Spurenstoffe treten meist fein verteilt in der Atmosphäre auf. Die mittleren Radien liegen zwischen 10^{-4} µm und 10 µm. Ein Luft-Schwebeteilchen-Gemisch bezeichnet man als **Aerosol**. Unterschieden werden primäre Aerosole, die direkt in die Atmosphäre eingebracht werden, von sekundären Aerosolen, die durch chemische Prozesse aus der Gas-Partikel-Konversion (z.B. Sulfataerosole) in der Atmosphäre entstehen. Im Allgemeinen sind die Konzentrationen der primären Aerosole über den Kontinenten höher als über den Ozea-

nen, im Falle der sekundären Aerosole ist es umgekehrt. Klimatisch bedeutsam sind Schwebeteilchen mit einem Radius r $\geq$ 0,1 µm, die etwa 10 % der Gesamtteilchen ausmachen.

Schwebeteilchen können erwärmend oder kühlend auf die Atmosphäre wirken. Treten sie kühlend in der Atmosphäre auf, spricht man auch von einem „Antitreibhauseffekt". Grundsätzlich hängt ihr thermisches Verhalten von der Konzentration in der Luft, der Oberflächenwirkung hinsichtlich des Absorptions-/Reflexionsverhaltens gegenüber kurz- und langwelliger Strahlung, von der Partikelgröße sowie von der Albedo der Erdoberfläche ab. In Abb. 11.6 sind die thermischen Reaktionen (erwärmend – abkühlend) für die genannten Variablen dargestellt. Zwei Beispiele mögen diese Abhängigkeiten anhand der Abbildung erläutern:

Ein kleiner Partikel (r < 0,1 µm) mit einem Absorptions-/Reflexionsverhältnis von 10^{-1} wirkt über Erdoberflächen mit niedrigen oder mittelhohen Albeden (30 bis 60 %) in der Luft abkühlend. Erst wenn die Oberflächenalbedo der Erde außerordentlich stark zunimmt (>> 60 %), erfolgt eine Erwärmung.

Ein großer Partikel (r > 5 µm), dessen Absorptions-/Rückstreuungsverhältnis > 1 betragen soll, kühlt die Atmosphäre nur dann ab, wenn er sich über einem Gebiet befindet, dessen Oberflächenalbedo klein ist und zum Beispiel Werte von < 20 % aufweist. Steigt hingegen dieser Wert an, ist von einer erwärmenden Wirkung des Partikels auszugehen.

Hieran sieht man, dass ein und dasselbe Teilchen den Treibhauseffekt verstärken oder auch abschwächen kann, je nachdem, wie groß es ist und über welchem Erdausschnitt es sich mit welcher Oberflächenalbedo befindet. Das macht die Aussagen

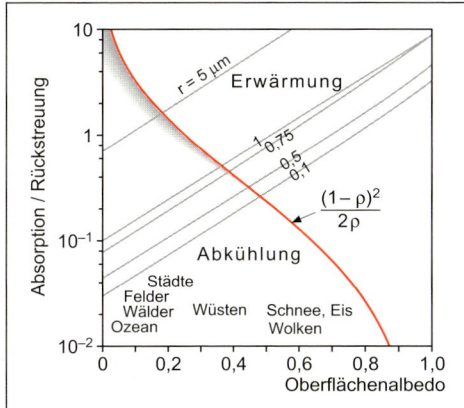

Abb. 11.6 Thermische Wirkung von Schwe-beteilchen auf ihre Umgebung in Abhängig-keit ihres Absorptions-/Rückstreuungsver-hältnisses und der Erdoberflächenalbedo (ρ) unter Berücksichtigung des Partikelradius (r) (vereinfacht nach MITCHELL 1971; hier aus HUPFER/KUTTLER 2006[12]; verändert)

über das thermische Verhalten von festen Bestandteilen in der Atmosphäre so schwierig.

Zur Herkunft der Schwebeteilchen in der Atmosphäre tragen im Wesentlichen Vulkanausbrüche bei. Hierdurch können große Mengen an Schwebstoffen (vor allem Sulfataerosole) und Schwefeldioxid (SO_2), aus denen **Sulfat (SO_4^{2-})-Partikeln** entstehen können, in die obere Troposphäre und Stratosphäre eingebracht werden. Aber auch Staubstürme lassen den Gehalt an Schwebstoffen ansteigen, allerdings hauptsächlich in den unteren Schichten der Troposphäre. Zu den wichtigen anthropogenen Quellen an Partikeln zählen der Verbrauch fossiler, schwefelhaltiger Brennstoffe sowie die bodennah in die Atmosphäre emittierten Feinstäube durch den Kfz-Verkehr (Aufwirbelung und Emission).

Ferner spielen auch Wolken im atmosphärischen Strahlungs- und Wärmehaushalt eine nicht zu unterschätzende Rolle.

Allgemein kann davon ausgegangen werden, dass niedrige und mittelhohe Wolken (z.B. Altostratus, Altocumulus) eher zu einer Abkühlung, hohe, dünne Wolken, zu denen bspw. neben Cirren auch die Kondensstreifen von Flugzeugen zählen, hingegen zu einer Erwärmung der bodennahen Luft führen.

11.2.4 CO_2 und Temperaturabhängigkeiten. Die Frage, in welcher Abhängigkeit die Lufttemperaturen zu den CO_2-Konzentrationen stehen und in welchem Maße letztere zum Beispiel für deren Anstieg insbesondere in den vergangenen 50 Jahren verantwortlich sind, lässt sich am besten klären, indem man entsprechende Verlaufskurven beider Parameter für gleiche Zeiträume darstellt. In Abb. 11.7 wurde der Verlauf der gemessenen Lufttemperaturen von 1860 bis 2000 dargestellt. Diese weichen vom Verlauf derjenigen Lufttemperaturen, die ausschließlich der CO_2-bedingte Treibhauseffekt verursachen würde, zum Teil erheblich ab. Eine wesentlich bessere Übereinstimmung erhält man, wenn man die Auswirkungen des Treibhauseffektes mit denjenigen des Sulfataerosols kombiniert, wie es in einer Modellrechnung gemacht wurde. Es zeigt sich nunmehr eine gute Übereinstimmung zwischen den durch den Treibhauseffekt verursachten Temperaturerhöhungen und den temperaturreduzierenden Wirkungen durch das Sulfataerosol mit dem Verlauf der gemessenen Lufttemperaturen.

Die Intensität der kühlenden Wirkung durch das Sulfat hängt dabei von seiner Konzentration in der Stratosphäre ab. Eine besonders starke Temperaturreduktion ist dann zu erwarten, wenn durch Vulkanausbrüche große Mengen an Schwefeldioxid in die Stratosphäre gebracht und zu Partikeln umgewandelt werden, wie es zum

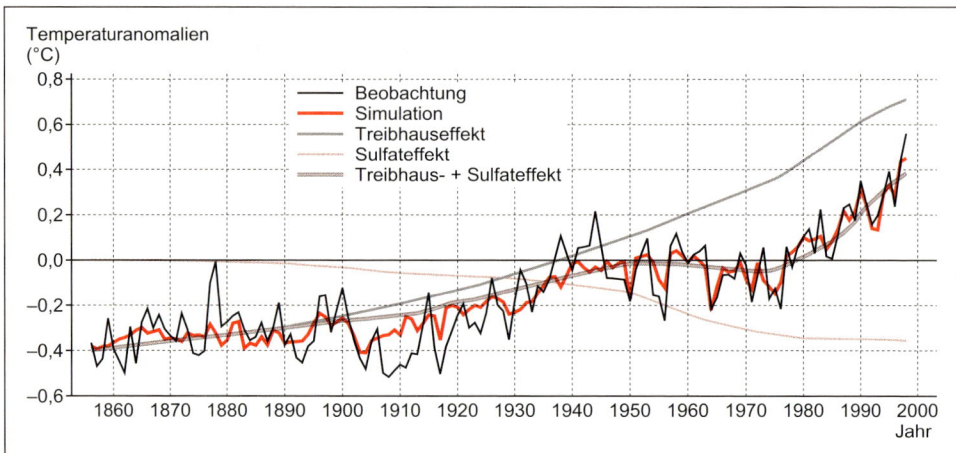

Abb. 11.7 Beobachtete Globaltemperatur seit 1860 in Abhängigkeit vom Treibhauseffekt, der Wirkung von Sulfataerosol in der Stratosphäre und der kombinierten Wirkung von Treibhaus- und Sulfateffekt auf die Lufttemperatur
(nach WALTER/SCHÖNWIESE 2002)

Beispiel in den Jahren 1960 bis 1980 der Fall war.

Dieses Beispiel zeigt, dass der Wert der globalen Erdtemperatur nicht allein vom CO_2-Gehalt der Atmosphäre bestimmt, sondern auch von anderen Spurenstoffen beeinflusst wird.

Nach dem IPCC (2007) wird – je nach wirtschaftlicher Entwicklung und eventuell eingeleiteter CO_2-Reduktionsmaßnahmen – bis zum Ende des Jahrhunderts wenigstens von einer globalen Temperaturerhöhung von 1,1 K und schlimmstenfalls von einer solchen von 6,4 K ausgegangen. Der wahrscheinlichste Wert soll zwischen 1,8 K und 4 K liegen.

11.2.5 Auswirkungen des Treibhauseffekts.

Die Auswirkungen des Treibhauseffektes dürften alle Umweltmedien betreffen (Tab. 11.2). Nach den verschiedenen Modellrechnungen (IPCC 2007) ist davon auszugehen, dass sich zum Beispiel die Stockwerke der Atmosphäre unterschiedlich verhalten. So dürfte sich die Stratosphäre abkühlen, während sich die Troposphäre erwärmt. Ein Grund könnte im Abbau des Ozons durch Fluorchlorkohlenwasserstoffe zu sehen sein. Dadurch wird nämlich das chemische Gleichgewicht zwischen Sauerstoffatomen und -molekülen einerseits sowie dem Ozon andererseits gestört. Da die Ozonbildung exotherm verläuft (diabatischer Prozess), also Wärme abgibt, führt eine geringere Ozonbildung zur Abkühlung dieser Luftschicht. Durch die höheren Temperaturen in der Troposphäre werden auch die anderen meteorologischen Elemente beeinflusst. Allgemein kann davon ausgegangen werden, dass es bei höheren Temperaturen z. B. zu einer verstärkten Verdunstung kommt, wodurch auch die Wolkenbildung beeinträchtigt wird. Diese könnte wiederum einen negativen Rückkopplungsmechanismus in Gang setzen, der je nach Höhe und Art der Wolken zu einer Abnahme der Temperaturen führt.

Tab. 11.2 Zusammenfassung von Modellierungsergebnissen einer anthropogenen Klimaschwankung auf die Atmosphäre, die Landoberflächen, den Ozean und den Wasserkreislauf (hier nach Hupfer/Kuttler 2006[12]; verändert)

Atmosphäre	Abkühlung der Stratosphäre und Erwärmung der Troposphäre Maximale Temperaturzunahme in höheren Breiten der Nordhemisphäre im Winter Zunahme des Wasserdampfgehaltes über den Ozeanen
Landoberflächen	Zunahme der Lufttemperatur nachts stärker als tagsüber ausgeprägt Abnahme der Schneedecken Erwärmung des Grundwassers Zunahme der Bodenfeuchte im Winter und Abnahme im Sommer in mittleren Breiten
Ozean	Räumlich unterschiedliche Erwärmung des oberen Ozeans Anstieg des Meeresspiegels Abnahme des nördlichen und leichte Zunahme des südlichen Meereises Leichte Erwärmung der Tiefsee
Wasserkreislauf	Zunahme der Verdunstung in den Tropen Zunahme von Niederschlägen in hohen Breiten der Nordhemisphäre Winterliche Niederschlagszunahme in den mittleren und höheren Breiten der Nordhemisphäre

Auf den **Kontinenten** dürfte sich eine Temperaturzunahme in den nördlichen Breiten wesentlich stärker ausprägen als in den niederen Breiten. Auch wird sich – zumindest in Mitteleuropa – die Niederschlagstätigkeit in den Winterhalbjahren verstärken, wodurch die Bodenfeuchte in der kalten Jahreszeit zunehmen und in den Sommermonaten abnehmen wird.

In Bezug auf die **Ozeane** kann festgestellt werden, dass es während der vergangenen 100 Jahre zu einem Anstieg der Meeresspiegel zwischen 10 cm und 25 cm kam, wobei der Anstieg seit 1993 mit 3,1 mm/a besonders stark war (IPCC 2007). Der größte Teil des bisherigen Meeresspiegelanstiegs dürfte allerdings auf die thermische Ausdehnung (Expansion) des Wassers zurückzuführen sein.

Szenarien für die Zeit bis zum Jahre 2100 gehen von weiteren Anstiegen aus, die wenigstens 18 cm und höchstens 59 cm betragen. Hinzu kommt, dass sich die Temperatur der Weltmeere bis in eine Tiefe von rund 3 000 m erhöhen wird.

Da mit zunehmender Erwärmung die CO_2-Löslichkeit im Wasser abnimmt – zum Beispiel von 2,3 mg/l bei 10 °C auf 1,7 mg/l bei 20 °C, wird unter geänderten klimatischen Bedingungen auch mehr CO_2 aus den Ozeanen freigesetzt als aufgenommen.

Dennoch stellt die **Tiefsee** einen effektiven Kohlenstoffspeicher dar, der sich nach neuesten Untersuchungen seit geraumer Zeit sogar vergrößert. Gründe sind verstärkte Nähr- und Schadstoffeinträge in die Meere, wodurch ein zunehmendes Algenwachstum mit entsprechender CO_2-Fixierung verbunden ist. Sterben die Algen ab oder werden sie gefressen, sinken sie mit dem Kot in die Tiefe und lagern sich am Meeresboden ab. Einen solchen Transport nennt man auch „Faecal Express". Dadurch wird der Kohlenstoffkreislauf zwischen Atmosphäre und Meeresoberfläche für längere Zeit unterbrochen.

Besonders gefährdet durch hohe Wassertemperaturen scheinen auch tropische **Korallenriffe** zu sein, die auf einen Temperaturanstieg (1 bis 2 K) mit „Erbleichen" (engl. *bleaching*) reagieren und dadurch letztendlich absterben. Denn Algen, die mit gesunden Korallen in Symbiose leben und diesen die bräunliche Farbe verleihen, werden in wärmer werdendem Wasser durch zu hohe Konzentrationen an Stickstoffmonoxid, das von den Nesseltieren stammt, in ihrem Photosyntheseapparat letal geschädigt. Ein großflächiges Korallensterben kann weit reichende negative Folgen für den Küstenschutz haben.

Auch die **Meeresströmungen** werden sich bei einer globalen Klimaerwärmung verändern. So wird zum Beispiel im Nordatlantik davon ausgegangen, dass es durch Schmelzprozesse polarer Eismassen zu einer Erniedrigung des Salzgehaltes um 2‰-Punkte in diesem Gebiet kommt. Es wird nach dem neuesten IPCC-Bericht davon ausgegangen, dass das arktische Meereis bis zum Jahre 2100 vollständig schmelzen wird. Im Vergleich zur globalen Temperaturzunahme in den vergangenen 40 Jahren (+0,4 K) stieg die Temperatur in der Arktis um fast den dreifachen Wert (+1,1 K) an. Der Ersatz schweren Salzwassers durch große Anteile an Süßwasser – zum Beispiel durch das Abschmelzen des Grönlandeises – könnte dazu führen, dass das Salzwasser im nördlichen Atlantik nicht mehr in dem Maße absinkt und als Tiefenwasser in Richtung Äquator strömt wie es unter normalen klimatischen Bedingungen der Fall ist. Damit unterbliebe auch die oberflächennahe Gegenströmung, die uns als Golfstrom bekannt ist. Dieser Antrieb, der als **thermohaline Zirkulation** bezeichnet wird und der neben den Passaten für die nach Europa gewandte Richtung des Golfstroms sorgt, könnte geschwächt bzw. ganz unterbunden werden. Das würde in dem vom Golfstrom klimatisch begünstigten Europa zu einer Abnahme der Temperaturen und einer Veränderung der jahreszeitlichen Niederschlagssummen führen. Nach den Modellberechnungen des IPCC (2007) ist davon auszu-

gehen, dass sich mit einer Wahrscheinlichkeit von 90 % der Golfstrom in seiner Intensität um etwa 25 % abschwächen wird. Eine mitteleuropäische Eiszeit, wie sie durch das Ausbleiben des Golfstroms noch vor wenigen Jahren von den Modellierern prognostiziert und auch in einem Kinofilm medienwirksam dargestellt wurde, dürfte somit nach den aktuellen Ergebnissen als unwahrscheinlich gelten.

Auch bei den **Klima- und Vegetationszonen** dürfte es zu einer räumlichen Verschiebung kommen, wenn die Modellaussagen unter der Voraussetzung eines zweimal so hohen CO_2-Gehaltes in der Erdatmosphäre bis zum Jahre 2100 zutreffen sollten (Tab. 11.3). Wie sich die Klimazonen auf der Erde bis zum Jahre 2100 bei uneingeschränkter CO_2-Emission („A1F1-Szenarium") verschieben werden, lässt sich der im Farbtafelteil S. 243 abgedruckten Karte entnehmen. Im direkten Vergleich zur Darstellung der Referenzperiode (1976–2000; Farbtafelteil S. 242) zeigt sich, dass z. B. in einigen Mittelmeer-

Tab. 11.3 Änderungen in der Flächenausdehnung der Klima- und Vegetationszonen bei Verdoppelung des CO_2-Gehaltes ($2 \times CO_2$) gegenüber dem vorindustriellen Wert (nach EMANUEL et al. 1985; hier aus HUPFER/KUTTLER 2006[12])

	Relativer Flächenanteil in %	
	Gegenwart	$2 \times CO_2$
Klimazonen:		
Tropisches Klima	25	40
Subtropisches Klima	16	14
Warm-temperiertes Klima	21	25
Kalt-temperiertes Klima	15	20
Boreales Klima	23	< 1
Vegetationszonen:		
Wüsten	20,6	23,8
Tundra	3,3	
Wälder	58,4	47,4
Grasland	17,7	28,8

ländern, Teilen Mexikos und der USA die Versteppung sowie im Süden Afrikas der Wüstenanteil größer wird. In Ost- und Mitteleuropa verdrängt hingegen mildes, für den Ackerbau günstiges Klima den kühlen Klimatyp nach Norden. Ansteigende Temperaturen lassen darüber hinaus eine Zunahme an Parasiten, mikrobiellen Umsetzungen in den Böden und das Auftreten von Tropenkrankheiten in höheren Breiten erwarten. Über Maßnahmen gegen den Treibhauseffekt informiert Kasten 11.1.

Kasten 11.1   Lokale Maßnahmen gegen den Treibhauseffekt und positive Wirkungen urbaner Grünflächen

Energieeinsparung:
- Senkung des spezifischen Wärmebedarfs von Häusern und Wohnungen von >200 kWh/(m$^2 \cdot$a) auf <100 kWh/(m$^2 \cdot$a)
- Reduzierung des persönlichen Wärmebedarfs in Wohnungen
- Bessere Wärmedämmung anstreben (Fenster, Wände, Böden)
- Verschattung von Fenstern im Sommer spart Klimatisierung
- Kraftfahrzeuge (Reduzierung unnötiger Fahrten), Einsatz neuer Energieträger für Kfz (z.B. Brennstoffzelle, …)
- Verstärkte Nutzung des ÖPNV
- Nahrungsmittel aus der näheren Umgebung kaufen

Vergrößerung urbanen Grüns (ebenerdig, Fassaden, Dächer) mit:
- Positiver Wirkung auf Lichtklima
- Erhöhung der pflanzlichen CO_2-Aufnahme
- Reduzierung der Strahlungs- und Lufttemperaturen (wg. Beschattung und Evapotranspiration)
- Verringerung des O_3-Bildungspotenzials (aus Temperatursenkung resultieren niedrigere Photolyseraten von NO_2)
- Verwendung emissionsarmer Pflanzenarten (z.B. Ulme, Esche, Ginkgo, Walnuss) zur Vermeidung biogener O_3-Vorläufersubstanzen

---

11.3 Ozonloch

11.3.1 Zur Problematik des stratosphärischen Ozons.

Unter einem Ozonloch versteht man eine jährlich im antarktischen Frühjahr während der Monate September/Oktober auftretende Abnahme der stratosphärischen Ozonkonzentrationen. Das antarktische Ozonloch wurde erstmals im Jahre 1993 von J. Farman nachgewiesen. Dieser hatte bereits 1985 den Ozonabbau mit einem Anstieg von Fluorchlorkohlenwasserstoffen (FCKW) in Verbindung gebracht. Das antarktische Ozonloch ist von sogenannten Minilöchern (engl. *miniholes*) zu unterscheiden, mit denen man einen kurzzeitigen Ozonschwund geringerer Flächengröße in der arktischen Stratosphäre bezeichnet.

11.3.2 Ozonverteilung.

Im Gegensatz zum troposphärischen Ozon, das überwiegend anthropogener Herkunft ist, wird das stratosphärische Ozon auf natürlichem Wege gebildet. Es kommt in Konzentrationen von etwa 1 ppm in Höhen zwischen 20 km und 50 km („Ozonosphäre") vor.

Für die Darstellung der Ozonkonzentrationen wählt man zu Ehren des Chemikers

G.M.B. Dobson (1889–1976) die sogenannte **Dobson Unit (DU)**, die einer Dicke
der Ozonschicht von 1/100 mm entspricht,
wenn man das gesamte in der Atmosphäre enthaltene Ozon auf Normaldruck
(1 013 hPa) und Normaltemperatur (0 °C)
brächte. Da man davon ausgehen kann,
dass über 90 % des in der Erdatmosphäre
enthaltenen Ozons auf den Bereich der
Stratosphäre beschränkt ist, entspricht die
Darstellung der Gesamtozonverteilung in
der Erdatmosphäre in etwa der in der
Stratosphäre enthaltenen Ozonmenge. Die
Ozonmenge würde unter den dargelegten
Bedingungen eine mittlere Schichtdicke
von 3 mm, mithin von 300 DU aufweisen.

Die **globale Verteilung des Ozons** in
der Erdatmosphäre zeigt Abb. 11.8.

Hiernach herrschen im Bereich der
äquatorialen Atmosphäre niedrige Ozonkonzentrationen vor, während die Gesamtozonmenge mit zunehmender geographischer Breite auf beiden Hemisphären –
allerdings in unterschiedlichem Maße –

ansteigt. So wurden in den nordpolaren
Breiten bis zu 350 DU erreicht, während es
in den entsprechenden Gebieten der Südhalbkugel fast bis zu 400 DU waren. Auch
jahreszeitliche Unterschiede lassen sich
in der Ozonverteilung beobachten (Abb.
11.9).

Hervorzuheben sind in diesem Zusammenhang die auf beiden Halbkugeln auftretenden relativ großen jahreszeitlichen
Schwankungen des Gesamtozongehaltes.
Maximale Ozonwerte werden in den Früh-
jahren beider Hemisphären, minimale
Konzentrationen dagegen in den entsprechenden Herbst- bzw. Wintermonaten erreicht. In den Tropen, in denen wegen der
starken Einstrahlung der größte Teil des
stratosphärischen Ozons gebildet wird,
lassen sich im globalen Vergleich die geringsten Konzentrationen, mit Werten um
260 DU, feststellen. Das liegt daran, dass
Ozon von der äquatorialen Produktions-
stätte fortwährend in höhere geographische Breiten abtransportiert wird.

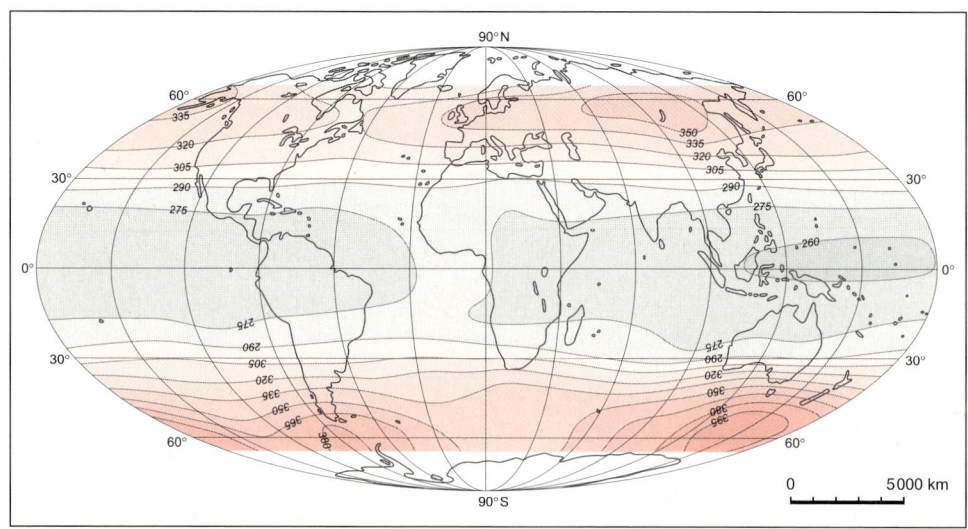

Abb. 11.8 Globale Verteilung des Ozons in der Erdatmosphäre (1987–1993)
(Quelle: http://eos.nasa.gov)

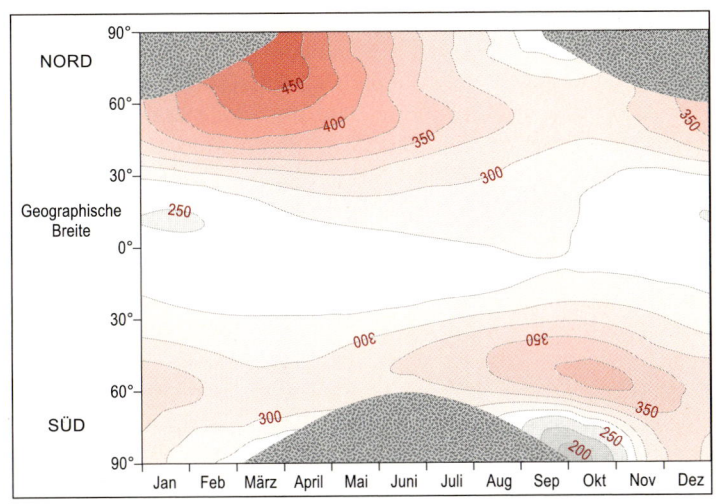

Abb. 11.9
Mittlere Globalvertei-
lung des Gesamtozons
(in Dobson Units, DU)
als Funktion von geo-
graphischer Breite und
Jahreszeit. Die grauen
Bereiche sind Zonen
mit permanenter Dun-
kelheit, während der
der Satellit keine Daten
empfängt
(aus TOMS-Daten; nach
ZELLNER 2000)

11.3.3 Auf- und Abbau des Ozons.

Durch die Ozonbildung wird solare, lebensfeindliche (proteolytisch wirkende) UV-Strahlung absorbiert. Die lebenserhaltende Funktion des Ozons wird durch ein dynamisches Gleichgewicht dieses Spurenstoffes gewährleistet, das durch Entstehung und Abbau charakterisiert ist (Gl. 11.10 bis 11.16).

Unter der Voraussetzung, dass eine reine Sauerstoffatmosphäre betrachtet wird, spaltet energiereiche Strahlung ($\lambda \leq$ 242 nm) Sauerstoffmoleküle (O_2) in hochreaktive Sauerstoffatome (O) auf (Gl. 11.10), wobei die Strahlungsenergie absorbiert wird und diese somit nicht den Erdboden erreichen kann. Die freigesetzten Sauerstoffatome reagieren innerhalb kurzer Zeit mit Sauerstoffmolekülen zu Ozon (O_3) (Gl. 11.11). Dieser Aufbaureaktion steht eine Abbaureaktion gegenüber (Gl. 11.12). Denn die aus drei Sauerstoffatomen bestehenden Ozonmoleküle absorbieren ihrerseits energieärmere, d.h. längerwellige Strahlung ($\lambda \leq$ 310 nm). Durch diese Absorption erfolgt eine Aufspaltung des Ozonmoleküls **(Ozonphotolyse)** wie-

derum in ein Sauerstoffmolekül und ein energiereiches Sauerstoffatom. Das reaktive Sauerstoffatom bildet dann mit einem anderen Sauerstoffmolekül wiederum Ozon. Dieser Vorgang wiederholt sich so lange, bis sich letztendlich aus einem Sauerstoffatom und einem Ozonmolekül zwei Sauerstoffmoleküle gebildet haben (Gl. 11.13).

$$O_2 + h \cdot \nu \ (\lambda \leq 242 \ nm) \rightarrow 2\,O \quad \textbf{(11.10)}$$

$$O + O_2 + M \rightarrow O_3 + M \quad \textbf{(11.11)}$$

$$O_3 + h \cdot \nu \ (\lambda \leq 310 \ nm) \rightarrow O_2 + O$$
$$\textbf{(11.12)}$$

$$O + O_3 \rightarrow 2\,O_2 \quad \textbf{(11.13)}$$

mit M als Stoßpartner, der überschüssige Energie aufnimmt.

Wird diese Auf- und Abbaureaktion zugrunde gelegt, dann stellt sich heraus, dass im Vergleich zu den gemessenen Konzentrationswerten tatsächlich jedoch etwa die zweifache Menge an Ozon in der Atmosphäre gebildet wird. Untersuchungen in diesem Zusammenhang haben ergeben, dass es offensichtlich noch weitere Mechanismen geben muss, um die gemessenen mit den theoretisch geforderten Daten in Einklang zu bringen. In der Tat ist es so.

Denn die Stratosphäre enthält nicht nur Sauerstoff, sondern auch Spurengase, zu denen zum Beispiel Wasser (H_2O), Distickstoffoxid (Lachgas, N_2O) und Fluorchlorkohlenwasserstoffe (FCKW) zählen. Diese Spurenstoffe sind nicht inert. Aus diesen entstehen unter den extremen stratosphärischen Einstrahlungsbedingungen Verbindungen wie Hydroxyl (OH), Stickstoffmonoxid (NO) und Chlorid (Cl). Hierbei handelt es sich um freie Radikale, die deshalb so heißen, weil sie sehr reaktionsfreudig sind und zum Beispiel als „Katalysatoren" den Ozonabbau bewirken. Katalysatoren sind Stoffe, die die Geschwindigkeit einer chemischen Reaktion erhöhen, ohne dass sie dabei verbraucht werden. Diese Katalysatoren (X in Gl. 11.14 und 11.15) reagieren jedoch nicht nur mit dem Ozon, sondern auch untereinander, was das Verständnis der Ozonchemie erschwert. Grundsätzlich kann man sich aber den Ozonabbau unter Berücksichtigung der genannten Katalysatoren – vereinfacht – wie folgt vorstellen:

$$X + O_3 \rightarrow XO + O_2 \qquad (11.14)$$

$$O + XO \rightarrow X + O_2 \qquad (11.15)$$

$$\text{netto: } O + O_3 \rightarrow 2\,O_2 \qquad (11.16)$$

mit X als Katalysator (z.B. Cl, OH oder NO).

Setzt man für X in die o.g. Gleichungen zum Beispiel Chlor ein, so werden in einem ersten Schritt das Ozon zerstört und **Chlormonoxid (ClO)** sowie molekularer Sauerstoff gebildet (Gl. 11.14). In einem zweiten Schritt reagiert der atomare Sauerstoff mit dem ClO, wodurch der Kataly-

sator Cl wieder freigesetzt wird und molekularer Sauerstoff entsteht (Gl. 11.15). Letztendlich resultieren als Nettoreaktion zwei Sauerstoffmoleküle aus der Reduktion des Ozons durch atomaren Sauerstoff (Gl. 11.16).

Normalerweise wird der katalytische Abbau des Ozons, bei dem das Chloratom eine tragende Rolle spielt, durch andere chemische Prozesse gehemmt, meist wird der Abbau sogar völlig unterbunden. Dieser Hemmmechanismus wird zum Beispiel durch verschiedene Stickstoffverbindungen verursacht, die sich an das Chlor anlagern und deshalb die Abbaureaktion des Chlors mit dem Ozon verhindern. Im Ergebnis würde eine Ozonzerstörung durch Chlor bei Anwesenheit von Stickstoff deshalb nicht stattfinden. Das widerspricht jedoch der beobachteten Realität!

Es lässt sich nämlich – wie spätestens seit 1961 und in verstärktem Maße seit 1976 festgestellt wurde – sehr wohl ein Ozonabbau in der antarktischen Stratosphäre beobachten, der besonders auffällig zwischen September und November eines jeden Jahres in Erscheinung tritt. Einen derartigen starken Ozonschwund nennt man **Ozonloch**. Ein entsprechendes Beispiel für das Jahr 2005 zeigt Abb. 11.10. Hiernach sind große Flächen niedrigster Ozonkonzentrationen (< 210 DU) weit nach Norden verschoben.

Untersuchungen über das Auftreten des antarktischen Ozonlochs, vom Zeitpunkt seiner Entdeckung bis in die heutige Zeit, zeigen, dass sich der Ozonschwund in den vergangenen drei Jahrzehnten während des antarktischen Frühlings verstärkt hat (Abb. 11.11). Betrug im Jahre 1970 der Ozongehalt noch etwa 300 DU, so nahm er auf weniger als 200 DU im Jahre 2005 ab. Diese schon als erheblich zu bezeichnende Abnahme der Gesamtozonmenge über der

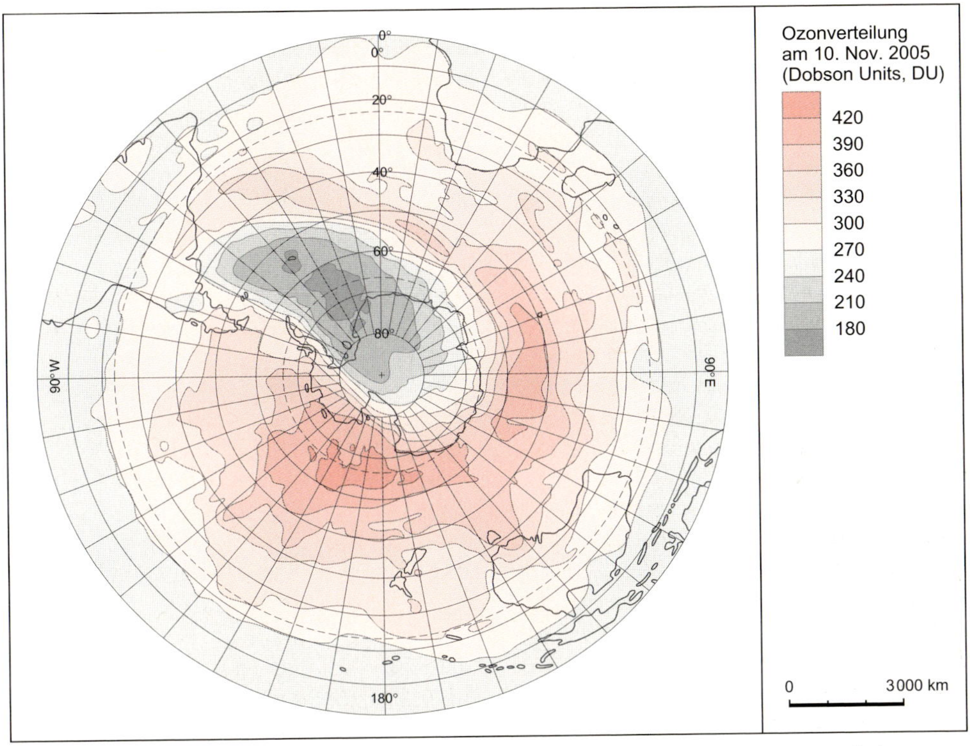

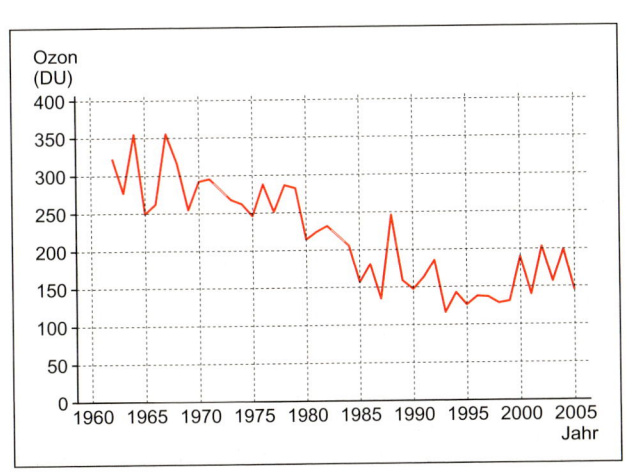

Ozonverteilung
am 10. Nov. 2005
(Dobson Units, DU)

420
390
360
330
300
270
240
210
180

0   3000 km

Abb. 11.10   Ozonverteilung am 10. November 2005 über der Antarktis mit ausgeprägtem Ozonloch, das sich bis nach Südamerika erstreckt
(Quelle: http://www.wmo.int/web/arep/05/bulletin-8-2005.pdf)

Abb. 11.11
Zeitreihen der Ozonkonzentrationen in Dobson Units während des antarktischen Frühlings (1961–2005; jeweils zweite Oktoberhälfte)
(Quelle: http://www.wmo.int/web/arep/05/bulletin-8-2005.pdf)

Antarktis hat man übrigens über der Arktis in dem Ausmaß bisher noch nicht feststellen können. Was sind die Gründe für das jahreszeitenabhängige Auftreten des Ozonlochs?

Das Ozonloch kann durch die oben beschriebenen Reaktionen allein nicht verursacht sein. Da es aber ganz offensichtlich zu einem Ozonabbau kommt, muss davon ausgegangen werden, dass die inhibitorische Wirkung der Stickstoffverbindungen, die normalerweise zu einer Ausschaltung einer Chlor-Ozon-Reaktion führt, aufgehoben wird. Dadurch wäre das Chlor in der Lage, das Ozon abzubauen. Genau das ist auch der Fall.

Denn neben die reine Ozonchemie treten meteorologische Gründe, die dazu führen, dass die Hemmreaktionen des Stickstoffs mit dem Chlor aufgehoben wird. Eine wichtige Rolle spielen in diesem Zusammenhang die **polaren stratosphärischen Wolken** (engl. *polar stratospheric clouds*, PSC), auch Perlmutterwolken genannt. An diese Wolken können sich trotz der sehr niedrigen Temperaturen (< −90 °C), die in der antarktischen Stratosphäre herrschen, Stickstoff- und Chlorverbindungen an ihren Oberflächen anlagern. Dieser Vorgang führt über verschiedene komplizierte Zwischenstufen letztlich zu einer Freisetzung von Chlormonoxid, das sich in der Stratosphäre ansammeln kann. Während des Polarwinters kommen sämtliche strahlungsabhängigen photochemischen Prozesse nahezu zum Stillstand. Durch die stratosphärischen Zirkulationsverhältnisse über der Antarktis kann darüber hinaus zu diesem Zeitpunkt kein Ozontransport aus den **Ozonbildungsgebieten** der Äquatorialregion erfolgen: Die Gesamtozonmenge am Südpol bleibt deshalb unverändert. Im Gegensatz hierzu erfolgt jedoch eine auffällige Konzentrationszunahme der Chlorverbindungen unter Mitwirkung der PSC. Zu Beginn des antarktischen Frühlings, d. h. mit einsetzender, stärker werdender UV-Strahlung starten die photochemischen Reaktionen: Das Chlormonoxid wird in Chlor und Sauerstoff gespalten (dissoziiert). Das freigesetzte Chlor steht dann für den Ozonabbau zur Verfügung. Nach Gl. 11.17 bis 11.20 entstehen aus zwei Molekülen Ozon drei Sauerstoffmoleküle.

$$Cl + O_3 \rightarrow ClO + O_2 \qquad \textbf{(11.17)}$$

$$Y + O_3 \rightarrow YO + O_2 \qquad \textbf{(11.18)}$$

$$ClO + YO \rightarrow Cl + Y + O_2 \qquad \textbf{(11.19)}$$

$$\text{netto: } 2\,O_3 \rightarrow 3\,O_2 \qquad \textbf{(11.20)}$$

mit Y = Cl, Br und OH.

Da wegen der äußerst niedrigen Temperaturen der antarktischen Stratosphäre mit zunehmender Sonnenhöhe nur langsam ein Meridionaltransport von Ozon in Richtung Süden in Gang gesetzt wird, bleibt es vorerst bei einem starken Ozonabbau. Dieser nimmt erst im Laufe der Zeit ab. Der Ozonverlust der antarktischen Stratosphäre und damit das Verschwinden des Ozonlochs ist erst dann beendet, wenn die Hemmreaktion zwischen Stickstoff- und Chlorverbindungen wieder besteht und sich der stabile Polarwirbel mit Temperaturen bis zu −80 °C durch zunehmende Sonneneinstrahlung im Frühjahr wieder auflöst. Dadurch ist es nämlich möglich, dass nunmehr ozonreiche Luft aus den stratosphärischen Quellgebieten der Tropen in die antarktische Stratosphäre transportiert werden kann. Während diese Bedingungen in der Antarktis in jedem Jahr erfüllt sind, stellen sie in der Arktis eher die Ausnahme dar.

Nehmen die Konzentrationen der zum Ozonabbau führenden Katalysatoren in der Atmosphäre zu, so führt das zu einem verstärkten Ozonabbau. Eine Zunahme der Konzentrationen in der Stratosphäre ist von der jeweiligen Aufenthaltsdauer der Spurenstoffe abhängig. Da FCKW zum Beispiel eine sich über Jahrzehnte erstreckende Aufenthaltsdauer in der Atmosphäre haben, dringen sie auch in die Stratosphäre vor. Hier können sie aufgrund der wesentlich aggressiveren Strahlungsverhältnisse als in der Troposphäre gespalten werden und die entsprechenden ozonabbauenden Katalysatoren wie Cl-Atome freisetzen.

11.3.4 Antarktischer und arktischer Ozonschwund.

Über den nordpolaren Breiten lässt sich zwar auch ein stratosphärischer Ozonschwund nachweisen. Dieser ist jedoch weder durch jährlich regelmäßiges Auftreten noch durch die vergleichbare Größe des antarktischen Ozonlochs charakterisiert. Grundsätzlich dürfte sich das arktische Ozonloch aus klimatologischen Gründen nicht in dem Maße ausweiten wie das antarktische Ozonloch. Das Auftreten arktischer Ozonlöcher verbindet man deshalb auch mit dem Begriff **„Minilöcher"** (engl. *miniholes*).

Denn der arktische Polarwirbel weist etwas höhere Temperaturen auf als der antarktische, wie dem Temperaturvergleich für beide Stratosphären in Abb. 11.12 entnommen werden kann.

Ferner ist der arktische Polarwirbel asymmetrisch zum Pol ausgebildet und labil, wodurch ein stärkerer Luftaustausch mit den mittleren Breiten erfolgen kann. Der antarktische Wirbel ist stattdessen kälter, um die Antarktis beinahe konzentrisch angeordnet, sehr stabil und lässt einen Austausch mit äquatorialen Luft-

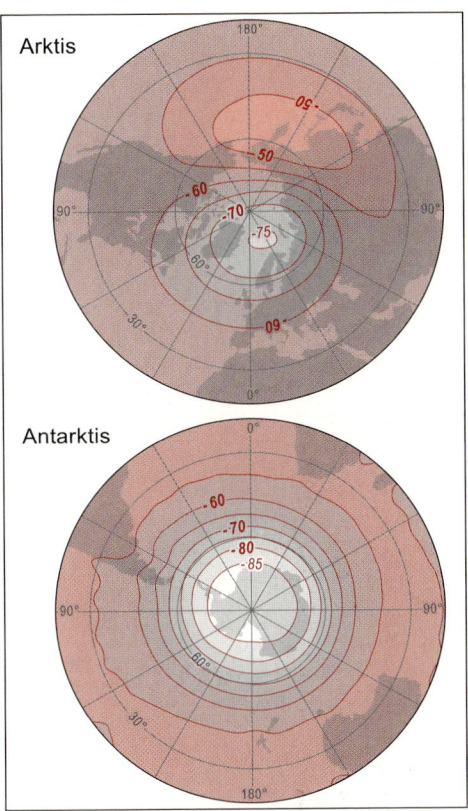

Abb. 11.12 Monatsmittelwerte der winterlichen 30 hPa-Temperaturen der arktischen (oben, Januar) und antarktischen (unten, Juli) Stratosphäre. Dargestellt sind die Isothermen im Abstand von 5 K (Messzeitraum 1965–1995) (nach Labitzke 1999)

massen nur selten zu.

Nichtsdestotrotz lässt sich auch in der arktischen Stratosphäre ein Ozonschwund nachweisen, der sich insbesondere seit den frühen 1990er Jahren einstellt (Abb. 11.13). Von ehemals rund 460 DU sank der Ozongehalt bis in die Mitte der 1990er Jahre auf etwa 350 DU ab.

Aufgrund der klimatologischen Unterschiede zwischen beiden Polarwirbeln sind auch die Flächengrößen der beiden

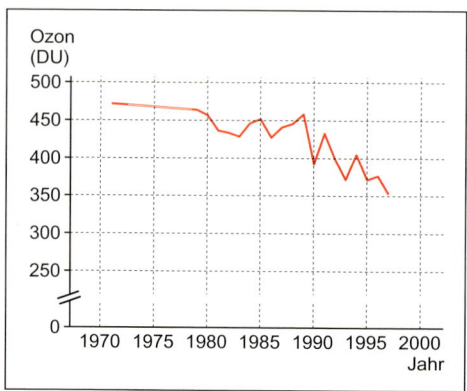

Abb. 11.13 Zeitliche Entwicklung der März-mittelwerte des Gesamtozons im Breiten-band 63° N bis 90° N (nach NEWMAN et al. 1997; hier nach ZELLNER 2000)

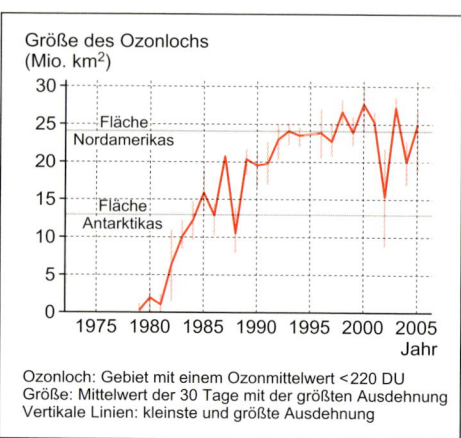

Abb. 11.14 Flächengröße der 220 Dobson Unit-Isolinie bei stärkster Ausprägung des antarktischen Ozonlochs für den Zeitraum von 1979 bis 2005 (Daten nach TOMS und OMI aus http://www.wmo.int/web/arep/05/bulletin-8-2005.pdf)

Ozonlöcher sehr unterschiedlich. Legt man den Verlauf der 220 DU Ozon-Iso-linie für eine Abgrenzung zugrunde, dann zeigt zum Beispiel die **zeitliche Entwick-lung des antarktischen Ozonlochs** be-sonders starke Zunahmen zwischen 1980 und 1985, einem Zeitraum, in dem die Größe des Ozonlochs erstmalig die Fläche der Antarktis erreicht hat (Abb. 11.14). In den folgenden Jahren nahm die Größe, von kurzen Unterbrechungen abgesehen, wei-ter zu und weist mittlerweile mit 25 Mio. km² die Größe des nordamerikanischen Kontinents auf.

Das arktische Ozonloch ist demgegen-über wesentlich kleiner als das antarkti-sche. Es erreicht in etwa nur ein Viertel seiner Größe.

11.3.5 Auswirkungen des Ozon-schwunds.

Zu einer direkten Auswirkung einer Abnahme des stratosphärischen Ozons dürfte in erster Linie eine Zunahme der UV-Strahlung zählen. Modellrechnun-gen zufolge erhöht sich die Hautkrebsrate pro 1 % Ozonverlust um bis zu 5 %. Auch

von einer Zunahme an Augenerkrankun-gen ist auszugehen. Die seit einiger Zeit zu beobachtende Zunahme an Hautkrebser-krankungen in Mitteleuropa lässt sich je-doch nicht eindeutig einer Ozonabnahme zuordnen, da sich das Urlaubsverhalten der Bevölkerung insofern verändert hat, als immer häufiger hellhäutige Menschen in strahlungsintensiven Ländern Urlaub ma-chen. Da auf der Südhalbkugel die Ozon-abnahmen stark sind und gelegentlich in Australien und Neuseeland die Bevölke-rung einer intensiveren UV-Strahlung aus-setzen, sind dort zu entsprechenden Zei-ten Schutzmaßnahmen notwendig. Ebenso sind Schädigungen an der Pflanzen- und Tierwelt zu erwarten. Ungeklärt ist dar-über hinaus bisher noch, wie sich die ab-nehmende Erwärmung der Stratosphäre durch den Ozonschwund und damit eine Reduzierung der Stabilitätsverhältnisse auf die atmosphärischen Zirkulationsver-hältnisse auswirken.

Anhang

Ausgewählte Internetadressen

Alfred-Wegener-Institut für Polar- und Meeresforschung
http://www.awi-bremerhaven.de/

Bundesministerium für Umwelt, Naturschutz und Reaktorsicherheit; Bildungsservice zum Klimawandel
http://www.bmu.de/klimaschutz

Deutsche Energie-Agentur
http://www.dena.de

Deutscher Wetterdienst
http://www.dwd.de

Deutsches Klimarechenzentrum
http://www.dkrz.de/

DLR – Deutsches Zentrum für Luft- und Raumfahrt
http://www.dlr.de/

European Environment Agency
http://www.eea.europa.eu

International Energy Agency
http://www.iea.org

IPCC Intergovernmental Panel on Climate Change
http://www.ipcc.ch/

Karlsruher Wolkenatlas
http://www.wolkenatlas.de/

Landesumweltamt NRW
http://www.lanuv.nrw.de

Max-Planck-Institut für Meteorologie Hamburg
http://www.mpimet.mpg.de/

NASA Visible Earth – Satellitenbilder
http://visibleearth.nasa.gov/

NASA Earth from Space – Satellitenbilder
http://earth.jsc.nasa.gov/sseop/efs/

Potsdam-Institut für Klimafolgenforschung (PIK)
http://www.pik-potsdam.de/

Säkularstation Potsdam (Klimastation)
http://www.klima-potsdam.de

Umweltbundesamt
http://www.umweltbundesamt.de

UN Umweltprogramm (UNEP)
http://www.unep.ch

United Nations Framework Convention on Climate Change (Sekretariat der Klimarahmenkonvention in Bonn)
http://www.unfccc.int

Universität Duisburg-Essen, Campus Essen, Abt. Angew. Klimatologie und Landschaftsökologie
http://www.uni-due.de/klimatologie/

US National Center for Atmospheric Research (NCAR)
http://www.ncar.ucar.edu/

Verein Deutscher Ingenieure / VDI-Richtlinien
http://www.vdi.de

Vereinte Nationen (Umweltprogramm)
http://www.unep.org/themes/climatechange

Weltgesundheitsorganisation (Folgen des Klimawandels für die menschliche Gesundheit)
http://www.who.int/globalchange/climate/en

Weltorganisation für Meteorologie
http://www.wmo.ch

Vorsätze für dezimale Vielfache und Teile von Einheiten

Vorsatz	Kurzzeichen	Bedeutung	Vorsatz	Kurzzeichen	Bedeutung
Tera	T	10^{12}	Dezi	d	10^{-1}
Giga	G	10^{9}	Centi	c	10^{-2}
Mega	M	10^{6}	Milli	m	10^{-3}
Kilo	k	10^{3}	Mikro	μ	10^{-6}
Hekto	h	10^{2}	Nano	n	10^{-9}
Deka	da	10^{1}	Piko	p	10^{-12}

Griechisches Alphabet

Name	Schreibweise				Name	Schreibweise			
	klein	*klein*	groß	*groß*		klein	*klein*	groß	*groß*
Alpha	α	*α*	A	*A*	Ny	ν	*ν*	N	*N*
Beta	β	*β*	B	*B*	Xi	ξ	*ξ*	Ξ	*Ξ*
Gamma	γ	*γ*	Γ	*Γ*	Omikron	o	*o*	O	*O*
Delta	δ	*δ*	Δ	*Δ*	Pi	π	*π*	Π	*Π*
Epsilon	ε	*ε*	E	*E*	Rho	ρ	*ρ*	P	*P*
Zeta	ζ	*ζ*	Z	*Z*	Sigma	σ	*σ*	Σ	*Σ*
Eta	η	*η*	H	*H*	Tau	τ	*τ*	T	*T*
Theta	ϑ	*ϑ*	Θ	*Θ*	Ypsilon	υ	*υ*	Y	*Y*
Jota	ι	*ι*	I	*I*	Phi	φ	*φ*	Ψ	*Ψ*
Kappa	κ	*κ*	K	*K*	Chi	χ	*χ*	Z	*Z*
Lambda	λ	*λ*	Λ	*Λ*	Psi	ψ	*ψ*	Ψ	*Ψ*
My	μ	*μ*	M	*M*	Omega	ω	*ω*	Ω	*Ω*

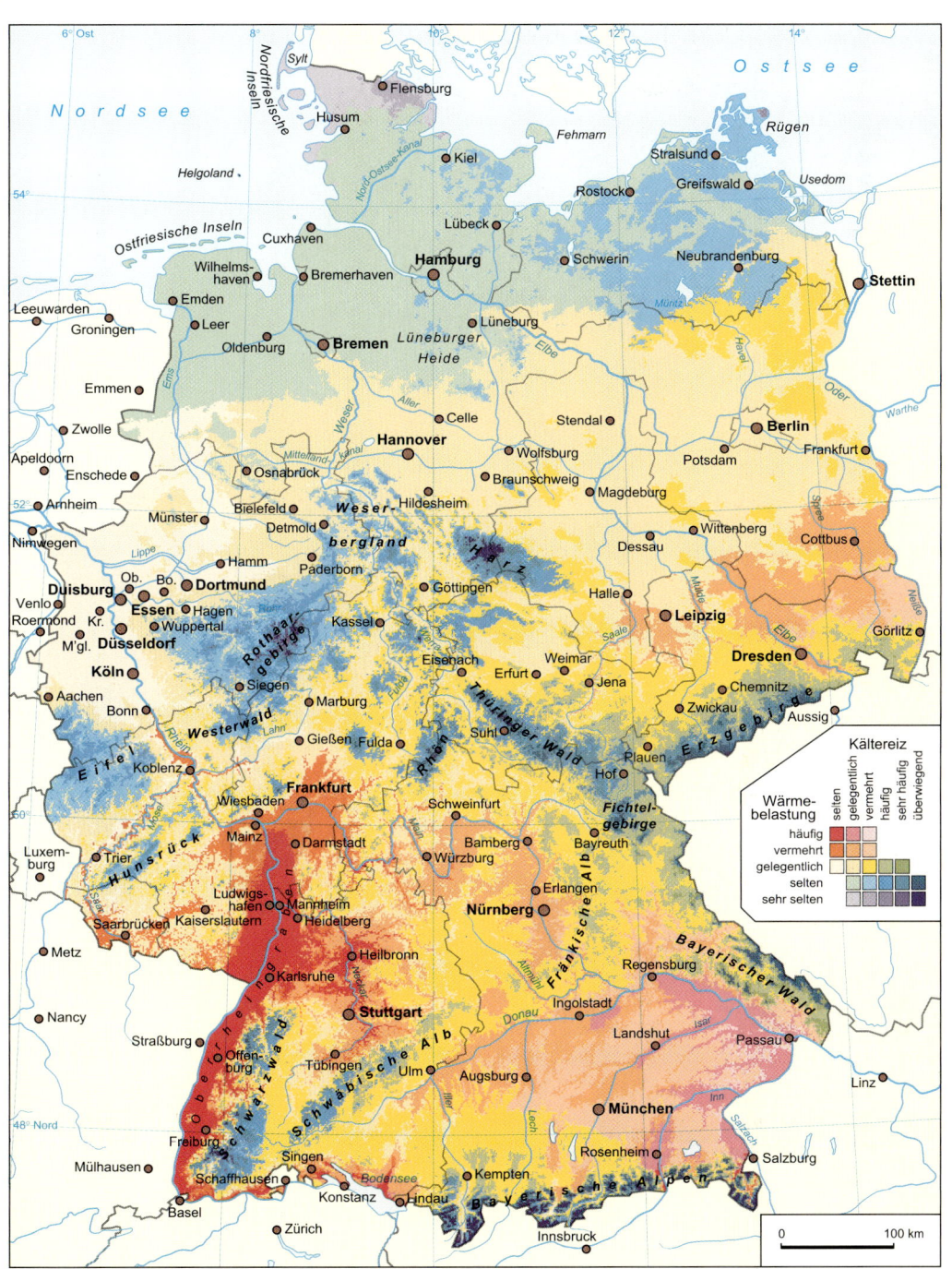

Abb. F.1: Bioklimakarte von Deutschland (Quelle: JENDRITZKY et al. 2002[3])

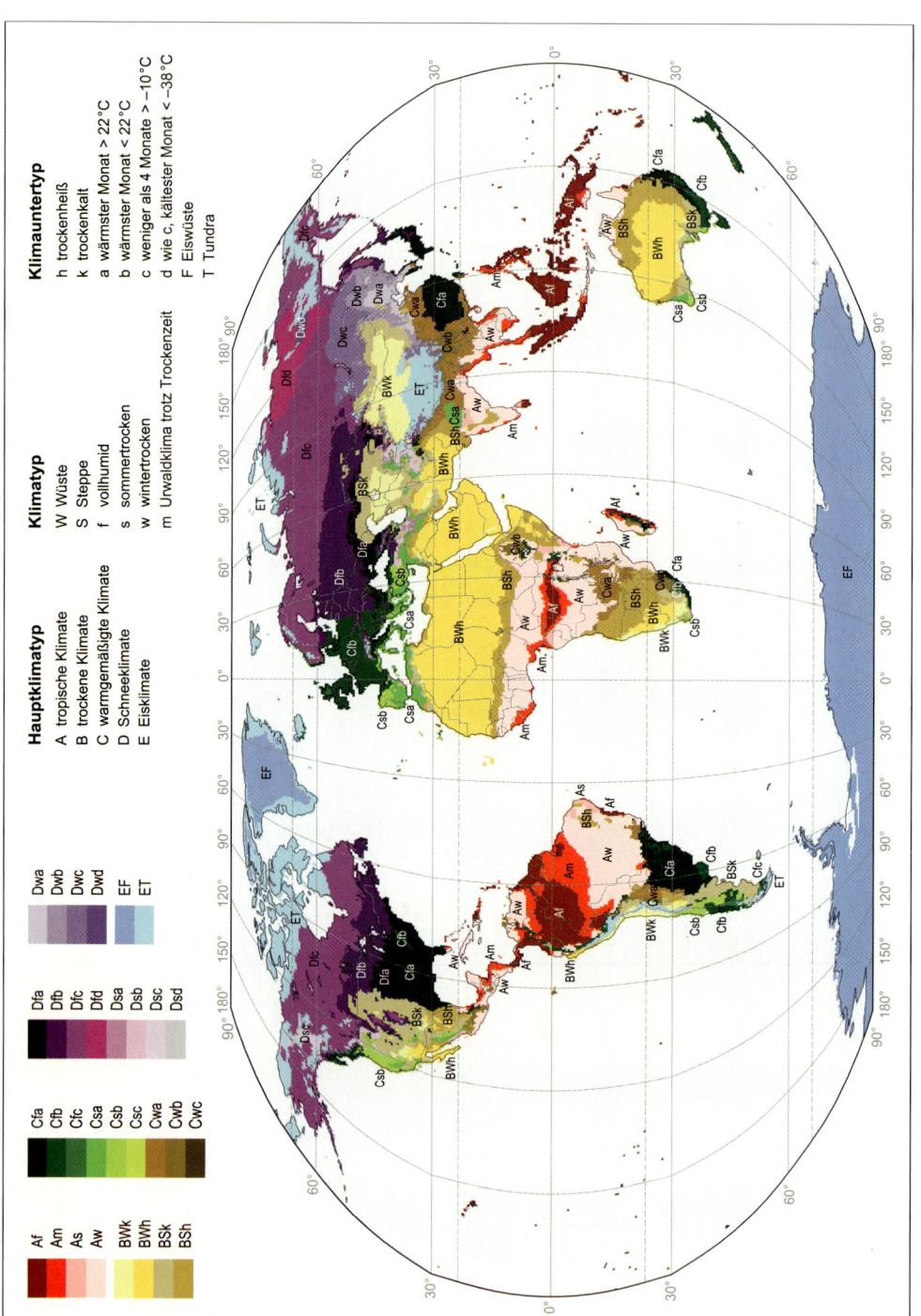

Abb. F.2: Köppen-Geiger-Klimaklassifikation (Mittelwert für 1951–2000) (Quelle: KOTTEK et al. 2006)

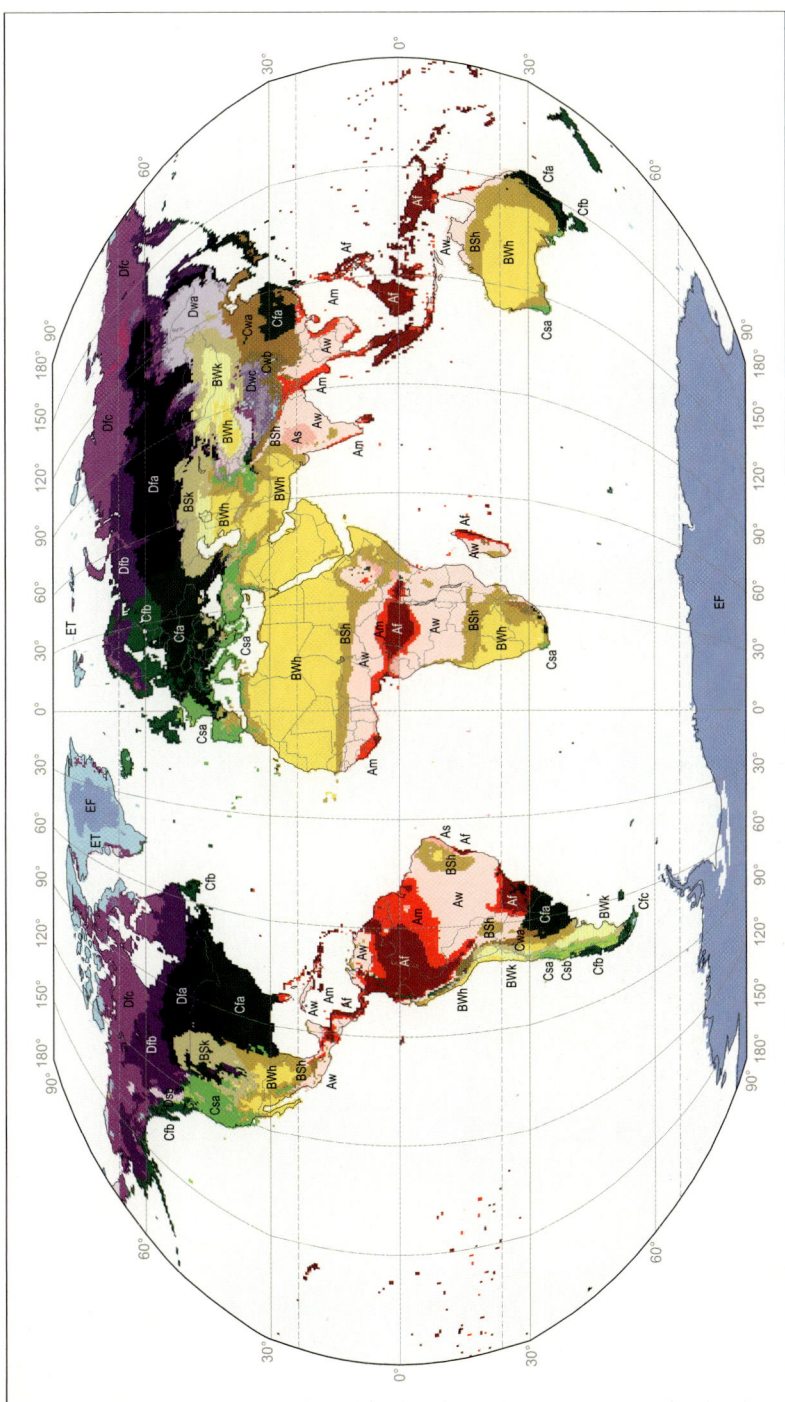

Abb. F.3: Köppen-Geiger-Klimaklassifikation (Prognose für 2076–2100; Szenarium A1) (Quelle: Rubel 2008)

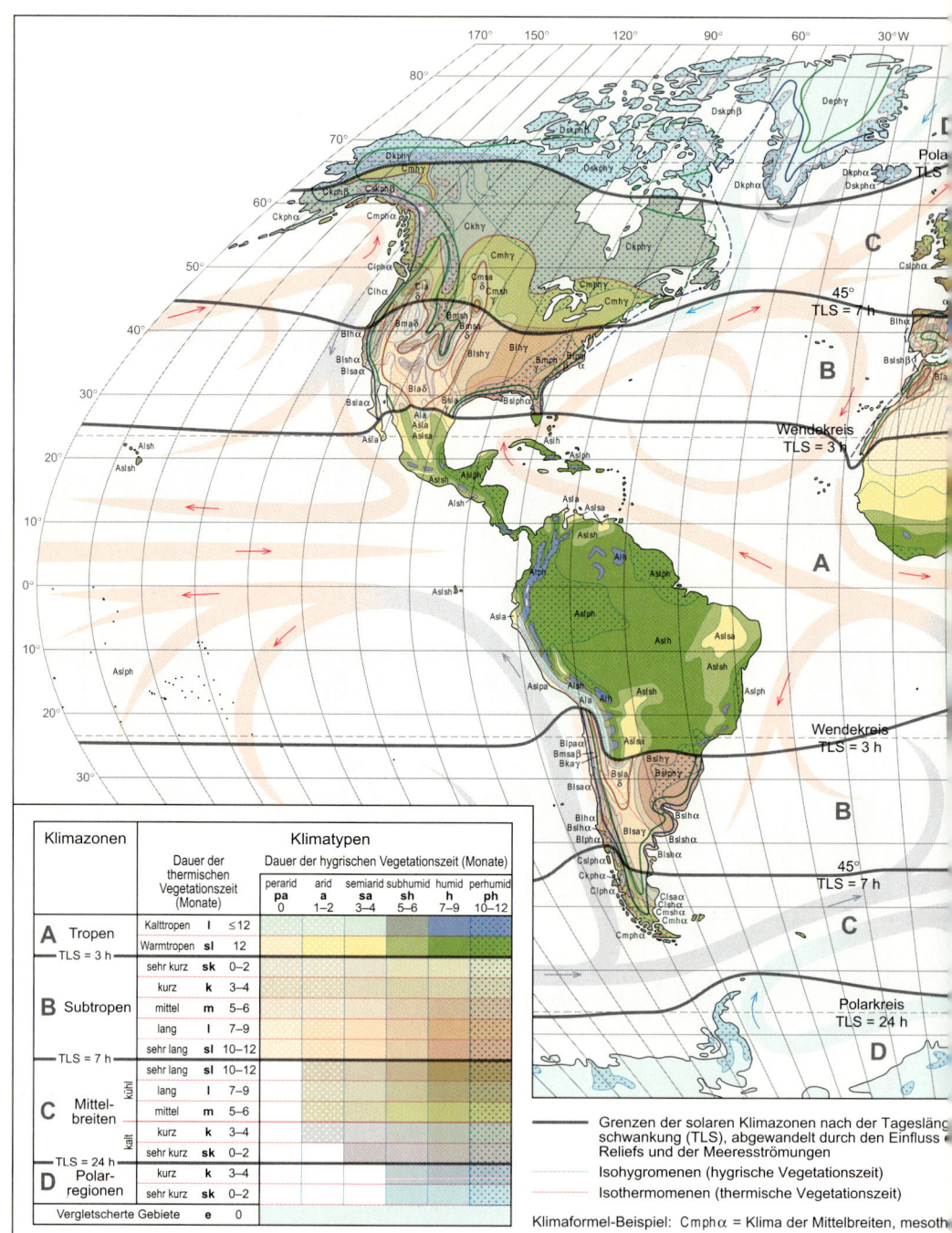

Abb. F.4: Weltkarte der Lauer-Frankenberg-Klimaklassifikation (Quelle: LAUER et al. 1996)

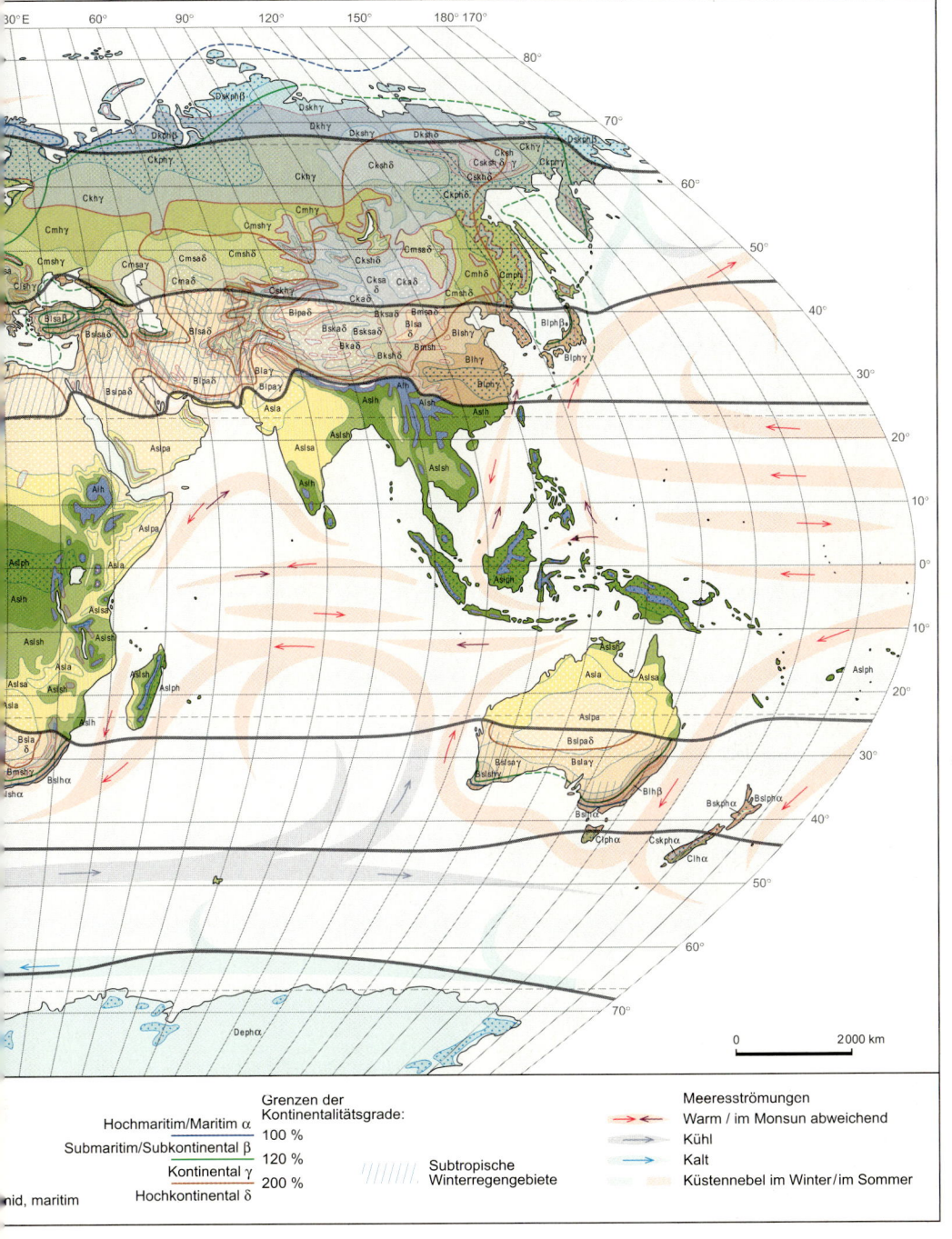

Hochmaritim/Maritim α
Submaritim/Subkontinental β
Kontinental γ
Hochkontinental δ

nid, maritim

Grenzen der
Kontinentalitätsgrade:
100 %
120 %
200 %

Subtropische
Winterregengebiete

Meeresströmungen
Warm / im Monsun abweichend
Kühl
Kalt
Küstennebel im Winter/im Sommer

Cirrus (Ci)

Cirrocumulus (Cc)

Altocumulus (Ac)

Cirrostratus (Cs)

Altostratus (As)

Abb. F.5: Wolkenbilder I
Quelle: © Deutscher Wetterdienst (DWD), Offenbach am Main

Stratocumulus (Sc)

Cumulonimbus (Cb)

Stratus (St)

Nimbostratus (Ns)

Cumulus (Cu)

Lenticularis (Ac len)

Abb. F.6: Wolkenbilder II
Quelle: © Deutscher Wetterdienst (DWD), Offenbach am Main

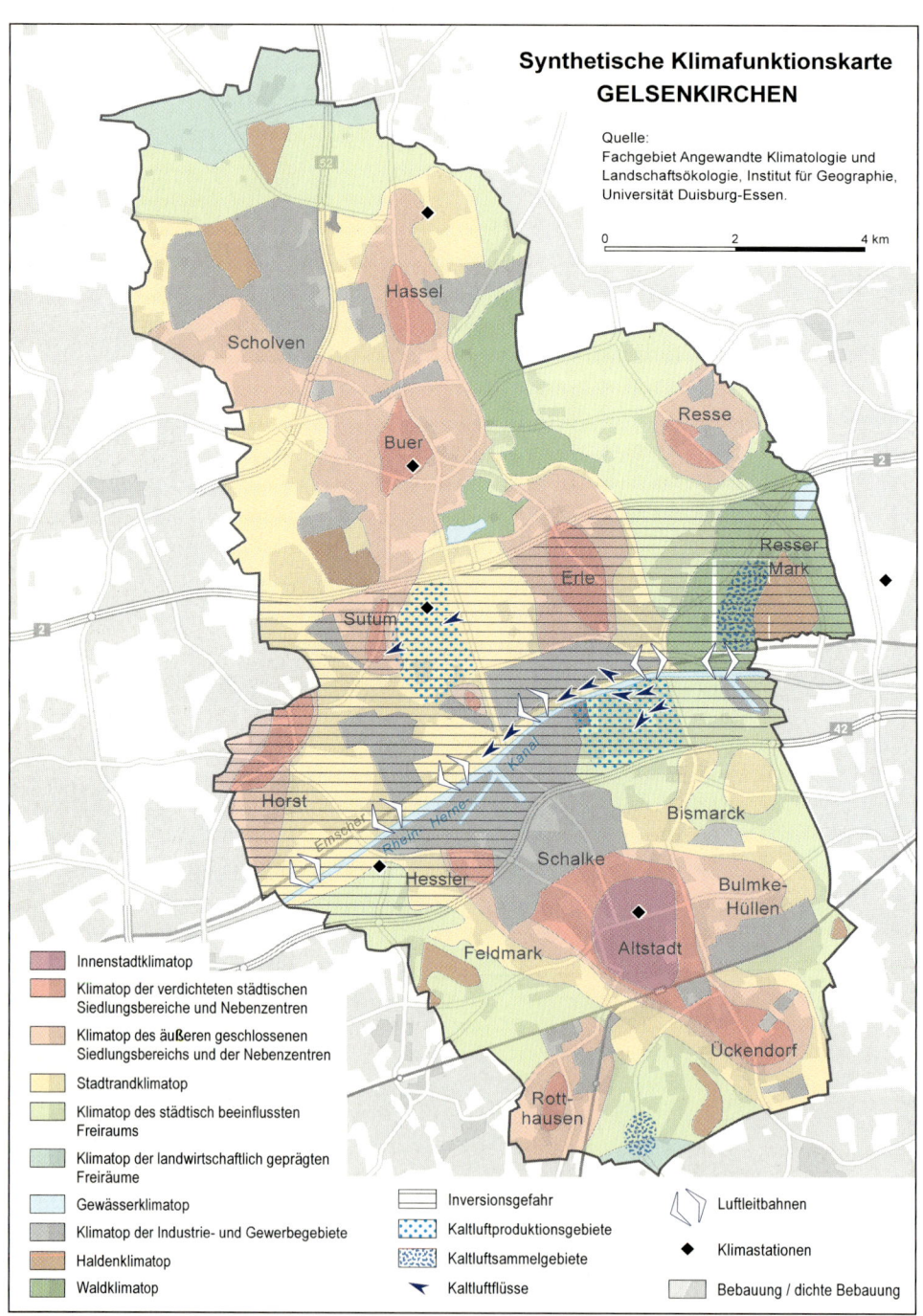

Abb. F.7: Synthetische Klimafunktionskarte von Gelsenkirchen

Literatur

Neben der zitierten Literatur wurden auch ergänzende und weiterführende Publikationen aufgenommen. Zitate von Büchern mit mehr als einer Auflage wurden durch hochgestellte Ziffern nach der Jahreszahl kenntlich gemacht.

22. BImSchV: Zweiundzwanzigste Verordnung zur Durchführung des Bundes-Immissionsschutzgesetzes (Verordnung über Immissionswerte für Schadstoffe in der Luft) in der Fassung der Bekanntmachung vom 4. Juni 2007. BGBl I, S. 1006.

33. BImSchV: Dreiunddreißigste Verordnung zur Durchführung des Bundes-Immissionsschutzgesetzes (Verordnung zur Verminderung von Sommersmog, Versauerung und Nährstoffeinträgen) vom 13. Juli 2004. BGBl I, S. 1612.

ANANDAKUMAR, K. (1999): A study on the partition of net radiation into heat fluxes on a dry asphalt surface. – Atm. Environ. 33, 3911–3918.

ARNFIELD, A.J. (2001a): Micro- and mesoclimatology. – Progr. in Phys. Geogr. 25, 1, 123–133.

ARNFIELD, A.J. (2001b): Micro- and mesoclimatology. – Progr. in Phys. Geogr. 25, 4, 560–569.

ARNFIELD, J. (2003): Two decades of urban climate research: A review of turbulence, exchanges of energy and water, and the urban heat island. – Int. J. Climatol. 23, 1–26.

ARNTZ, W.E., FAHRBACH, E. (1991): El Niño. Klimaexperiment der Natur. Basel: Birkhäuser.

BAKAN, S., RASCHKE, E. (2002): Der natürliche Treibhauseffekt. DWD (Deutscher Wetterdienst, Hrsg.): Das Klimasystem der Erde. – Promet 28, H. 3–4, 85–94. Offenbach am Main: DWD.

BARLAG, A.-B. (1993): Planungsrelevante Klimaanalyse einer Industriestadt in Tallage – dargestellt am Beispiel der Stadt Stolberg (Rhld.). Essener Ökologische Schriften 1. Magdeburg: Westarp Wissenschaften.

BARLAG, A.-B. (1997): Möglichkeiten der Einflussnahme auf das Stadtklima. VDI-Berichte 1330, 127–146.

BARRY, R.G., CHORLEY, R.J. (2003[8]): Atmosphere, Weather and Climate. London, New York: Routledge.

BAUMGARTNER, A. (1963): Einfluss des Geländes auf Lagerung und Bewegung der nächtlichen Kaltluft. – In: SCHNELLE, F. (Hrsg.) (1963): Frostschutz im Pflanzenbau, Bd. 1. München: BLV Verlagsgesellschaft.

BAUMGARTNER, A., LIEBSCHER, H.-J. (1996[2]): Lehrbuch der Hydrologie. Bd. 1: Allgemeine Hydrologie – Quantitative Hydrologie. Berlin, Stuttgart: Gebr. Borntraeger.

BECK, Ch., ENDLICHER, W., GLASER, R., JACOBEIT, J., PARLOW, E., SCHÖNWIESE, Ch.-D., STORCH, H. v. (2006): Klimageographie. – In: GEBHARDT, H., GLASER, R., RADTKE, U. & REUBER, P. (Hrsg.) (2006): Geographie. München, 189–259.

BENDIX, J. (2004): Geländeklimatologie. Berlin, Stuttgart: Gebr. Borntraeger.

BLANKENSTEIN, S., KUTTLER, W. (2004): Impact of street geometry on downward longwave radiation and air temperature in an urban environment. – Meteorol. Zeitschr. 13, 373–379.

BLÜTHGEN, J., WEISCHET, W. (1980[3]): Allgemeine Klimageographie. Berlin: de Gruyter.

BUBENZER, O., RADTKE, U. (2007): Natürliche Klimaänderungen im Laufe der Erdgeschichte. – In: ENDLICHER, W., GERSTENGARBE, F.-W. (Hrsg.) (2007): Der Klimawandel. Einblicke, Rückblicke und Ausblicke. Potsdam-Institut für Klimafolgenforschung: Potsdam.

BUDYKO, M.I. (1963): Der Wärmehaushalt der Erdoberfläche. Deutsche Fassung der russ. Monographie von E. PELZL. Fachl. Mitt., Geophys. Ber.-Dienst d. Bundeswehr, Reihe I, Nr. 100. Porz-Wahn.

BÜTTNER, K. (1938): Physikalische Bioklimatologie. Probleme und Methoden. Leipzig: Akad. Verl.-Ges.

BURSCHEL, P. (1995[2]): Forstökologie. – In: Kuttler, W. (Hrsg.) (1995[2]): Handbuch zur Ökologie, 121–129. Berlin: Analytica-Verlag.

CHMIELEWSKI, F.-M. (2006[12]): Biometeorologie (Kap. 15). – In: HUPFER, P., KUTTLER, W. (Hrsg.) (2006[12]): Witterung und Klima, 459–513. Wiesbaden: B.G. Teubner.

CHMIELEWSKI, F.-M., Müller, A., Bruns, E. (2004): Climate changes and trends in phenology of fruit trees and field crop in Germany, 1961–2000, Agricultural and Forest Meteorology 121 (1–2), 69–78.

CLAUSSEN, M. (2003): Die Rolle der Vegetation im Klimasystem. – DWD (Deutscher Wetterdienst, Hrsg.): Klimamodellierung, Teil 1. – Promet 29, H. 1–4, 80–89. Offenbach am Main: DWD.

CUBASCH, U., KASANG, D. (2000): Anthropogener Klimawandel. Stuttgart: Klett-Perthes.

DEFILA, C. (1998): Phänologische Beobachtungen in der Schweiz im Jahre 1997. – Schweiz. Z. Forstw., 149, 4: 285–290.

DEFILA, C. (2002): Pflanzenphänologie des Engadins. Trends bei pflanzenphänologischen Zeitreihen. – Jber. Natf. Ges. Graubünden 111, 39–47.

DÜTEMEYER, D. (2000): Urban-orographische Bodenwindsysteme in der städtischen Peripherie Kölns. Essener Ökologische Schriften 12, Hohenwarsleben: Westarp-Wissenschaften.

DVWK (1996): Ermittlung der Verdunstung von Land- und Wasserflächen. – DVWK-Merkblätter zur Wasserwirtschaft, Heft 238/1996. DVWK (Deutscher Verband für Wasserwirtschaft und Kulturbau e.V.). Bonn: Wirtschafts- und Verlagsgesellschaft Gas und Wasser mbH.

DWD (Deutscher Wetterdienst) (1986[9]): Anleitung für die Beobachter an den Klimastationen des Deutschen Wetterdienstes. Offenbach am Main: DWD.

DWD (Deutscher Wetterdienst) (1996): UV-Index. Informationsblatt. Geschäftsfeld Medizin-Meteorologie. Freiburg i. Brsg.: DWD.

DWD (Deutscher Wetterdienst, Hrsg.) (2002): Das Klimasystem der Erde. – Promet 28, H. 3–4. Offenbach am Main: DWD.

DWD (Deutscher Wetterdienst, Hrsg.) (2003): Umweltmeteorologie. – Promet 30, H. 1–2. Offenbach am Main: DWD.

EIMERN, J. v., HÄCKEL, H. (1979[3]): Wetter- und Klimakunde. Ein Lehrbuch der Agrarmeteorologie. Stuttgart: Ulmer.

ELLENBERG, H. (1979): Zeigerwerte der Gefäßpflanzen Mitteleuropas. 2. Aufl. Scripta Geobot. 9. Göttingen.

EMEIS, S. (2000): Meteorologie in Stichworten. Berlin, Stuttgart: Gebr. Borntraeger.

ENDLICHER, W., GERSTENGARBE, F.-W. (Hrsg.) (2007): Der Klimawandel – Rückblicke, Einblicke, Ausblicke. Potsdam.

ETLING, D. (2002[2]): Theoretische Meteorologie. Berlin: Springer.

EU (1999): Richtlinie 1999/30/EG des Rates vom 22. April 1999: Grenzwerte für Schwefeldioxid, Stickstoffdioxid, Partikel und Blei in der Luft, Rat der Europäischen Union. Amtsblatt der Europäischen Gemeinschaften: 20 S.

FANGER, P.O. (1972): Thermal Comfort. Analysis and Applications in Environmental Analysis. New York: McGraw-Hill.

FLOHN, H. (1953): Hochgebirge und allgemeine Zirkulation. Die Gebirge als Wärmequellen. – Arch. Meteor. Geophys. Bioklimat., Serie A, Nr. 5, 265–279.

FLOHN, H. (1957): Zur Frage der Einteilung der Klimazonen. – Erdkunde, 11, 161–175.

FLOHN, H. (1960): Zur Didaktik der Allgemeinen Zirkulation der Atmosphäre. – Geogr. Rundsch. 12, 129–142 u. 189–195.

FOKEN, Th. (2003[2]): Angewandte Meteorologie. Mikrometeorologische Methoden. Berlin: Springer.

FORESTER, F.H. (1982): Winds of the world. – Weatherwise 35, 202–210.

GALIN, M.B. (1991): Die allgemeine Zirkulation der Atmosphäre und ihre Energetik. – In: HUPFER, P. (Hrsg.) (1991): Das Klimasystem der Erde. Diagnose und Modellierung, Schwankungen und Wirkungen, 131–145. Berlin: Akademie-Verlag.

GARSTANG, P.D., TYSON, G., EMMITT, D. (1975): The structure of heat islands. – Rev. Geophys. Space Phys. 13, 139–165.

GEIGER, R. (1961): Überarbeitete Neuausgabe von GEIGER, R.: Köppen-Geiger/Klimate der Erde (Wandkarte 1 : 16 Mio.). Gotha: Klett-Perthes.

GEIGER, R. (1961[4]): Das Klima der bodennahen Luftschicht. Braunschweig: F. Vieweg & Sohn.

GERSTENGARBE, F.-W., WERNER, P.C., BUSOLD, W., RÜGE, U., WEGENER, K.-O. (1993[4]): Katalog der Großwetterlagen Europas nach Paul Hess und Hellmuth Brezowski 1881–1992. Offenbach am Main: DWD.

GERSTENGARBE, F.-W., WERNER, P.C. (2005): Das NRW-Klima im Jahr 2055. – LÖBF-Mitteilungen, 2, 15–18.

GLASER, R. (2001): Klimageschichte Mitteleuropas. Darmstadt: Primus.

GRÄTZ, A. (2008): Pers. Mitt. DWD Freiburg i. Brsg.

GRASSL, H. (2007): Klimawandel. Was stimmt? Die wichtigsten Antworten. Freiburg i. Brsg.: Herder.

GROSS, G. (1996): Stadtklima und globale Erwärmung. – Geowissenschaften 14, 245–248.

GUDERIAN, R. (Hrsg.) (2000): Handbuch der Umweltveränderungen und Ökotoxikologie. 3 Bde. in 6 Teilbd. Berlin: Springer.

HÄCKEL, H. (2005[5]): Meteorologie. Stuttgart: Ulmer.

HÄCKEL, H. (2007[2]): Wetter und Klimaphänomene. Stuttgart: Ulmer.

HAUDE, W. (1952): Verdunstungsmenge und Evaporationskraft eines Klimas. Ber. Deutsch. Wetterd. US-Zone Nr. 42, 225–229.

HEINEBERG, H. (2006³): Stadtgeographie. UTB 2166. Paderborn: Schöningh.

HELBIG, A. (1987): Beiträge zur Meteorologie der Stadtatmosphäre. Abhandl. Meteorol. Dienst d. DDR Nr. 137.

HELBIG, A., BAUMÜLLER, J., KERSCHGENS, M.J. (Hrsg.) (1999²): Stadtklima und Luftreinhaltung. Berlin: Springer.

HENDL, M. (1997³): Allgemeine Klimageographie. – In: HENDL, M., LIEDTKE, H. (1997³): Lehrbuch der Allgemeinen Physischen Geographie, 329–448. Gotha: Justus Perthes.

HENDL, M., BRAMER, H. (1985): Lehrbuch der physischen Geographie. Frankfurt am Main: Verlag Harri Deutsch.

HOINKA, K.-P. (1992): Gebirgsüberströmung, Leewellen und Impulsfluss. – Promet 1, H. 1–26. Offenbach am Main: DWD.

HÖPPE, P. (1984): Die Energiebilanz des Menschen. – Wiss. Mitt. Meteorol. Inst. Univ. München 49.

HORBERT, M. (2000): Klimatologische Aspekte der Stadt- und Landschaftsplanung. – Schriftenr. Fb Umwelt und Gesellschaft, TU Berlin 113.

HOWARD, L. (1833): Climate of London deduced from meteorological observations. Third Ed. in 3 Volumes. London.

HUMBOLDT, A. V. (1845): Kosmos. Entwurf einer physischen Weltbeschreibung, Bd. 1. Stuttgart: Cotta'sche Buchhandlung.

HUPFER, P. (Hrsg.) (1991): Das Klimasystem der Erde. Diagnose und Modellierung, Schwankungen und Wirkungen. Berlin: Akademie-Verlag.

HUPFER, P. (1996): Unsere Umwelt: Das Klima. Leipzig: B.G. Teubner.

HUPFER, P., CHMIELEWSKI, F.-M. (Hrsg.) (1990): Das Klima von Berlin. Berlin: Akademie-Verlag.

HUPFER, P., KUTTLER, W. (Hrsg.) (2006¹²): Witterung und Klima. Leipzig: B.G. Teubner.

Intergovernmental Panel on Climate Change (2007a): The Physical Science Basis. Summary for Policymakers. Contribution of Working Group I to the Fourth Assessment Report of the Intergovernmental Panel on Climate Change. Paris. www.jpcc.ch.

Intergovernmental Panel on Climate Change (2007b): Impacts, Adaptation and Vulnerability. Working Group II Contribution to the Intergovernmental Panel on Climate Change, Fourth Assessment Report. Geneva. www.ipcc.ch.

Intergovernmental Panel on Climate Change (2007c): Working Group III Contribution to the Intergovernmental Panel on Climate Change, Fourth Assessment Report: Mitigation of Climate Change. Geneva. www.ipcc.ch.

JENDRITZKY, G., SÖNNING, W., SWANTES, H.J. (1979): Ein objektives Bewertungsverfahren zur Beschreibung des thermischen Milieus in der Stadt- und Landschaftsplanung („Klima-Michel-Modell"). – Beitr. d. Akad. f. Raumforschung u. Landesplanung 28.

JENDRITZKY, G., MENZ, G., SCHIRMER, H., SCHMIDT-KESSEN, W. (1990): Methodik der räumlichen Bewertung der thermischen Komponente im Bioklima des Menschen (Fortgeschriebenes Klima-Michel-Modell). – Beitr. d. Akad. f. Raumforschung u. Landesplanung 114, 7–69.

JENDRITZKY, G., SCHEID, G., GRÄTZ, A. (2002³): Das Bioklima der Bundesrepublik Deutschland. Bioklimakarte mit Informationsbroschüre. Gütersloh: Flöttmann.

KAPPAS, M., MENZ, G., RICHTER, M., TRETER, U. (Hrsg.) (2003): Klima, Pflanzen- und Tierwelt. Bd. 3 des Nationalatlas Bundesrepublik Deutschland, 32–83. Heidelberg, Berlin: Spektrum Akademischer Verlag.

KEELING, C.D., WHORF, T.R. (2002): Atmospheric Carbon Dioxide record from Mauna Loa, 1958–2002. http://cdiac.ornl.gov/ftp/maunaloa-co2/maunaloa.co2.

KESSLER, A. (1985): Heat Balance Climatology. – World Survey of Climatology, Vol. 1A. Amsterdam: Elsevier.

KIEHL, J.T., TRENBERTH, K.E. (1997): Earth's Annual Global Mean Energy Budget. – Bull. Am. Met. Soc. 78, 197–208.

KLAUS, D. (1989): Die planetarische Zirkulation. – Praxis Geographie, 6, 12–17.

KÖPPEN, W. (1931²): Grundriß der Klimakunde. Berlin: de Gruyter.

KOTTEK, M., GRIESER, J., BECK, C., RUDOLF, B., RUBEL, F. (2006): World map of the Köppen-Geiger climate classification updated. – Meteorol. Zeitschr. 15, 3, 259–263.

KRATZER, P.A. (1956²): Das Stadtklima. Braunschweig: Friedr. Vieweg.

KRAUS, H. (2004³): Die Atmosphäre der Erde. Berlin: Springer.

KUHN, M. (1989): Föhnstudien. Darmstadt: Wiss. Buchges.

KUTTLER, W. (1986): Raum-zeitliche Analyse atmosphärischer Spurenstoffeinträge in Mitteleuropa. – Bochumer Geogr. Arb. 47.

KUTTLER, W. (1991): Transfermechanism and Depositionrates of Atmospheric Pollutants. – In: ESSER, G., OVERDIECK, D. (Hrsg.) (1991): Modern Ecology. Basic and Applied Aspects, 509–538. Amsterdam: Elsevier.

KUTTLER, W. (Hrsg.) (1995²): Handbuch zur Ökologie. Berlin: Analytica Verlagsgesellschaft. = Handbücher zur angew. Umweltforschung, Bd. 1.

KUTTLER, W. (1996): Aspekte der Angewandten Stadtklimatologie. – Geowiss. 6, 221–228.

KUTTLER, W. (1997): Städtische Klimamodifikationen. – VDI-Berichte 1330, 97–100.

KUTTLER, W. (1999): Human-biometeorologische Bewertung stadtklimatologischer Erkenntnisse für die Planungspraxis. – Wiss. Mitt. Inst. Met. Leipzig 13, 100–115.

KUTTLER, W. (2000): Stadtklima. – In: GUDERIAN, R. (Hrsg.): Handbuch der Umweltveränderungen und Ökotoxikologie. Bd. 1B, Atmosphäre, 420–470. Berlin: Springer.

KUTTLER, W. (2002): Urban Climate and Global Climate Change. – In: LOZÁN, J.L., GRASSL, H., HUPFER, P. (Hrsg.) (2002): Climate of the 21st Century: Changes and Risks, 344–349. Wiss. Auswertungen: Hamburg.

KUTTLER, W. (2004a): Stadtklima, Teil 1: Grundzüge und Ursachen. – UWSF Zeitschr. f. Umweltchemie und Ökotoxikologie 16, 187–199.

KUTTLER, W. (2004b): Stadtklima, Teil 2: Phänomene und Wirkungen. – UWSF Zeitschr. f. Umweltchemie und Ökotoxikologie 16, 263–274.

KUTTLER, W. (2006): Stadtklima. – In: MÖLLER, D. (Hrsg.): Klimawandel – vom Menschen verursacht? Acta Academiae Scientiarum 10, Erfurt (2005), 49–109.

KUTTLER, W., BARLAG, A.-B. (2002): Mehr als städtische Wärmeinseln. – Essener Unikate – Berichte aus Forschung und Lehre, 19, 84–97.

KUTTLER, W., DÜTEMEYER, D. (2003): Umweltmeteorologische Untersuchungsmethoden. – Promet 30, 15–27. Offenbach am Main: DWD.

KUTTLER, W., WEBER, S. (2006): Angewandte Stadtklimaforschung in deutschen Großstädten. – Geogr. Rundsch. 58, 7/8, 42–50.

KUTTLER, W., ZMARSLY, E. (2000): Natürlicher und anthropogener Treibhauseffekt – Ursachen und Auswirkungen. – Petermanns Geogr. Mitt. 144, 6–13.

LABITZKE, K. (1999): Die Stratosphäre – Phänomene, Geschichte, Relevanz. Berlin, Heidelberg: Springer.

LANDSBERG, H. (1981): The urban climate. Intern. Geophys. Ser., Vol. 28. New York: Academic Press.

LARCHER, W. (2001⁶): Ökophysiologie der Pflanzen. Stuttgart: Ulmer.

LAUER, W., FRANKENBERG, P. (1981): Untersuchungen zur Humidität und Aridität von Afrika. Das Konzept einer potentiellen Landschaftsverdunstung. – Bonner Geogr. Abh. 66.

LAUER, W., RAFIQPOOR, M.D., FRANKENBERG, P. (1996): Die Klimate der Erde. – Erdkunde, 50, 4, 275–300.

LAUER, W., BENDIX, J. (2004²): Klimatologie. Das Geographische Seminar. Braunschweig: Westermann.

Leibniz-Institut für Länderkunde (Hrsg.) (2003), KAPPAS, M., MENZ, G., RICHTER, M., TRETER, U. (Mithrsg.): Nationalatlas Bundesrepublik Deutschland, Bd. 3: Klima, Pflanzen- und Tierwelt. Heidelberg, Berlin.

Lexikon der Astronomie (1995): Bände 1 bis 2. Heidelberg: Spektrum Akademischer Verlag.

Lexikon der Geographie (2001–2002): Bände 1 bis 6. Heidelberg: Spektrum Akademischer Verlag.

Lexikon der Geowissenschaften (2000–2002): Bände 1 bis 6. Heidelberg: Spektrum Akademischer Verlag.

LOZÁN, J.L., GRASSL, H., HUPFER, P., MENZEL, L., SCHÖNWIESE, Ch.-D. (Hrsg.) (2004): Warnsignal Klima: Genug Wasser für alle? Hamburg: Wiss. Auswertungen.

LOZÁN, J.L., GRASSL, H., HUPFER, P., PIPENBURG, D., HUBBERT, H.-W. (2006): Warnsignale aus den Polarregionen. Hamburg: Wiss. Auswertungen.

LVOVITCH, M.I. (1971): The water balance of the continents of the world and the method of studying it. Moscow.

MATZARAKIS, A. (2001): Die thermische Komponente des Stadtklimas. – Ber. Meteor. Inst. Univ. Freiburg i. Brsg. 6.

MAYER, H. (1990): Human-biometeorologische Bewertung des Stadtklimas. Schriftenreihe VDI-Kom. Reinh. Luft, Bd. 15; 87–104

MAYER, H. (2000): Umweltmeteorologie am Beginn eines neuen Jahrhunderts – Bilanz und Ausblick. – Gefahrstoffe – Reinhaltung der Luft, 60, 9, 327–334.

MAYER, H. (2006): Indizes zur human-biometeorologischen Bewertung der thermischen und lufthygienischen Komponente des Klimas. – Gefahrstoffe – Reinhaltung der Luft. 66, 4, 165–174.

MAYER, H., HÖPPE, P. (1984): Die Bedeutung des Waldes für die Erholung aus der Sicht der Human-Bioklimatologie. – Forstwiss. Centralbl. 103, 125–131.

MAYER, H., HOLST, J., SCHINDLER, D., AHRENS, D. (2008): Evolution of the air pollution in SW Germany evaluated by the long-term air quality index LAQx. – Atmospheric Environment 42, 5071–5078.

MAYER, H., KALBERLAH, F., AHRENS, D., REUTER, U. (2002): Analyse von Indizes zur Bewertung der Luft. – Gefahrstoffe – Reinhaltung der Luft 62 (4), 177–183.

MEINARDUS, W. (1930): Die räumliche und zeitliche Verteilung der Beleuchtung in den Polargebieten. Geogr. Anz., 31, 1–6; auch Arktis, 3, 1930, 4–6.

MÖLLER, D. (2003): Luft – Chemie, Physik, Biologie, Reinhaltung, Recht. Berlin, New York: de Gruyter.

MÖLLER, F. (1973): Einführung in die Meteorologie. Bd. 1 und 2. Mannheim: Bibliogr. Inst. Mannheim.

MONTEITH, J. L., UNSWORTH, M. H. (1995[2]): Principles of environmental physics. London: Arnold.

MOUSSIOPOULOS, N. (2003): Air quality in cities. Berlin: Springer.

MÜLLER, M. J. (1996[5]): Handbuch ausgewählter Klimastationen der Erde. Trier: Forschungsstelle Bodenerosion der Universität Trier Mertesdorf (Ruwertal).

Münchener Rück(versicherung) (2004): Wetterkatastrophen und Klimawandel. München: Münchener Rückversicherungsgesellschaft.

NRW-Klimaatlas (1989): Klima-Atlas von Nordrhein-Westfalen. Ministerium für Umwelt, Raumordnung und Landwirtschaft des Landes Nordrhein-Westfalen (Hrsg.), Düsseldorf.

OKE, T. R. (1997): Urban Environments. – In: BAILEY, W. G., OKE, T. R., ROUSE, W. R. (eds.) (1997): The surface climates of Canada, 303–327. Montreal: McGill-Queen's University Press.

PAETH, H. (2006): Klimavorhersagen mit Computermodellen. Geogr. heute, 241/242, 60–64.

PENMAN, H. L. (1948): Natural evaporation from open water, bare soil, and grass. – Proc. Roy. Soc. London, A198, 120–146.

PARLOW, E. (1998): Analyse von Stadtklima mit Methoden der Fernerkundung. – Geogr. Rundsch. 50, 89–93.

PARLOW, E. (2003): The Urban Heat Budget Derived from Satellite Data. Geographica Helvetica, 2, 99–112.

PIGEON, G., LEGAIN, D., DURAND, P., MASON, V. (2007): Anthropogenic heat release in an old European agglomeration (Toulouse, France). – Intern. Journal of Climatology, 27, 14, 1969–1981.

RAHMSTORF, S., SCHELLNHUBER, H.-J. (2007[5]): Der Klimawandel. München: Beck.

RAPP, J., SCHÖNWIESE, Ch.-D. (1995): Atlas der Niederschlags- und Temperaturtrends in Deutschland 1891–1990. Frankfurter Geowiss. Arbeiten, Ser. B., Meteorologie und Geophysik, Bd. 5, Frankfurt am Main.

RASCHKE, E., QUANTE, M. (2002): Wolken und Klima. – Promet 28, H. 3–4, 95–107. Offenbach am Main: DWD.

REUTER, H. (1978): Die Wissenschaft vom Wetter. Berlin: Springer.

RÖDEL, W. (2000[3]): Physik unserer Umwelt: Die Atmosphäre. Berlin: Springer.

RUBEL, F. (2008): Pers. Mitt. Biometeorologie und Mathematische Epidemiologie Gruppe, Veterinärmedizinische Universität Wien.

Sachverständigenrat für Umweltfragen (2005). www.umweltrat.de.

SCHAMP, H. (1964): Die Winde der Erde und ihre Namen. Regelmäßige, periodische und lokale Winde als Klimaelemente. Wiesbaden: F. Steiner.

SCHARLAU, K. (1950): Einführung eines Schwülemaßstabes und Abgrenzung von Schwülezonen durch Isohygrothermen. – Erdkunde 4, 188–201.

SCHARNOW, U., BERTH, W., KELLER, W. (1982[6]): Wetterkunde. Berlin: transpress.

SCHIRMER, H., BUSCHNER, W., CAPPEL, A., MATTHÄUS, H. G., SCHLEGEL, M. (1989): Wetter und Klima. Wie funktioniert das? Mannheim: Meyers Lexikonverlag.

SCHIRMER, H., KUTTLER, W., LÖBEL, J., WEBER, K. (Hrsg.) (1993): Lufthygiene und Klima. Ein Handbuch zur Stadt- und Regionalplanung. Düsseldorf: VDI-Verlag.

SCHLÜNZEN, K. H. (1994): Mesoscale modeling in complex terrain – an overview on the german nonhydrostatic models. – Beitr. Phys. Atm. 67, 243–253.

SCHMITHÜSEN, J. (1959): Allgemeine Vegetationsgeographie. Berlin: de Gruyter.

SCHNELLE, F. (1955): Pflanzenphänologie. Leipzig: Akad. Verl.-Ges. Geest & Portig.

SCHÖNWIESE, Ch.-D. (2000): Treibhauseffekt und Klimaänderungen. – In: GUDERIAN, R. (Hrsg.) (2000): Atmosphäre, Bd. 1 B, 331–393. Berlin: Springer.

SCHÖNWIESE, Ch.-D. (2003[2]): Klimatologie. Stuttgart: Ulmer.

SCHÖNWIESE, Ch.-D., RAPP, J., FUCHS, T., DENHARD, M. (1993/1997): Klimatrend-Atlas Europa 1891–1990. – Ber. d. Zentrums für Umweltforschung 20. Frankfurt am Main.

SCHREIBER, D. (1982[3]): Meteorologie – Klimatologie. Bochum: Studienverlag Dr. N. Brockmeyer.

SCHRÖDTER, H. (1985): Verdunstung. Anwendungsorientierte Messverfahren und Bestimmungsmethoden. Berlin, Heidelberg: Springer.

SCHWENK, E. (2003): Maßmenschen. Zürich: Oesch Verlag.

SELLERS, W.D. (1965): Physical Climatology. Chicago: University of Chicago Press.

STAIGER, H., BUCHER, K., JENDRITZKY, G. (1997): Gefühlte Temperatur. Die physiologisch gerechte Bewertung von Wärmebelastung und Kältestress beim Aufenthalt im Freien in der Maßzahl Grad Celsius. – Ann. Meteorol. 33, 100–107.

STAIGER, H., SCHUBERT, U., VOGEL, G. (1997): Solarer UV-Index. Definition, Einflussgrößen, Verteilung, Vorhersage im Deutschen Wetterdienst und strahlungshygienische Ziele. – Ann. Meteorol. 33, 126–132.

STEINECKE, K. (1999): Urban climatological studies in the Reykjavik subarctic environment, Iceland. – Atm. Environ. 33, 4157–4162.

STEINRÜCKE, J. (1998): Die Bedeutung der Allgemeinen Zirkulation der Atmosphäre und Ozeane für das Klima. – In: LOZÁN, J.L., GRASSL, H., HUPFER, P. (1998): Warnsignal Klima, 25–30. Hamburg: Wiss. Auswertungen.

TERJUNG, W.H., LOUIE, St. S.-F. (1972): Energy Input-Output Climates of the World. – Arch. Meteor. Geophys. Bioklim. B, 20, 129–166.

TRENBERTH, K.E. (2002): Earth System Processes. – In: McCRACKEN, M.C., PERRY, J.S. (eds.): Encyclopedia of Global Environment Change, 13–30. Chichester: J. Wiley & Sons Ltd.

TRENBERTH, K.E., CARON, J.M., STEPANIAK, D.P. (2001): The atmospheric energy budget and implications for surface fluxes and ocean heat transports. – Climate Dynamics 17, 259–276.

VDI (1997): Richtlinie 3787, Bl. 1: Umweltmeteorologie – Klima und Lufthygiene für Städte und Regionen. Berlin: Beuth Verlag.

VDI (1998): Richtlinie 3787, Bl. 2: Umweltmeteorologie. Methoden zur human-biometeorologischen Bewertung von Klima und Lufthygiene für die Stadt- und Regionalplanung. Teil I: Klima. Berlin: Beuth Verlag.

VDI (2002): Richtlinie 3787, Bl. 9: Umweltmeteorologie. Berücksichtigung von Klima und Lufthygiene in räumlichen Planungen. Berlin: Beuth Verlag.

VDI (2003): Richtlinie 3787, Bl. 5: Umweltmeteorologie – Lokale Kaltluft. Berlin: Beuth Verlag.

WALTER, H. (1970): Vegetationszonen und Klima. Stuttgart: Ulmer.

WALTER, H., LIETH, H. (1964): Klimadiagramm-Weltatlas. Jena: G. Fischer.

WALTER, A., SCHÖNWIESE, Ch.-D. (2002): Attribution and detection of anthropogenic climate change using a backpropagation neural network. – Meteorol. Zeitschr., 11, 335–343.

WANNER, H. (1986): Die angewandte Geländeklimatologie – ein aktuelles Arbeitsgebiet der physischen Geographie. – Erdkunde 40, 1–14.

WEBER, S. (2004): Energiebilanz und Kaltluftdynamik einer urbanen Luftleitbahn. Essener Ökologische Schriften 21. Hohenwarsleben: Westarp Wissenschaften.

WEISCHET, W. (1991[5]): Einführung in die Allgemeine Klimatologie. Stuttgart: B.G. Teubner.

WEISCHET, W. (1996): Regionale Klimatologie. Teil 1. Die neue Welt: Amerika – Neuseeland – Australien. Stuttgart: B.G. Teubner.

WEISCHET, W., ENDLICHER, W. (2000): Regionale Klimatologie. Teil 2. Die Alte Welt: Europa. Stuttgart: B.G. Teubner.

WEISCHET, W., ENDLICHER, W. (2008[7]): Einführung in die Allgemeine Klimatologie. Berlin, Stuttgart: Gebr. Borntraeger.

WESSOLEK, G. (2001): Bodenüberformung und -versiegelung. Handbuch der Bodenkunde, 11. Erg. Lfg. 04/01, 1–29.

WIENERT, U., KUTTLER, W. (2005): The dependence of the urban heat island intensity on latitude – a statistical approach. – Meteorol. Zeitschr., 14, 5, 677–686.

WITTIG, R. (1991): Ökologie der Großstadtflora. Stuttgart: G. Fischer.

WITTIG, R., STREIT, W. (2004): Ökologie. Stuttgart: Ulmer.

WMO (World Meteorological Organisation) (1990): International Cloud Atlas. Vol. II., Genf.

WRZESINSKY, T. (2004): Direkte Messung und Bewertung des nebelgebundenen Eintrags von Wasser und Spurenstoffen in ein montanes Waldökosystem. Diss. Univ. Bayreuth.

YOSHINO, M.M. (ed.) (1976): Local wind and Bora. Tokyo: Univ. of Tokyo Press.

ZELLNER, R. (2000): Chemie der Stratosphäre und der Ozonabbau. – In: GUDERIAN, R. (Hrsg.) (2000): Atmosphäre, Bd. 1A, 342–382. Berlin: Springer.

ZEPP, H. (2008[4]): Geomorphologie. UTB 2164. Paderborn: Schöningh.

ZMARSLY, E., KUTTLER, W., PETHE, H. (2007[3]): Meteorologisch-klimatologisches Grundwissen. UTB 2281. Stuttgart: Ulmer.

Sachregister